LES

PHÉNOMÈNES ÉLECTRIQUES

ET LEURS APPLICATIONS

LES

PHÉNOMÈNES ÉLECTRIQUES

ET LEURS APPLICATIONS

ÉTUDE

HISTORIQUE, TECHNIQUE ET ÉCONOMIQUE

DES TRANSFORMATIONS

DE L'ÉNERGIE ÉLECTRIQUE

PAR

Henry VIVAREZ

ANCIEN ÉLÈVE DE L'ÉCOLE POLYTECHNIQUE
EXPERT PRÈS LES TRIBUNAUX

PARIS

GEORGES CARRÉ ET C. NAUD, ÉDITEURS
3, RUE RACINE, 3
—
1901

PRÉFACE

Ce travail a été conçu et rédigé pour répondre à un besoin qui se généralise de plus en plus.

A côté de ceux qui sont obligés, par les exigences de leur profession, à pénétrer dans les détails, de plus en plus multiples et compliqués, de la science de l'Électricité, il existe une nombreuse catégorie de personnes, ingénieurs, chefs d'industrie, etc., auxquelles la connaissance de ses principes généraux devient aujourd'hui aussi nécessaire que celle des notions essentielles de la physique et de la mécanique générale.

Il leur faut un rudiment, c'est-à-dire un ensemble de notions claires, précises, dégagé de la complication des démonstrations et de la description des appareils, suffisant, cependant, pour leur permettre de pousser plus loin leurs études si la nécessité l'exige, et, en tout cas, de suivre de haut, mais avec connaissance de cause, les projets et les travaux qui leur sont soumis.

L'électricité est un outil, un merveilleux outil, qui se prête à tous les problèmes industriels. Quiconque touche à l'Industrie, par un côté quelconque de sa vie, doit en connaître l'histoire, les lois, les applications.

Un ami me disait un jour : « De notre temps, on enseignait, dans les écoles, une électricité qui n'a rien de commun avec celle d'aujourd'hui. J'ai besoin de connaître celle-ci et je n'ai pas le temps de l'apprendre.

« Il me faudrait un résumé, rappelant la marche des idées qui ont créé la science électrique moderne, dégageant leur philosophie, exposant sommairement les théories, les lois, avec la terminologie nouvelle qu'elles ont rendue nécessaire, les applications et leurs résultats économiques; non pas un de ces ouvrages de vulgarisation, où le fond est sacrifié à la forme et la précision à l'à peu près, mais quelque chose qui soit d'un degré au-dessous de l'enseignement professionnel proprement dit : en un mot, un livre d'initiation. »

Je n'ai rien répondu, mais réfléchissant au programme qui m'était soumis, songeant d'autre part que s'approchait le moment où l'Exposition de 1900 allait résumer un siècle de science industrielle, j'ai pensé que l'heure était propice pour la réalisation d'un pareil desideratum.

Je me suis mis à l'œuvre et je livre au lecteur le modeste travail qui en est résulté.

Henry Vivarez.

PREMIÈRE PARTIE

LES PRÉCURSEURS

(PÉRIODE EMPIRIQUE)

CHAPITRE PREMIER

L'ÉLECTRICITÉ ET LE MAGNÉTISME
DANS L'ANTIQUITÉ

Mention des premiers phénomènes magnétiques et électriques
constatés dans l'Antiquité. — Aristote ; Thalès de Milet. — Théophraste. Son Traité des pierres. — Pline le naturaliste. — Résumé.

***Mention des premiers phénomènes magné-
tiques et électriques constatés dans l'Antiquité. —***
Le merveilleux développement des applications industrielles de l'électricité, auquel nous venons d'assister,
dans les vingt dernières années de ce siècle, a son point
de départ, bien modeste, bien humble, dans des constatations physiques qui remontent très loin dans le
passé.

Six cents ans avant l'ère chrétienne, alors que la
science naissante bégayait ses premières paroles, les
propriétés attractives de l'aimant étaient déjà connues.

Aristote. Thalès de Milet. — Aristote, à qui nous
devons le témoignage écrit le plus considérable et le plus
ancien des premières doctrines scientifiques, cite, en
diverses parties de ses œuvres, les opinions du philosophe Thalès de Milet, l'un des sept sages de la Grèce,
le fondateur de l'École d'Ionie, qui est regardé comme

le créateur de la Physique, de la Géométrie et de l'Astronomie (1).

Aucun ouvrage de Thalès, qui naquit la première année de la trente-cinquième olympiade, 641 ans avant l'ère chrétienne, n'est parvenu jusqu'à nous.

On sait, par la tradition seule, qu'il consacra la plus grande partie d'une existence de soixante-dix-huit années, à l'étude de la science et de la philosophie. Il mourut au milieu des jeux gymniques et fut enseveli dans un champ que la piété de ses compatriotes transforma en une place publique sur laquelle s'éleva bientôt sa statue.

Une inscription en deux vers, gravée sur sa base, célébrait ses talents astronomiques.

Au nombre des opinions que ses commentateurs lui ont attribuées, figure celle qui fait de l'âme le principe de tout mouvement. D'après Aristote, Thalès supposait à l'aimant une âme qui lui permettait d'attirer les petits fragments de fer (2).

Sans nous arrêter plus longuement à cette hypothèse, ne nous hâtons pas de la ridiculiser. Les mots ne sont que des mots et l'opinion qui attribue à l'aimant une propriété immatérielle n'est pas aussi éloignée, que cela peut le paraître, des doctrines scientifiques modernes

------

(1) Voir dans les mémoires de littérature tirés des Registres de l'Académie royale des Inscriptions et Belles-Lettres (année 1733) les recherches sur le philosophe Thalès, par l'abbé de Canaye.

Thalès regardait l'eau comme le principe de toutes choses. Il mesura la hauteur des pyramides d'Égypte au moyen de leur ombre, découvrit quelques propriétés des triangles sphériques, démontra l'égalité des angles à la base des triangles isocèles et prédit l'éclipse de soleil qui eut lieu en l'an 609 avant J.-C.

(2) « Thalès peut être rangé aussi parmi ceux qui passent pour « avoir considéré l'âme comme ce qui produit le mouvement, car il disait que la pierre d'aimant a une âme parce qu'elle attire le fer » (Aristote : *Traité de l'Ame,* liv. I, chap. II, § 14, traduction de Barthélemy-Saint-Hilaire).

qui envisagent, dans les différentes manières d'être de l'énergie, à côté de la matière éternelle et indestructible, un principe général, une sorte d'âme qui l'anime, et lui communique tour à tour ses propriétés attractives, calorifiques, magnétiques, électriques, lumineuses.

Théophraste. Son Traité des Pierres. — Un grand nombre d'auteurs citent Thalès de Milet comme ayant, le premier, mentionné la faculté qu'acquiert *l'ambre jaune ou succin*, dont le nom grec est *electron*, d'attirer les corps légers lorsqu'il a été frotté avec une étoffe de laine.

Il semble, cependant, que cette curieuse propriété ait été signalée pour la première fois par Théophraste, le disciple et le continuateur d'Aristote (1).

Théophraste, plus connu par son *Traité des Caractères*, qui a inspiré La Bruyère, est également l'auteur d'un ouvrage de botanique et d'un autre travail intitulé *Sur les Pierres*, dont les fragments sont parvenus jusqu'à nous (2).

----

(1) Aristote parle une seule fois de l'ambre dans ses écrits (*Météorologie*, liv. IV, chap. x, § 10 et 11) à propos des corps homogènes, « dont certaines espèces, dit-il, sont de *terre*, d'autres sont d'*eau* et dont certains participent des deux ».

Il n'y est nullement fait allusion aux propriétés attractives de l'ambre. Du reste, voici le passage relatif à son origine :

« § 10. Les corps d'où l'humidité tout entière est sortie sont de terre, comme l'argile et l'ambre. Ainsi l'ambre et les corps qui se distillent en larmes viennent de refroidissement, par exemple, la myrrhe, l'encens et la gomme.

« § 11. L'ambre paraît aussi de cette famille, car il se coagule et de là vient qu'on y voit souvent des animaux qui s'y sont trouvés enveloppés. La chaleur, sortant par l'action de l'eau du fleuve, comme elle sort du miel bouillant quand on le jette dans l'eau, fait vaporiser l'humide de l'ambre ». (Traduction de Barthélemy-Saint-Hilaire).

(2) *Traité des Pierres*, de Théophraste, traduit en anglais par J. Hill. Londres MDCCLXXIV.

Dans son introduction à la traduction des *Caractères* de Théo-

Il énumère, dans ce dernier Traité, les différents minéraux connus de son temps et les propriétés par lesquelles ils se distinguent.

L'ambre y est cité, comme étant une pierre qu'on trouve en Ligurie et qui jouit d'un pouvoir attractif. Il parle également d'une autre pierre, appelée *lyncurium*, qui attire, non seulement les corps légers, mais aussi, au dire de Dioclès, les petits fragments de fer et de cuivre. Cette pierre, fort dure, et utilisée pour faire des cachets, semble n'être autre chose que la *tourmaline*, qui

phraste (1842), Stiévenard raconte, en ces termes, la mort d'Aristote et la manière dont il fit choix de son successeur : « Aristote, sexagénaire et accablé d'infirmités, semblait toucher au terme de sa glorieuse carrière. Un jour, tous ses disciples se pressent autour de lui, le supplient de désigner lui-même son successeur : il continuera ton œuvre, il complètera ces études philosophiques auxquelles tu nous a initiés ».

« Le Lycée comptait alors beaucoup d'auditeurs de grand mérite : les premiers, pour le savoir et la capacité, étaient le Lesbien Théophraste, jadis condisciple d'Aristote à l'école de Platon, et Edème de Rhodes.

« Quand il sera temps, répondit le vieillard, je ferai ce que vous demandez. »

« Plusieurs mois s'écoulent et ses élèves le voient un jour s'arrêter dans une de ses doctes promenades. Il se plaint de l'âpreté du vin qu'il boit ; il faudrait à son estomac un peu de vin étranger, du Rhodes, par exemple, ou du Lesbos. Il les prie de lui procurer de l'un et de l'autre pour essayer et choisir. Ils partent, prennent sur les lieux la cordiale liqueur et l'apportent. Le malade trouve le vin de Rhodes chaud et agréable. Après avoir goûté l'autre : « Excellents tous les deux, s'écrie-t-il, mais la sève du Lesbos est plus exquise ».

« Délicat et touchant aveu du choix plus important qu'on lui demandait.

« Aristote fut compris ; il alla mourir péniblement à Chalcis, échappant ainsi à l'hyérophante Eurymedon, qui le menaçait du sort de Socrate, et ses disciples se réunirent autour de Théophraste, dont les traits et le caractère avaient autant d'aménité que le langage ».

Théophraste était né 371 ans avant l'ère chrétienne ; il avait quarante-neuf ans lorsqu'il succéda à son illustre ami ; il s'éteignit à l'âge de quatre-vingt-cinq ans.

est douée, comme on le sait, de propriétés électriques très caractérisées.

Pline le naturaliste. — Pline a consacré un chapitre de son *Histoire naturelle* (1) à l'ambre, qu'il range parmi les pierres précieuses, après le cristal, au nombre des objets de luxe qui ne sont recherchés que par les femmes.

La partie la plus importante de ce chapitre traite de l'origine de cette pierre et des fables (Pline dit des mensonges) que les Grecs ont racontées à son sujet.

Il raille, en particulier, le récit d'après lequel Phaéton, ayant été foudroyé, ses sœurs pleurèrent tant qu'elles furent changées en peupliers et que leurs larmes produisirent, tous les ans, l'*electrum* sur les bords de l'Eridan (Le Pô).

Mais c'est surtout Sophocle qui a le privilège d'exciter son indignation : « Il les dépasse tous, dit-il ; ce qui m'étonne quand je considère l'imposante gravité de ses tragédies, l'illustration de sa vie, sa naissance dans les hautes classes d'Athènes, ses exploits et ses commandements militaires.

« D'après lui, le succin est produit, au delà de l'Inde, par les larmes des oiseaux méléagrides, pleurant Méléagre.

« Comment ne pas être surpris qu'il ait cru un tel conte ou qu'il ait espéré le faire croire aux autres ? Est-il même un enfant assez ignorant pour croire que des oiseaux pleurent annuellement et que leurs larmes sont abondantes ! Et que des volatiles aillent de la Grèce, où Méléagre est mort, le pleurer dans les Indes.

« Quoi donc, dira-t-on, est-ce que les poètes ne font pas beaucoup de récits non moins fabuleux ! Mais avan-

____

(1) Livre **XXXVII**. — *Des pierres précieuses*, xi.

cer sérieusement une telle absurdité sur une chose aussi commune que l'ambre qu'on apporte tous les jours, et pour laquelle il est si facile d'être convaincu de mensonge, c'est se moquer tout à fait du monde et conter effrontément des fables intolérables ».

Pline s'étend sur le peu de rareté de l'ambre. Il dit qu'un nommé Julianus, entrepreneur des jeux de gladiateurs de l'empereur Néron, envoya un chevalier romain, de Carnonte en Pannonie, jusqu'à la côte de Germanie. Ce chevalier rapporta une grande quantité d'ambre dont le plus gros morceau pesait treize livres. On en fit des boutons dont on orna les filets destinés à protéger le podium de l'arène contre les bêtes fauves.

Au cours de son récit, Pline parle deux fois de la propriété attractive du succin. « Dans la Syrie, dit-il, les femmes en font des bouts de fuseaux et on le nomme « harpax », parce qu'il attire à lui les feuilles, les pailles et les franges de vêtements ».

Et plus loin : « Quand, par le frottement des doigts, il a reçu une chaleur vivifiante, il attire la paille, les feuilles sèches, les écorces, comme la pierre d'aimant attire le fer ».

C'est sans doute à cette force attractive, sur laquelle Pline ne s'étend pas davantage, que l'ambre devait sans doute être considéré comme ayant des vertus médicinales. « Porté en amulette, il est utile aux enfants ». Cette superstition populaire dure depuis près de 2,000 ans !

Quant au lyncurium, dont parle Théophraste, Pline ne croit pas à son existence et dit que, de son temps, il n'a jamais été question d'une pareille pierre, qui ne serait autre que l'ambre lui-même.

Les anciens lui attribuaient une origine fabuleuse. Le lyncurium serait, d'après Démostrate, du succin provenant de l'urine du lynx, associée avec de la terre, parce que cet animal la couvre, « jaloux de l'utilité que les hommes en retireraient ». L'urine des mâles donnerait de l'ambre roux comme du feu, celle des femelles un ambre blanc et moins fort.

L'identité du lyncurium et de la tourmaline a été affirmée, avec de fortes présomptions, au xviiie siècle, par le Dr Watson.

Pline consacre aussi quelques observations à la pierre d'aimant. Au dire de Nicandre, elle aurait été découverte, sur le mont Ida, par un berger nommé Magnès, qui, menant paître ses bœufs, aurait senti les clous de ses souliers et le bout de son bâton ferré adhérer sur une roche.

L'action réciproque de l'aimant et du fer excite l'étonnement du narrateur.

« Qu'y a-t-il de plus inerte qu'une pierre brute?

« Mais voilà qu'elle manifeste sa vitalité!

« Quoi de plus dur et de plus rebelle que le fer?

« Mais voilà qu'il cède et se laisse diriger.

« Il se précipite, dompté, vers on ne sait quoi d'inconnu; il approche de l'aimant, se précipite sur lui et l'étreint avec ardeur.

« Qu'y a-t-il de plus merveilleux et où la Nature montre plus de malignité? »

Résumé. — Nous trouvons donc, aux origines les plus lointaines de l'histoire de l'électricité et du magnétisme, associés dans des récits enfantins, les deux corps qui ont manifesté les premiers ces phénomènes.

Et plus de vingt siècles après, le génie d'Ampère et de Faraday ramènera à un même principe, toujours aussi mystérieux que du temps de Thalès, la cause originelle des manifestations physiques qui sont sorties des deux seules expériences puériles auxquelles se résumait la science électrique de l'antiquité!

CHAPITRE II

L'ÉLECTRICITÉ ET LE MAGNÉTISME JUSQU'AU MILIEU DU XVIIIe SIÈCLE

Premières études. — L'aimant. — Guillaume Gilbert. — Bacon, Boyle, Otto de Guericke. — Hawkesbee, Grey. — Dufay et la théorie des deux électricités. — Autres recherches.

Premières Études. — Le monde romain n'avait rien ajouté au rudiment de connaissances électriques que lui avait légué l'antiquité. Le voile de ténèbres intellectuelles dont le moyen âge couvrit l'Europe ne laissa passer aucune lueur qui pût éclairer la voie, désertée depuis les lointains souvenirs de la philosophie grecque. On n'en savait pas plus sur ce sujet à la fin du xvie siècle qu'à l'époque de Théophraste.

L'Aimant. — Le magnétisme seul avait fait quelques progrès. L'action qui dirige l'aiguille aimantée avait été reconnue et la boussole appliquée à la navigation. Suivant les uns, Jean Goia, né au bourg de Melphy, près de Salerne, l'aurait inventée vers l'an 1300. C'était de ce lieu que provenaient les premières aiguilles aimantées dont on se servit. Suivant d'autres, la boussole aurait été importée de Chine en Italie, vers 1200, par Paul Venetus ou le Vénitien.

D'après d'autres légendes, enfin, l'invention de la boussole remonterait à une antiquité très reculée. Certains auteurs disent que le roi Salomon en avait enseigné l'usage aux pilotes des navires qu'il envoyait aux Indes.

Au temps des Croisades (1), les vaisseaux étaient dirigés sur mer *par le moyen d'une petite rainette ou grenouille, enfermée dans une boîte,* dans l'image de laquelle on a cru reconnaître la fleur de lys dessinée sur les boussoles.

Si l'on en croit d'autres récits, les Chinois auraient su se servir, onze cents ans avant l'ère chrétienne, de boussoles terrestres montrant le Sud (2).

Guillaume Gilbert. — L'aiguille aimantée et la boussole, les propriétés

Fig. 1. — Char magnétique chinois.

____

(1) *Traité de l'Aiman (sic),* attribué à Dalencé. Amsterdam, 1687.

(2) Onze cents ans avant l'ère chrétienne, des habitants de Yeou-Tchang, royaume maritime du Sud, vinrent apporter au roi Tchug Wang un faisan blanc, deux faisans noirs et une dent d'éléphant. Le ministre Tcheou Tchang leur fit présent, en échange, de cinq chars légers qui montraient le Sud pour aller au loin.

Au-devant de ces chars était une statuette (fig. 1) qui, de quelque côté que se dirigeât le chariot, se tournait toujours vers le Sud, qu'elle indiquait avec la main. Cette invention n'était pas d'une médiocre utilité pour les voyageurs qui avaient à parcourir de vastes espaces inhabités où les sentiers, lorsqu'il y en avait, se croisaient en sens divers. On l'attribuait à Hoangti ; elle était fondée sur la connaissance de l'aiguille aimantée. Il paraît qu'on faisait usage de ces chars, même dans les promenades et dans les villes. Il y en avait de toute dimension et de tout prix. Aux funérailles de Tchug Wang, on vit un grand char en pierreries traîné par un petit char magnétique. (*Magasin Pittoresque,* 1854, p. 88.)

attractives de l'ambre et de la tourmaline, auxquelles avait été récemment ajouté le jayet, sorte de charbon fossile, tel était le médiocre contingent des connaissances magnétiques et électriques, au moment où parut, à Londres, le premier ouvrage sérieux traitant de ces matières.

Ce livre, publié en latin, en 1600, porte le titre suivant :

Guillelmi Gilberti Colcestrensis medici Londinensis, de magnete, magneticis que corporibus et de magno magnete tellure physiologia nova plurimis et argumentis et experimentis demonstrata ou *Physiologie nouvelle de l'aimant, des corps magnétiques et du grand aimant de la terre, démontrée au moyen de plusieurs arguments et expériences, par Guillaume Gilbert de Colchester, médecin à Londres.*

Gilbert était médecin de la reine Élisabeth et très en faveur à la Cour. Il mourut en 1603, peu après sa protectrice. On peut le considérer comme le père de l'électricité moderne, « quoiqu'il l'ait laissée tout à fait dans l'enfance (1) ».

Son livre, plein d'aperçus nouveaux et de conceptions originales, inspira au grand astronome Kœpler plusieurs de ses idées sur l'attraction universelle.

Il convient modestement lui-même que tout l'édifice de son astronomie est fondé sur les hypothèses de Copernic, les observations de Tycho-Brahé et la théorie magnétique de l'Anglais Gilbert.

On trouve tout d'abord, dans l'ouvrage de ce dernier, une nouvelle liste de substances pouvant s'électriser par le frottement : le diamant, le saphir, le rubis, l'opale, l'améthyste, l'aigue marine, puis le cristal de roche, le verre, le soufre, la résine, le sel, l'alun, etc.

Mais c'est surtout le champ des études magnétiques que Gilbert a fécondé et qu'il a étendu, soit par ses

____

(1) *Histoire de l'Électricité*, par Priestley.

découvertes personnelles, soit par la classification et la vulgarisation des faits épars qui étaient déjà connus de son temps.

Le premier, il a attribué les phénomènes du magnétisme terrestre à l'action d'un aimant situé au centre de la terre, ou plutôt démontré qu'ils s'expliquent par l'hypothèse d'un tel aimant.

Fig. 2. — Aimantation donnée au fer en le forgeant.

Il rappelle ailleurs « qu'on a souvent prouvé que le fer, même sans avoir été frotté par l'aimant naturel, acquiert les mêmes propriétés d'orientation que si cela avait eu lieu, bien que cela paraisse invraisemblable ».

Une figure de son ouvrage indique un moyen d'obtenir ce résultat. Elle représente un forgeron qui frappe, à coups de marteau, sur une enclume, une pièce de fer qu'il tient entre des pinces. D'un côté, est écrit le mot « Septentrio »; de l'autre, le mot « Auster ».

Gilbert accompagne ce dessin naïf (fig. 2) du commentaire suivant :

« Qu'un forgeron place sur une enclume un morceau de fer rougi au feu, pesant deux à trois onces, et qu'il en fasse une aiguille longue d'environ une palme. Le forgeron fera face au nord et tournera le dos au midi, et martèlera le fer de façon à l'allonger du côté du nord. S'il faut qu'il le réchauffe, il devra le placer de façon que la même partie soit dirigée vers le nord. En faisant ainsi, on peut préparer des centaines de pièces qui auront acquis la vertu magnétique, et qui, supportées par un morceau de liège à la surface de l'eau, dirigeront toujours vers le nord la pointe qui aura été travaillée dans cette direction ».

Gilbert a constaté également que certaines pièces de fer finissent par s'aimanter à la longue, sous la seule influence du temps. « Des barres de fer, dit-il, telles que celles qu'on emploie dans la construction des maisons et, principalement, pour servir d'appui aux fenêtres, acquièrent des propriétés magnétiques par le fait seul de l'action du temps ».

Il rapporte un exemple de ce phénomène, cité dans un ouvrage intitulé : *Sur la composition des antidotes*, dû à Philippe Costa, de Mantoue : « Un pharmacien de cette dernière ville lui montra une barre de fer qui avait supporté un ornement de brique sur la tour de l'église Saint-Augustin, à Rimini. Cette barre avait été courbée par le vent et conserva dix années cette forme. Les moines, voulant la faire redresser, l'envoyèrent à un forgeron chez lequel un chirurgien, nommé Jules César, constata avec surprise qu'elle avait acquis des propriétés magnétiques en restant pendant longtemps orientée dans la direction du méridien ».

**Bacon. Boyle. Otto de Guericke. Hawkesbée.
Grey.** — Après Gilbert, les expériences électriques et
magnétiques prirent un essor plus rapide.

François Bacon reproduisit, dans ses *Mélanges philosophiques*, la liste des corps attirables et non attirables de Gilbert, sans accompagner cette nomenclature
d'aucune observation personnelle.

Boyle y fit quelques additions en 1670. Son contem-
porain, Otto de Guericke, bourgmestre de Magdebourg,

Fig. 3. — Machine d'Otto de Guericke.

imagina la première machine électrique. Son appareil
était composé d'une grosse boule en soufre, montée sur
un axe, qui permettait de la faire tourner, tandis qu'on
la frottait avec la main (fig. 3). Ses effets étaient faibles ;
cependant, Otto de Guericke put produire des étincelles
avec cet appareil rudimentaire.

En 1700, un Anglais, Hawkesbée, reprit les essais
d'Otto de Guericke et obtint de meilleurs résultats en
remplaçant le globe de soufre par un cylindre de verre.

A la même époque, un compatriote de Hawkesbée,
Grey, reconnut que l'électricité peut se transporter le

long de certains corps et franchir ainsi des distances assez considérables, sans que ses effets en soient amoindris. Cette constatation l'amena à distinguer les corps en deux classes, ceux qui sont isolants et que l'électricité ne peut franchir et ceux par l'intermédiaire desquels elle se propage. Grey est aussi le premier qui se soit servi de l'intermédiaire des corps organisés et du corps humain dans ses expériences.

Dufay et la théorie des deux électricités. — Jusqu'à présent, nous n'avons vu aucun savant français s'intéresser aux études électriques. Le premier d'entre eux qu'elles tentèrent fut un membre de l'Académie des Sciences, Intendant du Jardin du roi, nommé Dufay, qui publia, au cours des années 1733 et 1734, plusieurs mémoires qui firent faire à la science nouvelle des progrès décisifs.

Il reconnut, le premier, que si *certains* corps *seulement* peuvent être électrisés dans les conditions ordinaires des expériences, on arrive à donner à *tous* les propriétés électriques lorsqu'on les isole par l'intermédiaire du verre sec.

C'est également à Dufay qu'on doit d'avoir montré la possibilité de tirer une étincelle électrique du corps humain. L'abbé Nollet, qui secondait Dufay dans ses expériences, a raconté l'extrême surprise qu'il éprouva lorsqu'il vit se produire ce phénomène inattendu.

Une autre découverte, due aussi à Dufay, est la propriété qu'ont les corps électrisés d'attirer ceux qui ne le sont pas et de les repousser dès qu'ils sont venus à leur contact.

Enfin, c'est Dufay qui a établi la distinction entre deux sortes d'électricité. « Le hasard, dit-il, m'a présenté un principe universel qui jette un jour nouveau sur la matière de l'électricité. Ce principe, c'est qu'il y a deux sortes d'électricités très différentes l'une de l'autre : l'une, que j'appellerai électricité *vitrée*, et l'autre, électricité *résineuse*. La première est celle du verre, du cristal de roche, des pierres précieuses, du poil des animaux, de la laine et de beaucoup d'autres corps. La seconde est celle de l'ambre, de la gomme copal, de la gomme laque, de la soie, du fil, du papier et d'un grand nombre d'autres substances. Le caractère de ces deux électricités est de se repousser elles-mêmes et de s'attirer l'une l'autre. Ainsi un corps de l'électricité vitrée repousse tous les autres corps qui possèdent l'électricité vitrée et, au contraire, il attire tous ceux qui possèdent l'électricité résineuse. Les résineux pareillement repoussent les résineux et attirent les vitrés. »

Cette théorie fut abandonnée presque aussitôt après avoir été formulée et remplacée par la théorie des électricités positive et négative du Dr Franklin. Elle témoigne cependant de l'esprit d'observation de son auteur et de la méthode de ses conceptions. Elle a certainement ouvert la voie à la théorie de l'illustre savant américain.

Autres recherches. — Pendant ce temps, Grey continuait ses travaux. Ils le conduisirent à la notion si féconde des conducteurs électriques et de la transmission à distance des actions électriques à travers des tiges de métal suspendues à des cordons de soie. On entrevoit déjà le principe des lignes électriques, dont le monde sera un jour sillonné.

Un autre savant anglais, Desaguliers, descendant de protestants émigrés, établissait la différence qui existe entre les corps électrisés et les conducteurs par l'intermédiaire desquels l'électricité se transporte. Il observait, en même temps, les causes et le mode de déperdition de l'électricité et l'action de l'humidité.

A la même époque, l'École allemande, fidèle au souvenir d'Otto de Guericke, portait spécialement son attention
du côté de la production de l'électricité. Boze, professeur à Wittenberg, Winckler, de l'Université de Leipzig,
construisaient de nouvelles machines et en multipliaient
les types en employant plus généralement le globe de
soufre. Ils arrivèrent ainsi à obtenir des étincelles puissantes. Un bénédictin écossais, professeur à Erfurt, le
Père Gordon, en augmenta l'intensité à l'aide de sa

Fig. 4. — Machine du Père Gordon.

machine (fig. 4) au point qu'il put foudroyer de petits
oiseaux, donner à un homme une commotion violente et
allumer de l'alcool au moyen de jets d'eaux électrisés.
Ces expériences furent variées de plusieurs manières.
En 1744, le professeur Ludolf, à Berlin, enflamma de
l'éther avec un tube électrisé ; Winckler obtint un phénomène plus saisissant en allumant de l'éther et de
l'alcool avec une étincelle jaillissant de l'extrémité de
son doigt.

Ainsi, au milieu du xviiie siècle, les phénomènes de

l'électricité statique commençaient à être connus, classés et coordonnés en un corps de doctrine.

Une expérience mémorable allait donner à leur étude une impulsion plus vive encore

CHAPITRE III

LA BOUTEILLE DE LEYDE

Muschenbroeck et l'expérience de Leyde. — Expériences faites
en France. La chaîne électrisée. — Expériences sur la transmission
de l'électricité et la vitesse de sa propagation. — Expériences
faites en Angleterre par le Dr Watson. Nouvelles formes de la
bouteille de Leyde. — Mémoire de Watson.

Muschenbroeck et l'expérience de Leyde. — Au
mois de janvier de l'année 1746, M. de Réaumur, membre
de l'Académie Royale des Sciences, fit part à ses collègues
d'une lettre qu'il venait de recevoir de M. Muschenbroeck, professeur de philosophie et de mathématiques
à l'Université de Leyde.

Le savant allemand faisait, dans cette lettre, le récit
détaillé des circonstances dans lesquelles s'était effectuée une expérience qui devint rapidement célèbre sous
le nom d'expérience de Leyde et qui, répétée et complétée, finit par donner naissance à l'appareil bien connu
sous le nom de bouteille de Leyde.

Le récit de Muschenbroeck eut un immense retentissement dans le monde scientifique. Il en franchit même
les limites, donna lieu à des démonstrations publiques
et, suivant l'expression de l'abbé Nollet, « rendit l'électricité si célèbre qu'elle se donna en spectacle au peuple ».

Cet enthousiasme n'était pas encore amoindri, vingt-cinq ans après, puisque Priestley écrivait, en 1771, dans son *Histoire de l'Électricité* : « L'année 1746 fut fameuse par la découverte la plus surprenante qui eût été encore faite en électricité. Elle consiste dans l'accumulation étonnante de la puissance électrique dans le verre, appelé d'abord la bouteille de Leyde parce que cette expérience fut faite la première fois par Cuneus, natif de Leyde, en en reproduisant quelques autres qu'il avait vues avec MM. Muschenbroeck et Allaman, professeurs en l'Université de cette ville ».

Cette expérience mémorable marque donc, dans l'histoire de l'électricité, une étape qui mérite de retenir quelques instants l'attention.

« M. Muschenbroeck, avec quelques-uns de ses amis, continue Priestley, observant que les corps électrisés exposés à l'air de l'atmosphère, toujours rempli de particules conductrices de diverses espèces, perdaient bientôt leur électricité et ne pouvaient en retenir qu'une petite quantité, imaginèrent que si les corps électrisés étaient terminés, de tous côtés, par des corps électriques par eux-mêmes, ils pourraient être capables de recevoir une puissance plus forte et de la conserver plus longtemps. Le verre étant le corps électrique et l'eau le non électrique les plus convenables pour cet effet, ils firent d'abord ces expériences avec de l'eau dans des bouteilles de verre.

« Mais on ne fit pas de découverte bien considérable jusqu'à ce que M. Muschenbroeck ou M. Cuneus, tenant par hasard d'une main le vaisseau de verre contenant de l'eau qui avait communication avec le principal conducteur par un fil de fer et le détachant du conducteur avec l'autre (lorsqu'il crut que l'eau avait reçu autant d'électricité que la machine pouvait lui en donner), se sentit frapper sur les bras et sur la poitrine d'un coup subit qu'il n'avait pas attendu devoir être le résultat de l'expérience (fig. 5) ».

Il est extrêmement curieux de lire dans les ouvrages du temps le commentaire de cette expérience. De nombreux physiciens la répétèrent, avec un effroi mal déguisé, et firent connaître leurs impressions dans des récits empreints d'une exagération non moins évidente.

M. Muschenbroeck lui-même, dans la communication qu'il avait faite à M. de Réaumur, racontait « qu'il s'était

Fig. 5. — Expérience de Leyde.

senti frappé sur les bras, les épaules et la poitrine au point qu'il en perdit la respiration, et fut deux jours avant de revenir du coup et de la frayeur ».

Il en fut si terrifié qu'il ajoutait qu'il ne s'exposerait pas de nouveau à recevoir un choc pareil, même pour le royaume de France.

Le collaborateur de Muschenbroeck, Allaman, ne fut pas moins impressionné que lui.

Il répéta l'expérience avec un simple verre à bière, « perdit pendant quelques instants l'usage de la respiration et sentit ensuite une si forte douleur le long de son bras droit qu'il appréhenda d'abord des suites fâcheuses, quoique bientôt elle se dissipa sans aucun inconvénient ».

Un autre physicien, Winckler, de Leipzig, fait de son expérience une description encore plus dramatique. « La première fois qu'il la reproduisit, il éprouva de grandes commotions dans tout le corps ; elles lui mirent le sang dans une agitation si violente qu'il craignit d'être attaqué d'une fièvre chaude et fut obligé de prendre des remèdes rafraîchissants (*sic*). Il se sentit aussi la tête pesante comme s'il eût une pierre dessus. Elle lui causa deux fois, ajouta-t-il, un saignement de nez auquel il n'était pas sujet ».

Il est clair que ces récits exagérés se ressentent de l'impressionnabilité plus ou moins grande de chacun.

La curiosité fut cependant plus forte que la terreur et elle était telle que la femme de Winckler lui-même, qui avait été témoin de l'émotion de son mari, ne craignit pas de faire l'expérience pour son propre compte et même de la répéter une seconde fois. Après ces deux coups, il paraît qu'elle se trouva si faible qu'elle pouvait à peine marcher. Malgré cela, elle recommença encore et fut récompensée de sa ténacité et de son courage, puisqu'elle se tira d'affaire avec un simple saignement de nez.

L'abbé Nollet recommença à son tour cette expérience (1) et il avoue qu'il ne le fit pas sans crainte en raison du récit des effets qu'avaient éprouvés Muschenbroeck et Allaman, qu'il tenait pour des hommes « exacts et véridiques ».

N'ayant pas à sa disposition de verre d'Allemagne ou de Bohême, il employa un simple matras, de verre le plus commun, pris dans son laboratoire.

____

(1) Voir les *Mémoires de Mathématiques et de Physique* tirés des registres de l'Académie royale des Sciences.]

Dès la première fois, il ressentit jusque dans la poitrine et les entrailles une commotion qui lui fit « involontairement plier le corps en deux et ouvrir la bouche comme il arrive dans les accidents où la respiration est coupée. Le doigt index de sa main droite, avec lequel il tirait l'étincelle, reçut un choc et une piqûre très violente, son bras gauche fut secoué et repoussé de haut en bas, au point de lui faire quitter le vase à demi plein d'eau qu'il tenait. »

Cependant, il ajoute qu'il n'a pas ressenti les maux de tête et les douleurs sourdes dans les bras dont se sont plaints les autres expérimentateurs et il conclut en disant :

« L'imagination a-t-elle suggéré ces plaintes? Le hasard y a-t-il donné lieu? ou bien certains tempéraments sont-ils susceptibles des impressions que cela peut faire? Ce dernier soupçon m'a paru préférable aux autres. »

On le voit, ce n'est qu'avec une très vive crainte que les physiciens reproduisaient l'expérience de Leyde, et avec le sentiment qu'elle les exposait à être sacrifiés sur l'autel de la science. Si les uns déclaraient qu'ils ne la recommenceraient pas, même avec une couronne royale pour récompense, d'autres allaient bravement au-devant du danger, réel ou imaginaire, qu'ils croyaient courir. Tel Boze, qui écrivit qu'il serait heureux de mourir d'une commotion électrique si le récit de sa mort devait fournir un article dans les *Mémoires de l'Académie royale des Sciences de Paris.*

Ces détails montrent l'impression que ces expériences produisaient sur les esprits.

Expériences faites en France. — *La chaîne électrisée.* — En France, l'ardeur avec laquelle l'abbé Nollet les répéta leur donna une vogue extraordinaire.

Elle dépassa bientôt l'enceinte de l'Académie et des laboratoires, s'étendit à la cour, à la ville et enfin à la rue.

La frayeur de Muschenbroeck et de ses premiers collaborateurs n'impressionnait plus personne. On la tournait volontiers en ridicule et c'est en foule que les curieux se rendaient chez l'abbé Nollet pour obtenir la faveur de recevoir la fameuse commotion électrique. L'affluence des visiteurs devint telle qu'elle suggéra à Nollet une nouvelle forme de l'expérience, plus curieuse encore que la première. Il électrisait les gens, non plus un à un, mais, pour arriver à contenter tout le monde, il opérait par séries de personnes se tenant par la main et formant ainsi une *chaîne.* Une seule décharge de la bouteille était ressentie par tous.

Cette forme de l'expérience fut maintes fois répétée : A la cour d'abord, où, devant le roi et la reine, une chaîne fut formée avec une compagnie de 240 gardes françaises. Ensuite, dans un couvent de Chartreux, où tous les moines, réunis par l'intermédiaire de fils de fer, occupaient une longueur de 900 toises.

La bouteille de Leyde était à la mode. Le peuple, lui-même, voulut en connaître les effets et des physiciens ambulants les démontrèrent pratiquement dans les rues et sur les places publiques. On avait imaginé, pour la rendre transportable et simplifier les démonstrations, un petit matériel portatif, appelé *Bouteille d'Ingenhousz*, qui réunissait sous un faible volume, la bouteille et une sorte de machine électrique formée d'un ruban de soie enduit de résine qu'on frottait avec une peau de lièvre.

Tout ce que l'imagination pouvait suggérer pour donner de l'expérience une forme nouvelle, amusante ou malicieuse, fut mis en œuvre et donna naissance à de petits appareils tels que la canne électrique, dont le public se divertissait (1).

------

(1) Un motif de curiosité moins banal résulta de l'aventure suivante :

Expériences sur la transmission de l'électricité et la vitesse de sa propagation. — Pendant plusieurs années, les expériences de Leyde furent répétées, modifiées et développées.

Un membre de l'Académie des Sciences, Lemonnier, les renouvela en employant, au lieu de chaînes humaines, des fils conducteurs. Dans l'une d'elles, le conducteur était un fil de fer d'une lieue de longueur.

C'est la première expérience de transmission à grande distance qui ait été faite. Elle suggéra à son auteur l'idée de mesurer la vitesse de propagation de l'électricité. Il le fit à l'aide de deux fils, de 950 toises chacun, placés autour d'un enclos du jardin des Chartreux, de telle façon qu'il était facile à un même opérateur de voir l'étincelle électrique et de constater la secousse qu'elle produisait.

Un professeur de physique au collège d'Harcourt, Sigaud de la Fond, répétait ses expériences sur une chaîne composée des soixante élèves de sa classe. Il constata avec étonnement que le choc n'allait pas au delà du sixième et que les autres ne ressentaient rien. La cause de cette bizarrerie était due, comme on le reconnut plus tard, à ce que le sixième élève était placé sur une partie du sol qui était très humide et par laquelle l'électricité s'écoulait. Mais, bien loin de chercher une raison naturelle à un phénomène imprévu et de varier son expérience pour en trouver l'explication, le professeur fit une supposition des plus extravagantes. Le malheureux jeune homme qui arrêtait l'électricité fut accusé de manquer de... virilité. Cette hypothèse absurde, répandue dans le public, vint aux oreilles du duc de Chartres, qui tint à l'éclaircir et qui, au lieu de prescrire la seule constatation physiologique qu'elle demandait, fit venir trois musiciens « incomplets » de la chapelle du roi et les interposa dans une chaîne.

Leur sensibilité électrique fut reconnue comme étant comparable à celle du commun des mortels et le pauvre élève, cause et victime involontaire de tout ce bruit, fut réhabilité aux yeux de tous.

Si nous avons rappelé cet incident ridicule, c'est pour montrer à quel degré l'opinion publique était surexcitée par les nouveaux progrès de l'électricité qui avaient leur origine dans les expériences de Leyde.

De ses essais, variés de plusieurs manières, Lemonnier conclut que la vitesse de propagation de l'électricité dans le fil de fer est au moins trente fois égale à celle du son.

Expériences faites en Angleterre par le Dr Watson. — En même temps, des expériences d'un grand intérêt étaient faites en Angleterre par plusieurs membres de la Société royale de Londres, sous la direction du Dr Watson. Une première fois, ces savants se proposèrent de faire passer le choc électrique à travers la Tamise. Le 14 et le 18 juillet 1747, on forma un circuit de la manière suivante : un fil de fer était fixé le long du pont de Westminster, à une grande hauteur au-dessus de la rivière. Un des expérimentateurs faisait communiquer l'une des extrémités de ce fil avec l'armature extérieure d'une bouteille chargée. Sur la rive opposée, un deuxième expérimentateur tenait, d'une main, le bout du fil et, de l'autre, plongeait dans l'eau une baguette en fer.

La commotion se fit sentir lorsque le premier observateur, plongeant également une baguette de fer dans la rivière, se mit en contact avec l'autre armature de la bouteille.

Cette expérience fut répétée plusieurs fois, avec le même succès. Le 24 juillet, elle porta sur des distances de 800 pieds par terre et 2 milles par eau, puis de 2.800 pieds par terre et 8 milles par eau.

En même temps, elle reçut une variante ; les fils étant soutenus en l'air par des piquets au lieu d'être laissés traînant à terre, on constata que la secousse était bien plus sensible.

C'est là, sans doute, le premier exemple d'une ligne électrique aérienne. D'autres essais eurent pour but de constater que l'électricité traversait les terrains secs et, enfin, de mesurer la vitesse de propagation de l'électricité.

Dans les dernières expériences, sa transmission fut reconnue instantanée sur un fil qui avait 12.276 pieds de longueur.

Nouvelles formes de la bouteille de Leyde. — Un tel concours de savants et de si nombreuses expériences avaient petit à petit modifié la forme initiale de la bouteille de Leyde et éclairci sa théorie. On reconnut bientôt que la présence de l'eau n'était nullement nécessaire. Watson commença, tout d'abord, par envelopper le verre jusqu'au col de la bouteille par une feuille d'étain; puis il employa de grandes jarres garnies intérieurement et extérieurement de feuilles d'argent.

On arrivait ainsi, peu à peu, à la forme actuelle de cet appareil qui n'a plus aujourd'hui qu'un intérêt de cabinet de physique.

Fig. 6. — Le carreau fulminant.

La bouteille de Leyde n'est, on le sait, qu'un condensateur, dont la forme la plus simple est réalisée par *le carreau fulminant* de Franklin, formé d'une lame de verre sur chacune des faces de laquelle est appliquée une feuille d'étain (fig. 6).

Dans la bouteille de Leyde, le carreau est remplacé par un flacon de même substance, enveloppé à sa partie extérieure, et sur les trois quarts environ de sa hauteur, d'une feuille d'étain B.

L'intérieur est rempli de feuilles de clinquant au milieu desquelles plonge une tige métallique qui traverse le bouchon enduit d'un vernis laqué, et se termine extérieurement par un bout en crochet A (fig. 7).

Le Dr Bevio, un des collaborateurs de Watson, avait

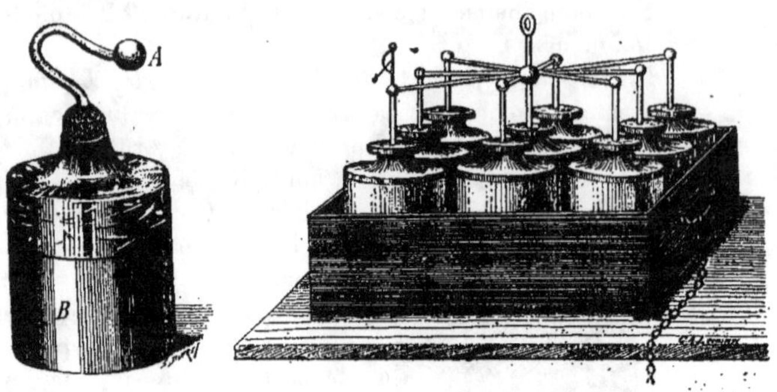

Fig. 7. — Bouteille
de Leyde.

Fig. 8. — Batterie de bouteilles
de Leyde.

eu l'idée d'augmenter les effets de la bouteille de Leyde en en réunissant plusieurs en batterie (fig. 8).

Mémoire de Watson. — Les expériences importantes auxquelles s'étaient livrés les savants anglais firent l'objet d'un mémoire qui fut présenté, le 21 janvier 1748, à la Société royale de Londres.

La conclusion mérite d'être citée.

J'ai rapporté ces faits, dit Watson, d'autant que, « malgré les grands progrès que nous avons faits depuis un petit nombre d'années dans cette partie de la physique, la postérité nous regardera encore comme des *novices;* nous devons donc, toutes les fois que nous y serons autorisés par les expériences, corriger toutes les conséquences que nous pouvons avoir tirées quand il s'en présentera d'autres plus probables ».

Sages paroles que l'avenir devait confirmer bien au delà de ce que pouvait prévoir leur auteur.

CHAPITRE IV

Franklin; ses débuts. — Théorie des électricités positive et négative. — Travaux sur l'électricité atmosphérique. — Expériences faites en France, par Buffon et Dalibard. — Autres expériences. — Expériences et mort de Richmann. — Machine du Musée Teyler.

Franklin. — *Ses débuts*. — Au cours de cette même année 1746, qui avait vu les études électriques faire un pas décisif en avant, par les expériences de Leyde, Benjamin Franklin préludait, de l'autre côté de l'Atlantique, à des travaux scientifiques qui devaient exciter l'étonnement et l'admiration du vieux monde (1).

---

(1) B. Franklin naquit à Boston, le 17 janvier 1706. Son père, dont il était le quinzième enfant, avait quitté l'Angleterre à la fin du règne de Charles II et était venu s'installer à Boston où, abandonnant son premier état (il était teinturier), il se fit fabricant de chandelles. Le jeune Benjamin ne trouvait pas dans les occupations vulgaires, auxquelles le condamnait son apprentissage, l'aliment qui convenait à son esprit vif et avide d'études. Ses loisirs étaient absorbés par la lecture. Un de ses frères, ayant rapporté de Londres un matériel d'imprimerie, il entra comme ouvrier chez lui, en 1718, avec un contrat d'apprentissage de neuf années, dont huit sans autre rémunération que sa nourriture.

Franklin, devenu rapidement un habile ouvrier, put alors, en travaillant la nuit et en ne mangeant que des légumes, faire des réserves de temps et d'argent, qu'il consacra à l'étude. Mais son

Franklin avait déjà derrière lui, à cette époque, quarante années d'une enfance malheureuse et d'une jeunesse agitée, auxquelles avait succédé un âge mûr enfin vainqueur de tous les obstacles. « L'esprit d'observation et de conclusion dont il était éminemment doué (1) » fixa son attention sur des expériences imparfaites d'électricité dont il avait été témoin à Boston, et l'amena à un genre d'études qui étaient toutes nouvelles pour lui.

Le Dr Collinson, membre de la Société royale de Londres, avait fait don, à la Bibliothèque que Franklin avait fondée à Philadelphie, de quelques appareils rudimentaires que celui-ci transforma, compléta et appliqua à des expériences successives sur l'action des pointes et sur l'électricité atmosphérique.

---

caractère indépendant s'accommodait mal d'une tutelle. Il quitta son frère, se rendit par mer à New-York et à Philadelphie, où il trouva du travail et conquit les bonnes grâces du gouverneur de la Pensylvanie. En 1724, il alla en Angleterre pour y acheter un matériel d'imprimeur et rentra en Amérique après dix-huit mois de séjour infructueux à Londres. Quatre ans plus tard, il réalisait enfin son rêve. Après une association avec un bailleur de fonds, il finit par rester seul à la tête de son imprimerie, à Philadelphie. De ce moment date sa fortune. Il obtint l'impression du papier-monnaie de Pensylvanie, publia des journaux et ses célèbres almanachs et se consacra à la création de grandes œuvres toutes nouvelles dans son pays : une bibliothèque, une Société académique, un hôpital, des services municipaux de pavage, d'éclairage, etc.

La seconde moitié de sa vie fut partagée entre ses travaux d'électricité et la défense des droits des colonies anglaises contre la métropole.

Venu en France en 1776, il y reçut l'accueil que méritaient son génie, la dignité de sa vie et la noble cause qu'il servait.

Turgot a caractérisé, dans un vers latin, la double mission qu'il accomplit dans son existence :

Eripuit cœlo fulmen, sceptrumque tyrannis.

Il mourut à Philadelphie, le 17 avril 1790.
(1) Mignet : *Vie de Franklin.*

Théorie des électricités positive et négative. — Au cours de ces premiers travaux, Franklin, amené à réfléchir sur l'essence même du fluide électrique, formula la théorie des électricités *positive* et *négative*, qu'il opposa à celle des électricités résineuse et vitrée de Dufay. Elle est consignée dans un mémoire du 1er juin 1747, daté de Philadelphie.

Dans son *Histoire de l'Électricité*, Priestley revendique pour son compatriote, le Dr Watson, un droit égal et peut-être plus ancien à l'honneur de cette découverte. Le Dr Watson avait fait, dès le commencement de 1747, des expériences pour confirmer la théorie de l'électricité *en plus et en moins*. Ces expériences furent continuées et communiquées à M. Folkes, président de la Société royale de Londres, et à plusieurs de ses membres, avant que le récit des théories de Franklin fût parvenu en Europe.

Quoi qu'il en soit, ce sont les travaux de Franklin qui ont popularisé cette doctrine que l'électricité est également répandue dans tous les corps, qu'elle s'accumule en excès sur certains, se raréfie sur d'autres et les remet à l'état d'équilibre en se transportant des uns aux autres par une décharge et une étincelle.

Franklin parlait de cette théorie, qui devait établir sa renommée scientifique, avec une défiance de lui-même et une grandeur d'âme vraiment philosophiques, à laquelle peu de gens ont jamais atteint (1). Il dit que tous les phénomènes qu'il a vus et qui concernent l'électricité du verre s'expliquent par cette hypothèse. « Cependant, ajoute-t-il, peut-être n'est-elle pas vraie. Je serai obligé à celui qui m'en fournira une meilleure » (2).

----

(1) Priestley : *Histoire de l'Électricité.*
(2) Lettres de Franklin au Dr Collinson.

Travaux sur l'électricité atmosphérique. — Les expériences célèbres par lesquelles Franklin établit l'identité de la foudre et de l'électricité, découvrit l'action des pointes, alla recueillir, à l'aide d'un cerf-volant, le fluide même des nuages et imagina le paratonnerre, excitèrent dans le monde entier le plus grand enthousiasme.

Mais, pas en Angleterre tout d'abord. Ses premières lettres à Collinson, sur ce sujet, furent tournées en ridicule par les membres de l'Académie royale, et son idée d'écarter la foudre au moyen d'une tige de fer qualifiée d'absurdité.

Ses lettres ne furent pas appelées à l'honneur de l'insertion dans les *Transactions philosophiques ;* mais, imprimées en un volume par les soins de Collinson, elles eurent un succès considérable. En peu d'années, cinq éditions du livre furent publiées et, sous la pression de l'opinion publique, l'Académie se résolut à recevoir, le 5 juin 1751, une communication officielle de cet ouvrage, sans toutefois pousser jusqu'au bout le courage de sa rétractation ; rien de ce qui concernait le paratonnerre ne fut inséré.

L'ensemble des lettres de Franklin à Collinson fut plus tard réuni en un seul ouvrage sous le titre de : *Nouvelles expériences et observations faites sur l'Électricité à Philadelphie (Amérique), communiquées à Pierre Collinson Esq., membre de la Société royale de Londres,* dans plusieurs lettres dont la première est du 28 juillet 1747, la dernière du 18 avril 1754.

« On n'a jamais rien écrit sur l'électricité, dit Priestley (1), qui ait eu plus de lecteurs et d'admirateurs que ces lettres, dans toutes les parties de l'Europe. Il n'y a presque aucune langue en Europe dans laquelle on ne

____

(1) *Histoire de l'Électricité.*

les ait traduites et, comme si ce n'était pas encore assez
pour les faire connaître, on en a fait encore une traduction en latin.

« Il est difficile de dire lequel fait le plus de plaisir,
ou la simplicité et la clarté avec laquelle elles furent
écrites ou la modestie avec laquelle l'auteur y propose
toutes ses hypothèses, ou la noble franchise avec laquelle
il avoue ses erreurs lorsqu'elles sont prouvées par de
nouvelles expériences. »

***Expériences faites en France par Buffon et
Dalibard.*** — En France, où les théories de Franklin
trouvèrent un adversaire dans l'abbé Nollet, ses lettres
ne furent d'abord connues que par une mauvaise traduction.

M. de Buffon, le célèbre naturaliste, alors intendant
du jardin du Roi, en eut connaissance et engagea un de
ses amis, Dalibard, à en publier une nouvelle.

Ce travail, précédé d'une histoire abrégée de l'électricité, eut un très grand succès et excita vivement la
curiosité du public.

A l'exemple de l'abbé Nollet, qui peu auparavant, avait
fait des expériences publiques avec la bouteille de Leyde,
un ami de Dalibard, nommé Delor, qui possédait, place
de l'Estrapade, un cabinet de physique bien garni, attira
la foule chez lui.

D'un commun accord, Buffon, Dalibard et Delor éle-
vèrent, le premier sur la tour de son château de Montbard, le second sur sa maison de campagne de Marly,
le troisième sur le toit de sa maison, de hautes tiges de
fer isolées, pour tirer l'électricité des nuages.

Le caprice des troubles atmosphériques favorisa Dalibard le premier. Le 10 mai 1752, tandis qu'il était
absent, un orage éclata sur Marly. Son jardinier, instruit
de ce qu'il avait à faire en la circonstance, courut cher-

cher le curé qui se livra à des expériences et, devant une foule rapidement amassée, tira des étincelles de l'appareil.

L'Académie des sciences reçut, quelques jours après, avec la plus vive curiosité, le récit de ce qui s'était passé.

Une semaine plus tard, c'était le tour de Delor Le lendemain, le château de Montbard était visité par la foudre.

Vivement intéressé par ce qu'on lui avait rapporté de ces faits intéressants, le roi désira qu'ils fussent reproduits devant lui. Une installation fut faite par Delor dans la propriété du duc d'Ayen, à Saint-Germain, et permit la constatation de ces phénomènes avec lesquels nous sommes familiarisés aujourd'hui, mais qui, tout nouveaux alors, excitaient une curiosité extraordinaire.

Autres expériences. — Cette curiosité s'accrut lorsque Lemonnier démontra que l'électricité existait dans l'air, même par un temps serein, plus encore, lorsque Romas, à Nérac, eut l'idée [avant que Franklin n'eût, de son côté, fait la même expérience (1)] d'aller chercher l'électricité dans les nuages au moyen d'un cerf-volant.

On trouve l'écho de l'étonnement général qu'avaient produit ces découvertes dans le récit emphatique que Lacépède consacre à leur commentaire au commencement de son *Essai sur l'Electricité naturelle et artificielle*.

Après avoir peint le tableau d'un orage, il continue ainsi : « Au milieu de cette consternation universelle,

---

(1) Romas réclama vainement de Franklin la constatation de sa priorité. Son mémoire, *Moyen de se garantir de la foudre dans les maisons*, ne parut qu'après sa mort, en 1776.

le philosophe seul, intrépide, ose aller enchaîner la foudre jusque dans le siège de son empire. Il s'avance seul, un frêle et léger instrument à la main. Les vents élèvent à la hauteur des nuages la faible machine qui va combattre la foudre. A peine a-t-elle atteint la région de tonnerre que les éclairs l'environnent. Tout l'orage se ramasse et se concentre autour d'elle et à l'aide d'un léger conducteur, le philosophe, à qui la nature entière paraît obéir, le dompte et le dirige. Je le découvre à la clarté des éclairs, garanti, par le fruit de ses expériences et de ses veilles, du danger qui l'environne, conduisant pour ainsi dire, le nuage affreux qui recèle la mort et osant seul affronter l'orage, le maîtriser et observer la nature dans son spectacle le plus imposant. »

Expériences et mort de Richmann. — Le danger dont parle Lacépède n'était pas une illusion. Déjà plusieurs expérimentateurs, et entre autres le curé de Marly, avaient reçu des commotions violentes et des meurtrissures autrement graves que celles qui terrorisaient les savants de Leyde. Ses travaux sur l'électricité coûtèrent la vie à Richmann, membre de l'Académie impériale de Saint-Pétersbourg.

Il avait installé sur le toit de sa maison une tige dont la base, soigneusement isolée, pénétrait jusque dans sa chambre.

Le 6 août 1753, tandis qu'il était en séance à l'Académie, il entendit le roulement lointain du tonnerre; rentrant immédiatement chez lui, il se mit en observation au pied de son appareil. En même temps, il faisait appeler un graveur, Solokoff, qui devait faire les planches de l'ouvrage qu'il préparait sur ce sujet et qu'il désirait rendre témoin de ses expériences. Au moment ou Solokoff arriva, l'orage s'était rapproché et atteignait sa plus grande intensité. Il aperçut Richmann qui tirait de grandes étincelles, puis, tout d'un coup, le savant étant passé plus près du conducteur, il vit un éclair bleuâtre, en forme de boule, en jaillir et frapper Richmann au front, tandis qu'il était lui-même jeté sur le sol au milieu de nombreux débris.

Richmann avait été tué sur le coup. Il avait été profondément brûlé au front et à la poitrine. Un de ses souliers était percé d'une large ouverture, comme si la foudre l'avait entièrement traversé du front à la plante des pieds.

Machine du Musée Teyler. — Concurremment avec ces travaux qui ouvraient des voies nouvelles aux recherches des physiciens, d'autres études, d'un ordre théorique moins élevé, étaient entreprises pour perfectionner les machines électriques, augmenter leurs effets et vérifier dans une mesure plus étendue les phénomènes déjà observés.

En 1778, un Hollandais, Pierre Teyler van der Hulst, légua en mourant, à Haarlem, sa ville natale, des collections importantes d'histoire naturelle et sa bibliothèque, avec une dotation importante, à charge par elle de créer une société de théologie et une académie, dont l'objet serait les études de physique, d'histoire, de littérature, de beaux-arts et d'archéologie.

Cette société prit le nom de musée Teyler. Le soin d'organiser la section de physique fut dévolu à van Marum, qui se préoccupa immédiatement de la construction d'une machine électrique capable de produire des effets très supérieurs à ceux qu'on avait obtenus jusqu'alors.

Cette machine fut construite à Amsterdam, par Cuthberson, et terminée en 1784. Sa partie essentielle (fig. 9) était formée de deux plateaux de glace ayant 1^m,60 de diamètre, distants de 18 centimètres et montés sur un

axe comme porté par des colonnes de verre. Ces plateaux étaient de provenance française. Une manivelle,
mue par deux ou quatre hommes, les mettait en mouvement et déterminait leur frottement sur un ensemble de
huit coussins recouverts de taffetas ciré.

La machine, haute de 2^m,50, était portée sur une table
isolée par des pieds de verre.

Le conducteur d'électricité était formé d'un ensemble
de tubes de cuivre de 10 centimètres de diamètre dont les

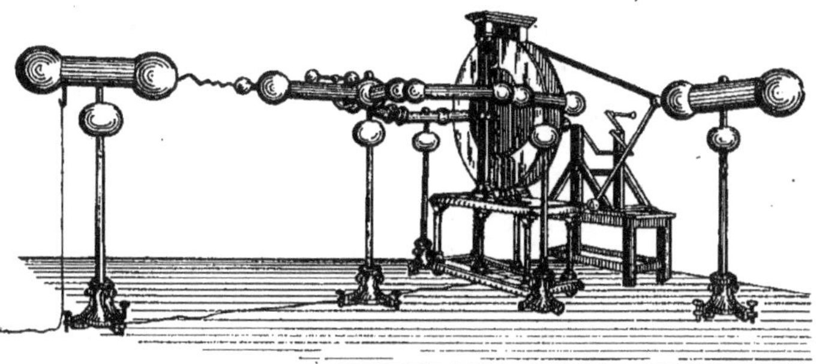

Fig. 9. — Machine Van Marum, du musée Teyler.

extrémités, courbées à angle droit entre les deux plateaux, portaient une série de pointes métalliques.

La sphère terminant le conducteur était prolongée par
une petite boule de laquelle l'électricité passait à un
second conducteur long de 55 centimètres, formé d'un
tube de 20 centimètres de diamètre terminé par deux
boules de 30 centimètres.

Cette machine avait un pouvoir électrique considérable, tel qu'une personne, placée à 2 mètres, éprouvait
sur la figure et les mains, dès qu'elle était mise en mouvement, une sensation comparable au frottement d'une
toile d'araignée.

S'approchait-elle davantage et se plaçait-elle entre les

bras du conducteur, elle éprouvait à la tête des picote-
ments insupportables. A 12 mètres, elle influençait les
lames d'un électromètre ; une pointe métallique placée à
8 mètres devenait lumineuse.

Elle donnait entre ses deux conducteurs des jets lumineux de 60 centimètres de long, qu'on pouvait allonger
jusqu'à 2 mètres en les faisant passer sur des corps
mauvais conducteurs.

La machine van Marum a figuré à l'Exposition de 1881,
à Paris.

Le musée Teyler possédait aussi une batterie de
225 bouteilles de Leyde disposées par groupes de 15
dans 15 caisses.

Avec ces appareils puissants, Van Marum se livra à de
nombreuses expériences sur l'action de l'étincelle sur
les métaux, les oxydes, les gaz, l'intervention de l'électricité dans les phénomènes météorologiques.

Mais le moment était venu où l'attention allait être
portée sur des faits d'un intérêt scientifique bien plus
puissant.

CHAPITRE V

Marat électricien. — Les précurseurs de Galvani. — Galvani. — Sa vie. — Son expérience. — Volta. — Lutte de Galvani et de Volta. — Phénomènes produits par le contact de deux métaux. — La pile de Volta. — Honneurs décernés à Volta. — Fin de sa carrière.

Marat électricien. — Le docteur en médecine Marat, médecin des gardes du corps de Mgr le comte d'Artois, le même qui devait périr sous le poignard de Charlotte Corday, a publié, en 1782, un ouvrage intitulé : *Recherches physiques de l'Electricité*.

Le discours préliminaire de cet ouvrage débute ainsi :

« Des branches nombreuses de la physique, il n'en est pas dont la connaissance importe plus à notre conservation que celle de l'électricité et il n'en est point dont les phénomènes, vus en grand, offrent un spectacle à la fois plus singulier, plus imposant et plus terrible. De tous temps, ces phénomènes furent un mystère impénétrable que le vulgaire admirait stupidement et que les philosophes expliquaient sottement. La gloire de le percer était réservée à quelques physiciens de nos jours. »

Il se termine par ces mots :

« La matière que je traite dans cet ouvrage peut se

comparer à un vaste champ, laissé en friche, plusieurs siècles, ensuite lentement défriché par différentes mains, puis cultivé par quelques mains habiles, enfin, ensemencé pêle-mêle par des mains maladroites.

« Aussi, encore inculte en divers endroits, en d'autres, on voit pousser quelques belles plantes au milieu de mauvaises herbes.

« Malgré tant de travaux, on sait assez combien ce champ a encore besoin de culture. Elle demanderait un de ces esprits lumineux faits pour s'écarter des routes battues. »

Et Marat d'ajouter : « Heureux, trop heureux, si mes lecteurs trouvent que je n'ai pas eu tort de l'avoir entrepris. »

Ce tableau général, en somme assez exact, de l'état des connaissances électriques à la fin du xviiiᵉ siècle montre que le monde scientifique était en quelque sorte dans l'attente de l'événement imprévu qui allait changer la face des choses et orienter les recherches dans une voie plus féconde. Nous avons vu, à la fin d'un chapitre précédent, cette intuition manifestée par un savant d'une plus grande autorité scientifique que Marat et avec une modestie qui contraste avec la prétention, mal déguisée de celui-ci.

En effet les temps étaient proches.

Les précurseurs de Galvani. — Les expériences de Leyde avaient déterminé dans le monde scientifique un vif sentiment de curiosité et d'étonnement.

Celles de Galvani et de Volta, à la fin du siècle, devaient avoir un retentissement plus grand encore et exercer une influence plus décisive sur l'avenir de l'électricité.

Dans son *Histoire du Galvanisme*, Sue aîné raconte que Galvani avait eu des précurseurs dans son pays même. Il rapporte le fait suivant, cité par le *Journal Encyclopédique* de Bologne. Un étudiant en médecine, ayant un jour été mordu à la jambe par une souris, la saisit et la disséqua. En touchant, avec son scalpel, le nerf intercostal de l'animal, il éprouva une commotion très vive qui lui engourdit la main. M. Vassalli, membre de l'Académie royale de Turin, qui en fut informé, se livra à des expériences, qui furent publiées en 1789, et dont le but était de démontrer *que la nature possède des moyens de conserver et de retenir l'électricité dans certaines parties du corps des animaux, afin de s'en servir dans ses besoins.*

Ces idées sont la base des doctrines que Galvani fonda sur ses expériences, que propagèrent ses disciples et, en particulier, son neveu Aldini, et qui, plus tard, à la suite de célèbres controverses avec son compatriote Volta, cédèrent la place à la théorie si féconde des courants électriques.

Galvani. — *Sa vie.* — Galvani (Louis) était né le 9 septembre 1737, à Bologne. Ses dispositions naturelles le poussèrent vers la médecine. Après avoir conquis ses grades, il se maria avec la fille du professeur Galeazzi.

Ses premiers travaux eurent pour objet des études d'anatomie comparée, des recherches sur l'appareil urinaire des oiseaux. Son existence ne fut pas heureuse. Elle fut remplie par l'amertume de sa controverse scientifique avec Volta et par le contraste des honneurs que reçut ce dernier, alors que lui-même avait été successivement privé de ses grades pour avoir constamment refusé de prêter le serment exigé par les décrets de la République cisalpine. Il avait perdu tous ses proches à la suite de maladies presque soudaines. Il s'éteignit lui-même le 14 frimaire an VII, à l'âge de soixante ans, après une longue maladie de langueur occasionnée par une affection stomacale.

Son expérience. — L'expérience fameuse qui a été l'origine de sa célébrité paraît avoir été due au hasard. Un jour de l'année 1780, Galvani faisait des expériences électriques dans son laboratoire avec un de ses neveux, le Dr Camille Galvani, pour lequel il avait une vive affection. Non loin de la machine électrique qui servait à ces expériences, se trouvait une table sur laquelle étaient étendues des grenouilles dépouillées de leur peau, destinées à faire du bouillon pour une dame que soignait le maître. Un des aides, ayant touché de son scalpel les nerfs cruraux internes d'une de ces grenouilles, pendant que la machine électrique était en action, vit avec étonnement de vives contractions agiter les membres de cet animal. La femme de Galvani, témoin de ce phénomène, courut avertir son mari qui le reproduisit et le varia de plusieurs manières. Il rechercha si l'électricité de la foudre produisait les mêmes mouvements musculaires que l'électricité artificielle et arriva à une conclusion affirmative.

La théorie de Galvani, qu'il défendit dans plusieurs mémoires, se résume dans l'existence d'un fluide électrique spécial, propre à tous les animaux et inhérent à leur nature, que leur cerveau sécrète et qui est répandu dans le corps tout entier par les nerfs. Les réservoirs principaux de cette électricité animale sont les muscles, dont chaque fibre doit être considérée comme ayant deux surfaces et comme possédant les deux électricités, positive et négative, chacune se comportant comme une bouteille de Leyde dont les nerfs sont les conducteurs.

Volta. — Volta, l'émule et le rival de Galvani, était né à Côme, le 18 février 1745, de Philippe Volta et de

Madeleine Conti Juzaghi. Ses dispositions naturelles le portèrent de bonne heure à l'étude de la physique. Il avait à peine dix ans qu'il célébra, en un poème latin, les découvertes des physiciens de son époque. Plus tard, il correspondait avec l'abbé Nollet. Deux mémoires qu'il publia sur l'électricité lui valurent d'être nommé, à l'âge de vingt-sept ans, professeur de physique à l'École royale de Côme.

Les découvertes de Galvani, qui avaient fixé l'attention de l'Europe entière, trouvèrent en Volta un admirateur, puis un contradicteur passionné.

Voici comment il expliquait, dans une lettre écrite au *Journal de Leipzig*, l'origine de ses travaux :

« Au commencement du printemps de cette année, je fus appelé à l'électricité à l'occasion des phénomènes vraiment admirables que le célèbre Galvani, professeur de Bologne, a découverts et décrits, et par lesquels il paraît avoir démontré qu'il existe toujours, dans les animaux de chaque espèce, une électricité quelconque excitée d'elle-même par la force de la vie dans les organes... J'ai d'abord répété toutes les expériences de Galvani ; j'en ai, ensuite, reproduit les résultats, ce qui m'a conduit à plusieurs découvertes qui lui ont échappé ainsi qu'aux autres physiciens, qui, après lui, ont parcouru la même carrière. »

Lutte de Galvani et de Volta. — Cette divergence entre les opinions de Galvani et de Volta, qui divisa l'Europe scientifique en deux camps, résidait dans la cause du phénomène, que Galvani considérait comme étant physiologique, tandis que Volta prétendait qu'elle était due à une action extérieure.

Phénomènes produits par le contact de deux métaux. — Déjà, avant Volta, on avait constaté que le contact de deux métaux différents produisait une sensation particulière lorsqu'on les appuie ensemble sur la langue.

Une publication, intitulée le *Temple du Bonheur*, reproduisait en 1769, d'après le recueil des mémoires de l'Académie de Berlin, une théorie générale du plaisir dans laquelle on lit le passage ci-après : « Si l'on joint deux pièces de métal, l'une de plomb et l'autre d'argent, de manière que les deux bords soient sur un même plan et si on les touche avec la langue, on sent un goût assez analogue à celui du vitriol de fer, tandis que chaque pièce ne donne séparément aucune impression analogue. Il n'est pas vraisemblable que la réunion des deux métaux produise une solution de l'un ou de l'autre, dont les particules s'introduisent dans la langue. Il faut donc conclure que leur contact opère dans l'un ou dans l'autre, ou dans tous les deux, une vibration de leurs particules et que cette vibration qui doit nécessairement affecter les nerfs de la langue y produit le plaisir mentionné. »

L'auteur de ces lignes relatait cette expérience pour démontrer « que l'âme n'a point de sensation sans un mouvement analogue dans les nerfs qui sont le siège des sens ».

On sait aujourd'hui ce qu'il faut penser de ce phénomène et quelle est la cause de la sensation, classée d'une façon, qu'on trouvera sans doute un peu hasardée, parmi celles qui sont agréables.

Galvani avait, lui-même, fait une expérience qui aurait pu le mettre sur la voie de la véritable explication du phénomène. Le 20 septembre 1786, continuant ses études sur les mouvements de la grenouille, il avait suspendu l'un de ces animaux à la balustrade de fer d'une terrasse du palais Zamboni qu'il habitait, à l'aide d'un crochet de cuivre passé à travers son épine dorsale.

Ayant, à un moment donné, vivement frotté le crochet

de cuivre contre le fer de la balustrade, il vit les pattes de la grenouille s'animer de vives contractions (1).

Cette expérience, plusieurs fois répétée par lui, en dehors de toute action électrique ambiante, atmosphérique ou autre, mettait en évidence l'influence du contact de deux métaux. Galvani ne la méconnut pas, mais refusa obstinément d'y voir la cause originelle d'un phénomène qu'il expliquait par une électricité propre au corps de l'animal.

La pile de Volta. — C'est au contraire sur l'action de contact de deux métaux différents que Volta établit sa théorie, dont il donna une démonstration pratique manifeste par la construction du célèbre appareil qui a reçu son nom. Dans la lettre qu'il écrivit de Côme, le 20 mars 1800, à sir Joseph Banks, président de la Société royale de Londres, le savant italien donna le détail de sa construction et des expériences qu'elle lui permit de faire. Elle fut immédiatement connue en tous pays.

Voici sa description, d'après le *Journal de Nicholson* (1800) :

« Prenez un nombre quelconque de disques ou plaques de cuivre ou d'argent et un nombre égal de disques d'étain, ou mieux encore de zinc de même dimension.

---

(1) La priorité de cette expérience célèbre n'appartient pas, en réalité, à Galvani. Un naturaliste hollandais, Swammerdam (1637-1680), reconnut qu'on peut faire contracter le muscle d'une grenouille, en passant un fil d'argent dans le nerf de ce muscle et en le mettant en contact avec une pièce de cuivre.

Cette expérience, qui est presque exactement celle de Galvani, fut consignée en 1658 dans l'ouvrage de Swammerdam intitulé : *Biblia Naturæ*, mais elle resta ignorée jusqu'en 1841, où un naturaliste français la rappela à l'attention des savants.

M. Milne Edwards, en énumérant les travaux de Swammerdam, ajoute, avec juste raison, que le nom de ce naturaliste « qui mérite d'être aussi plaint qu'admiré », car il fut malheureux et méconnu, doit être sauvé de l'oubli et rapproché de celui de Galvani.

Ayez un même nombre de rondelles de carton, de cuir,
d'étoffe, ou d'une substance quelconque capable de
demeurer longtemps humectée; plongez ces rondelles
dans l'eau ou dans la saumure ou dans une lessive alca-
line. (On peut aussi employer pour cet appareil des
pièces de monnaie de cuivre ou d'argent; on s'est servi
de piastres avec beaucoup de succès.)

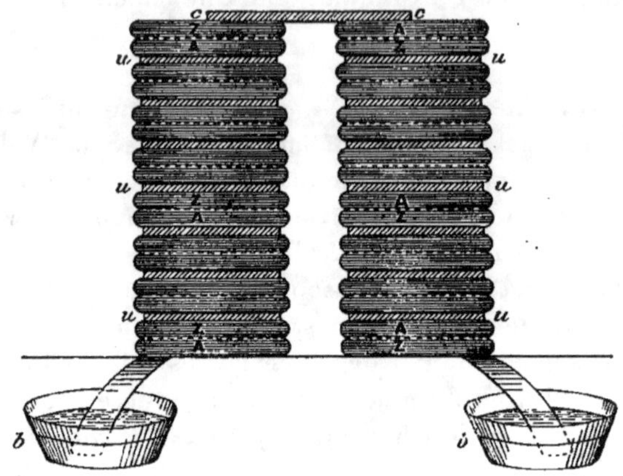

Fig. 10. — Pile de Volta d'après les *Philosophical transactions*.

A, rondelle d'argent; Z, rondelle de zinc; *u*, rondelles humectées;
b, pôles de la pile.

« Formez une *pile*, en superposant alternativement le
zinc à l'argent et le carton au zinc et ainsi de suite. Si
la pile doit devenir bien élevée, il faut la maintenir
entre trois tubes de verre. Quand elle est achevée, l'appareil est en état de fonctionner. Cette pile, tant qu'elle
demeure bien humectée, paraît être la source constante
et inépuisable d'un courant d'électricité qui parcourt
tout conducteur qu'on met en contact avec les deux
extrémités de l'appareil. Si ce conducteur est un animal;
si les deux parties de son corps qui touchent le haut et

le bas de la pile sont mouillées (condition essentielle à l'effet), l'animal reçoit à chaque contact, indéfiniment répété, une véritable commotion électrique plus ou moins forte suivant les circonstances. On l'éprouvera aussi, en ne comprenant qu'une partie de la pile dans le courant électrique; mais alors, la sensation est beaucoup plus faible et il a paru qu'elle augmentait en intensité dans un rapport plus grand que celui des portions de la pile comprise entre les points de contact. Il a semblé que cette sensation croissait presque comme les carrés des hauteurs de la pile interceptée entre ces points. » Les figures 11 et 12 représentent la pile de Volta sous ses formes premières.

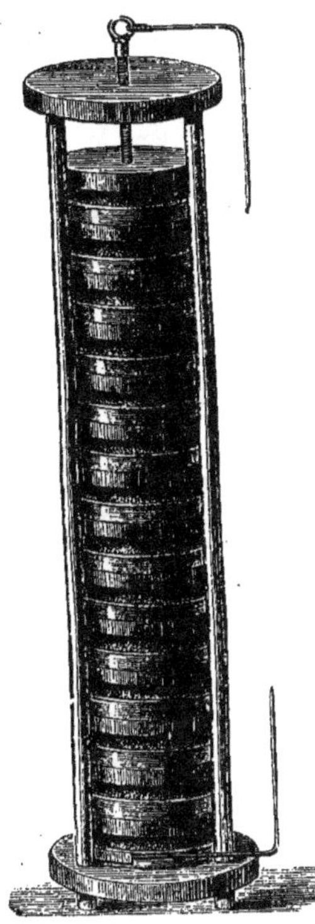

Fig. 11. — Pile à colonne.

Voyage de Volta à Paris. — Volta et son collègue Brugnatelli obtinrent du gouvernement cisalpin une mission qui leur permit de se rendre à Paris, et de communiquer à l'Académie des sciences le résultat des expériences faites avec la pile.

La lecture du mémoire de Volta eut lieu les 16, 18 et 21 brumaire an X, devant les académiciens, parmi lesquels était le Premier Consul.

A la fin de la première séance, Bonaparte proposa la nomination d'une commission pour répéter en grand les expériences de Volta et demanda, en même temps, qu'on lui décernât une médaille d'or.

Cette commission, qui se composait de Laplace, Coulomb, Hallé, Monge, Fourcroy, Vauquelin, Pelletan, Charles Bresson, Sabatier, Guyton et Biot, déposa son rapport dans la séance du 11 frimaire an X.

Le rapporteur, Biot, concluait par ces mots :

« D'après la demande qui a été faite par un de vos membres, le Premier Consul, et que vous avez renvoyée à la commission, nous vous proposons d'offrir au citoyen Volta la médaille de l'Institut en or, comme un témoignage de la satisfaction de la classe pour les belles découvertes dont il vient d'enrichir la théorie de l'électricité et comme une preuve de sa reconnaissance pour les lui avoir communiquées. »

Cette médaille d'or était du même coin que la médaille d'argent que recevaient les membres de l'Institut.

Elle portait cette inscription :

A VOLTA

SÉANCE DU 11 FRIMAIRE AN X

Honneurs décernés à Volta. — Volta reçut en même temps 2.000 écus pour ses frais de route et fut comblé d'honneurs et de dignités. La croix de la Légion d'honneur, celle de la Couronne de fer, lui furent accordées ; il fut nommé comte et sénateur du Royaume lombard. En 1804, il désira prendre sa retraite de professeur de physique à l'Université de Pavie. L'empereur Napoléon s'y opposa : « Je ne puis consentir, dit-il, à la retraite de Volta. Si ses fonctions le fatiguent, il faut les réduire. Qu'il n'ait, s'il le veut, qu'une leçon à faire par an ; mais l'Université de Pavie serait frappée au cœur le jour où je permettrais qu'un homme si illustre disparût de la liste de ses membres. D'ailleurs, un bon général doit mourir au champ d'honneur. »

Fin de sa carrière. — Volta obéit et ce n'est qu'en 1819 qu'il résigna ses fonctions et se retira dans sa ville natale, où il s'isola complètement et s'affaiblit petit à petit.

Trois ans après sa retraite, sa belle intelligence était éteinte. Le nom même de l'appareil qui avait fait sa gloire ne réussissait pas à la réveiller. Il ne fit que décliner lentement dans un état d'anéantissement et de faiblesse qui dura jusqu'en 1827.

Le 5 mars de cette année, il s'éteignit à l'âge de quatre-vingt-deux ans, le même jour que Laplace, cent ans, mois par mois après le grand Newton.

François Arago a consacré à sa mémoire une de ses brillantes notices lue à l'Institut, le 26 juillet 1831.

Fig. 12. — Statue de Volta à Côme.

Voici le portrait qu'il fait de Volta : « Il avait une taille élevée, des traits nobles et réguliers comme ceux d'une statue antique, un front large que de laborieuses méditations avaient profondément sillonné, un regard où se peignaient également le calme de l'âme et la pénétration de l'esprit. Ses manières conservaient toujours quelques traces d'habitudes campagnardes contractées dans sa jeunesse. Bien des personnes se rappellent avoir vu Volta à Paris entrer journellement chez des boulangers et manger ensuite dans la rue, en se promenant, les gros pains qu'il venait d'acheter, sans même se douter qu'on pourrait en faire la remarque. On me pardonnera, je l'espère, ces minutieuses particularités. Fontenelle n'a-t-il pas raconté que Newton avait une épaisse chevelure, qu'il ne se servit jamais de lunettes et qu'il ne perdit qu'une seule dent. D'aussi grands noms justifient et ennoblissent les plus petits détails. »

La ville de Côme, reconnaissante à Volta de la gloire qu'il a fait rejaillir sur sa patrie, lui a élevé une statue sur l'une de ses places publiques (fig. 12) (1).

------

(1) L'Italie a voulu fêter le centenaire de l'invention de la pile dans une exposition d'électricité qui a été ouverte dans la ville même où Volta fit ses mémorables expériences, à Côme.

Cette exposition, à peine inaugurée, a été la proie d'un terrible incendie, causé, dit-on, par l'électricité même (8 juillet 1899).

En quelques instants, le feu a tout consumé et mis à néant la plupart des souvenirs personnels de Volta.

La collection de ses manuscrits et, entre autres, les originaux de ses mémoires sur la pile, sa lettre à Barletti (1777), relative à un système de télégraphie électrique, ses premiers appareils et divers objets lui ayant appartenu, toutes ces saintes reliques de la science ont été consumées par les flammes.

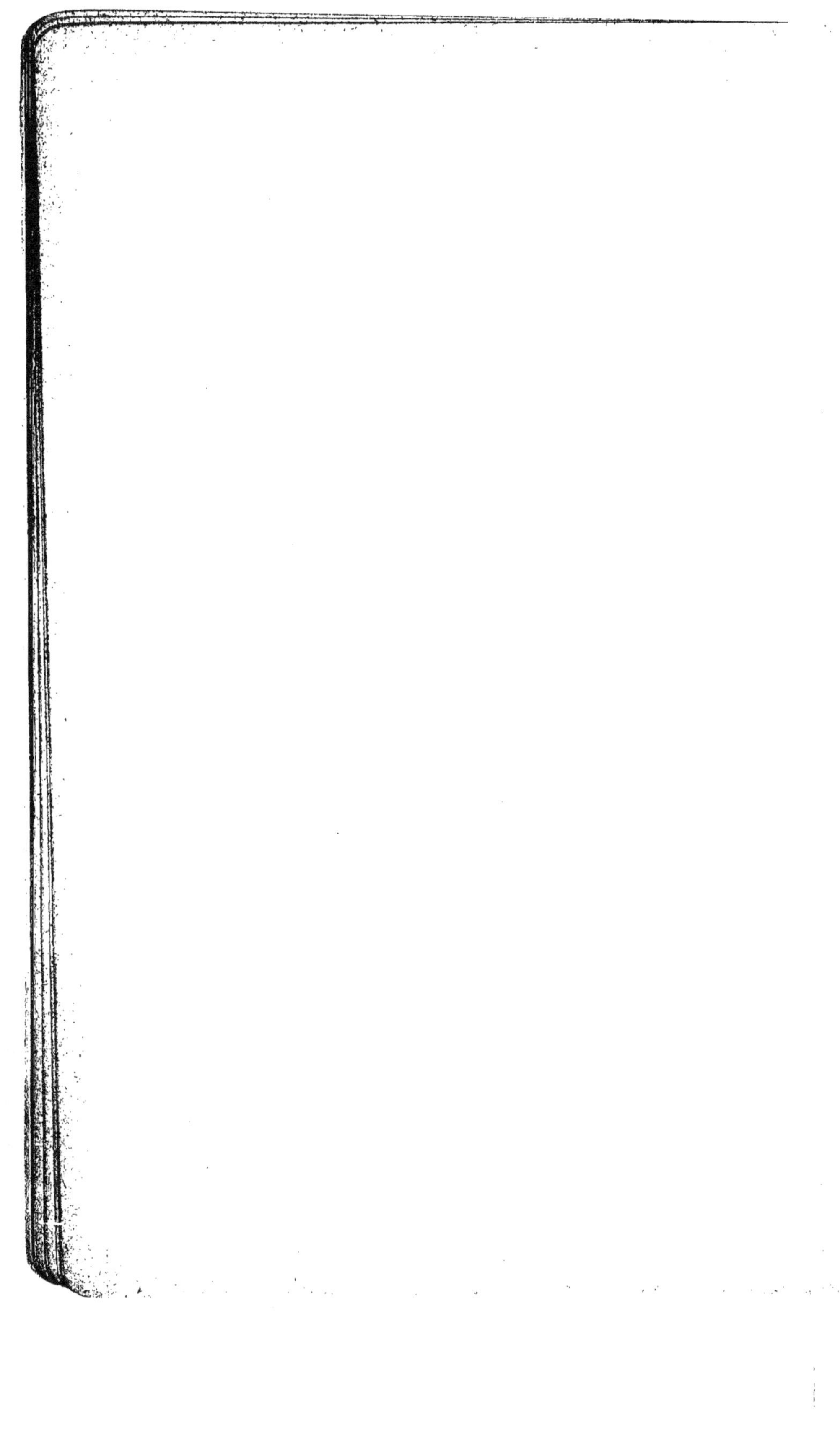

DEUXIÈME PARTIE

LES SAVANTS

(PÉRIODE SCIENTIFIQUE)

CHAPITRE PREMIER

La période scientifique. — Humphry Davy. Ses travaux. — Perfectionnements apportés à la pile de Volta. — Polarisation. — Définitions. — Voltamètre. — Zinc amalgamé. — Pile Daniell. — Piles de Grove, de Bunsen. — Autres piles. — Pile Leclanché. — Association des éléments. — Piles thermo-électriques. — Couple thermo-électrique.

La Période scientifique. — Nous venons de retracer, dans la première partie de ce travail, l'histoire rapide de l'électricité et du magnétisme, depuis l'origine, jusqu'au moment où commence le siècle que nous voyons maintenant finir.

Comme nous l'avons rappelé, avant l'invention de la pile de Volta et la découverte de cette manifestation physique nouvelle qui a reçu le nom de courant, on ne connaissait de l'électricité que cet état qu'on appelle *statique* dont l'effet est instantané, brutal et violent, rappelant la foudre par l'étincelle qui en est la manifestation atténuée, se prêtant mal à l'analyse mathématique et à l'expression par les formules, sans lesquelles, ainsi que l'a fait observer lord Kelvin, un phénomène ne peut être complètement connu.

Plus docile, analogue, par les lois de sa propagation, au mouvement de l'eau dans les canalisations, le courant

électrique sera bientôt produit par des moyens nouveaux, analysé dans ses effets mécaniques, physiques et
chimiques, enfin mesuré, mis en nombres et introduit
dans les calculs des ingénieurs.

Nous n'avons vu se succéder, jusqu'à présent, qu'une
suite de faits encore mal coordonnés, d'explications
erronées ou confuses. Nous entrons maintenant dans
une période nouvelle où le véritable esprit scientifique va
jouer son rôle, découvrir les lois, établir les formules,
subordonner les phénomènes particuliers aux principes
généraux de la mécanique et préparer le terrain aux
applications industrielles qui, de nos jours, sont en train
de transformer l'état économique de l'univers entier.

Cette seconde phase de l'histoire de l'électricité embrasse presque les trois quarts de ce siècle.

Elle a vu d'abord l'invention de Volta se généraliser
et devenir utilisable, grâce à la création de piles aussi
nombreuses que le sont les réactions chimiques capables
d'engendrer les courants. Mis en possession d'appareils
plus puissants, les savants, à la suite d'Humphry Davy,
ont élargi le domaine des connaissances chimiques. Avec
Œrstedt, Ampère, Arago et Faraday pour guides, ils
ont fait connaître un ordre de phénomènes inattendus
qui ont doté l'industrie d'un outil puissant, auxiliaire de
la vapeur et bientôt son rival.

Enfin, à une époque voisine de nous, nous avons vu
la création de la télégraphie sous-marine introduire,
dans les nécessités de la pratique, la mesure des grandeurs électriques; puis, ce besoin grandi et successivement étendu à toutes les applications de la science
électrique, imposer aux savants et aux ingénieurs de tous
les pays, l'uniformité de langage que de récents Congrès
ont définitivement consacrée.

Cette période établit le trait d'union entre la phase
empirique dont nous venons de parcourir rapidement

l'histoire et l'ère des grandes applications dont nous franchissons seulement encore les premières étapes.

La première occupe des siècles dans le développement progressif de l'humanité, et si ce développement a été si lent, c'est surtout à cause du temps perdu àla recherche de l'absolu et de l'inaccessible.

La méthode que nous ont léguée nos devanciers est tout autre. Comme l'a dit Babinet (1), « si depuis peu d'années la science a tant trouvé, c'est que, depuis peu d'années, la science n'a cherché que ce qu'il était possible de trouver ».

Rien ne justifie mieux la vérité de cette observation que la rapidité avec laquelle se succèdent aujourd'hui les découvertes et leurs applications.

Humphry Davy. — *Ses travaux.* — Dès que l'invention de Volta fut connue en Angleterre, à l'arrivée de la lettre qu'il avait adressée à sir Joseph Banks, une émulation extraordinaire se produisit entre les savants qui se livrèrent aussitôt à une foule d'expériences.

A peine un mois après, Carlisle avait construit une pile avec des *demi-couronnes* en argent et des disques de zinc, et de concert avec son ami Nicholson, ils avaient réalisé la décomposition de l'eau en ses éléments.

Ce phénomène ouvrait des horizons nouveaux.

Celui qui s'illustra le plus dans ces recherches fut Humphry Davy, dont l'existence offre un rare exemple de précocité dans l'assimilation des connaissances, de variété dans les aptitudes et de puissance de travail (2).

Humphry Davy, qui devait atteindre plus tard les situations les plus élevées, avait eu des débuts extrême-

---

(1) *Etudes et lectures sur les Sciences d'observation et leurs applications pratiques.*

(2) Né à Penzance, comté de Cornouailles, le 17 décembre 1778. mort à Genève le 30 mai 1829.

ment modestes. Son père étant mort de bonne heure, sa
mère, restée veuve avec cinq enfants, ouvrit à Penzance
une boutique de mercerie et un hôtel pour les voyageurs.
Elevé à l'école du village, il entra comme apprenti chez
l'apothicaire de l'endroit, dont il fut, paraît-il, un assez
médiocre serviteur. Le fils de Watt étant venu à Penzance pour rétablir sa santé ébranlée, logea chez
Mme Davy. Le jeune Humphry trouva, dans sa conversation, un stimulant pour son intelligence et une orientation pour son avenir. C'est vers les études chimiques
qu'il se dirigea. Plus riche de bonne volonté et de zèle
que d'argent, il construisit lui-même ses premiers appareils avec les rudiments qui tombèrent sous sa main :
quelques tubes de baromètres achetés à un marchand
ambulant, des tuyaux de pipe et même une seringue que
lui avait donnée le médecin d'un navire français, naufragé
non loin de là.

Il obtint sa liberté de son patron, qui se sépara de lui
sans regrets, et vint à Bristol, où il publia, en 1799, le
résultat de ses premiers travaux. Ils avaient révélé les
curieuses propriétés du protoxyde d'azote qu'il avait
appelé *gaz hilarant*. Son action physiologique, que chacun voulut expérimenter sur soi-même, porta très haut
la réputation du jeune chimiste, qui fut appelé, par le
comte Rumford, à l'une des chaires de l'Institution Royale
qu'il venait de fonder à Londres. En 1812, il fut nommé
chevalier et baronnet.

Ses premières recherches électriques devaient lui
valoir le prix de l'Institut de France, créé par Bonaparte pour récompenser la découverte la plus importante
dans le domaine du galvanisme, prix qui n'avait jamais
été distribué jusqu'alors. Elles le conduisirent à la découverte successive du potassium, du sodium, du baryum,
du strontium, du calcium, du magnésium, par la décomposition, au moyen de la pile, des oxydes de ces corps.

C'est aussi par l'action du courant électrique, en électrisant du mercure en présence d'une solution concentrée d'ammoniaque, qu'il vit le mercure se coaguler. Cette expérience, qui met en relief la formation de l'amalgame d'ammonium, a eu, comme on le sait, une portée théorique considérable. Davy en entrevit les conséquences et la probabilité du rôle que joue l'hydrogène, comme radical métallique.

La dissociation des composés terreux en leurs éléments et la découverte de l'arc voltaïque, principe d'une des branches de l'éclairage électrique, sont les principaux travaux de sir Humphry Davy dans ce domaine nouveau des connaissances humaines.

Mais son esprit ingénieux et inventif ne s'en tenait pas à une seule étude. Son imagination féconde réservait des surprises de quelque côté qu'il la dirigeât. On le vit, tour à tour, inventer la lampe des mineurs, qui a certainement arraché à la mort des milliers d'existences, appliquer les ressources de son esprit au travail de déroulement des manuscrits calcinés trouvés dans les ruines d'Herculanum. Cette recherche, entreprise à l'instigation du prince régent (depuis Georges IV), l'avait amené à Naples. Il en profita pour étudier les couleurs dont se servaient les anciens et les phénomènes volcaniques que manifeste le Vésuve.

Cette mission fut nuisible à sa santé qui déclina rapidement. En route pour rentrer dans sa patrie, il mourut à Genève dans la nuit du 29 au 30 mai 1829.

Perfectionnements apportés à la pile de Volta.

— La pile de Volta, si grande qu'ait été son influence sur les destinées de la science, était un instrument imparfait, mal commode et d'une faible puissance.

Elle paraît avoir été précédée par la pile *à couronne de tasses*, imaginée par Volta lui-même, qui avait disposé en cercle une série de verres ou de tasses remplis d'eau acidulée dans chacun desquels plongeaient des lames de zinc et de cuivre reliées alternativement entre elles (fig. 13).

La pile à colonne, celle qui a donné leur nom, quelle qu'en soit la forme, à tous les appareils de même genre, avait été formée par Volta de disques de zinc et d'argent.

Le mémoire daté de Côme (20 mars 1800), et publié dans les *Philosophical Transactions*, en reproduit la figure (fig. 11).

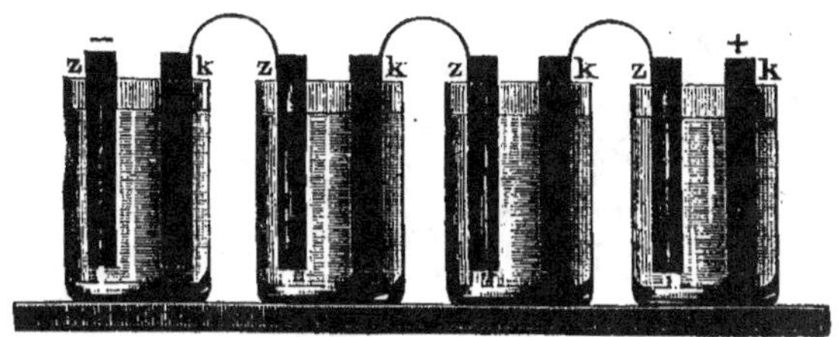

Fig. 13. — Pile à couronne de tasses.

Les encouragements ne manquèrent pas aux inventeurs. Le plus puissant leur vint du Premier Consul qui avait, au plus haut degré, l'intuition de grandes découvertes possibles.

Pendant la campagne d'Italie, au milieu de ses préoccupations militaires, il faisait part au Ministre de l'intérieur, Chaptal, de son intention de fonder un prix consistant en une médaille de 3.000 francs pour la meilleure expérience faite, au cours de chaque année, sur le fluide galvanique et de donner, en encouragement, une somme de 60.000 francs à celui qui « par ses expériences et ses découvertes fera faire à l'électricité et au galvanisme un pas comparable à celui qu'ont fait faire à ces sciences Franklin et Volta ».

Les conditions du concours furent fixées par une commission de membres de l'Institut composée de Laplace, Hallé, Coulomb et Biot.

Le prix de 3.000 francs fut décerné en 1808 à Davy, pour l'ensemble des découvertes dont nous avons parlé plus haut (1) et quoiqu'à ce moment la France et l'Angleterre fussent en guerre.

Sous l'impulsion de ces actions diverses, la science s'enrichit d'un nombre croissant de piles.

La première, après celle du créateur de ces appareils,

Fig. 14. — Pile à auge.

fut celle de Cruishanks (fig. 15). C'est une longue auge en bois A, enduite de glu marine, dans laquelle sont dispo-

---

(1) Le prix de 3.000 francs n'a été donné qu'une fois : à Davy.

Le prix de 60.000 francs n'avait été jamais distribué jusqu'en 1852. Louis-Napoléon Bonaparte, président de la République, le rétablit par décret du 23 février 1852. La valeur en fut réduite à 50.000 francs.

Il fut accordé en 1864 à Ruhmkorff pour sa bobine d'induction. En 1870, Ruhmkorff, Allemand non naturalisé, bien qu'habitant Paris depuis vingt ans, ne fut pas expulsé de France. De même que Davy avait été autorisé à venir en France au moment où le prix de 3.000 francs lui fut décerné, Ruhmkorff fut autorisé à rester à Paris, pendant le siège.

Le prix Volta fut décerné une seconde fois en 1876 à Graham Bell, l'inventeur du téléphone; une troisième à M. Gramme. Jusqu'à ce jour, aucun Français n'en a bénéficié, Graham Bell étant américain et M. Gramme belge.

sées transversalement une série de plaques formées d'une
feuille de zinc et d'une feuille de cuivre soudées l'une à
l'autre.

Chacune de ces plaques mixtes est séparée de la voisine par un intervalle, ce qui forme autant de cellules
lamellaires ou auges, dans lesquelles on verse de l'eau
acidulée.

Cette pile fut imaginée en 1802.

C'est un appareil de ce type que l'empereur Napoléon
fit construire pour l'École polytechnique en 1811.
Informé des découvertes que Davy venait de faire en
Angleterre, l'empereur avait manifesté son étonnement
et son mécontentement que rien de pareil n'eût été
découvert en France. Et, sur l'observation de Berthol-
let, que les savants français ne possédaient pas de pile
assez puissante, il donna immédiatement l'ordre que les
fonds nécessaires fussent pris au Trésor et confiés au
comte de Cessac, gouverneur de l'École polytechnique,
pour l'établissement d'une pile de grandes dimensions.
L'étude de celle-ci fut faite par Gay-Lussac et Thénard (1) qui reproduisirent le modèle de Cruishanks.

Leur appareil était composée de 600 paires de plaques
carrées de 30 centimètres de côté, formées chacune
d'une plaque de cuivre pesant 1 kilogramme et d'une
plaque de zinc pesant 3 kilogrammes.

C'est, croyons-nous, la seule application importante
qui ait été faite de ce genre de piles, dont le principal
inconvénient réside dans la solidarité des plaques de
zinc et de cuivre. Elle empêche de changer les premières lorsqu'elles sont usées.

Une seconde modification de la pile de Volta a été
imaginée par Wollaston qui a séparé les deux lames for-

____

(1) *Recherches physico-chimiques* de Gay-Lussac et Thénard,
1811.

mant le couple ce qui permet de rendre actives leurs deux surfaces. Dans ce système, chaque série d'éléments est fixé à une traverse de bois horizontale A qui permet de les soulever hors du vase plat et élevé dans lequel ils plongent. Wollaston modifia lui-même sa pile en formant l'élément d'une lame de zinc entourée d'une feuille de cuivre repliée sur elle-même (fig. 15).

Polarisation. — Jusqu'alors, nous ne voyons qu'une

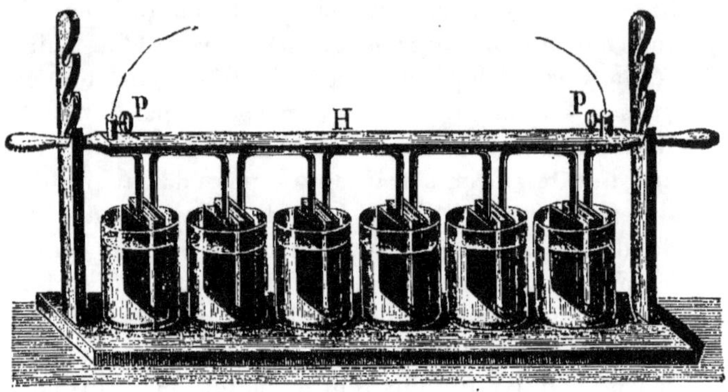

Fig. 15. — Pile de Wollaston.

modification de forme de la pile de Volta, instrument imparfait qui donne un courant dont l'intensité s'affaiblit avec rapidité. L'attention se porta bientôt sur les causes de cet affaiblissement et sur les moyens de le retarder.

Lorsqu'on observe ce qui se passe au moment où l'on ferme le circuit extérieur d'un élément de pile zinc-cuivre, on voit se dégager sur le cuivre une infinité de petites bulles qui prennent naissance à sa surface et s'en détachent avec une grande difficulté.

Dans le phénomène chimique qui s'accomplit au sein de l'élément, le zinc est attaqué par l'eau acidulée, forme du sulfate de zinc, qui se dissout, et libère de l'hydrogène. C'est ce gaz qui se dégage à l'électrode positive, formant un écran entre elle et le liquide qui la baigne, diminuant ainsi la surface conductrice et augmentant la résistance intérieure de la pile.

On a donné à ce phénomène le nom de *polarisation*.

Dès que la polarisation a été connue et ses causes et ses effets bien analysés, il a été possible de la combattre. C'est Becquerel qui en a, le premier, en 1829, nettement indiqué les moyens.

« Je dois faire observer, disait-il, que la pile porte avec elle la cause des diminutions qu'éprouve continuellement l'intensité du courant électrique, car dès l'instant qu'elle fonctionne, il s'opère des décompositions et des transports de substances qui polarisent les plaques de manière à produire un courant inverse du premier. L'art consiste donc à dissoudre les dépôts, à mesure qu'ils se forment, avec des liquides convenablement placés. »

DÉFINITIONS. — Avant d'indiquer par quels moyens on est arrivé à ce résultat, quelques définitions sont nécessaires pour faciliter le langage.

Nous venons de voir qu'en définitive le dégagement d'électricité dans une pile exige le concours de trois éléments principaux. Un ou plusieurs liquides, dans lesquels plongent deux pièces de forme variable qu'on appelle les *électrodes*. L'ensemble forme un *élément* de pile ou un *couple*.

L'une des électrodes, qui est en zinc dans les éléments dont nous avons parlé jusqu'ici, porte le nom d'*électrode négative*. L'autre porte celui d'*électrode positive*.

Si on relie par un fil conducteur l'extrémité ou pôle des deux électrodes, on peut considérer qu'on a un circuit continu, dans lequel le courant va du pôle positif (cuivre) au pôle négatif (zinc) dans le circuit extérieur pour se former en sens inverse dans l'intérieur de l'élément.

D'une façon générale, il faut se rappeler que l'électrode *négative* est celle qui est attaquée par le liquide.

L'électrode positive ne subit aucune modification.

L'électrode négative brûle, au sens chimique du mot, c'est-à-dire s'oxyde. L'électrode positive établit la continuité du circuit.

Nous verrons plus tard quelle est l'influence des matières employées, de leur position et de leurs dimensions relatives.

Electrolyse. — Dans le phénomène inverse, qui consiste en la décomposition d'un liquide par un courant, opération qu'on appelle *électrolyse,* on donne aussi le nom d'*anode* à l'électrode positive et celui de *cathode* à l'électrode négative.

Dans le liquide, le courant va, ou plutôt est supposé aller, de l'électrode positive à la négative.

Voltamètre. — Le *voltamètre,* qui reproduit les conditions de l'expérience de Carlisle et Nicholson, permet de réaliser l'électrolyse la plus simple, celle de l'eau.

Cet appareil, dans sa forme la plus élémentaire, consiste en un verre à pied (fig. 16) à la base duquel pénètrent deux fils de platine ʟʟ'. Pour le faire fonctionner, on remplit le verre d'eau acidulée par quelques gouttes d'acide sulfurique et on coiffe chacun des fils de platine d'une éprouvette remplie de cette eau. Dès que le courant est lancé dans les fils, on voit des

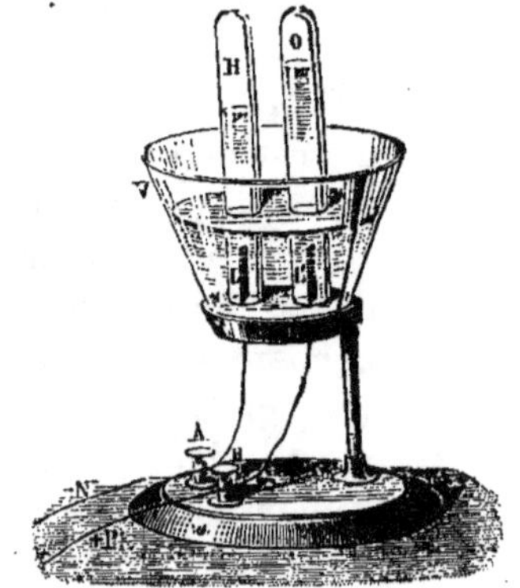

Fig. 16. — Voltamètre.

bulles de gaz se dégager dans chacune des éprouvettes.

L'éprouvette positive recueille l'oxygène. L'éprouvette négative recueille l'hydrogène, et on constate aisément que le volume de ce dernier gaz est double de l'autre.

Zinc amalgamé. — On sait que l'hydrogène est préparé en attaquant le zinc ordinaire du commerce par une solution d'acide sulfurique. Si donc, un élément de pile avait pour électrode négative une baguette ou une plaque de ce zinc, il serait brûlé alors même que le circuit de la pile serait ouvert, c'est-à-dire que sa combustion serait faite en pure perte. Avec le zinc pur, aucune attaque ne se produit tant que le circuit n'est pas fermé et la production du courant correspond exactement à la combustion du zinc.

Comme le zinc pur coûte sensiblement plus cher que le zinc du commerce, la constatation de ce phénomène serait au désavantage de l'utilisation des piles à électrode négative de zinc, si on n'avait constaté que le zinc ordinaire, amalgamé à sa surface, c'est-à-dire allié avec du mercure, se comporte comme le zinc pur.

On se sert donc de zinc amalgamé dans toutes les piles.

Avec un couple cuivre, zinc pur ou zinc amalgamé, il ne se dégage d'hydrogène ni sur le cuivre ni sur le zinc, lorsque le circuit est ouvert; lorsque le circuit est fermé, il se dégage de l'hydrogène sur le cuivre.

Avec un couple cuivre zinc impur, en circuit ouvert, il se dégage de l'hydrogène sur le zinc; en circuit fermé il s'en dégage à la fois sur le cuivre et sur le zinc.

Pile Daniell. — Les explications qui précèdent nous permettent de passer rapidement en revue les types principaux de piles qui ont été imaginées, avec la préoccupation d'en obtenir un courant aussi constant que possible, grâce à la suppression de la polarisation.

L'élément Daniell n'est que l'application pratique de ce qu'écrivait Becquerel au sujet de ce phénomène.

L'électrode positive, qui est celle qui tend à se polariser par le dégagement des bulles d'hydrogène, est entourée d'un liquide spécial dit dépolarisant. La pile comporte ainsi deux liquides. Elle a été inventée, en 1836, par le physicien anglais Daniell.

Cet élément, l'un des plus constants qu'on ait combinés, est formé d'une électrode de zinc et d'une électrode de cuivre roulées en forme de feuilles cylindriques dont la seconde est enveloppée par la première. Le cuivre est contenu dans un vase de terre poreuse contenant une dissolution de sulfate de cuivre qui le baigne.

Le tout est placé dans un vase en verre qui reçoit l'eau acidulée.

Lorsque le circuit est fermé, l'hydrogène, qui tendrait à se dégager à la surface de l'électrode positive, rencontre la solution de sulfate de cuivre, la décompose, régénère de l'acide sulfurique et précipite du cuivre métallique sur l'électrode positive.

Piles de Grove, de Bunsen. — La pile de Grove date de 1839. Le métal attaqué est une feuille de zinc amalgamé repliée sur elle-même. L'électrode positive est une lame de platine. Le zinc est placé dans un vase en caoutchouc durci qu'on remplit d'acide sulfurique étendu d'eau. Le platine est placé dans un vase poreux qu'on remplit d'acide nitrique fumant et qu'on met dans les branches de l'U formé par la feuille de zinc.

Une modification de forme de cette pile a été imaginée par Poggendorff, en Allemagne.

Dans la pile Bunsen (1843), les liquides sont les mêmes que dans la pile précédente. L'acide sulfurique est placé

dans un vase cylindrique en grès qui contient une feuille
de zinc Z en roulée circulairement sur elle-même. Un vase
poreux cylindrique est placé dans l'espace annulaire
qu'elle forme. Il contient l'électrode positive qui est
formé par un prisme C de ce charbon compact qui
recouvre les parois des cornues à gaz (fig. 17).

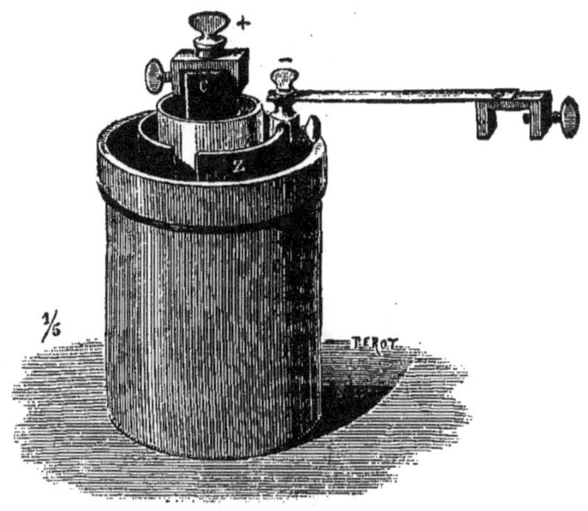

Fig. 17. — Pile de Bunsen.

Ces piles sont puissantes, mais elles dégagent des
gaz nitreux désagréables.

Les piles à bichromate de potasse et acide sulfurique
se rattachent au type Bunsen et fournissent l'oxygène
nécessaire à la dépolarisation par la décomposition de
l'acide chromique. Ces piles ont une force électro-
motrice assez élevée, mais leur manipulation est assez
délicate.

M. Trouvé a construit des piles à bichromate, de
modèles variés, applicables à divers usages.

Autres piles. — Pile Leclanché. — Nous ne nous attarderons pas à la description d'autres types de piles. La découverte des courants électro-dynamiques a poussé les inventeurs dans une autre voie. Du reste, quels que soient les corps auxquels on s'adresse pour transformer

Fig. 18. — Pile Leclanché.

en électricité les actions chimiques, on n'arrive jamais à un résultat économique. Aussi l'emploi des piles est-il à peu près réduit à la production des courants nécessaires à la télégraphie, à la téléphonie et aux sonneries.

Dans cet ordre d'applications, il est un couple, d'invention relativement récente, et d'un usage à peu près général. Il a été présenté par son auteur à la Société des Ingénieurs civils, le 1er juin 1866. C'est la pile Leclanché, modifiée depuis de plusieurs façons différentes.

Dans cette pile, comme dans les précédentes, l'électrode soluble est formée par une baguette de zinc; l'électrode positive est une plaque de charbon, de part et d'autre de laquelle sont accolées deux plaques d'un mélange de charbon et de bioxyde de manganèse aggloméré par la gomme laque. Les deux électrodes sont placées des deux côtés d'un tasseau en bois et maintenues contre lui par deux jarretières en caoutchouc (fig. 18).

Le liquide est formé de chlorhydrate d'ammoniaque dissout dans l'eau. Ce sel n'attaque pas le zinc en circuit ouvert et la pile ne dépense que lorsqu'elle travaille. Le corps dépolarisant est le bioxyde de manganèse qui dégage facilement son oxygène.

Association des éléments. — Les couples peuvent être associés de diverses façons, de façon à former des batteries.

On les dit associés : *en tension*, lorsque le pôle positif de l'un est relié au pôle négatif de la suivante et ainsi

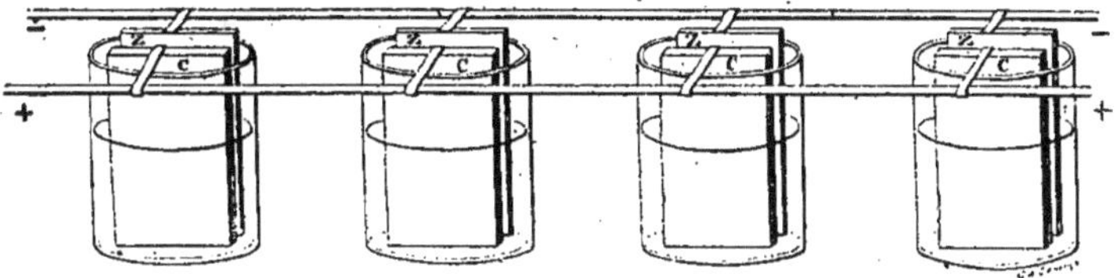

Fig. 19. — Association en quantité.

de suite ; *en quantité*, lorsque tous les pôles positifs sont réunis ensemble en un pôle unique et qu'il en est de même pour les pôles négatifs (fig. 19). Un couplage mixte consiste à réunir plusieurs éléments en tension avec d'autres en quantité, ou réciproquement (fig. 20).

Nous reviendrons sur cette question, lorsqu'ayant parlé de la mesure des courants produits par les piles,

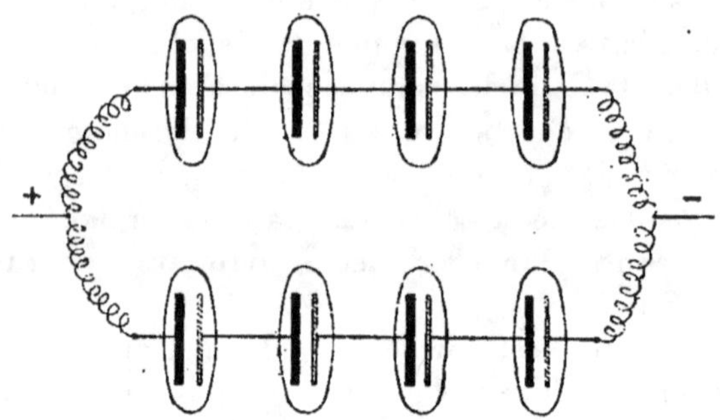

Fig. 20. — Couplage mixte (schéma).

nous aurons à notre disposition les termes nécessaires à cette exposition.

Piles thermo-électriques. — Le physicien allemand Seebeck (1) découvrit, en 1821, que des courants électriques naissent dans un circuit hétérogène dont les parties sont à des températures différentes. Cette hétérogénéité peut résulter de la succession de plusieurs métaux différents soudés l'un à l'autre, mais il suffit pour la produire d'une modification moléculaire dans les différentes parties d'un même corps, d'un martelage, d'un écrouissage, d'une recuisson, même d'un nœud, s'il s'agit d'un fil.

Lord Kelvin a même reconnu que l'hétérogénéité n'est pas indispensable et qu'une différence de température

---

(1) Né à Reval, en 1770. Etudia la médecine à Berlin, puis à Gœttingue, et s'adonna ensuite à l'étude des sciences physiques. Fixé plus tard à Iéna, il quitta cette ville et habita Nuremberg jusqu'en 1818. Devenu membre de l'Académie de Berlin, il y mourut en 1831.

en deux points d'un même fil homogène suffit pour donner naissance à un courant.

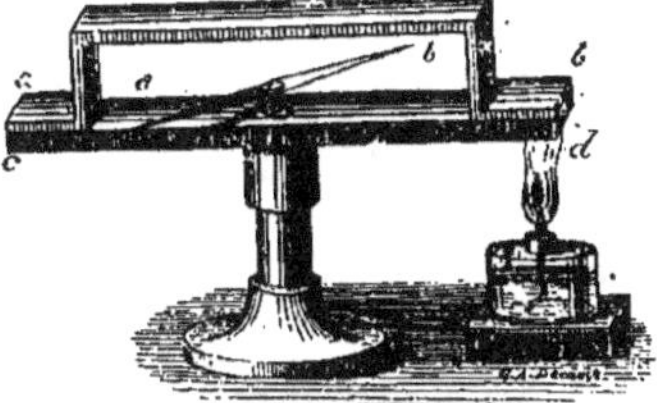

Fig. 21. — Couple thermo-électrique.

Couple thermo-électrique. — Le phénomène est surtout manifeste lorsqu'on forme un couple thermo-électrique en soudant ensemble deux métaux différents *ab cd*, ce qu'on met en évidence par le dispositif que réprésente la figure 21.

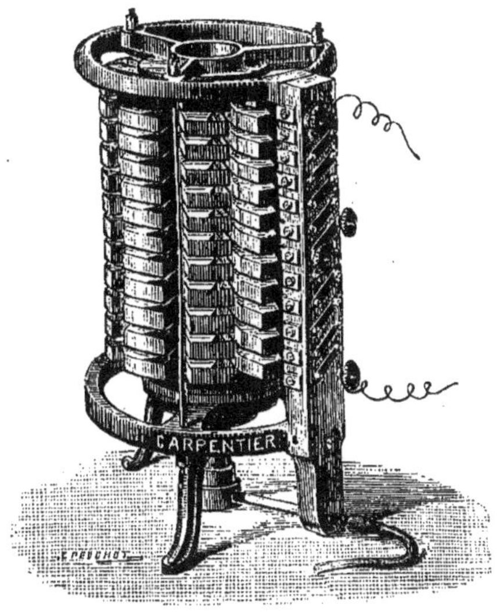

Fig. 22. — Pile thermo-électrique de Clamond.

Melloni et Nobili ont établi, d'après ce principe, une pile dont l'élément est formé de petits barreaux de bismuth et d'antimoine alternativement soudés ensemble.

Plus récemment, M. Clamond a combiné une sorte de poêle électrique, chauffé par le gaz, dans lequel une série d'éléments, fer ou nickel, et alliage zinc antimoine, sont disposés en couronne de façon que leurs soudures intérieures puissent être baignées par un courant de gaz chaud, tandis que les soudures extérieures sont refroidies par l'air ambiant (fig. 22).

Cette pile a un intérêt théorique indiscutable, mais ni elle ni ses semblables, ne sont des générateurs économiques d'électricité.

CHAPITRE II

ÉLECTRO-MAGNÉTISME. — ÉLECTRO-DYNAMIQUE

INDUCTION

L'électricité et le magnétisme. — Les découvertes d'Œrstedt, d'Ampère et de Faraday, dont nous allons parler maintenant, en même temps qu'elles ont ouvert une voie nouvelle à la production de courants de grande puissance, susceptibles d'effets mécaniques industriels, ont eu une conséquence philosophique considérable : l'assimilation et la réversibilité des phénomènes électriques et magnétiques.

Leur identité avait été, pendant longtemps, plutôt pressentie que démontrée. Aux hypothèses risquées en faveur de cette théorie, les physiciens opposaient des faits, et le soin avec lequel certains d'entre eux les ont développés prend le caractère d'une thèse défensive.

Dans son livre, déjà cité plus haut, Marat s'étend longuement sur les diverses raisons qui démontrent que le magnétisme diffère de l'électricité. Si spécieuses qu'elles soient, puisqu'elles ne sont basées que sur des apparences, elles sont curieuses à reproduire (1).

Cependant, le phénomène que Marat cite timidement à la fin de sa longue énumération des divergences de l'électricité et du magnétisme, contenait en germe non seulement l'éclatante démonstration du fait qu'il prétendait combattre, mais encore toute l'électricité industrielle moderne.

La pile de Volta avait déjà permis à Ritter d'affirmer

---

(1) « Le fluide électrique, dit Marat, tombe sous les sens.

« Le fluide magnétique leur échappe.

« L'électricité se communique à tous les corps.

« Le magnétisme ne se communique qu'au fer et à l'acier.

« Le magnétisme peut se développer dans les corps par frottement, percussion ou torsion.

« L'électricité ne peut s'y développer d'aucune manière, à moins qu'ils ne soient isolés.

« Le magnétisme est excité par un frottement dont la direction est unique.

« L'électricité est excitée par un frottement en tous sens.

« Le magnétisme ne se manifeste que lorsque les corps frottés sont homogènes.

« L'électricité ne se manifeste que lorsque les corps frottés sont hétérogènes.

« L'électricité se manifeste spontanément dans certains corps, tels que la torpille, l'anguille de Surinam, etc.

« Le magnétisme se manifeste spontanément dans d'autres corps, tels que la pyrite martiale, les vieux ferrements des édifices.

« Le magnétisme se conserve des siècles entiers. L'électricité se conserve à peine quelques années dans les corps qui la retiennent fortement et, à peine quelques minutes, dans les corps qui la retiennent faiblement.

« Dans une barre de fer, la vertu électrique se trouve également distribuée dans toute la masse, au lieu que la vertu magnétique se trouve rassemblée aux extrémités.

« L'eau n'affaiblit pas le magnétisme; elle affaiblit prodigieusement l'électricité.

« Dans certains cas, l'attraction électrique cesse après le plus léger contact. Dans aucun cas, l'attraction magnétique ne cesse par des contacts multiples.

« Le feu augmente beaucoup l'attraction électrique; il affaiblit

qu'une pile est un véritable aimant doué de deux pôles.

De tous côtés, l'attention s'éveillait sur ce sujet.

Le propre neveu de Galvani, Aldini, qui nous a laissé une défense des idées de son oncle (1), rappelle, dans

---

beaucoup, ou plutôt il détruit totalement l'attraction magnétique.

« La simple interposition d'un corps très mince empêche quelquefois l'électricité de se manifester. Le magnétisme se déplace toujours, même à travers les corps d'un grand volume.

« Un corps électrisé ne peut soulever que d'assez petites masses. — Un corps aimanté peut en soulever d'assez grandes.

« La sphère d'activité du magnétisme est moins étendue que celle de l'électricité.

« Mille choses altèrent l'électricité; peu de choses altèrent le magnétisme.

« Enfin, le signe qui caractérise le magnétisme ne se retrouve point dans l'électricité, car une aiguille électrisée ne se tourne pas d'elle-même vers les pôles du monde, comme fait une aiguille aimantée.

« Le fluide électrique et le fluide magnétique diffèrent donc essentiellement, bien que l'électricité puisse quelquefois exciter le magnétisme. »

(1) *Essai théorique et expérimental*, par Jean Aldini, professeur à l'Université de Bologne, 1804.

Cet ouvrage est surtout consacré à la description d'expériences physiologiques sur les animaux, sur les cadavres de suppliciés, etc. Il est précédé d'une dédicace à Bonaparte que nous reproduisons ci-après, à titre de curiosité :

« Citoyen Premier Consul et Président,

« Il sera mémorable à jamais, dans les fastes de l'histoire du galvanisme, le jour où, descendu à peine en Italie, vous me permîtes d'en développer devant vous les principales expériences, au milieu des vastes occupations militaires et politiques dont vous étiez environné.

« Le souvenir de cette époque honorable m'enhardit à vous dédier cet ouvrage. L'appui que vous accordez à toutes les sciences est aussi dirigé vers les progrès du galvanisme; les monuments que vous élevez à sa gloire sont grands et sont dignes de vous. L'hommage que je vous présente n'est donc que l'expression de la reconnaissance publique et, à la fois, un tribut que je rends à la mémoire de Galvani, dont la découverte, agrandie sous vos auspices, ira avec votre nom à l'immortalité.

« Daignez agréer mon profond respect,

« ALDINI. »

cet ouvrage, les rapports du magnétisme avec l'électricité et les expériences d'Œpinus, van Swinden, Cavallo, Coulomb, prouvant, « d'une manière assez concluante, la correspondance étroite qu'il y a entre ces deux fluides ». La foudre, dit-il, en tombant sur les navires, a souvent changé la direction des pôles de la boussole, ce qui démontre l'influence de l'électricité sur le magnétisme.

Aldini se livra lui-même à quelques expériences restées sans résultat sérieux. Il composa une pile de 50 disques de cuivre et 50 disques de zinc, percés d'un trou dans leur milieu et, dans la cavité axiale ainsi formée, il introduisit des aiguilles d'acier « pour voir si elles deviendraient magnétiques, et d'autres, déjà aimantées, pour découvrir si leur propriété polaire y subirait quelque changement ».

Il avoue que ses résultats furent si faibles qu'il n'osa en tirer aucune conclusion. Il renouvela cependant ses essais avec une forte pile, mais ses aiguilles se rouillèrent et il ne put poursuivre les épreuves assez loin pour en déduire des conséquences bien rigoureuses.

Au cours de ses explications, il signale les résultats plus décisifs obtenus par le Dr Mojon, qui lui fit savoir qu'ayant placé des aiguilles à coudre très fines en communication avec les deux pôles d'un appareil à tasses de cent verres, il trouva, au bout de vingt jours, les aiguilles un peu oxydées, mais en même temps magnétiques, avec une polarité très sensible. « Cette nouvelle propriété du galvanisme a été constatée par d'autres observateurs, ajoute-t-il, et dernièrement par M. Romanesi, physicien de Trente, qui a reconnu que le galvanisme faisait décliner l'aiguille aimantée. »

Malgré ces faits, la différence d'essence de l'électricité et du magnétisme continuait à avoir la valeur d'un dogme d'enseignement, puisqu'un programme d'Ampère, imprimé en 1802, contenait cette phrase :

« Le professeur démontrera que les phénomènes électriques et magnétiques sont dus à deux fluides différents, qui agissent indépendamment l'un de l'autre (1) ».

Phénomène d'Œrstedt. — Ce fut Œrstedt, physicien danois, qui fit, en 1819, la première brèche à la théorie officielle (2).

Dans le cours de l'hiver de 1819 à 1820, Œrstedt, professeur de physique à l'Université de Copenhague, était occupé à exécuter devant ses élèves des expériences galvaniques. Le hasard voulut qu'un fil de platine tendu entre les deux pôles d'une pile de Volta, pour être échauffé et rougi par le courant, passât au-dessus d'une aiguille aimantée. On vit cette aiguille animée d'oscillations qui frappèrent d'étonnement tous les assistants.

Ampère. — Le lundi 11 septembre 1820, M. de la Rive répéta l'expérience devant ses collègues de l'Académie des sciences. Huit jours après, Ampère leur communiquait un fait d'ordre plus général. qu'il avait observé et analysé : l'action des courants sur les courants (3).

---

(1) *Notice biographique d'Ampère*, par F. Arago.

(2) Œrstedt (Jean-Chrétien), né à Rudkjœping, le 14 août 1777, mort à Copenhague, le 9 mai 1851.

(3) André-Marie Ampère, né à Lyon, le 22 janvier 1775, manifesta de très bonne heure une aptitude remarquable pour le calcul. F. Arago raconte qu'il savait à peine lire qu'il dévorait tous les ouvrages qui lui tombaient sous la main. Sa première lecture sérieuse fut l'*Encyclopédie,* dont il lut méthodiquement les vingt volumes et dont il avait retenu des passages entiers, grâce à sa prodigieuse mémoire.

La mort de son père sur l'échafaud sembla obscurcir un moment ses remarquables facultés. A la suite de ce tragique événement, il resta pendant plus d'un an comme frappé d'idiotisme. Les lettres de J.-J. Rousseau sur la botanique réveillèrent son esprit endormi en donnant un but à son intelligence. En 1801, il obtint la chaire de physique à l'Ecole centrale du département de l'Ain, à Bourg. Un travail qu'il publia à cette époque, sur la théorie mathématique

L'expérience d'Œrstedt se bornait aux faits suivants :

Si l'on dirige suivant le méridien le fil réunissant les deux pôles d'une pile de telle façon que le sens du courant soit nord-sud, une aiguille aimantée placée au-dessous de ce fil est déviée de sa position d'équilibre avec tendance à se mettre en croix avec lui, et de telle façon que son pôle austral soit dévié vers l'ouest.

Si on change le sens du courant, la déviation change de sens.

Les phénomènes sont inverses si le fil traversé par le courant passe au-dessous de l'aiguille aimantée.

Règle d'Ampère. — Ampère a résumé ces observations dans une loi unique qui est connue sous son nom et qui s'énonce ainsi :

Si l'on suppose un observateur allongé le long d'un conducteur, traversé par un courant électrique et de façon que le courant lui entre par les pieds et lui sorte par la tête, l'action de ce courant sur une aiguille aimantée placée dans le voisinage, sera telle que l'observateur la verra se mettre en croix avec le courant, le pôle nord ou austral se plaçant à sa gauche.

Fig. 23.
Règle d'Ampère.

Cette règle est mise en évidence par la figure 23. L'action d'un courant sur un aimant peut être masquée par l'action terrestre qui, comme

---

du jeu, le mit instantanément hors de pair. Lalande et Delambre, qui en avaient eu connaissance, l'appelèrent à Paris et lui firent obtenir une place de répétiteur à l'Ecole polytechnique qu'il illustra par son enseignement, malgré les obstacles que créèrent à son zèle ses distractions et sa naïveté légendaire.

Ampère mourut à Marseille, en 1836.

on le sait, a pour effet de placer l'aiguille aimantée dans la direction nord-sud, à un certain angle près, qu'on appelle la *déclinaison*.

Multiplicateur. — Pour rendre plus visible l'action du courant, on fait usage d'un appareil, imaginé par Schweiger, et qu'on appelle un *multiplicateur*.

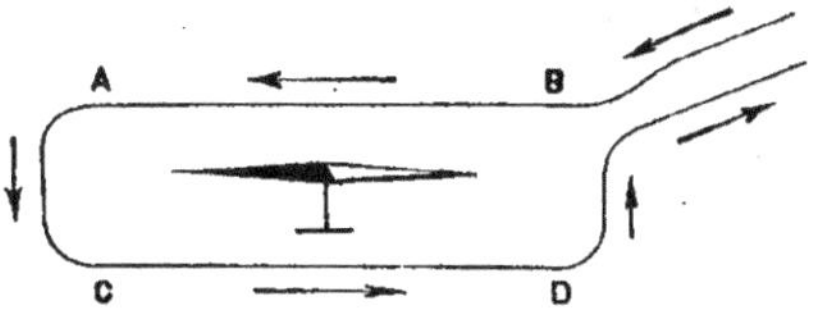

Fig. 24. — Principe du multiplicateur.

Cet appareil consiste en un cadre portant, enroulé plusieurs fois sur lui-même, un fil dans lequel on fait passer le courant. Il est facile de se rendre compte, en supposant le cas le plus simple (fig. 24) que les actions des parties AB et CD sont concordantes pour dévier l'aiguille dans le même sens. L'effet sera naturellement d'autant plus grand que le nombre de tours de fils sera également plus grand. L'action du courant dominera par conséquent l'action terrestre.

Système astatique. — On peut même annuler complètement ce dernier effet en employant un système d'aiguilles *astatiques*, ce qui s'obtient en fixant parallèlement l'une à l'autre deux aiguilles, leurs pôles de sens contraire étant face à face (fig. 25).

Un tel système est évidemment indifférent à l'action terrestre et en le disposant dans un multiplica-

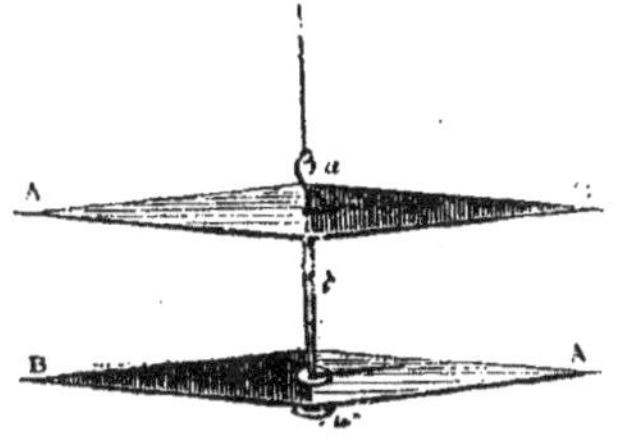

Fig. 25. — Aiguilles astatiques.

teur de la façon indiquée par la figure 26, il obéira à l'influence seule du courant qu'on étudie.

C'est sur ce principe qu'est basée la construction des

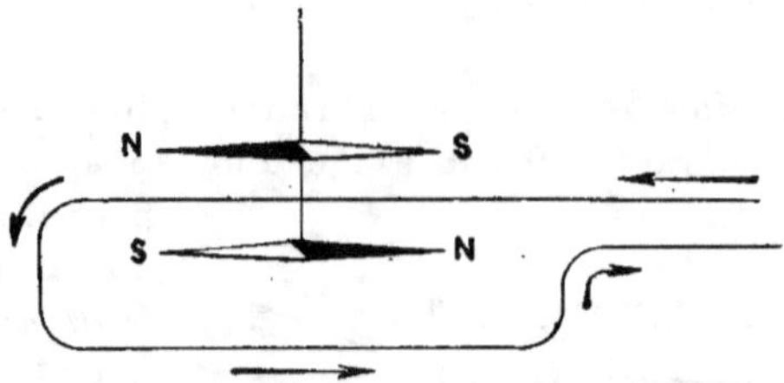

Fig. 26. — Système astatique et multiplicateur.

galvanomètres ou appareils destinés à mesurer l'intensité des courants.

Action des aimants sur les courants. — L'expérience d'Œrsted démontre que les courants électriques exercent une action sur les aimants. Réciproquement, un aimant agit sur un élément de courant mobile de façon à produire la même orientation relative. M. de la Rive l'a démontré à l'aide d'un dispositif ingénieux qui consiste à placer, perpendiculairement à un bouchon flottant sur de l'eau acidulée, deux

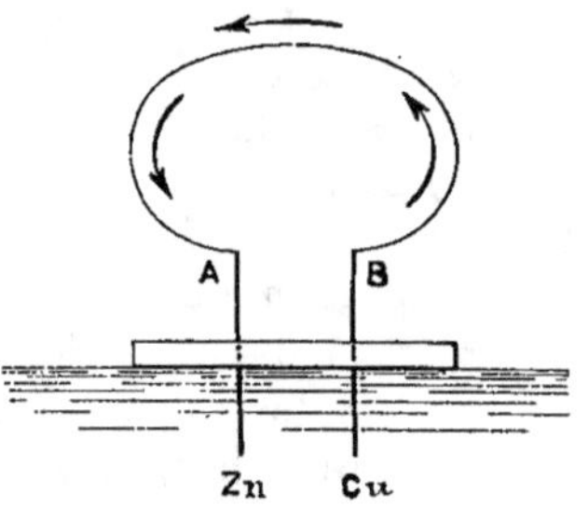

Fig. 27. — Dispositif de la Rive.

lames de cuivre et de zinc (fig. 27). En réunissant ces deux lames par un fil conducteur AB on a un élément mobile sur lequel on peut vérifier l'action d'un aimant.

Action des courants sur les courants. — Ampère ne se borna pas à constater l'action des courants sur les

aimants, il combina une série de dispositifs ingénieux qui lui permirent de généraliser l'observation d'Œrstedt et de manifester l'action des courants électriques sur les courants électriques.

Sans entrer dans le détail de ces expériences, nous nous bornerons à en rappeler les résultats, qui se résument en la règle suivante :

Deux courants convergents s'attirent lorsqu'ils s'approchent ou s'éloignent de leur point de croisement; ils se

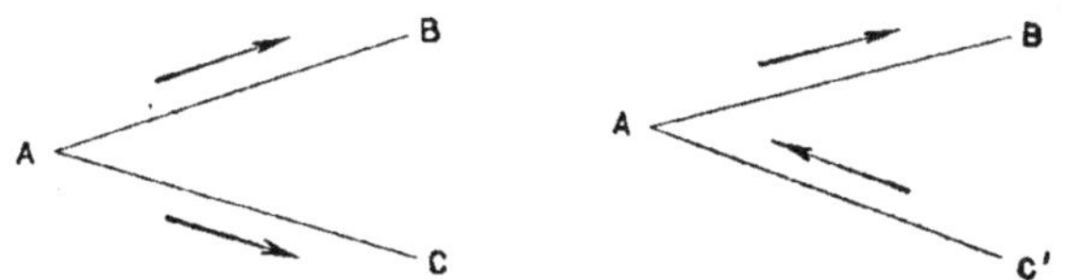

Fig. 28. — Courants convergents.   Fig. 29. — Courants divergents.

repoussent lorsque l'un s'en approche et que l'autre s'en éloigne.

Ainsi deux courants tels que AB AC (fig. 28) s'attirent, deux courants tels que AB AC (fig. 29) se repoussent.

Il est évident que l'action réciproque des courants parallèles est un cas particulier de ce cas général.

Solénoïdes. — Si on enroule en hélice un fil parcouru par un courant, on forme un système particulier qui porte le nom de *solénoïde* et qui jouit des propriétés d'un véritable *aimant*. On obtient cette condition en disposant les solénoïdes comme l'indiquent les figures 30, 31, 32.

Ils peuvent tourner autour de l'axe que forment leurs pointes terminales. Celles-ci plongent dans des bains de mercure et y recueillent le courant amené par des conducteurs.

Suspendues, de façon à être mobiles, ces hélices obéissent à l'action de la terre, se dirigent, quand on en approche un aimant ou un autre courant, comme si elles étaient elles-mêmes des aimants.

De là, la théorie électro-magnétique d'Ampère, d'après laquelle un aimant n'est autre chose qu'un faisceau de solénoïdes parallèles dont les courants particulaires sont orientés par le fait de l'aimantation et dont l'action se résume à celle d'un seul courant de solénoïde circulant à sa surface.

Fig. 30.

Aimentation par les courants. —

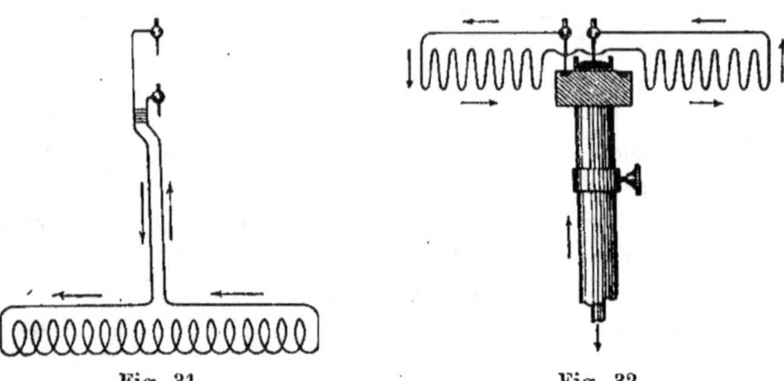

Fig. 31.

Fig. 32.

Fig. 31 et 32. — Divers modes de suspension des solénoïdes.

Arago avait reconnu, en 1820, qu'un fil de cuivre traversé par un courant électrique attire la limaille de fer tout comme un aimant. La limaille s'aimante sous l'influence du courant et se dispose en zones circulaires qui forment une gaine autour du fil. Elle se désaimante dès que le courant cesse de passer.

Il reconnut aussi qu'une aiguille d'*acier*, placée perpendiculairement à un fil parcouru par un courant, s'aimante d'une façon permanente.

Ampère reproduisit ces expériences, en plaçant un faisceau d'aiguilles d'acier dans un tube de verre sur lequel il enroulait en spirale un fil conducteur (fig. 33). Il reconnut qu'elles s'aimantaient au passage du courant avec cette différence que l'aimantation est permanente lorsqu'il s'agit d'aiguilles d'acier et qu'elle est transitoire lorsqu'il s'agit d'aiguilles de fer. Dans ce

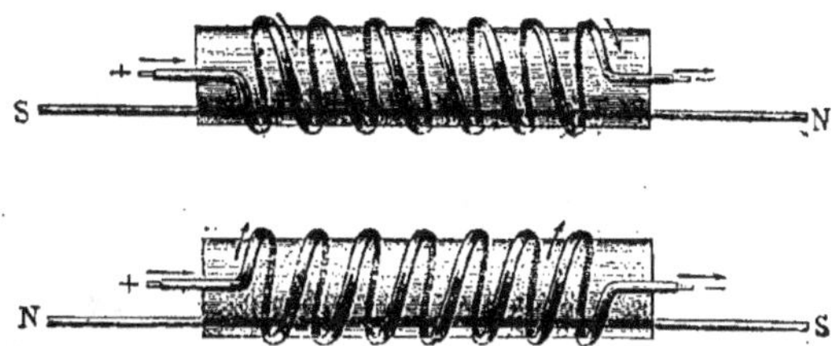

Fig. 33. — Aimantation par un courant.

dernier cas, elle cesse en même temps que le courant qui l'a produit.

C'est sur ce principe que sont construits les *électro-aimants* dont il sera question plus loin.

Faraday. — *Les lois de l'induction*. — Les découvertes d'Ampère avaient appris à faire des aimants avec de l'électricité. Celles de Faraday (1) apprirent à faire de l'électricité avec des aimants.

« Par ses découvertes, dit Babinet, un agent théorique, le fluide magnétique, fut banni de la nature à jamais. L'électricité produisit tout et expliqua tout.

---

(1) Faraday, né près de Londres, en 1794, mourut le 23 août 1867. Comme celle de Davy, son origine était des plus humbles. Son père était maréchal ferrant. Il débuta en étant apprenti relieur. Mais l'intérieur des livres le préoccupait plus que leurs enveloppes. L'étude de l'électricité l'attira et, avec de faibles moyens, il parvint à construire une machine qui fut montrée à l'un des

« C'est une des simplifications qui honorent le plus l'esprit humain et l'un des plus heureux fruits des travaux des savants modernes et de Faraday en particulier.

« Diverses lectures qu'il fit au sein de l'Académie royale de Londres ont eu pour objet de montrer que la chaleur, la lumière et l'électricité sont les résultats d'une même cause agissant diversement.

« Sans doute, l'attraction et les actions chimiques sont aussi des effets de cette même cause universelle. La nature s'ennoblit par la simplification de son mécanisme. »

L'*induction* est un phénomène que Faraday découvrit en 1831. Il se manifeste si, dans l'axe d'une bobine B recouverte d'un grand nombre de spires d'un fil conducteur isolé, on introduit brusquement une autre bobine de même genre A reliée à une pile

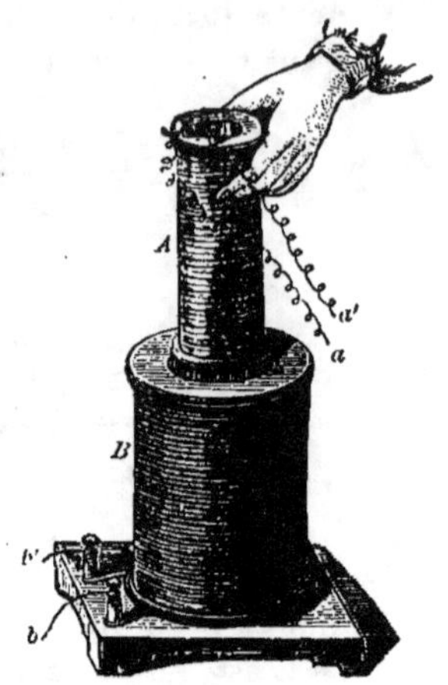

Fig. 34.
Principe de l'induction.

(fig. 34). En mettant la première bobine en communication avec un galvanomètre, on constate qu'il se produit alors dans son fil un courant qu'on appelle *induit* et qui est de sens *inverse* à celui du premier courant qu'on appelle *inducteur*.

Le courant induit est instantané et cesse aussitôt.

directeurs de l'Institution royale et lui valut l'autorisation d'en suivre les cours. Il assista aux leçons de Davy, les rédigea et lui soumit sa rédaction. Intéressé au sort de son élève, Davy l'emmena avec lui en voyage sur le continent. C'est en 1820 qu'il commença la publication de ses travaux personnels sur l'acier, ses alliages avec l'argent. Ses découvertes en électro-magnétisme datent de 1821.

Si on enlève brusquement la bobine *inductrice* de l'axe de la bobine *induite*, on voit se produire un nouveau courant instantané, mais, cette fois, de même sens que le courant inducteur.

Les mêmes phénomènes se produisent si, par un artifice, on augmente ou on diminue l'intensité du courant inducteur, si on l'approche ou si on l'éloigne.

Ils se produisent encore si on remplace la bobine inductrice par un aimant (fig. 35).

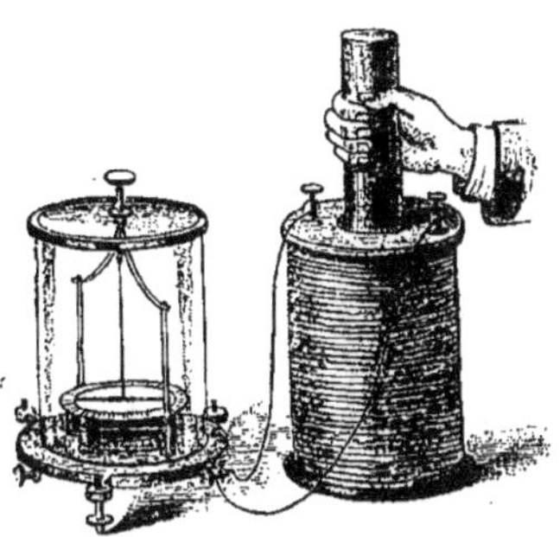

Fig. 35. — Principe de l'induction.

L'ensemble de ces observations constitue les *lois de l'induction*, dont l'importance est considérable puisque c'est sur cette loi qu'a été basée la construction des machines magnéto et dynamo-électriques.

Il faut en retenir le fait suivant, qui en est la généralisation : Si un élément de circuit électrique, formé d'une spire ou d'un anneau de fil conducteur, se trouve dans une portion de l'espace qui est le siège d'un flux d'électricité, tout changement dans l'intensité de ce flux induit dans la spire un courant électrique instantané, de sens inverse si le flux augmente, de même sens s'il diminue.

Extra-courant. — Un courant peut même produire une induction sur lui-même, dans le circuit qu'il parcourt. Si on interrompt brusquement un circuit dans lequel passe un courant, on constate que, conformément à la loi de l'induction, il se produit un nouveau courant qui prolonge en quelque sorte le courant inducteur; si on rétablit la continuité du circuit, il se produit un courant de sens inverse.

Ces courants, découverts par Henry en 1832 et étudiés par Faraday, ont été appelés par lui *extra-courants*. On désigne aussi ce phénomène par les noms d'*auto-induction, self-induction*.

Loi de Lenz. — Une autre loi, établie par Lenz, dérive des faits qui viennent d'être exposés.

Elle peut être énoncée ainsi :

Tout mouvement relatif d'une spire dans un milieu inducteur détermine en elle un courant induit tendant à s'opposer à ce mouvement.

Ce fait est facile à vérifier, par l'expérience, au moyen de deux solénoïdes, l'un parcouru par un courant, l'autre inerte. Si l'on approche d'une extrémité du second le pôle du premier, on constate qu'il y a répulsion et on sait qu'un éloignement de l'inducteur produit justement un courant inverse.

CHAPITRE III

LA CONSERVATION DE L'ÉNERGIE. — UNITÉS MÉCANIQUES ET ÉLECTRIQUES

Origine des idées sur l'indestructibilité de la matière. — État actuel de ces études. — Helmholtz. — Energie et matière. — L'électricité forme nouvelle de l'énergie. — Les systèmes de mesure de l'énergie. — Travaux de l'Association britannique. — Unités mécaniques. — Loi de Ohm. — Lois des courants dérivés. — Loi de Kirchkoff. — Loi de Joule. — Unités électriques. — Unité de force électro-motrice. — Unité de résistance. — Unité d'intensité électrique. — Quantité d'électricité. — Unité de capacité. — Multiples et sous-multiples. — Unités pratiques et unités C.G.S. — Unités de travail et de puissance électriques. — Relation entre les diverses unités pratiques.

Origine des idées sur l'indestructibilité de la matière. — Les premières idées sur l'indestructibilité de la matière remontent aux théories de la philosophie grecque.

De nihilo nihil gigni, in nihilum nil posse reverti (1).
Rien ne peut sortir de rien ; nulle chose ne peut être anéantie.

Tel est le principe fondamental de la doctrine d'Épicure que Lucrèce a, comme Perse, proclamé dans les vers de son poème *Sur la nature des choses* :

______

(1) *Perse ;* satire III, vers 83.

> *Principium hinc cujus nobis exordia sumet,*
> *Nullam rem e nihilo gigni divinitus unquam;*
>
> . . . .
>
> *Nunc age, res quoniam docui non posse creari,*
> *De nihilo, neque item genitas ad nil revocari* (1).

« Le premier principe que nous enseigne l'étude de la nature, c'est que la divinité elle-même ne peut rien tirer du néant... J'ai prouvé que rien ne peut sortir du néant ni y retourner. »

Idées modernes sur l'indestructibilité des forces physiques. — Le célèbre aphorisme du grand chimiste français Lavoisier : *Dans la nature, rien ne se perd, rien ne se crée, tout se transforme,* n'est qu'une expression rajeunie de ces mêmes pensées.

La science moderne les a reprises, analysées, généralisées, et y a trouvé le point de départ de ses conquêtes les plus fécondes.

Alors que les anciens avaient proclamé l'indestructibilité de la matière seule, les modernes ont affirmé également l'indestructibilité des agents physiques qui l'accompagnent et la transforment.

Cette conception nouvelle s'est présentée à eux, du jour où, remontant de l'étude de chaque classe de phénomènes à la comparaison de ces classes entre elles, les savants ont trouvé, dans ce parallèle, des analogies qui les ont frappés par le lien de parenté qu'elles paraissaient établir entre les différentes branches de la physique.

Ainsi est née cette théorie que les diverses transformations que subit la matière pourraient bien obéir à une impulsion unique, qui revêt tour à tour des formes auxquelles les sens de l'homme prêtent une origine diffé-

---

(1) Lucrèce : *De natura rerum.* Vers 150 et suivants, 266 et suivants.

rente, alors que c'est seulement leur diversité qui nous fait croire à leur différence effective.

On voit immédiatement avec quelle ampleur cette simple conception étend le champ d'action de la physique, et à quelles limites lointaines elle le recule.

Elle nous montre la nature entière simplifiée dans son mécanisme, et conduisant, par une unité de direction et des transformations nombreuses, à la multiplicité des phénomènes de tout ordre dont nous sommes les témoins.

La physique n'est plus ainsi l'étude localisée d'une série de faits réunis en petits groupes isolés. Elle devient l'étude unique de phénomènes d'origine commune, s'enchaînant tous, obéissant à des lois similaires et se transformant les uns dans les autres suivant des modes invariables.

État actuel de ces études. — A vrai dire, si la formule philosophique de l'unité des forces physiques, préludant à la théorie plus hypothétique de l'unité de la matière, s'est appuyée, depuis le commencement de ce siècle, sur des faits précis faisant remonter la conviction, de certains cas particuliers à la règle générale, ces cas particuliers ne sont pas encore nombreux.

Les voies sont à peine ouvertes et jusqu'ici les découvertes faites, si surprenantes qu'elles aient été, laissent prévoir des surprises plus grandes encore.

Elles ont débuté en France par les théories célèbres, par lesquelles Carnot a établi l'équivalence du travail calorifique et du travail mécanique. Si la chaleur peut se transformer en travail et le travail en chaleur, ces transformations doivent se produire d'une façon toujours identique à elle-même, une quantité de travail déterminée produisant toujours la même quantité de chaleur et réciproquement.

On sait que les travaux de Carnot ont résolu affirmativement cette hypothèse et conduit à la détermination de l'équivalent mécanique de la chaleur.

D'autres savants, Mayer (1842), Colding (1843), Joule, l'ont suivi, tandis que les travaux d'Ampère et de Faraday démontraient l'identité d'origine des phénomènes électriques et magnétiques et que des hypothèses, d'abord timides (1), se hasardaient à affirmer celle de la lumière et de l'électricité, à laquelle des recherches plus récentes ont apporté des arguments basés sur l'expérience.

Helmholtz. — Mais c'est surtout le savant allemand Helmholtz qui a donné à ces théories une impulsion maîtresse, par la publication de son *Mémoire sur la conservation de la force*. Ce mémoire a paru en 1847. Il est précédé d'un *Exposé élémentaire de la transformation des forces naturelles*. Selon l'expression de son traducteur, c'est un plan complet de la physique moderne. « A l'heure, dit-il dans sa préface, où presque tous les physiciens s'appliquaient exclusivement à la démonstration du principe éminemment fécond, mais encore restreint, de l'équivalent mécanique de la chaleur, son esprit pénétrant s'est élevé d'un élan au-dessus d'un horizon immense; il a contemplé à la fois l'imposante apparition de l'unité de la science et celle de l'incomparable harmonie des phénomènes naturels (2). »

Dès le début de l'exposé qui sert d'introduction à son mémoire, Helmholtz proclame l'immense intérêt d'une loi nouvelle dont la généralité embrasse l'action de toutes

---

(1) « Ce grand pouvoir de la nature, qui se manifeste sous des formes particulières par des phénomènes particuliers, révèle une fois de plus son identité par les relations directes de sa forme lumière avec les formes électricité et magnétisme. » (Faraday, *Mémoire sur l'action des courants sur la lumière*, 1845.)

(2) Traduit en français en 1869, par Louis Pérard. Masson, éditeur.

les forces de la nature et qui a, par conséquent, autant
d'importance pour la conception théorique des phénomènes que pour les applications techniques.

Cette loi est la conséquence de toutes les relations
pouvant exister entre les actions de la nature, d'après le
principe qu'il est impossible de créer quelque chose de
rien.

Principe de la conservation de l'énergie. — Helmholtz l'a ainsi formulé : *La quantité de force capable
d'agir qui existe dans la nature inorganique est éternelle
et invariable tout aussi bien que la matière*, et l'a com-
menté en ces termes : « L'homme ne peut, dans aucun
but humain, créer du travail, mais il peut puiser ce travail dans la provision infinie de la nature et en faire sa
propriété ; le ruisseau et le vent qui actionnent nos moulins, le bois et la houille qui animent nos machines à
vapeur et chauffent nos appartements, ne sont que les
véhicules d'une partie de cette grande quantité de force
dont nous cherchons à nous emparer pour la diriger au
gré de nos désirs. »

Énergie et matière. — Le monde physique nous
montre, répandue autour de nous, sous des aspects multiples, la matière, inerte par elle-même, mais pouvant
subir des transformations sous l'influence de causes
diverses.

Ces transformations affectent tantôt son état de mouvement, tantôt sa constitution moléculaire, qui peut
passer par les états solide, liquide et gazeux, tantôt sa
composition intime par la dissociation des éléments qui
la composent ou leur réunion à d'autres éléments.

Ces actions, extérieures à la matière, ne peuvent
exister sans elle. Ce sont autant d'agents, d'origine mys-
térieuse, qui représentent la capacité de production de

travail de la nature, et dont l'ensemble constitue ce qu'on appelle l'*énergie.*

Les uns tombent directement sous nos sens et ont été connus de tout temps. Tels la chaleur et la lumière. D'autres, comme l'attraction universelle, l'affinité chimique, le magnétisme et l'électricité, coexistants aux premiers, n'ont été connus que lorsque l'homme, étendant son domaine philosophique, a analysé les effets et les causes et approfondi les secrets de la nature.

Si l'on peut espérer que le principe de l'unité de la matière sera l'une des plus belles conquêtes de la science future, rien encore ne permet de faire une certitude, même une probabilité de cette hypothèse.

On a déjà prouvé, par contre, que l'énergie, qui est en quelque sorte l'âme de l'univers ou plutôt sa partie immatérielle, est *une* en ce sens que les diverses formes qu'elle revêt peuvent se métamorphoser, l'une en l'autre, avec la plus grande facilité.

Qu'elle soit mécanique, calorifique, chimique, l'énergie peut passer successivement par ces divers états.

Le témoignage le plus simple de cette vérité nous est donné par l'échauffement qui résulte de tout mouvement brusquement arrêté. Tirez une balle de pistolet sur une plaque résistante, elle s'aplatit et devient brûlante. C'est parce que l'énergie mécanique, productrice de mouvement, s'est transformée en énergie calorifique suivant une loi immuable qui fait correspondre un nombre de calories, toujours constant, à un même travail mécanique anéanti.

Cette loi, découverte par les précurseurs d'Helmholtz, est celle de l'*équivalent mécanique de la chaleur.*

A son tour, la chaleur peut se transformer en travail mécanique : brûlez du charbon sur la grille d'une chaudière à vapeur; l'eau sera vaporisée et sa vapeur, utilisée dans un moteur, produira un travail.

Il en est de même pour la lumière, puisque les corps portés à l'incandescence deviennent lumineux.

L'affinité chimique, à son tour, se manifeste par une production ou une absorption de chaleur.

Cette faculté de l'énergie de revêtir successivement ses diverses formes, réalise sa conservation éternelle. Elle ne peut ni être créée de rien ni être détruite sans que rien ne se manifeste à sa place. Elle ne fait que changer de formes.

L'électricité forme nouvelle de l'énergie. — L'électricité (et par conséquent le magnétisme qui a la même origine) est une forme nouvellement reconnue de l'énergie, la plus souple, la plus docile, celle que les autres, mécanique, calorifique ou chimique, produisent le plus aisément. C'est pour cela que l'électricité, que vingt siècles de travaux ont eu tant de peine à déceler, existe et se manifeste partout.

La nature entière est comme un immense laboratoire d'électricité latente, où tout effort la fait apparaître, tantôt sous sa forme naturelle, « indomptable et rebelle », la foudre; tantôt sous sa forme artificiellement obtenue, « dirigeable et docile », le courant, devenu l'un des plus précieux auxiliaires de l'activité humaine.

Entre ces deux états, nulle différence de nature d'ailleurs. De l'étincelle on peut arriver au courant par degrés insensibles et réciproquement.

Tout phénomène physique est producteur d'électricité : le travail mécanique, soit par l'effet du frottement, soit par la mise en mouvement de systèmes spéciaux appelés machines dynamo-électriques; le travail calorifique, dans les piles thermo-électriques; le travail chimique, dans les piles électriques.

De là, trois classes de *générateurs* d'électricité.

De même, l'énergie électrique peut se transformer en

travail mécanique, en chaleur, en lumière, en affinité chimique dans des *récepteurs* qui peuvent être soit d'autres machines, soit des fours où on recueille et utilise la chaleur, soit des lampes, soit des appareils électro-chimiques et électro-métallurgiques.

Cette facilité spéciale que possède l'électricité de servir de transition entre les autres modes d'énergie en fait un élément incomparable de transmission.

À ce titre elle entre, comme les autres formes de l'énergie, et mieux encore, dans l'étude générale de la mécanique.

Les systèmes de mesure de l'énergie. — Les diverses formes de l'énergie pouvant être obtenues en passant de l'une à l'autre, il devait être possible, pour la mesurer sous une quelconque de ses différentes manifestations, de créer une série d'unités formant un ensemble et pouvant se déduire les unes des autres.

Il a fallu plusieurs siècles et une révolution faisant table rase des préjugés et des habitudes pour unifier, dans une classification logique, la mesure des grandeurs géométriques, longueurs, surfaces, volumes et poids.

C'est le progrès capital que réalisa la Convention nationale, par l'immortelle création du *système métrique* qui mesure ces grandeurs à l'aide d'unités dérivées du mètre, égal à la dix millionième partie d'un quadrant du méridien terrestre.

Travaux de l'Association britannique. Unités mécaniques. — Inspirée par cet exemple et par les travaux de Weber et d'autres physiciens allemands, l'Association britannique a fondé, à son tour, tout un système de mesure des grandeurs mécaniques basé sur trois unités fondamentales de *longueur*, de *masse* et de *temps*.

Ces unités sont le centimètre (C), le gramme (G),

la seconde (S), d'où le nom de système C.G.S. sous lequel il est ordinairement connu.

Le *centimètre* est la centième partie du mètre, mesuré par Delambre et Borda, dont l'étalon est conservé à l'établissement international de Sèvres.

Le *gramme* est la masse de 1 centimètre cube d'eau distillée, à son maximum de densité.

La *seconde* est la 86,400ᵉ partie du jour solaire moyen.

Les notions nouvelles introduites par l'Association britannique sont : l'*unité de force*, l'*unité de travail*, l'*unité de puissance*.

L'*unité de force* a été définie celle qui, appliquée à l'unité de masse, lui imprime l'unité de vitesse. On lui a donné le nom de *dyne*, dérivé du mot grec *dynamis*, qui veut dire force.

La force qui tombe le plus ordinairement sous nos sens est la force attractive de la terre sur les corps placés à sa surface, c'est-à-dire la *pesanteur* qui a pour mesure le poids de ces corps. Elle varie avec la latitude. À Paris, le poids du gramme est égal à g dynes, g étant l'intensité de la pesanteur.

La notion du travail suit immédiatement celle de la force. Le travail, créé par une force, se mesure par le produit de l'intensité de cette force et de la longueur qu'elle fait parcourir à son point d'application dans la direction de la force. Il est à remarquer que la notion de travail est indépendante de celle du temps. On réserve à l'unité de travail, dans l'unité de temps, le nom d'*unité de puissance*.

L'*unité de travail* a reçu le nom d'*erg*, c'est le travail produit par l'unité de force (dyne) agissant suivant l'unité de longueur (centimètre).

Son expression pratique et usuelle, est le *kilogrammètre*, travail correspondant à 1 kilogramme élevé à 1 mètre. On le désigne par le symbole kgm.

Le kilogrammètre vaut 981×1.000 gr. $\times 100$ cent. $= 981 \times 10^5$ ergs.

L'unité de puissance a pour expression usuelle le *cheval-vapeur* imaginé par Watt et que justifie seulement un usage routinier (1). Il équivaut à 75 kilogrammètres par seconde, c'est-à-dire $75 \times 981 \times 10^5 = 736 \times 10^7$ ergs par seconde.

On a eu l'idée de créer une unité pratique de puissance, le *poncelet*, proposé au Congrès mécanique de 1889. Le poncelet est un cheval-vapeur de 100 kilogrammètres par seconde.

Lois des courants électriques. — L'énergie pouvant prendre la forme mécanique, chimique ou électrique est mesurable en unités mécaniques, sous l'une quelconque de ses formes. Dans un très grand nombre de cas, ces transformations s'accomplissent avec le concours de l'électricité. On est donc conduit à examiner comment les idées de force, travail et puissance mécanique, peuvent trouver leurs analogues dans la transmission des courants électriques à travers les corps conducteurs.

---

(1) La définition du cheval-vapeur, comme unité de puissance, est due au célèbre mécanicien James Watt. Voici à quelle occasion. Un brasseur anglais lui avait demandé d'installer chez lui une machine à vapeur destinée à remplacer un manège, mû par des chevaux, qui actionnait des pompes élévatoires.

Pour se rendre un compte exact de la puissance de ses chevaux, le brasseur fit atteler l'un d'eux au manège et le fit soumettre pendant huit heures consécutives à un travail forcé à la fin duquel on observa la quantité totale d'eau qui avait été élevée. Le calcul démontra que l'effort du cheval correspondait à l'élévation à 1 mètre de 75 à 76 litres d'eau. L'unité de puissance du cheval animé fut ainsi estimée à 76 kgm. 041 par seconde (Horse Power anglais). Le cheval français est de 75 kilogrammes par seconde.

Il est à peine besoin de rappeler qu'il y a une très grande différence entre le cheval-vapeur et le cheval animé. Celui-ci ne développe guère normalement que 40 à 50 kilogrammètres.

Vivarez. Phénomènes électriques.   7

Bien qu'il n'y ait aucune identification matérielle à établir entre l'écoulement d'un liquide dans un conduit et la propagation d'un flux électrique dans un conducteur massif, une assimilation de langage est possible entre les deux phénomènes.

Dans l'un et l'autre cas, l'onde se transporte entre deux points, en vertu d'une différence de deux actions qui jouent, au point de vue de l'effet produit, le même rôle que la force élastique des gaz, la pression hydrostatique des liquides et leurs différences de niveau, dans le mouvement des fluides.

Une autre conception familière que nous pouvons nous faire de cette action spéciale, cause de mouvement, résulte de l'examen des phénomènes calorifiques qui nous montrent l'échange qui se fait à travers l'espace ou à travers les corps, de la *chaleur* et du *froid,* expressions d'ailleurs absolument relatives.

Cet échange tend à équilibrer les températures des deux corps mis en présence, le plus chaud se refroidissant et le plus froid s'échauffant, par un flux de chaleur qui va du plus chaud au plus froid.

On peut supposer que la température de chacun d'eux est maintenue à son degré initial; le flux de chaleur sera ainsi continu, de l'un à l'autre, en vertu de la différence de deux quantités de chaleur.

Ce facteur, analogue à la pression, à la hauteur de chute, à la quantité de chaleur, et susceptible d'ailleurs d'une expression mathématique, a reçu de Georges Green, de Nottingham, qui en a fait usage pour la première fois en 1828, le nom de *potentiel.*

Ce que l'on désigne sous le nom de *force électro-motrice* d'un générateur d'électricité, pile ou dynamo, s présente donc comme une différence de potentiel au pôles de l'une ou aux bornes de prise de courants o aux balais de l'autre.

Sous l'influence de cette différence de potentiel entre deux points d'un conducteur, traversé par un courant, le flux électrique se manifeste, de même qu'un liquide se transporte dans un tube sous l'influence d'une différence de pressions à ses deux orifices.

Et, de même que le liquide circule avec une vitesse qui dépend de cette différence de pressions, de la longueur et de la section de la canalisation, de la substance dont elle est faite, le courant électrique acquiert une intensité de propagation qui dépend des mêmes éléments caractéristiques du conducteur qu'il traverse.

Loi de Ohm. — Ce fait, presque évident *a priori*, n'est que la paraphrase de la loi formulée par le physicien allemand Ohm (1).

En voici l'énoncé : *Si l'on désigne par E la différence de potentiel entre deux points d'un conducteur de section constante; par R la résistance de ce conducteur; par I l'intensité de circulation du courant, ces trois quantités sont liées par la formule :*

$$I = \frac{E}{R}.$$

A cette triple notion du *potentiel*, de la *résistance* et de l'*intensité*, il faut ajouter celle de la *quantité d'électricité* qui s'écoule, dans un temps donné, dans un circuit, comme une quantité de fluide matériel liquide ou gazeux.

En réalité, il ne se produit rien de tel et il est à peine besoin d'insister sur la gravité de l'erreur qu'on commettrait en donnant aux mots un sens absolu correspondant à un fait réel qui n'existe pas.

---

(1) Né à Erlangen en 1787, mort à Munich en 1854.

Utilité de la terminologie électrique. — L'essence intime de l'électricité n'est pas et ne sera pas, de longtemps sans doute, révélée.

Comme pour les autres agents physiques, l'attraction universelle, la lumière, la chaleur, la découverte des lois qui régissent leurs effets n'indique rien sur leurs causes. Elle nous permet seulement de dire : les choses se passent comme si tel fait matériel s'accomplissait; mais la source même des phénomènes, du plus infime, comme l'affinité des atômes, aussi bien que du plus grand, comme la gravitation des astres, nous échappe et nous échappera peut-être toujours.

Mais si nous sommes contraints à l'aveu de notre ignorance, le détour que nous sommes obligés de faire pour la déguiser n'est pas une simple satisfaction donnée au vulgaire besoin de mettre des mots devant des idées et d'expliquer des faits par des hypothèses gratuites.

La mise en parallèle de deux ordres de phénomènes qui n'ont qu'un très lointain rapport a eu un résultat doublement précieux.

Elle a permis la création d'un langage clair qui rappelle à l'esprit des notions qui lui sont familières et le guide à la recherche des faits inconnus à la clarté de ceux qui ont été déjà analysés.

Elle a, en outre, et par cela même, permis l'attribution d'une valeur métrique à chacun des coefficients qui entrent dans la formule des lois électriques et magnétiques. La science de l'ingénieur, son application aux problèmes de l'industrie ont un tel besoin de cette mise en nombre des phénomènes qu'elles seraient vaines sans elle et frappées de stérilité.

Tant que l'électricité en est restée aux études théoriques, cette nécessité ne s'était pas fait sentir. Elle est devenue inéluctable dès qu'elle est sortie des laboratoires scientifiques pour entrer dans la pratique des ateliers.

Lois des courants dérivés. — Lois de Kirchoff.

— Une conséquence importante de la loi de Ohm est la suivante :

Si, entre deux points A et B (fig. 36), un courant se bifurque en deux ou plusieurs branches, l'intensité dans chacune d'elles est inversement proportionnelle à sa résistance. Ainsi, si la dérivation AMB a une résistance double de la dérivation

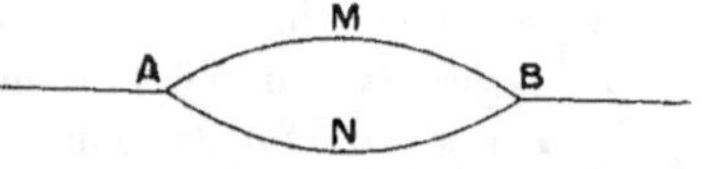

Fig. 36. — Courants dérivés.

ANB, l'intensité dans cette dernière sera double de ce qu'elle est en AMB.

Si l'intensité du courant est exprimée par I, avant la bifurcation, elle sera de $\dfrac{1}{3}$ dans AMB, de $\dfrac{2}{3}$ I dans ANB.

Cette loi n'est qu'un cas particulier des deux lois de Kirchoff, qui se formulent ainsi :

1° Dans un réseau formé de plusieurs conducteurs, la somme algébrique des intensités de tous ceux qui aboutissent en un même point est nulle;

2° Dans un circuit fermé, formé de plusieurs parties, la somme des produits de la résistance de chacune d'elles par l'intensité du courant qui y circule est égale à la somme des forces électro-motrices existant dans le circuit considéré.

On a ainsi $E + E' + E'' + \ldots = RI + R'I' + R''I'' + \ldots$

Loi de Joule.

— Considérons un courant électrique entre deux points présentant une différence de potentiel représentée par E. Le fait est analogue à celui d'un courant d'eau qui s'écoule entre deux points ayant une différence de niveau.

De même que, dans ce dernier cas, le travail produit par la chute d'eau est égal au débit multiplié par la hauteur, dans le premier, le travail électrique est égal à la différence de potentiel E multipliée par l'intensité I, soit EI.

Si entre les deux points il n'y a pas de récepteur, le travail se transformera en une quantité de chaleur équivalente. Ce travail calorifique exprimé par EI est (en vertu de la loi de Ohm, $E = IR$) représenté aussi par $IR \times I$ ou RI^2.

D'une façon plus générale, s'il y a entre les deux points un récepteur à la différence de potentiel e, on aura l'expression :

$$EI \quad = \quad eI \quad + \quad RI^2$$

Travail
du générateur.   Travail
du récepteur   Chaleur
dégagée

Cette formule constitue la loi de Joule.

Unités électriques. — Après les travaux de l'Association britannique, plusieurs Congrès internationaux et, en particulier, ceux qui ont été tenus à Paris en 1881 et 1889, ont définitivement établi le système sur lequel est basée la mesure des grandeurs électriques.

Nous avons vu qu'on est amené à considérer dans les problèmes électriques :

La force électro-motrice ou différence de potentiel E ;

L'intensité du courant I ;

La quantité d'électricité Q ;

La résistance des conducteurs R.

Il faut, en outre, tenir compte de la *capacité électrique* d'un conducteur (C). Cet élément dépend à la fois de la quantité d'électricité qu'il contient et de la force électromotrice. Il est défini par la relation $Q = CE$. C'est, par conséquent, le rapport entre la quantité d'électricité et le potentiel.

Il est facile de se mettre cette notion dans la mémoire,

par sa comparaison avec la *capacité calorifique des corps*
qui est le rapport entre la quantité de chaleur qu'ils
renferment et leur température.

Unité de force électro-motrice. — L'unité de *force
électro-motrice* a reçu le nom de *volt* en l'honneur de
Volta. On dit d'un courant électrique qu'il se produit
sous une différence de potentiel de tant de *volts*, comme
on dit d'un courant d'eau qu'il s'écoule par l'effet d'une
chute ou d'une différence de hauteur de tant de mètres.

Le volt est, à peu de chose près, égal à la force électro-
motrice d'un élément de pile Daniell. Rappelons à ce
propos que la force électro-motrice d'une pile ne dépend
nullement des dimensions de l'élément, mais uniquement des réactions chimiques des corps en présence.

La mesure des forces électro-motrices se fait au moyen
d'appareils appelés *voltmètres*.

Unité de résistance. — L'unité de *résistance électrique* a reçu le nom d'*ohm*. C'est la résistance que présentent 100 mètres de fil télégraphique ordinaire de
4 millimètres de diamètre. La valeur exacte de cette
unité est représentée par la résistance, à 0 degré centigrade, d'une colonne de mercure de un millimètre carré
de section et de $1.06^{cm},3$ (Congrès international de Chicago).

La résistance d'un conducteur est d'autant plus grande
qu'il est plus long, et d'autant plus petite qu'il est plus
gros. Si l est sa longueur et d son diamètre, elle sera
représentée par la formule :

$$R = \alpha \frac{l}{\left(\frac{\pi d^2}{4}\right)}$$

dans laquelle α est un coefficient, variable avec chaque corps, qu'on appelle sa *résistance spécifique* et quelquefois sa *résistivité*.

On voit que si dans la formule ci-dessus on fait $l = 1$ et $\dfrac{\pi d^2}{4} = 1$, on a $R = \alpha$.

L'unité de longueur dans le système CGS étant le centimètre, la *résistivité* peut être définie la résistance d'un élément du corps ayant 1 centimètre de longueur et 1 centimètre de section, soit celle d'un centimètre cube.

Il est évident que plus un corps est *résistant* moins il est *conducteur*; les deux expressions sont donc inverses. La conductibilité a pour expression l'inverse du coefficient α, soit $\dfrac{1}{\alpha}$, qu'on appelle aussi *conductance*. L'unité correspondante est le *mho*, inverse de l'ohm.

La mesure pratique des résistances électriques se fait à l'aide des appareils appelés boîtes de résistance, pont de Wheatstone, etc.

Unité d'intensité électrique. — L'unité d'intensité a été nommé *ampère*. C'est l'intensité du courant qui traverse, sous la pression d'un *volt*, un conducteur ayant une résistance d'un *ohm*.

En pratique, l'ampère est représenté par l'intensité du courant capable de précipiter, par heure, 4 grammes d'argent ou 1 gr. 19 de cuivre.

Les appareils qui servent à la mesure des intensités ont reçu le nom d'*ampèremètres*.

Quantité d'électricité. — On passe de la notion d'intensité à celle de quantité en disant que l'intensité est la quantité d'électricité qui s'écoule dans l'unité du temps.

Si on désigne la quantité par la lettre Q, il est évident que la quantité d'électricité débitée, dans le temps t,

sous une intensité constante I, est représentée par la formule

$$Q = I \times t.$$

Les expressions *intensité* ou *quantité par seconde* sont
donc synonymes pour un courant constant.

L'unité de quantité d'électricité est le *coulomb*, en
l'honneur du physicien français de ce nom.

On voit d'après les définitions ci-dessus qu'il y a identité entre *l'ampère* et le *coulomb* par seconde.

Unité de capacité. — Le nom de Faraday a été donné
à l'unité de capacité, désignée sous le nom de *farad*.

Multiples et sous-multiples. — Ces diverses unités sont, comme les unités métriques, employées en
multiples et sous-multiples. On a simplement ajouté aux
termes déca (dix fois), hecto (cent fois), kilo (mille fois),
myria (dix mille fois), le terme mega (un million de
fois).

Ainsi on dit *mégohm* pour un million d'ohms.

De même, on a ajouté le terme *micro* aux sous-multiples usuels déci (dixième), centi (centième), milli (millième).

On dit un *microfarad* pour un millionième de farad.

Unités pratiques et unités C. G. S. — En réalité,
les unités dérivées du système C. G. S. sont, suivant les
cas, trop petites ou trop grandes pour être d'un usage
commode. On a remplacé celles-ci par des unités dites
pratiques, qui sont mieux en rapport que les unités
théoriques, avec les phénomènes à mesurer.

C'est ainsi que le volt, unité pratique, est égal à cent
millions de fois (10^8) l'unité C. G. S.

L'ohm à un milliard de fois (10^9).

L'ampère à un dixième $\left(\dfrac{1}{10} \text{ ou } 10^{-1}\right)$.

Le coulomb de même.

Le farad à la milliardième partie $\left(\dfrac{1}{10^9} \text{ ou } 10^{-9}\right)$.

Unités de travail et de puissance électriques. — Enfin, comme les notions du travail et de la puissance reviennent sans cesse dans les mesures électriques, on a créé deux unités pratiques pour ces grandeurs.

Ce sont le *joule*, unité de travail, et le *watt*, unité de puissance.

D'après ce qui a été dit plus haut, le *joule* correspond à un *watt* par seconde. Il correspond aussi au travail d'un volt coulomb $(E \times I \times t)$ et le watt à la puissance d'un volt ampère $(E \times I)$.

Relation entre les diverses unités pratiques. — Il n'est pas inutile de réunir, en un même tableau synoptique, l'expression des diverses unités d'énergie les unes par rapport aux autres.

I. — Unités de travail.

1° $\text{Erg} = \dfrac{1}{10^5} \times \dfrac{1}{981} \, \text{kgm}.$

2° $\text{Kilogrammètre} = 981 \times 10^5 \, \text{ergs} = 9 \text{ joules } 81.$

3° $\text{Joule} = \dfrac{1}{9,81} \, \text{kgm.} = 0 \text{ kgm. } 102$ (en pratique environ un dixième de kilogrammètre).

II. — Unités de puissance.

1° Cheval-vapeur $= 75 \text{ kgm. par seconde} = 75 \times 9 \text{ joules } 81$ par seconde $= 736 \text{ joules par seconde} = 736 \text{ watts} = 0 \text{ kilowatt } 736.$

2° Watt $= 0 \text{ ch.-vap. } 00136.$

3° Kilo watt $= 1 \text{ ch. } 36.$

A ces unités il faut ajouter celle du travail calorifique.

Une calorie (1)-gramme-degré $= 0$ ŀkg. 425 $= 4$ joules 17.
Un joule $= 0$ cal. 24.

Pour n'avoir pas un éclat comparable à celui des grandes découvertes des Volta, des Ampère, des Faraday, des Davy, l'œuvre de l'Association britannique et des divers Congrès qui l'ont complétée n'en est pas moins digne d'admiration.

Elle a une autre portée que celle d'une simple classification didactique. Elle a vraiment ouvert la voie aux travaux des ingénieurs dont elle a été la préface indispensable.

---

(1) On appelle calorie la quantité de chaleur nécessaire pour élever de 1° centigrade la température de 1 gramme d'eau. C'est la calorie-gramme-degré. Antérieurement, on évaluait la calorie par la chaleur nécessaire pour élever de 1° centigrade la température de 1 kilogramme d'eau. C'est la calorie-kilogramme-degré, mille fois plus grande que la première. Les évaluations ci-dessus sont relatives à la calorie-gramme-degré.

CHAPITRE IV

But de l'électrométrie. — Mesure des intensités. — Galvano-
mètre de Sir W. Thomson. — Galvanomètre Deprez-d'Arsonval.
— Ampèremètres. — Voltmètres. — Appareils enregistreurs. —
Electro-dynamomètres. — Mesure des résistances. — Rhéostats.
— Bobines de résistances. — Ohm étalon. — Boîtes de résis-
tances. — Appareils pour mesurer les résistances. — Pont de
Wheatstone.

But de l'électrométrie. — Les unités électriques
de force électro-motrice, d'intensité et de résistance,
c'est-à-dire celles qu'on rencontre le plus fréquemment,
ayant été définies dans le précédent chapitre, un corollaire lui est nécessaire, indiquant, en principe, par quelles
méthodes et à l'aide de quels instruments on compare
les grandeurs électriques à leurs unités.

De même que, l'unité de poids ayant été créée et définie, on mesure le poids des corps en kilogrammes, multiples ou sous-multiples, avec des appareils appelés
balances ou bascules, de même, étant donné un courant
électrique qui traverse un conducteur, on mesure son
intensité en _ampères_, la pression qui le détermine en
volts, la résistance qui s'oppose à sa propagation en
ohms, au moyen d'appareils et suivant des règles dont
l'ensemble constitue l'_électrométrie_.

Nous nous bornerons aux indications sommaires les plus essentielles sur ce sujet, qui sort du cadre de ce travail et qu'il est cependant impossible de passer sous silence.

Mesure des intensités. — Les appareils de laboratoire affectés à cet usage portent le nom de *galvanomètres;* celui d'*ampèremètres* est plus particulièrement réservé aux appareils industriels.

Le principe sur lequel est fondée la construction des galvanomètres est l'action du courant à mesurer sur une aiguille aimantée.

Pour l'expliquer clairement, nous allons choisir comme exemples deux types de galvanomètres dont l'emploi est très répandu.

Galvanomètre de sir William Thomson (lord Kelvin). — Le premier (fig. 37) se compose d'un multiplicateur dans lequel passe le courant dont on veut mesurer l'intensité. Son action s'exerce sur un faisceau de petits barreaux aimantés suspendus à l'extrémité d'un fil de cocon sans torsion.

Le multiplicateur n'est autre qu'une bobine portant un grand nombre de tours de fil au centre de laquelle se trouve l'ensemble des barreaux aimantés qui sont fixés au dos d'un petit miroir circulaire légèrement concave. Ainsi est formé un équipage mobile qui est très *apériodique*, c'est-à-dire qui se fixe rapidement à sa position d'équilibre, après un très petit nombre d'oscillations.

Cette apériodicité peut être encore accentuée à l'aide d'un aimant directeur placé au-dessus du galvanomètre et dont on peut modifier à la fois la distance et l'orientation.

L'emploi du miroir auquel sont fixés les petits barreaux aimantés est un artifice grâce auquel on peut mesu-

rer les oscillations les plus petites. On dirige sur lui la
lumière d'une lampe placée derrière un écran percé
d'une fente. Le miroir réfléchit le petit faisceau lumi-

Fig. 37. — Galvanomètre de sir William Thomson.

neux qu'il reçoit et son image apparaît sous la forme
d'un petit cercle lumineux qui se déplace horizontalement sur le mur et reproduit ainsi, en les amplifiant,
les oscillations des aimants. On recueille généralement

l'image mobile le long d'une échelle graduée. En employant une graduation transparente (fig. 38), telle que celles que construit M. Carpentier, l'observateur peut

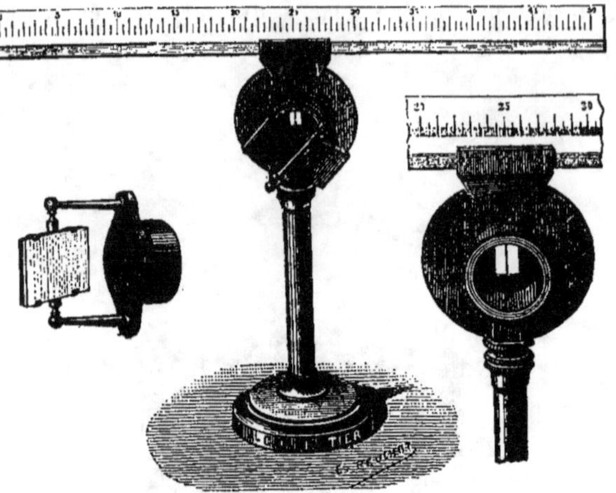

Fig. 38. — Graduation transparente du galvanomètre.

se placer dans l'obscurité, derrière la lampe et lire les oscillations de la façon la plus nette.

Galvanomètre Deprez-d'Arsonval. — Dans ce second appareil (fig. 39), c'est le cadre multiplicateur qui est mobile et l'aimant qui est fixe.

Celui-ci a la forme d'un fer à cheval à branches verticales entre lesquelles est suspendu le cadre multiplicateur. Le fil qui le soutient porte le petit miroir. Un cylindre creux en fer placé dans l'intérieur du cadre ajoute son action magnétisante à celle de l'aimant.

Ampèremètres. — Ces appareils réservés, comme cela vient d'être dit, aux mesures industrielles rappellent, par leur aspect extérieur, les manomètres des machines à vapeur. Comme ces derniers, ils se présentent sous la forme d'une boîte cylindrique en laiton, dont la face supérieure est munie d'un cadran gradué devant lequel se déplace l'extrémité d'une longue aiguille.

Ces appareils doivent être très apériodiques, ce qui ne

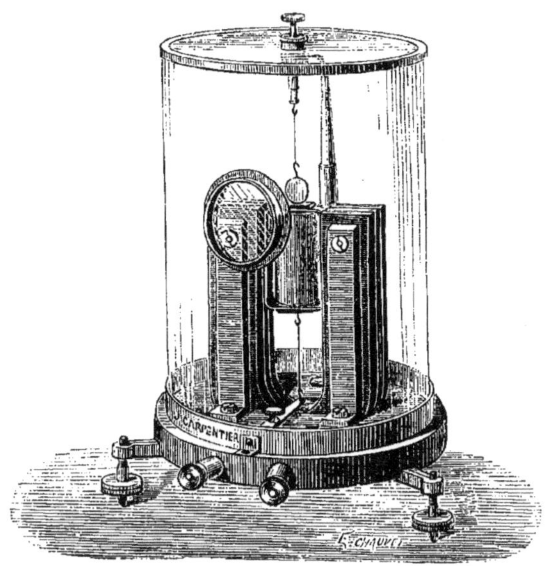

Fig. 39. — Galvanomètre Deprez-d'Arsonval.

peut être évidemment obtenu qu'au détriment de leur sensibilité.

Un grand nombre de constructeurs fabriquent aujourd'hui ce type d'appareils. Celui de MM. Deprez et Carpentier est formé d'une bobine, dans laquelle passe le courant à mesurer, et qui est placée entre les pôles d'un aimant directeur en demi-cercle. Le déplacement de l'aimant mobile se manifeste sur le cadran au moyen de l'aiguille dont les mouvements sont solidaires du sien (fig. 40).

Voltmètres. — D'après la loi de Ohm, les intensités sont proportionnelles aux tensions. On conçoit donc que le même genre d'appareils puisse enregistrer les deux mesures, suivant qu'on l'adapte convenablement à l'une ou à l'autre.

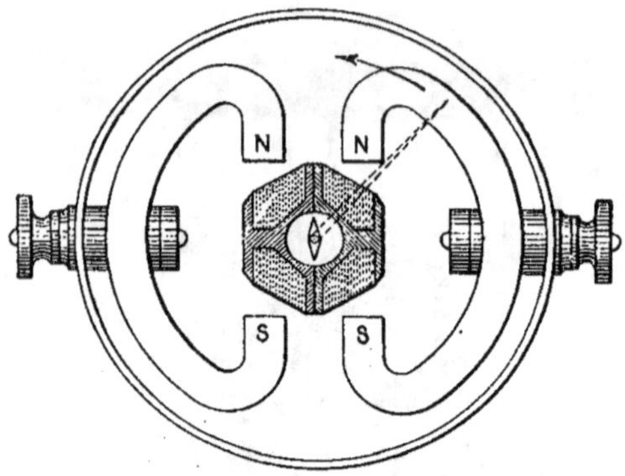

Fig. 40. — Mécanisme de l'ampèremètre Deprez-Carpentier.

Cela est mis en évidence par la formule $I = \dfrac{E}{R}$. Elle montre, en même temps, que I est d'autant plus grand que R est plus petit et, inversement, que E augmente et diminue en même temps que R. Il en est, par conséquent, de même de leurs variations, ce qui revient à dire que la sensibilité des appareils mesurant l'intensité est d'autant plus grande que la résistance est plus petite. C'est le contraire pour les appareils mesurant les différences de potentiel.

Il en résulte que les *ampèremètres* et les *voltmètres* doivent différer en ce que, dans les premiers, la résistance de la bobine doit être aussi faible que possible et que, dans les seconds, elle doit être aussi grande que possible.

Ceux-ci ont un fil de bobine long et fin ; ceux-là un fil court et gros ou même quelquefois une simple lame de cuivre.

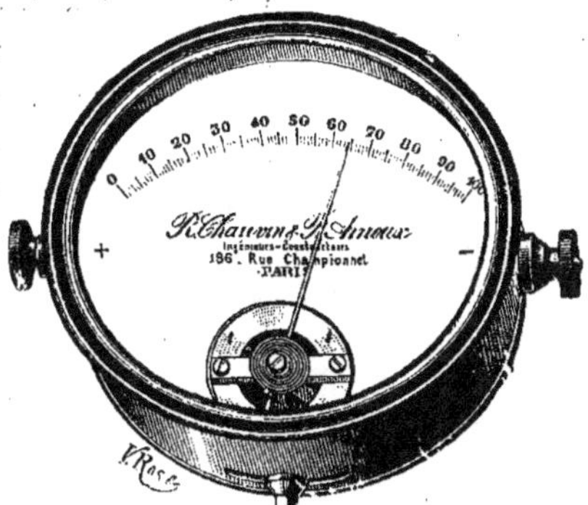

Fig. 41. — Voltmètre Chauvin-Arnoux.

Les figures 41 et 42 représentent l'aspect général et les détails intérieurs du voltmètre construit par MM. Chauvin et Arnoux.

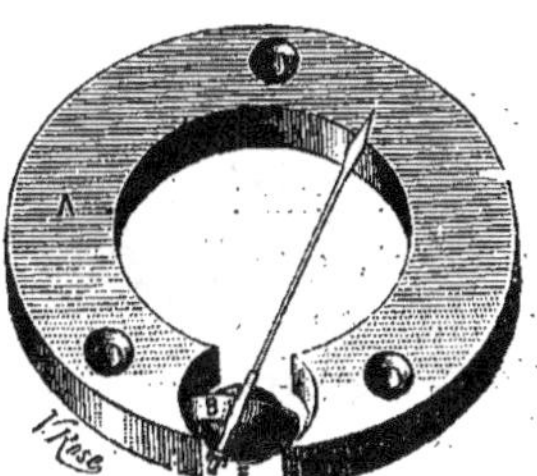

Fig. 42. — Voltmètre Chauvin-Arnoux.

Comme on n'a, généralement, besoin de constater les variations que dans de faibles limites de part et d'autre de la valeur moyenne, on a souvent intérêt à amplifier le mouvement de l'aiguille et à n'utiliser les indications de l'appareil que dans la partie de l'échelle qui correspond aux écarts extrêmes des variations prévues. C'est pour satisfaire à cette condition qu'a été établi le voltmètre à grande échelle de lord Kelvin (fig. 43).

Voltmètres enregistreurs. — On peut donner à ces divers appareils la fonction de systèmes enregistreurs en munissant leur aiguille indicatrice d'un style dont les déplacements s'inscrivent sur une feuille de papier qu'on enroule sur un cylindre, entraîné par un mouvement d'horlogerie, placé dans son intérieur et opérant une révolution complète en vingt-quatre heures (fig. 44). La Compagnie centrale Edison se sert d'un voltmètre enregistreur à grande échelle dont l'aiguille enregistre les oscillations du potentiel entre 100 et 120 volts pour les appareils de canalisation et 110 et 150 volts pour les appareils d'usine. Ce voltmètre (fig. 45) donne un déplacement du style de

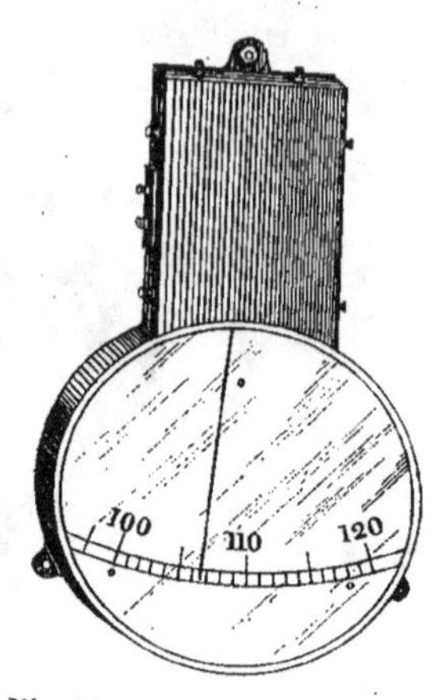

Fig. 43. — Voltmètre à grande échelle de lord **Kelvin**.

Fig. 44. — Voltmètre enregistreur.

4 millimètres pour chaque variation d'un volt. Il permet donc d'enregistrer les fluctuations les plus faibles.

Electro-dynamomètres. — Les appareils de mesure dont il vient d'être question sont fondés sur l'action des courants sur les aimants. Ceux qu'on désigne sous

Fig. 45. — Voltmètre enregistreur de la Compagnie Edison.

le nom d'*électro-dynamomètres* reposent sur l'action des courants sur les courants.

Un tel appareil se compose d'une bobine fixe dans laquelle peut se déplacer un cadre mobile suspendu par un ressort spiral dont la torsion est rendue apparente par le déplacement d'une aiguille (Electro-dynamomètre Siemens).

Si les courants lancés dans les deux parties de l'appareil étaient différents I et I', le moment du couple exercé par la bobine fixe sur le cadre mobile serait :

$$M = \frac{2nSn'S'II'}{d^2} \ (1)$$

n, n, S, S', étant le nombre de tours respectifs et la surface moyenne des spires.

Si $I = I'$, on voit que la formule se réduit à l'expression $I^2 = KM$, ce qui veut dire que la torsion du fil est proportionnelle au carré de l'intensité.

Dans ce cas, l'intensité n'intervenant que par sa grandeur absolue et non par son signe, puisque $(+I) \times (+I) = +I^2$ et que $(-I) \times (-I) = +I^2$, on voit que l'électro-dynamomètre s'applique aussi bien à la mesure des cou-

---

(1) Cette formule est l'application de la loi de Coulomb.

Cette loi se formule ainsi : La force d'attraction ou de répulsion qui s'exerce entre deux corps électrisés dont les dimensions sont très petites par rapport à leur distance, varie en raison inverse du carré de la distance des deux corps et en raison directe du produit des quantités d'électricité dont sont chargés les deux corps. Elle s'applique aussi aux attractions et répulsions magnétiques.

L'auteur de cette loi et l'inventeur de la balance dite de torsion qui permet de la vérifier, est Coulomb (Charles-Auguste de), qui naquit à Angoulême en 1736 et mourut en 1806. Il appartenait à une famille de magistrats. Il embrassa la carrière militaire. Ses premiers travaux sur les aiguilles aimantées datent de 1777. Il fut nommé en 1784 intendant général des eaux et fontaines de France, et en 1786, membre de l'Académie des sciences. Il donna sa démission au moment de la Révolution et se consacra complètement à ses études. Nommé membre de l'Institut à sa création, il était inspecteur général de l'Instruction publique en 1802.

Ses travaux ont été publiés dans les *Mémoires de l'Académie des sciences* (1784).

rants directs qu'à celle des courants alternatifs dont il sera parlé dans un chapitre postérieur. Les indications donnent la moyenne des carrés de l'intensité.

Mesure des résistances. — Rhéostats. — La mesure des résistances ou des conductibilités nécessite un certain nombre d'appareils.

On a souvent, et, en particulier, dans la conduite des machines électriques, à faire varier la résistance d'un circuit. On y parvient à l'aide de résistances, variables à volonté, qu'on appelle des *rhéostats*.

Ces appareils ont diverses formes.

Celui de *Poggendorf*, appareil de laboratoire, est composé de deux fils de platine parallèles tendus horizontalement au-dessus d'une planchette. D'un côté, ils aboutissent à deux prises de courant.

Un curseur, en caoutchouc durci, est enfilé à frottement dur sur ces deux fils. Il est creux et contient du mercure qui réunit électriquement les deux fils. En déplaçant ce curseur, on fait varier la longueur du fil de platine introduite dans le circuit et, par conséquent, la résistance de ce dernier.

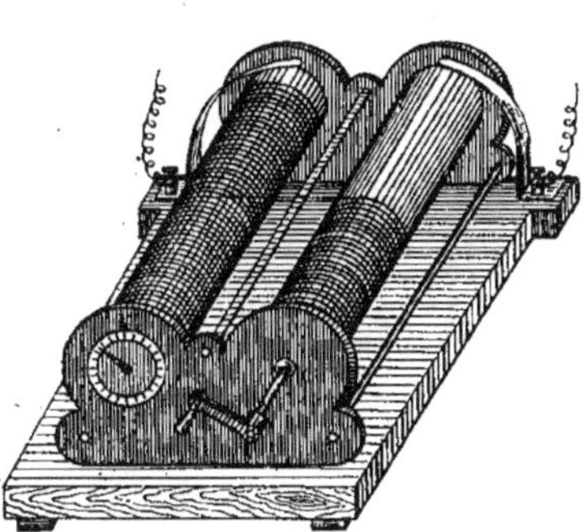

Fig. 46. — Rhéostat de Wheatstone.

Le *rhéostat de Wheatstone* (fig. 46) est composé de deux cylindres parallèles. L'un est en ébonite (caoutchouc durci); il porte à sa surface une rainure hélicoïdale, dans le fond de laquelle repose un fil métallique dont l'extrémité inférieure correspond à une prise de courant. L'autre cylindre, de mêmes dimensions que le premier, est en laiton. Au moyen d'une manivelle, on peut faire tourner le premier. Dans ce mouvement, le fil se déroule de sa surface et s'enroule sur le second cylindre. Comme celui-ci est fait d'une matière conductrice, toute la partie du fil qui y est enroulée se trouve hors circuit, celle-là seule qui est sur le cylindre en ébonite s'y trouvant.

On peut ainsi faire varier la résistance. Une règle placée entre les deux cylindres et parallèlement à leur axe permet de la mesurer. Il suffit de lire la graduation au point où la partie du fil, placée entre les deux cylindres, vient l'affleurer.

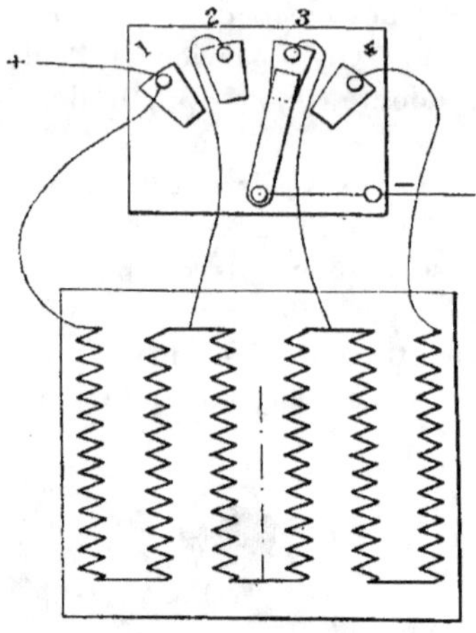

Fig. 47. — Rhéostat de dynamo.

Pour les mesures industrielles, on a besoin d'appareils plus robustes et permettant de faire varier la résistance dans de plus larges limites.

On rencontre fréquemment le type de *rhéostat de dynamo* représenté sur le schéma (fig. 47).

Il se compose d'un certain nombre de spirales de maillechort fixées parallèlement à un tableau.

Au-dessus de ce tableau s'en trouve un second qui porte plusieurs touches de contact et un levier mobile qui peut à volonté s'appuyer sur l'une de ces touches qui sont réunies aux sections successives du rhéostat.

L'examen de la figure montre qu'on peut introduire

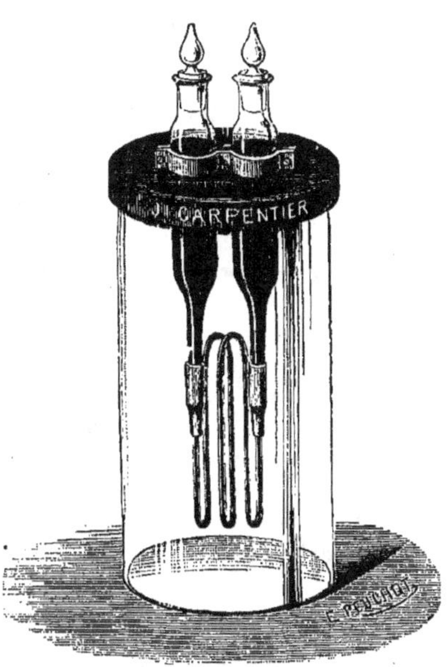

Fig. 48. — Ohm légal construit par M. Carpentier.

successivement dans le circuit un tiers, deux tiers ou la totalité de la résistance du rhéostat.

Il est clair qu'on peut augmenter le nombre des touches et celui des spirales de maillechort et par conséquent obtenir une plus grande variation de résistance.

Bobines de résistances. — Ohm étalon. — Les appareils ci-dessus ne sont pas, à proprement parler, des appareils de mesure. On emploie, à cet effet, des bobines spéciales graduées à l'aide d'un ohm étalon.

Remarquons tout d'abord qu'il importe de préciser quel est l'ohm étalon dont il s'agit.

Celui de l'Association britannique (B. A.) n'est pas le même que l'ohm légal tel qu'il a été défini dans les Congrès d'électricité qui se sont succédé depuis 1881.

Le premier est représenté par la résistance, à 0° centigrade, d'une colonne de mercure de 1^{mm^2} de section et de 104^{cm},8 de longueur ; le second est représenté par la résistance, à 0°, d'une colonne de mercure de 1^{mm^2} de section et de 106 centimètres de longueur.

Il en résulte que l'ohm légal vaut 1,0112 ohm (B.A.) et que l'ohm (B.A.) vaut 0,9889 ohm légal.

La maison Carpentier a réalisé pratiquement des types de l'ohm légal dans lesquels la colonne de mercure est repliée plusieurs fois sur elle-même de façon à occuper moins d'espace et à diminuer la fragilité de l'appareil (fig. 48).

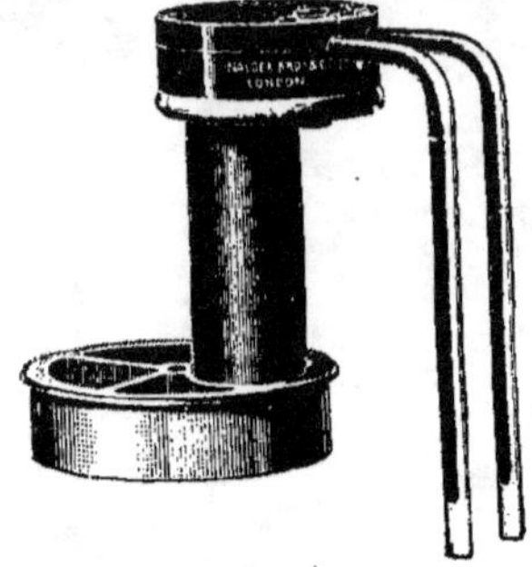

Fig. 49. — Ohm du Post Office.

L'ohm légal du Post Office de Londres est formé par un double fil enroulé sur un tube isolant et protégé par une gaine de paraffine fondue. Les extrémités du fil aboutissent à deux tiges métalliques recourbées qu'on introduit dans deux godets remplis de mercure où viennent également plonger les extrémités du circuit à expérimenter.

La figure 49 représente un ohm étalon de ce type construit par la maison Carpentier.

Boîtes de résistances. — Les boîtes de résistances sont des appareils composés d'un certain nombre de bobines de résistances connues qu'on peut associer entre elles comme on associe les poids pour faire une pesée.

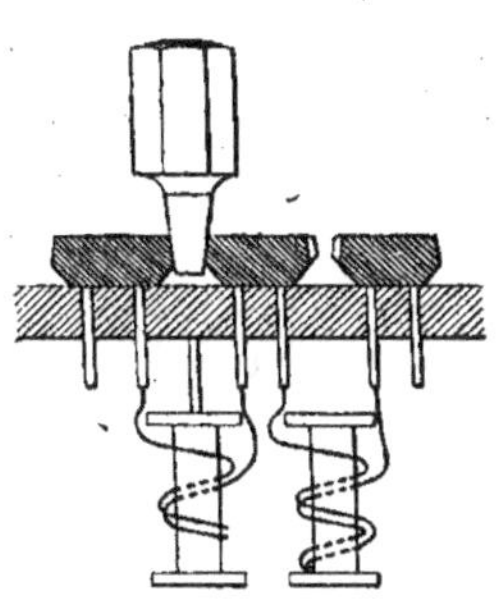

Fig. 50. — Mise hors circuit d'une bobine de résistance.

Ces bobines sont reliées à une série de blocs ou *plots* en laiton *successifs* qu'on peut mettre en contact électrique au moyen de fiches métalliques montées sur une petite poignée en ébonite.

On voit sur la figure 50 comment on peut mettre hors circuit une bobine de résistance en intercalant une fiche entre les deux plots successifs auxquels elle est reliée.

On associe ensemble un certain nombre de bobines soit en décades linéaires (fig. 51), sont en décades circulaires (fig. 52).

Il est clair, dans l'un et l'autre cas, qu'en mettant la

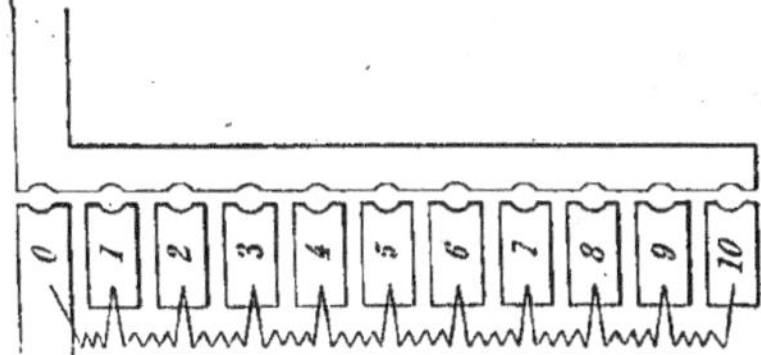

Fig. 51. — Bobines de résistance en décade linéaire.

fiche dans l'ouverture correspondante à une bobine, la bobine 5 par exemple, on met hors circuit toutes les bobines suivantes 6, 7, 8, 9 et 10.

La figure 53 représente l'aspect extérieur du type le plus courant de boîtes de résistances.

Suivant les usages auxquels on les destine, on établit
des boîtes de résistances dont les bobines ont des valeurs
différentes et sont plus ou
moins nombreuses. On voit
qu'elles permettent d'introduire dans un circuit des
résistances variées et connues d'une manière précise.

**Appareils pour me-
surer les résistances.—**
Quant à la mesure d'une
résistance inconnue, elle
peut être obtenue à l'aide
de plusieurs méthodes.
Nous nous contenterons

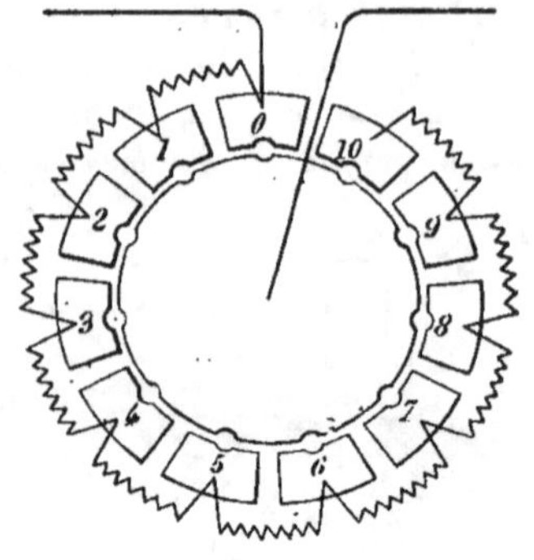

Fig. 52. — Bobine de résistance
en décade circulaire.

d'indiquer le principe de celle qui est le plus ordinairement employée.

Fig. 53. — Boîte de résistance.

Pont de Wheatstone. — Elle est basée sur l'emploi
d'un appareil dont le fonctionnement schématique est
représenté par la figure 54 dans laquelle a et b sont des

résistances fixées connues d'avance, R une résistance dont on peut faire varier la valeur à volonté, et x la résistance inconnue qu'on doit mesurer.

Supposons ces résistances associées sous la forme d'un losange 1.2.3.4 dont les sommets 1 et 2 sont mis en communication avec les deux pôles d'une pile et dont les sommets 3 et 4 sont sur le circuit d'un galvanomètre g. Les choses étant ainsi disposées, faisons varier la résistance R, jusqu'à ce que l'aiguille du galvanomètre ne se déplace plus. A ce moment, aucun courant ne traversera la dérivation 3.4. — i_a i_b i_R i_x étant les intensités des courants dérivés qui traversent les quatre côtés du losange, on a d'après les lois de Kirchoff

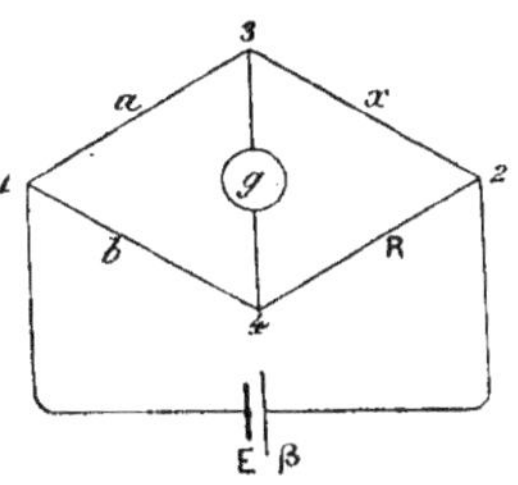

Fig. 54. — Principe du pont de Wheatstone.

$$i_a - i_x = o, \quad i_b - i_R = o, \quad i_a a - i_b b = o, \quad i_R R - i_x x = o.$$

On en déduit :

$$\frac{a}{b} = \frac{x}{R} \quad \text{et} \quad x = \frac{a}{b} R.$$

Le pont de Wheatstone comprend les résistances fixes et la résistance variable. Il comporte comme accessoire une pile, un galvanomètre et un interrupteur double.

Les renseignements généraux sur l'électrométrie qui précèdent sont certainement très incomplets. Ils suffisent pour donner une idée des méthodes et des appareils de mesure et pour rendre intelligibles les développements qui vont suivre.

TROISIÈME PARTIE

LES INGÉNIEURS

(PÉRIODE INDUSTRIELLE)

CHAPITRE PREMIER

LA PRODUCTION INDUSTRIELLE DE L'ÉLECTRICITÉ

Le rôle de l'Électricité. — Production des courants électriques. — Force électromotrice des piles. — Résistance intérieure. — Batteries. — Rendement d'une pile. — Générateurs dont le fonctionnement est basé sur l'induction. — Premières machines magnéto-électriques. — Machines de la Société l'Alliance. — Machine de Meritens. — Machines dynamo-électriques. — Machines Gramme à courants directs. — Travaux de M. Gramme. — Progrès de la fabrication des dynamos.

Le rôle de l'Électricité. — Nous venons de voir, dans les pages qui précèdent, les conséquences considérables qu'ont eues les découvertes de Volta, de Davy, d'Œrstedt, d'Ampère, d'Arago, de Faraday, les lois générales auxquelles ont conduit ces découvertes, les premiers appareils qu'elles ont créés.

Nous allons, maintenant, passer en revue les applications diverses qui sont sorties de ces principes et les branches de l'industrie auxquelles elles ont donné naissance.

L'électricité, agent de transmission par excellence, est l'intermédiaire tout indiqué lorsqu'il s'agit de passer de l'une à l'autre des modalités de l'énergie, ce qui est la formule générale dans laquelle on peut classer un problème industriel quelconque.

Aussi son usage est-il devenu universel et la rencontre-t-on maintenant au premier rang dans toutes les études techniques. C'est le lien qui réunit entre elles les diverses parties de la physique. Rangée, jusqu'ici, parmi ces dernières, elle mérite d'avoir sa place dans la mécanique générale.

A quelques mois de distance, le président de l'Institution anglaise des Ingénieurs, M. Preece, et le président de la Société française des Ingénieurs civils, M. Dumont, exprimaient la même pensée dans leurs discours d'entrée en fonctions : « Bien qu'actuellement, disait le premier, les disciples de l'électricité soient considérés comme des spécialistes, le temps est proche où l'électricité cessera d'être une spécialité. » « L'ingénieur civil, disait le second, ne peut se soustraire à l'étude de l'électricité. »

Production des courants électriques. — La manière de produire les courants est la première qui s'impose à son attention. L'industrie a besoin de courants puissants, constants, durables et économiques, que les piles sont incapables de lui fournir.

Il est nécessaire de revenir rapidement sur ce dernier point, maintenant que le lecteur est familiarisé avec la terminologie électrique et les lois de la propagation des courants.

Force électro-motrice des piles. — La force électro-motrice des piles dépendant uniquement des combinaisons chimiques dont elles sont le siège, il semble qu'on puisse espérer trouver, dans l'avenir, de nouvelles réactions utilisables pour la création de piles puissantes. Ce serait une illusion. Ainsi que l'a fait observer M. Hippolyte Fontaine, « si l'on cherche à expliquer comment l'énergie se répand sur notre globe et comment s'opère le cycle des transformations qui entretient l'activité vitale, on est amené à conclure que, les matériaux terrestres s'étant successivement combinés entre eux, par suite de leurs affinités réciproques, et ayant dégagé, en se combinant, la plus grande quantité de chaleur possible, il n'existe plus guère de corps susceptibles de donner, par réaction chimique, du travail à bon compte; qu'en conséquence, la pile économique pouvant faire concurrence au charbon dans la production de l'énergie mécanique ou de l'énergie électrique, n'existe pas ».

Les diverses piles dont nous avons parlé plus haut ont les forces électro-motrices ci-après :

		volts
Élément Daniell.	. . . .	1,068
—	Bunsen.	1,89
—	au bichromate de potasse . . .	2,03
—	Leclanché	1,48

Résistance intérie re. — La résistance intérieure des piles dépend de la distance des électrodes et de leur surface immergée. Elle augmente lorsqu'on les écarte, diminue quand on les plonge davantage dans le liquide et inversement. Elle varie, en outre, avec la nature de ce liquide et comme, pour un liquide donné, la composition varie au fur et à mesure des réactions qui s'opèrent, la résistance ne reste pas constante.

Batteries. — Pour augmenter la puissance des piles, on peut, comme cela a été déjà indiqué, coupler divers éléments de façon à constituer des batteries. Ceci n'est pas particulier aux piles et s'applique à tous les générateurs d'électricité.

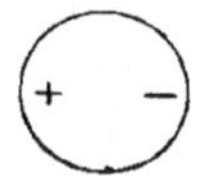

Fig. 55.
Schéma d'un
élément de
pile.

Représentons un élément de pile par le schéma (fig. 55).

Si l'on accouple deux éléments, comme l'indique la figure 56, ils sont dits *en opposition*. Il est clair que, si les deux éléments sont identiques, un pareil couplage aura pour conséquence de contrebalancer leurs effets. Aucun courant ne se manifestera donc dans le circuit extérieur.

En groupant deux ou plusieurs éléments, de façon que le pôle négatif du premier soit relié au pôle positif du second et ainsi de suite, ou réalise un couplage *en tension* ou *en série* (fig. 57)

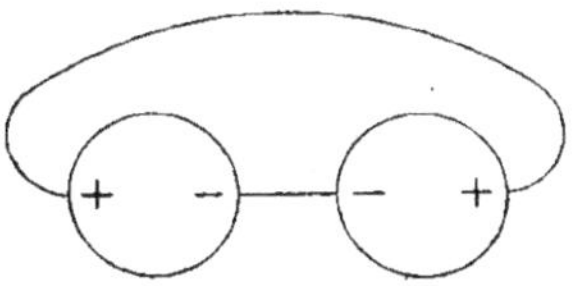

Fig. 56. — Éléments de pile en opposition.

Dans ce cas, si on réunit par un fil conducteur le pôle positif du premier élément avec le pôle négatif du dernier, ce conducteur est parcouru par un courant déterminé par une force électromotrice égale à la somme des

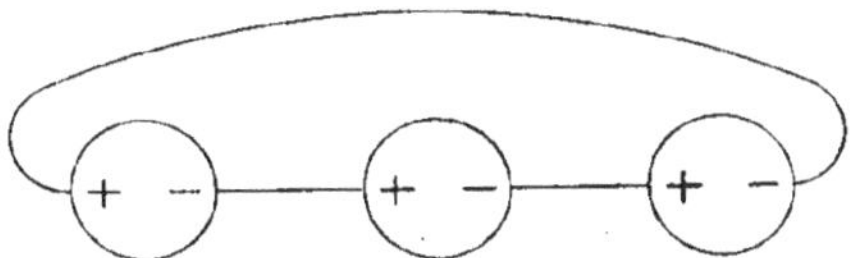

Fig. 57. — Éléments en tension.

nier, ce conducteur est parcouru par un courant déterminé par une force électromotrice égale à la somme des

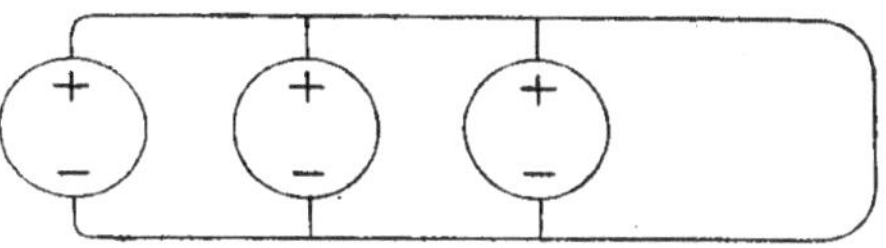

Fig. 58. — Éléments associés en quantités.

forces électro-motrices des éléments successifs. La résistance intérieure de la batterie est égale à la somme de leurs résistances individuelles.

Si on accouple les éléments en réunissant ensemble tous les pôles positifs d'un côté et tous les pôles négatifs de l'autre, on réalise un couplage en quantité (fig. 58).

Dans ce système de couplage, la force électro-motrice qui détermine le flux électrique dans le circuit extérieur est égale à celle d'un élément; la résistance intérieure de la batterie est réduite en raison du nombre d'éléments.

On peut enfin grouper divers éléments à la fois en quantité et en série. La figure 59 montre un couplage

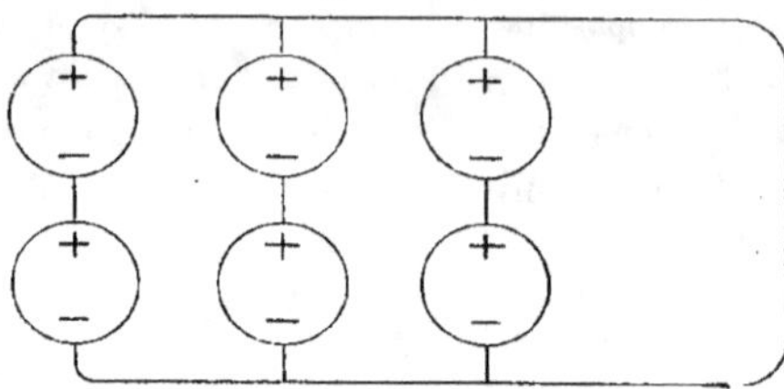

Fig. 59. — Couplage mixte.

mixte de cette nature : trois éléments en quantité et deux en tension.

Si nous supposons le cas d'éléments identiques de résistance R et de force électro-motrice E, on aura :

Figure 57 : Résistance 3R; force électro-motrice 3E.

Figure 58 : Résistance $\dfrac{R}{3}$; force électro-motrice E.

Dans la figure 59, l'ensemble des deux éléments en tension se comporte comme un seul élément de force électro-motrice 2E et de résistance 2R. En les accouplant en quantité, l'ensemble a une force électro-motrice totale 2E et une résistance totale $\dfrac{2R}{3}$.

Chaque cas particulier doit correspondre à un couplage approprié.

Dans les croquis ou dessins rapides auxquels donne lieu l'étude des problèmes industriels, on représente généralement les éléments de pile et leur réunion en batterie par les schémas représentés par la figure 60 (1).

Fig. 60. — Schémas des éléments de pile.

Rendement d'une pile. —

Si nous considérons une pile ayant une force électro-motrice E et produisant un courant d'électricité I, sa puissance est représentée par le produit EI, mais une partie de cette puissance se transforme en chaleur dans l'élément et la valeur de cette partie est égale à $r\mathrm{I}^2$, r étant la résistance intérieure de la pile.

C'est la différence $\mathrm{EI} - r\mathrm{I}^2$ qui est utilisable dans le circuit extérieur et le rendement de la pile est représenté par le rapport $\dfrac{\mathrm{EI} - r\mathrm{I}^2}{\mathrm{EI}}$ ou $1 - \dfrac{r\mathrm{I}}{\mathrm{E}}$. Si donc la force électro-motrice est constante, ce rendement se rapprochera d'autant plus de son maximum que I sera plus petit. Il y aurait, par conséquent, un intérêt à utiliser des piles de faible débit, mais, dans ce cas, il faut un temps plus long pour la production du travail utile.

Si, au contraire, on veut obtenir un travail extérieur maximum, il

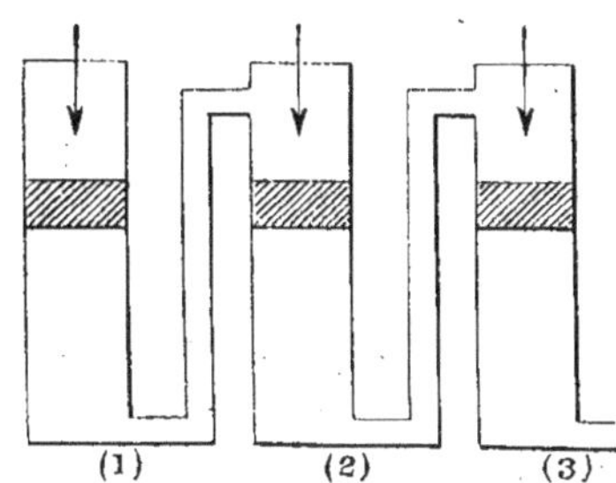

Fig. 61. — Association de trois corps de pompe en tension.

(1) On peut se rendre compte des combinaisons dont nous venons de parler en empruntant aux phénomènes hydrauliques la comparaison dont nous nous sommes déjà servis. Le cas de trois éléments de pile en tension est assimilable à celui de trois corps de pompe (1) (2) (3) (fig. 61) dans les-

faut chercher les conditions dans lesquelles son expression $EI - rI^2$ est maxima.

Soit e la différence de potentiel aux bornes de la pile, on a $I = \dfrac{e}{r}$ et si l'on introduit cette valeur dans l'expression $EI - rI^2$, il est facile de voir que celle-ci devient $\dfrac{e}{r}(E - e)$; r et E étant constantes, le maximum du produit des deux facteurs e et $(E - e)$ dont la somme est constante a lieu, d'après une règle connue, lorsqu'ils sont égaux, c'est-à-dire lorsque $e = E - e$ ou $e = \dfrac{E}{2}$.

Soit R la résistance totale, on a $I = \dfrac{E}{R}$;

En égalant les deux valeurs de I et en y remplaçant E par $2e$, on trouve $R = 2r$.

Donc, dans le cas du travail extérieur maximum, la résistance totale doit être double de la résistance intérieure. C'est celui où le circuit extérieur ne comporte pas de force contre électro-motrice. Le rendement est alors égal à 50 p. 100.

------

quels se meuvent trois pistons sur chacun desquels on exerce simultanément une pression égale par millimètre carré.

Si cette pression est égale à P et la surface de chaque piston égale à S, la pression sur le premier piston sera PS, sur le second 2PS, sur le troisième 3PS.

Le cas des trois éléments de pile en quantité (fig. 62) est assimilable à celui des trois corps de pompe (1') (2') (3'). La pression par millimètre carré reste P, la surface sur laquelle elle s'exerce étant trois fois plus grande.

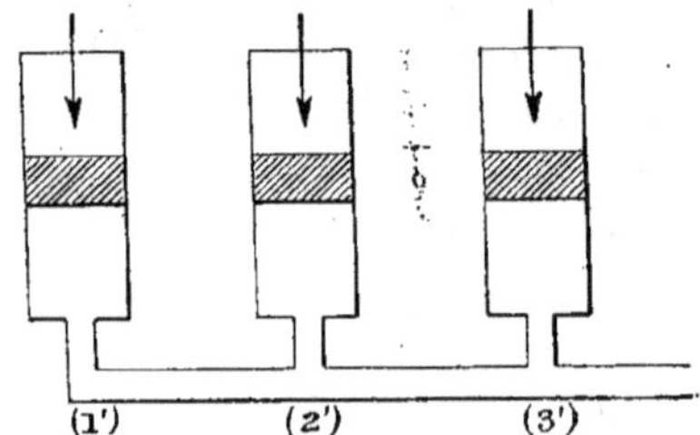

Fig. 62. — Association de trois corps de pompe en quantité.

Ce résultat est à retenir : *Lorsqu'une pile est disposée de telle façon que sa résistance extérieure soit égale à la résistance intérieure, le travail extérieur est maximum et le rendement de la pile est de 50 p. 100.*

On voit, d'après cela, que, théoriquement, la pile est un assez bon transformateur d'énergie, puisqu'elle restitue en travail, dans les conditions les plus favorables, 50 p. 100 de l'énergie chimique qu'elle absorbe. En pratique, comme son fonctionnement est obtenu, dans la plupart des cas, en brûlant du zinc et en consommant de l'acide sulfurique, la pile est un appareil coûteux, plus coûteux que la machine à vapeur, malgré le très mauvais rendement de celle-ci, puisque le charbon coûte beaucoup moins cher que le zinc.

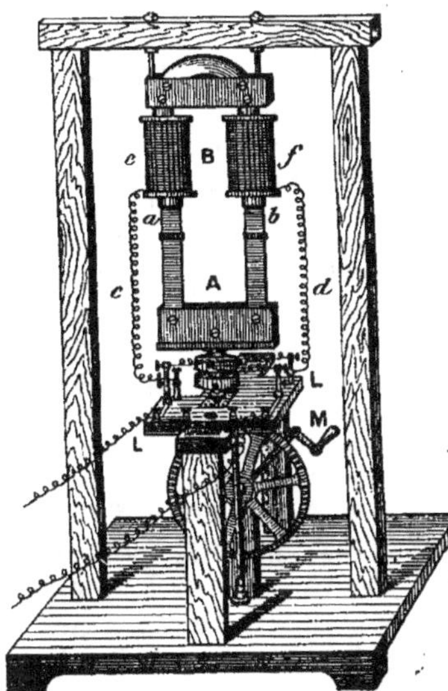

Fig. 63. — Machine de Pixii.
M, manivelle. — B, bobine double. — A, aimant et commutateur fixé sur une planche de bois LL.

Générateurs dont le fonctionnement est basé sur l'induction. — Aussi les générateurs d'électricité dans lesquels la production du courant résulte de la transformation de l'énergie chimique en énergie électrique, pas plus que ceux qui utilisent directement l'énergie calorifique, ne conduisent, ni les uns, ni les autres, à une solution pratique et économique.

Il en est tout autrement de la transformation de

l'énergie mécanique en énergie électrique. Du jour ou
Faraday découvrit le phénomène de l'induction, le principe d'un véritable générateur industriel d'électricité
était trouvé.

Premières machines magnéto-électriques. — Ce
principe ne devait, du reste, pas tar-
der à être réalisé par un constructeur français, Pixii, à qui l'on doit la
première machine magnéto-électrique (1832). Elle se composait d'une
double bobine devant laquelle tournait un aimant, mis en mouvement
au moyen d'une manivelle (fig. 63).

Peu à près, Clarke établissait une
machine du même type, dans laquelle
l'aimant inducteur était fixe
(fig. 64). Devant ses pôles,
tournait avec une grande rapidité, au moyen
d'une chaîne et
d'une manivelle,
une double bobine
de fil recouvert en-
roulé sur un noyau
de fer doux.

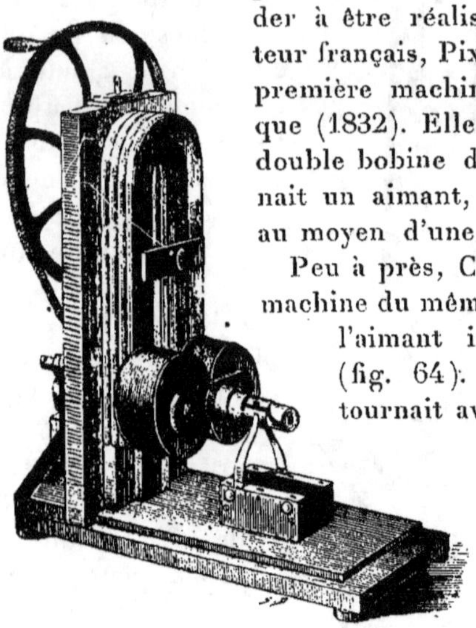

Fig. 64. — Machine de Clarke.

Ce mouvement
de rotation, devant les pôles de l'aimant, fait naître un
courant induit changeant de sens à chaque demi-révolution.

Un organe spécial, nommé commutateur, était placé
sur l'axe de rotation commun aux deux bobines, de façon
à produire une inversion du courant dans le circuit extérieur à chaque demi-révolution et à transformer, en une
suite de courants de même sens, les courants alternés
dus à l'induction.

Nous voyons ainsi apparaître, dès le début, la notion nouvelle des courants alternatifs. Tandis que, dans la pile, le flux électrique se produit toujours dans le même sens, le régime normal des machines à induction est de donner des courants qui se succèdent par phases rapides, de sens opposés, qu'on redresse par l'artifice d'un *collecteur commutateur* à lames interrompues, sur

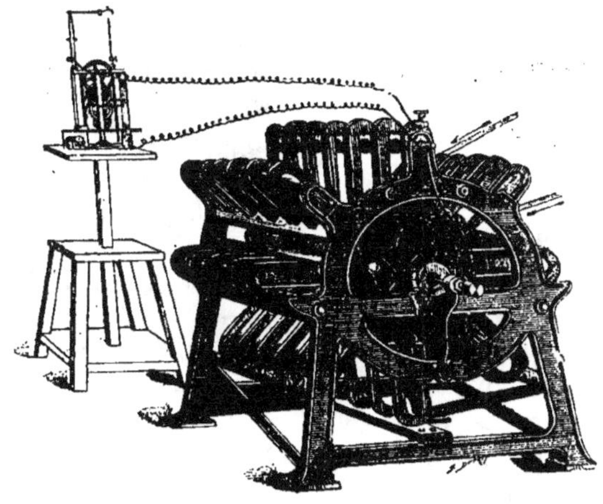

Fig. 65. — Machine l'« Alliance ».

lequel appuie un organe frottant ou *balai* qui recueille le courant et lui donne passage dans le circuit extérieur.

Les premières machines magnéto-électriques ont été des machines à courants alternatifs.

Machine de la Société « l'Alliance ». — Telle était la machine dite de l'Alliance, que Nollet, professeur à l'Ecole militaire de Bruxelles et descendant du célèbre abbé Nollet, construisit en 1849. C'est avec cette machine que furent expérimentés les premiers régulateurs à arc voltaïque.

Après de longues années pendant lesquelles elle ne
reçut que de rares applications, la machine l'Alliance
eut un fugitif moment de vogue en 1876, à l'époque où
la bougie Jablochkoff donnait à l'éclairage électrique une
impulsion décisive. La bougie Jablochkoff ne fonctionne
qu'avec les courants alternatifs et la machine l'Alliance
était, alors, la seule utilisable pour cet usage, malgré
son poids considérable, son encombrement et les difficultés inhérentes à son montage long, incommode et peu précis.

Nous savons, par expérience personnelle, combien il était difficile d'obtenir une marche régulière, avec cet ensemble de lourds aimants (fig. 65) assemblés d'une façon illusoire à l'aide de cales en bois d'acajou et dont le prix, autant que le poids et l'apparence pouvaient effrayer les clients audacieux qui se risquaient à l'emploi de la lumière électrique.

Fig. 66. — Machine Meritens.

Van Malderen, qui avait succédé à Masson et à Nollet
dans la direction de la construction des machines l'Alliance, était trop vieux pour se hasarder à des procédés
nouveaux. Il devait disparaître en même temps que ce
matériel suranné dont il ne faut pas médire, cependant,
en raison des services qu'il a rendus.

Machine de Meritens. — Un électricien ingénieux,
M. de Meritens, mort malheureux il y a peu de temps,

tenta de lui donner un regain de nouveauté en établissant sa fabrication d'après des méthodes plus rationnelles. Ses machines ont été longtemps et sont encore aujourd'hui utilisées par l'Administration française des phares (fig. 66).

Machines dynamo-électriques. — Mais, depuis longtemps déjà, les jours des machines magnéto-électriques étaient comptés.

Après les travaux de Siemens et Halske, en Allemagne, et de Paccinoti, en Italie, Wilde avait remarqué qu'il est possible d'obtenir, avec des électro-aimants, des champs magnétiques infiniment plus puissants qu'avec les aimants permanents et, par conséquent, des courants induits d'intensité plus considérable. Il imagina en 1865, un type de machine double, composé d'une petite machine à aimants, dite *excitatrice,* dont le courant venait magnétiser les électros inducteurs d'une seconde machine produisant le courant utilisable.

Le courant excitateur pouvait être très faible et ne servir, en quelque sorte, que d'amorce. Wheatstone se contentait d'un courant de pile. Siemens, en 1867, alla plus loin et employa le magnétisme résiduel des électros. Il créa ainsi la première des machines qu'on a appelées *auto-excitatrices.*

Machines Gramme à courants directs. — Mais l'essor devait être donné par M. Gramme, à qui revient certainement, plus qu'à tout autre, l'honneur d'avoir créé la première machine dynamo vraiment industrielle.

Depuis ses premiers brevets qui datent de 1869, leur période de vitalité s'est écoulée deux fois et, malgré l'entrée de ses inventions dans le domaine public, malgré une concurrence devenue maîtresse de tout ce qu'il a créé, la vogue de ses machines et leur notoriété sont telles que leur nom seul leur assure un succès industriel et commercial sans précédent.

Travaux de M. Gramme. — M. Gramme est de ces heureux dont on peut dire qu'ils méritent leur bonheur.

Il a eu la rare fortune de créer un outil incomparable et d'avoir, dès ses débuts, une collaboration précieuse qui lui a été continuée pendant la durée d'une longue carrière. Les honneurs et la fortune ont récompensé toute sa vie de labeur (1).

Ses brevets de 1869 ont trait à cinq types de dynamos.

Sa première machine à lumière était une machine verticale qui servit, en 1873, à M. Cooke, pour ses belles expériences de projections lumineuses du haut de la tour de Westminster, à Londres. Dans la même année, M. Gramme construisit une machine plus petite pour les

---

(1) Elle offre un exemple peut-être unique dans l'histoire de l'électricité contemporaine au point de vue de la méthode du travail.

Voici ce que dit à ce sujet M. H. Fontaine, qui l'a accompagné pendant sa féconde carrière.

« Un fait digne de remarque et que nous pouvons certifier, c'est que dans ses études de dynamos, M. Gramme n'a jamais eu de collaborateurs ni même d'élèves l'ayant secondé dans ses calculs. Toutes les machines sortant de ses ateliers ont leurs bâtis, leurs organes mécaniques, leurs fils, leurs isolants, etc., déterminés par lui. Il calcule une machine, la dessine, vérifie les modèles, surveille la construction, la soumet à une série d'essais, modifie les parties imparfaites, la fait, au besoin, recommencer complètement et ne la livre à la fabrication que lorsqu'il en est satisfait.

« Les machines Edison et Siemens, pour ne citer que les deux plus célèbres, subissent des transformations successives auxquelles leurs promoteurs ne participent en aucune façon. En cela réside la situation prépondérante de M. Gramme sur ses concurrents. Dans la spécialité de l'industrie des dynamos, un seul homme tient ainsi tête à une légion d'inventeurs. » *L'éclairage à l'électricité*, par H. Fontaine.

navires. Elle fut installée sur les navires français *Suffren* et *Richelieu* et sur les navires russes *Livadia* et *Pierre-le-Grand*.

En même temps, il modifiait ce type et créait une machine à quatre électro-aimants horizontaux d'un prix

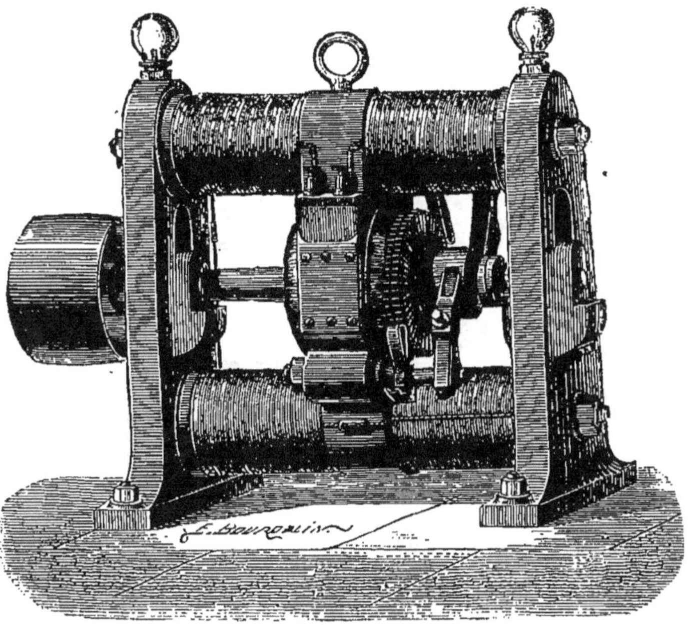

Fig. 67. — Machine Gramme (type d'atelier).

moins élevé que la précédente et dont l'usage est très répandu dans la marine.

Mais le type de machines Gramme qui a consacré la réputation de son auteur, par les services qu'il a rendus et par le nombre considérable d'exemplaires auquel il a été reproduit, est celui qu'il a combiné en 1873 et appelé *type normal* ou *type d'atelier*.

C'est une petite dynamo à deux électros horizontaux, d'un faible poids (180 kilogrammes) qui a servi presque exclusivement, pendant plusieurs années, aux éclairages industriels qu'on réalisait alors, avec un seul régulateur (fig. 67).

Plus tard, en 1878, M. Gramme, tout en lui conservant son aspect général, l'appliqua à la production de cinq foyers lumineux.

Fig. 68. — Machine Gramme (type supérieur).

M. Gramme a créé plusieurs autres types de machines à courants directs. Le dernier, celui que sa Société fabrique et exploite encore à l'heure actuelle, a été appelé par lui *type supérieur*, parce que la bobine induite est placée à la partie supérieure (fig. 68).

M. Gramme a également construit des machines à courants alternatifs. En 1878, sous la pression du rapide mouvement de progrès né de l'invention de la bougie Jablochkoff, l'emploi des courants alternatifs se présentait comme devant l'emporter sur celui des courants directs. Nous avons rappelé, plus haut, qu'on ne pouvait les obtenir qu'avec la machine l'Alliance, et cela dans des conditions vraiment trop peu pratiques et économiques.

C'est alors que M. Gramme réalisa une machine auto-excitatrice à courants alternatifs, composée, en réalité de deux machines montées sur le même arbre, l'une à courants directs, aimantant les inducteurs de l'autre.

Un grand nombre d'exemplaires de cette dynamo, qui donnait quatre circuits distincts, dont chacun desquels pouvait alimenter cinq bougies Jablochkoff, ont partagé le succès de ce nouvel éclairage entre les années 1878 et 1881.

On peut juger des progrès auxquels elle correspondait en mettant en regard le prix des machines l'Alliance et des machines Gramme auto-excitatrices, produisant les mêmes effets.

La première existait à l'état de deux types : l'un, vendu 7.000 francs, alimentait trois foyers lumineux; l'autre, vendu 6.000 francs, en alimentait deux.

Le prix unitaire du foyer, dans l'un et l'autre de ces cas, était donc de 2.333 francs et de 3.000 francs.

En peu de temps, M. Gramme arriva à livrer des machines auto-excitatrices alternatives, réduisant le prix par foyer à :

400 francs pour une machine alimentant 20 bougies.
500   —   —   —   16 —
666   —   —   —   6 —
875   —   —   —   4 —

Progrès de la fabrication des dynamos. — Depuis cette époque, déjà lointaine, la fabrication des dynamos est devenue une des branches de la mécanique générale.

Il n'est, pour ainsi dire, pas de grande maison de construction qui ne se soit décidée à créer des ateliers spéciaux pour leur fabrication, devenue aussi courante que celle des machines à vapeur et de l'outillage ordinaire de l'industrie.

Aux débuts, on était limité, par la timidité des premières applications, à l'emploi de dynamos de petite puissance, tournant à des vitesses considérables.

Progressivement, l'industrie en est arrivée à exiger, pour les applications les plus variées, des puissances croissantes qui ont entraîné à la création de types répondant à des efforts de plus en plus élevés.

En même temps, par un effet contraire, on est également descendu à ce qu'on pourrait appeler le monnayage presque indéfini de la force, c'est à dire à l'établissement de petits moteurs divisant, dans la plus large mesure, l'énergie produite par un seul.

L'usage de ces petits moteurs dans l'économie domestique et pour le travail industriel à domicile se répand petit à petit et l'électricité, qui triomphe dans l'usine, conquiert une place de plus en plus grande dans la vie à la maison. Place encore modeste si l'on en juge par le nombre restreint de ces appareils qui figure sur les statistiques publiées par les Compagnies qui exploitent des réseaux urbains de distribution électrique. C'est qu'on ne s'habitue qu'avec effort, chez nous, à l'idée que l'electricité peut se substituer, avec la plus grande commodité, à toutes les sources de force, quelles qu'elles soient, même au travail de l'homme.

Néanmoins, l'impulsion est donnée, et les exemples venus des États-Unis, d'Allemagne et d'Angleterre, ne peuvent manquer de la stimuler.

La gamme des types de dynamos s'est ainsi étendue dans les deux sens, depuis les puissances les plus faibles, un kilogrammètre et moins encore, jusqu'aux efforts les plus considérables qu'exige l'industrie. On a fabriqué aux États-Unis des machines de 2.000 kilowatts (2.720 chevaux), et on a même atteint, paraît-il, celle de 4.500 kilowatts (6.125 chevaux). En France, nous n'en sommes pas encore là. Cependant on peut citer des dynamos de grande puissance actuellement en service. Celle que représente la figure 69 est une dynamo

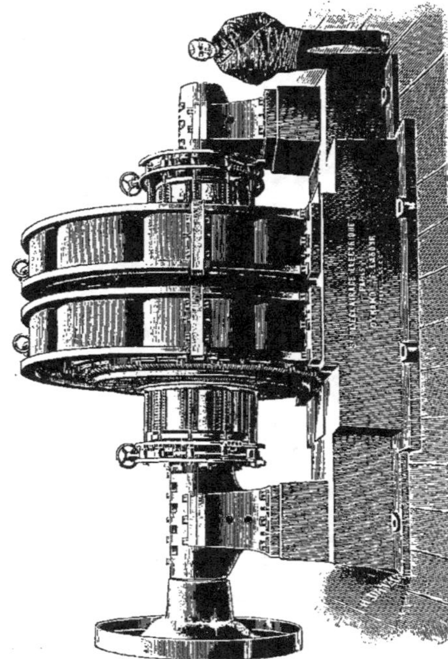

Fig. 69. — Machine Labour de 680 kilowatts.

système E. Labour, à courants continus, fabriquée par la Compagnie l'Eclairage électrique, pour les usines de la Compagnie des établissements Lazare Weiller au Havre. Elle a été calculée pour une puissance minima de 680 kilowatts (925 chevaux) et en raison du service spécial pour lequel elle a été étudiée (génératrice pour la conduite des laminoirs d'acier), elle a atteint fréquemment celle de 1.300 chevaux.

Elle est accouplée directement par manchon semi-

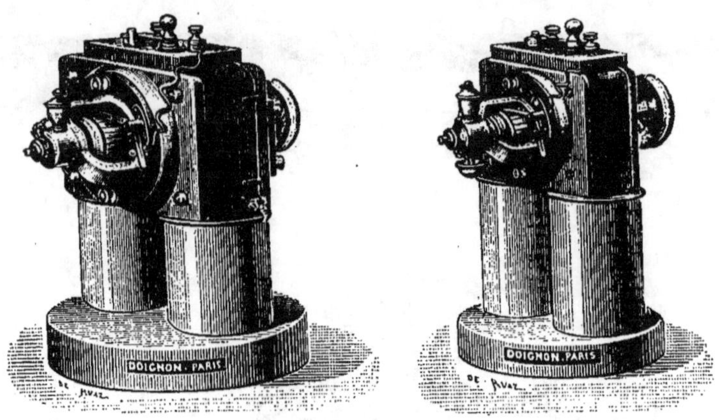

Fig. 70-71. — Petites dynamos.

élastique à une machine à vapeur Westinghouse tournant à 200 tours.

On voit, sur notre dessin, que l'axe de son arbre est à la hauteur d'un homme ; elle a 2^{m}840 de hauteur totale, 4^{m}530 de longueur et 3^{m}120 de largeur.

Sans être, au point de vue de sa puissance et de ses dimensions, une machine absolument exceptionnelle, elle peut être signalée et mérite de l'être, en raison de ses qualités spéciales de solidité et de fonctionnement robuste.

A l'autre extrémité de l'échelle des puissances, nous voyons des dynamos de petit modèle développant de faibles efforts. Telles sont les machines de 1 à 20 kilogrammètres, que M. Doignon (ancienne maison Dumoulin-Froment) a fabriquées pour l'Administration des Postes et Télégraphes.

Ces petits moteurs, dont la dimension n'excède pas un volume de 16 centimètres $\times$ 16 centimètres $\times$ 26 centimètres, ont pour fonction de remonter le poids de l'appareil télégraphique Hughes (fig. 70-71). Ils peuvent être également affectés à d'autre usages, tels que celui que représente la figure 72, qui est équipé de façon à actionner un ventilateur.

En Amérique, où la substitution des machines à la main-d'œuvre est poussée à ses limites les plus reculées, le développement des petits moteurs est extrêmement considérable. On les applique aux usages les plus variés, jusqu'au cirage des chaussures (1)!

Fig. 72. — Petite dynamo actionnant un ventilateur.

Toutes ces machines, quelles que soient leur puissance et leurs dimensions, sont composées d'éléments simples en fonte, fer, acier et cuivre, associés dans des conditions de stabilité mécanique infiniment plus rassurantes que celle des organes des machines à vapeur.

Dans les dynamos, on n'a à considérer qu'un mou-

---

(1) Voir à ce sujet le journal *l'Eclairage électrique*, n° du 4 avril 1896.

vement relatif, celui de l'inducteur et de l'induit, et qu'une seule partie délicate, le collecteur, dont on a, du reste, bien amélioré le fonctionnement et bien augmenté la durée depuis qu'on se sert de balais en charbon.

N'est-ce pas une simplicité vraiment bien grande à côté de la complication des mécanismes à vapeur qui exigent la connexité et la concordance de divers mouvements et présentent des causes d'usure si diverses!

A mesure que l'emploi des grandes dynamos s'est développé, la vitesse angulaire de ces appareils a pu être réduite, ce qui a permis l'accouplement direct du moteur sur leur arbre et la suppression de tout système de transmission avec les pertes de force, de rendement et autres inconvénients qui leur sont inhérents.

Des types jumeaux de dynamos actionnés directement et sans aucun intermédiaire, soit par des moteurs à vapeur, soit des turbines hydrauliques, sont de plus en plus employés.

La figure 73 montre un tel ensemble sorti des ateliers de la maison Sautter, Harlé et Cie. Le moteur est, dans ce cas, une machine pilon à deux cylindres compound, à régulateur très sensible, permettant de limiter à 2 ou 3 p. 100, les écarts de vitesse entre la marche à vide et la marche en pleine charge. La dynamo est à quatre pôles. Un tachymètre, fixé sur l'enveloppe de la dynamo et relié par des engrenages à l'arbre du moteur, permet de connaître à chaque instant la vitesse de celui-ci.

La dynamo tourne à 350 tours par minute et développe 48.000 watts, soit 65 chevaux environ.

Ce système occupe un espace de 3^{m}15 de long, 1^{m}10 de large, 1^{m}75 de haut, et pèse 5.500 kilogrammes.

Enfin on est arrivé, comme nous l'expliquerons dans l'un des chapitres suivants, à créer des dynamos à courants alternatifs où tous les organes délicats, c'est-à-dire ceux sur lesquels la force centrifuge ou les frottements peuvent exercer une action destructive, sont rendus absolument fixes, la seule partie mobile étant

Fig. 73. — Dynamo Sautter, Harlé et Cⁱᵉ, avec son moteur.

une pièce massive en acier, analogue à un volant de machine à vapeur.

Si l'on ajoute à ces considérations générales que les

dynamos sont d'excellents transformateurs d'énergie, atteignant souvent un rendement de 90 p. 100, alors que les moteurs à vapeur en sont de si mauvais, on voit qu'elles se présentent, au point de vue industriel, comme des outils de premier ordre dont les succès sont absolument justifiés.

Une conséquence immédiate de ces succès a été l'amélioration graduelle de leur prix, condition essentielle de leur diffusion et corrollaire de celle-ci.

Cet abaissement de prix est résulté surtout de la meilleure utilisation des matières. Aujourd'hui, on est arrivé à obtenir un poids moyen de 43 kilogrammes par kilowatt pour les puissances de 100 kilowatts et au-dessus, et même à le réduire à 36 kilogrammes seulement pour les puissances supérieures à 2.000 kilowatts.

Le prix s'est abaissé, en même temps, dans de notables proportions. Alors qu'il était de 1 franc par watt, il y a quinze ans, il n'est plus aujourd'hui que de 0 fr. 20 pour les machines de 10 kilowatts; de 0 fr. 15, pour celles de 100 kilowatts; de 0 fr. 10, pour celles de 2.000 kilowatts.

Sous l'influence de ces progrès d'ordre technique et économique, solidaires les uns des autres, la construction des générateurs mécaniques d'électricité a pris, dans les dernières années, un essor considérable. On peut estimer à plus de 250.000 le nombre de machines de toute puissance, actuellement en service dans le monde entier. Ce nombre correspond à un développement général des applications de l'électricité de toute nature, qui se chiffre par un capital engagé d'environ cinq milliards, dont plus de la moitié pour les États-Unis d'Amérique.

Et nous ne sommes encore qu'aux débuts de l'industrie électrique !

CHAPITRE II

LES MACHINES DYNAMO-ÉLECTRIQUES
A COURANT DIRECT

Organes essentiels des dynamos. — Champ magnétique. — Fantômes magnétiques. — Lignes de force. — Électro-aimants. — Notions sur le flux d'induction. — Force magnéto-motrice. — Réluctance. — Induit. — Sens des courants induits. — Règle de Maxwell. — Manière de recueillir les courants induits. — Collecteurs. — Balais. — Angle de calage des balais. — Forme des induits. — Induits à anneau. — Induits à tambour. — Induits à disque. — Inducteurs. — Machines excitées en série. — Machines excitées en dérivation ou shunt-dynamo. — Excitation Compound. — Rendement des dynamos. — Étude des dynamos au moyen de leur caractéristique.

Organes essentiels des dynamos. — Une machine magnéto ou dynamo-électrique est un ensemble mécanique comportant deux organes principaux :

1° Un système, dit *inducteur*, formé, soit par des aimants (machines magnéto-électriques), soit par des électro-aimants (machines dynamo-électriques), et créant autour de lui un *champ magnétique*.

2° Un système, dit *induit*, formé d'une ou plusieurs bobines de fil de cuivre isolé, dont l'enroulement varie avec chaque type de machine et qui est placé dans le champ magnétique.

Le mouvement relatif de l'un ou l'autre de ces

systèmes fait naître une série de courants électriques dans le fil de l'induit.

Champ magnétique. Fantômes magnétiques. — La présence d'un corps chaud crée, dans l'espace qui l'environne, un *champ thermique* qu'on peut explorer,

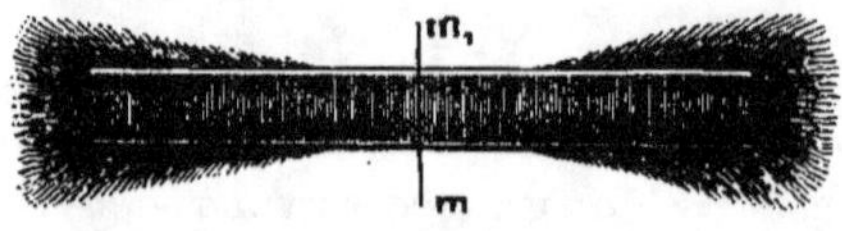

Fig. 74. — Attraction de la limaille de fer par un aimant.

dans ses diverses parties, à l'aide d'un thermomètre. De même, un système inducteur crée autour de lui un *champ magnétique* qui peut être exploré à l'aide d'une aiguille aimantée. Un moyen simple de manifester

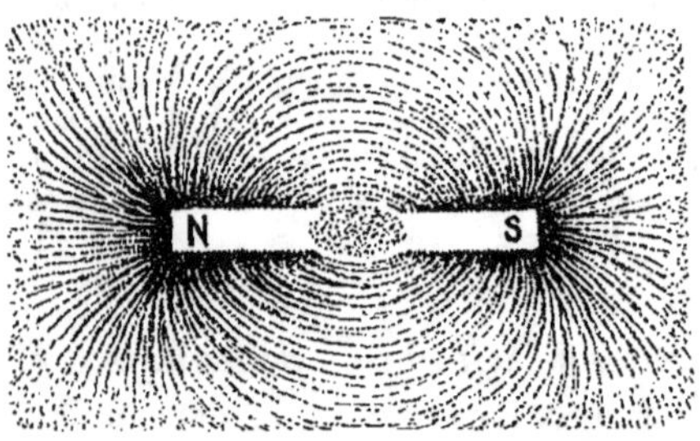

Fig. 75. — Fantôme magnétique.

l'existence de ce champ consiste dans la formation de ce qu'on appelle un *fantôme magnétique.*

On sait que lorsqu'on plonge les extrémités d'un barreau aimanté dans de la limaille de fer, cette limaille s'y attache en forme d'aigrettes, sauf dans la partie médiane du barreau m m, (fig. 74). Lorsque, au contraire, on place le barreau aimanté sous une légère feuille de carton qu'on saupoudre de limaille, on voit les grains de celle-ci s'orienter d'une façon spéciale et former, l'un derrière l'autre, des lignes continues, dont la figure 75 montre la disposition.

Si on produit ce fantôme magnétique sur une feuille enduite d'une légère couche de gomme arabique, il est extrêmement facile de le fixer d'une façon invariable, en le soumettant à l'action de l'eau projetée avec un pulvérisateur ordinaire. La gomme est ramollie et emprisonne les parcelles de limaille.

On peut également former le fantôme sur un papier

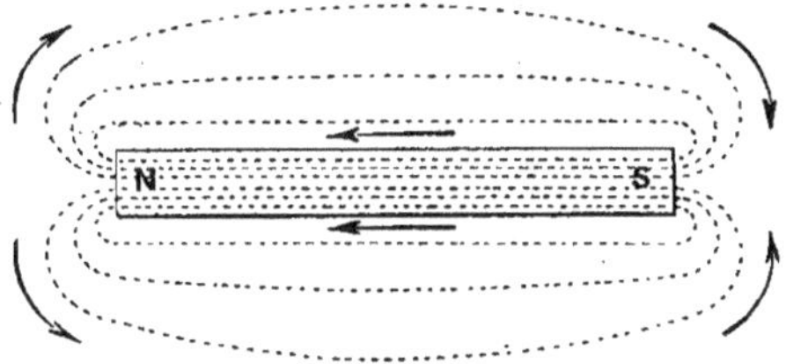

Fig. 76. — Distribution des lignes de force.

au ferrocyanure qu'on expose ensuite à la lumière. Après fixation, on obtient un négatif de fantôme. Les lignes que présente la limaille ont été appelées, par Faraday, *lignes de force*.

Elles montrent qu'un aimant crée autour de lui, dans un espace, dont l'étendue varie avec son degré d'aimantation, un état particulier qui est caractérisé par une série de lignes d'orientation, et qu'on suppose aller par convention du pôle Nord au pôle Sud, par l'extérieur, comme le montre la figure 76, et qu'on peut considérer comme se fermant par l'intérieur du barreau aimanté du pôle Sud au pôle Nord.

Cet état spécial peut être assimilé à celui d'un *flux magnétique* se produisant suivant des lignes qui sont serrées à l'intérieur de l'aimant et s'épanouissent à

l'extérieur. Cette hypothèse, qui suppose que les pôles
du barreau aimanté
sont tout à fait à l'ex-
trémité de celui-ci, ma-
térialise, en quelque
sorte, l'influence qu'il
exerce sur la portion de
l'espace qui l'entoure.

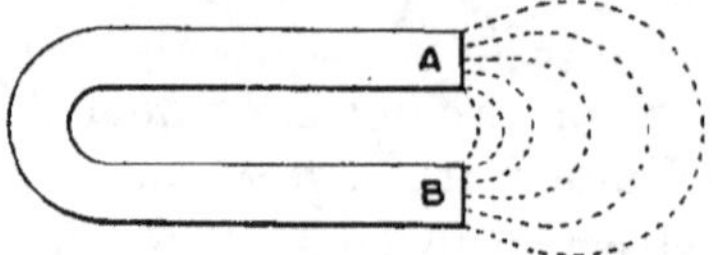

Fig. 77. — Aimant en fer à cheval.

Cette action est indépendante de la forme de l'aimant ;
elle existe, que celui-ci
ait une forme rectiligne,
comme nous l'avons sup-
posé, ou bien qu'il se présente, cas plus fréquent,
sous l'aspect d'un fer à
cheval. Dans ce cas, les
lignes de force se resser-
rent d'autant plus que la
distance des pôles est plus
petite (fig. 77 et 78).

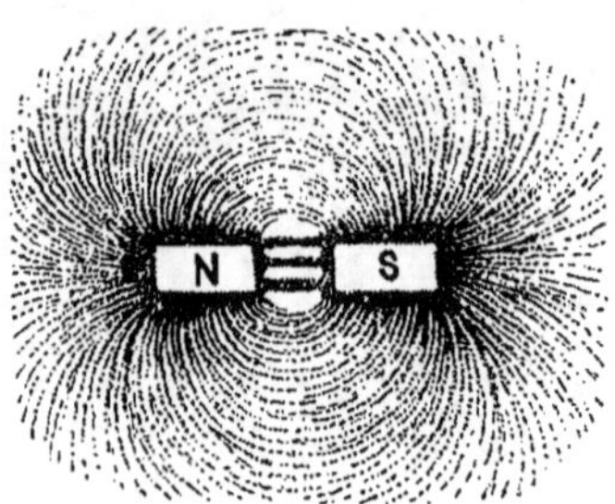

Fig. 78. — Fantôme de l'aimant en
fer à cheval.

Dans le cas où l'aimant
se composerait d'une pièce circulaire AMB, les lignes
de force entre les extrémités
A et B, sont très resserrées
(fig. 79).

Si l'on suppose que l'aimant
AMB soit sectionné en plusieurs parties, les lignes de
force pourront être considérées
comme existant d'un aimant à
l'autre et, à la limite, on voit
apparaître la notion d'un anneau continu ayant concentré
toutes les lignes de force dans
son intérieur, et formant un circuit magnétique fermé

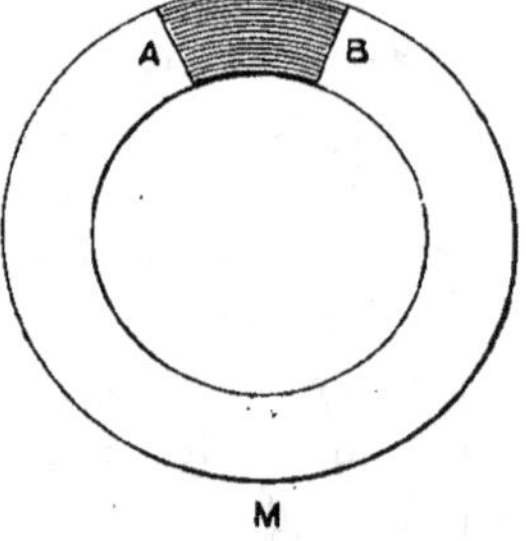

Fig. 79. — Aimant circulaire.

dans lequel on peut faire naître des pôles et un flux magnétique par un sectionnement en deux ou plusieurs parties (fig. 80).

D'une façon générale, s'il nous était possible de concevoir un champ magnétique en dehors de l'existence d'un aimant, nous pourrions dire que la présence d'une pièce de fer doux dans ce champ, aurait pour effet de produire une sorte d'appel et de concentration des lignes de force dans son intérieur. La pièce de fer doux agit de la même façon qu'agirait, dans un courant d'eau, une partie filtrante plus facilement traversée par le liquide (fig. 81). Le fer est plus *perméable* au magnétisme que l'air. Il agit donc, sur un champ, en filtrant, en quelque sorte, les lignes de force qui se res-

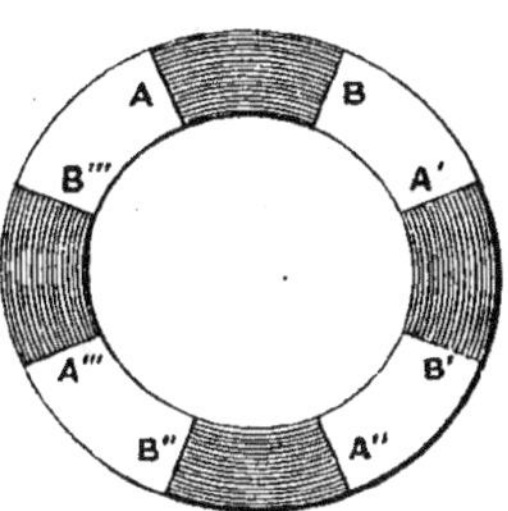

Fig. 80. — Aimant circulaire sectionné.

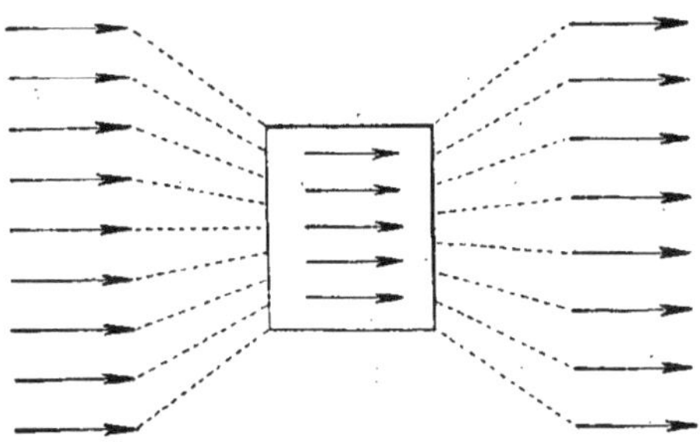

Fig. 81. — Action du fer doux sur un champ magnétique.

serrent dans son intérieur. C'est ainsi que si un anneau de fer doux est placé dans un champ magnétique entre les deux piles d'un aimant, il agit sur les lignes de force du champ comme l'indique la figure 82.

Ces considérations montrent les idées qu'on peut se
faire du *champ magnétique*, du *flux magnétique*, de la
perméabilité du fer. Sans
entrer dans de plus grands
détails, elles nous suffiront
pour l'instant.

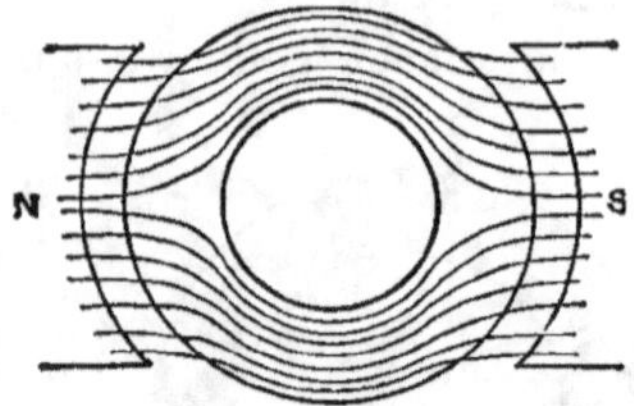

Fig. 82. — Anneau de fer doux
dans un champ magnétique.

Electro-aimants. —
Un *solénoïde*, c'est-à-dire une
bobine de fil conducteur
traversée par un courant
électrique, se comporte,
ainsi que nous l'avons vu, comme un véritable aimant et
crée autour de lui un champ magnétique. On renforce
ce champ magnétique en plaçant dans l'axe du solénoïde
un barreau de fer doux qui a pour effet d'y resserrer les
lignes de force.

Un tel ensemble s'appelle *électro-aimant* et est susceptible, sous l'influence d'un courant intense, de créer un
champ magnétique infiniment plus agissant que celui
que peut créer un aimant naturel.

En général, on donne aux

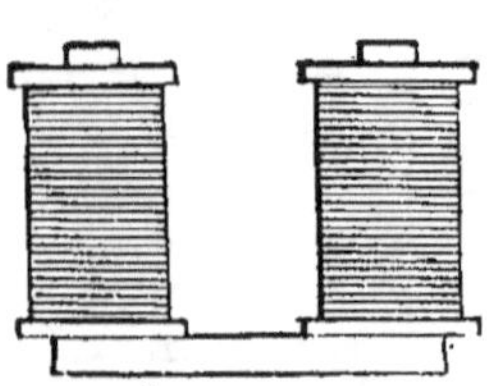

Fig. 83-84. — Électro-aimants en fer à cheval.

électro-aimants une forme de fer à cheval (fig. 83 et
84) et on épanouit leurs extrémités de façon à embras-
ser étroitement les organes induits sur lesquels ils
doivent agir. Tel est le cas des électros représentés

(fig. 85 et 86) et dont les *masses polaires* sont évidées de façon à enserrer une bobine cylindrique pouvant tourner autour de son axe dans le flux magnétique qui va de l'un à l'autre pôle. Ce dernier est celui de la machine Gramme type supérieur.

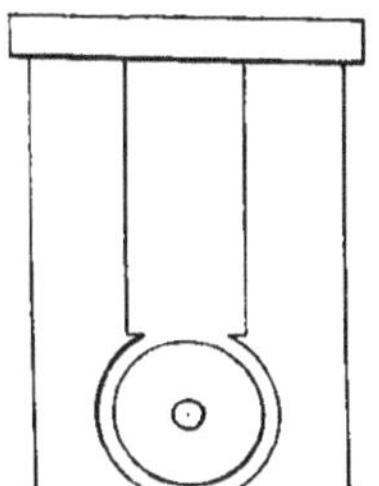

Fig. 85. — Électros à masses polaires épanouies.

Nous reviendrons bientôt sur les dispositions variées avec lesquelles on constitue le système inducteur des machines dynamo-électriques.

Retenons de ce que nous venons de dire que, soit avec un aimant soit avec un électro-aimant, il est possible de créer dans l'espace un champ magnétique, c'est-à-dire une région caractérisée par un état spécial et dans laquelle existe un flux d'aimantation s'écoulant de manière à se fermer

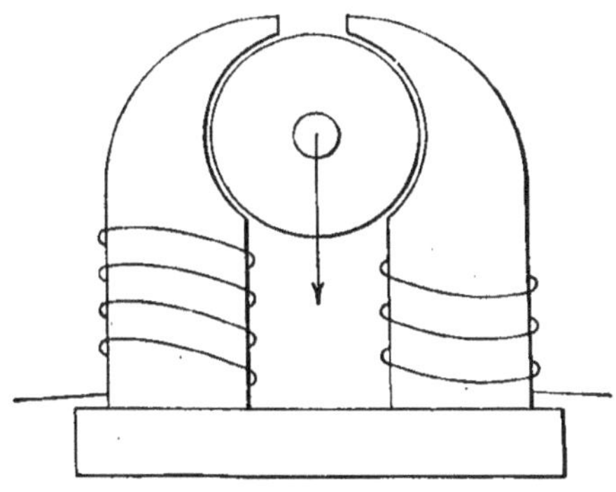

Fig. 86. — Masses polaires épanouies de la machine Gramme
(type supérieur).

sur lui-même à la façon d'un courant électrique. On peut représenter une partie de ce champ magnétique par une série de lignes parallèles et équidistantes donnant la direction du flux magnétique et indiquant qu'il est *uniforme* (fig. 87).

On peut également imaginer un champ composé de lignes de force ayant soit une distance variable, soit une direction différente ou bien pré-

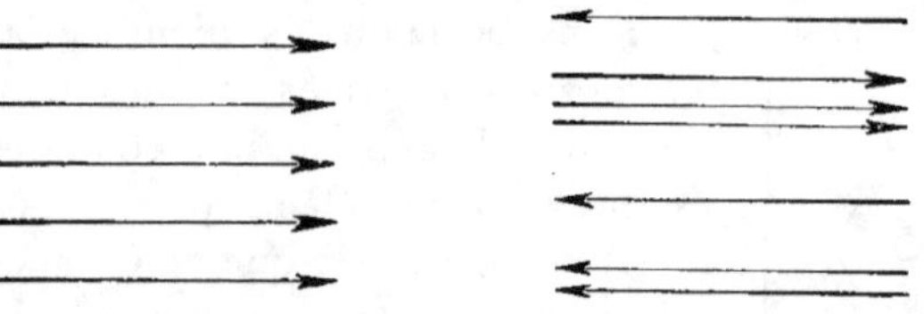

Fig. 87. — Champ magnétique uniforme.

Fig. 88. — Champ magnétique non uniforme.

sentant ces deux particularités. Tel est le champ représenté par la figure 88. On dit dans ce cas que le champ *n'est pas uniforme.*

Notions sur le flux d'induction. — Ce flux d'induction magnétique est quelque chose de comparable à ce qu'est l'intensité dans le courant électrique. On a donné à l'unité de flux par centimètre carré le nom du physicien *Weber*. Quant à l'*induction*, c'est-à-dire à la *densité* du flux magnétique qui traverse une section quelconque, il a reçu celui de *Gauss*.

Si l'on considère une bobine creuse, sans fer doux dans son axe, la valeur de l'induction produite dans cette bobine est proportionnelle au nombre de spires de fil et à l'intensité du courant qui les traverse. Si l'on désigne ces quantités par les lettres n et I, l'induction est proportionnelle au produit $n \times I$ qu'on appelle le nombre d'*ampères-tours*. Si la bobine a une longueur de l centimètres, la quantité $\dfrac{n \times I}{l}$ représente le nombre d'ampères-tours par centimètre ou le nombre d'*ampères-tours spécifiques*. L'induction à l'intérieur de la bobine est représentée par le nombre d'ampères-tours spécifiques multiplié par le coefficient 1,25 qui résulte de la réduction en un seul de plusieurs facteurs numériques.

On a ainsi la formule

$$H = 1,25 \times \frac{n.\mathrm{I}}{l}.$$

Si on considère un anneau fait avec un enroulement solénoïdal fermé, la même formule peut être appliquée, l étant, dans ce cas, la circonférence moyenne de la bobine annulaire.

Lorsqu'on introduit dans l'axe de la bobine une pièce de fer doux qui en remplit exactement la cavité intérieure, la perméabilité du fer étant supérieure à celle de l'air, le flux d'induction est augmenté; il est égal à celui qui correspond à la formule ci-dessus, à un coefficient près, μ, qu'on appelle le *coefficient de perméabilité* qui varie avec la nature du fer employé et qui diminue lorsque l'induction augmente.

On a alors :

$$B = 1,25 \times \frac{n.\mathrm{I}}{l} \mu.$$

formule qui permet de fixer la valeur $\dfrac{n\mathrm{I}}{l}$ pour arriver à une induction B déterminée.

Elle s'applique également au cas d'une bobine annulaire enroulée sur une âme de fer doux.

Si s est la section du fer, le flux Φ est donné par l'expression

$$\Phi = B.S = 1,25 \frac{n.\mathrm{I}}{l} \mu S.$$

Force magnéto-motrice. Réluctance. — Pour compléter l'analogie entre le *courant électrique* et le *flux*

magnétique, il suffit de donner à la formule précédente
la forme :

$$\Phi = \frac{1,25.n.I}{\dfrac{l}{\mu S}}$$

Si l'on pose $1,25\ nI = \mathfrak{F}$; $\dfrac{l}{s\mu} = \mathfrak{R}$ la formule devient

$\Phi = \dfrac{\mathfrak{F}}{\mathfrak{R}}$ qui se présente sous le même aspect quela loi de

Ohm.

Le facteur $\mathfrak{F}$ s'appelle la *force magnéto-motrice* de la
bobine. C'est l'analogue de la *force électro-motrice* du
courant. Le facteur $\mathfrak{R}$ s'appelle la *résistance magnétique*
du circuit magnétique considéré. On la désigne aussi
sous le nom de *réluctance*; son analogie avec la résistance électrique est complète, celle-ci étant proportionnelle à la longueur du circuit, en raison inverse de la
section et de la conductibilité.

La conductibilité se présente comme l'équivalent de la
perméabilité.

La différence entre ces deux quantités, c'est que la
conductibilité est un élément propre au circuit et invariable, quelle que soit la valeur du courant qui le traverse,
tandis que le coefficient de perméabilité varie avec la
valeur de l'induction.

Nous nous bornerons à l'énonciation de ces définitions
qui trouvent leur application dans les formules de construction des dynamos.

Induit. — Quelle que soit la forme spéciale qu'on
donne à l'induit, on peut le considérer comme constitué
par la succession d'éléments dont la forme la plus simple
est celle d'une *spire* ou, autrement dit, d'un anneau circulaire fermé sur lui-même.

Si un tel élément se meut dans un champ magnétique,

il deviendra le siège de courants induits à la condition
que le champ magnétique dans lequel il se déplacera ne
soit pas uniforme et que le flux magnétique y soit variable.

Cela peut s'expliquer, en d'autres termes, en disant
qu'il faut que la spire, dans son déplacement, rencontre
un nombre variable de lignes de force. Ainsi une spire
se mouvant comme l'indique la figure 89, en restant parallèle à elle-même, rencontrera toujours le même nombre de lignes de force; il ne s'y développera aucun courant.

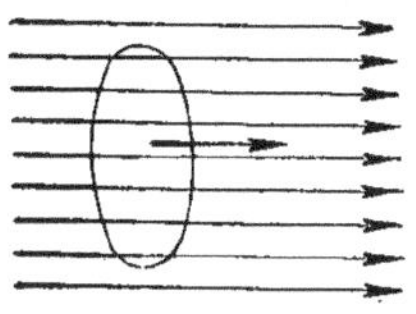

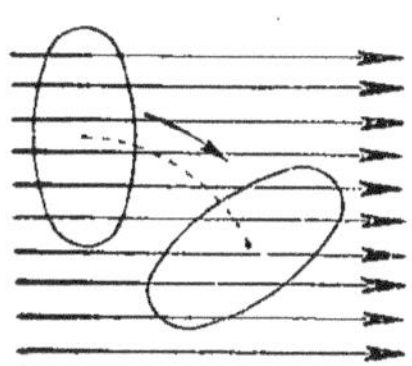

Fig. 89-90. — Déplacement d'une spire dans un champ magnétique uniforme.

Si, au contraire, elle se meut comme le montre la figure 90, le nombre de lignes de force rencontrées par elle diminuera et un courant naîtra dans un certain sens. Le sens du courant serait inverse si le mouvement de la spire avait pour effet de lui faire rencontrer un nombre croissant de lignes de force.

Ces phénomènes sont la conséquence des lois de l'induction.

Sens des courants induits. Règle de Maxwell.

— Le sens des courants dans la spire, conséquence des
lois d'Ampère, peut être trouvé immédiatement en se
servant d'un moyen mnémonique dû à M. Clerck-Maxwell
et qu'on appelle la règle du *tire-bouchon*.

Imaginons un solénoïde traversé par un courant et
dans la direction de l'axe de ce solénoïde un tire-bouchon auquel on donnera un mouvement de rotation dans
le sens du courant qui circule dans les spires du solénoïde, le mouvement longitudinal du tire-bouchon don-

nera le sens des lignes de force du champ que le courant produit dans le solénoïde.

Ceci dit, considérons une dynamo théorique, c'est-à-dire réduite à sa plus simple expression et constituée :

1° Par un champ magnétique uniforme dont les lignes de force ont en plan et en profondeur la direction indiquée sur la figure 91 ;

2° Par une spire fermée tournant autour de l'axe O

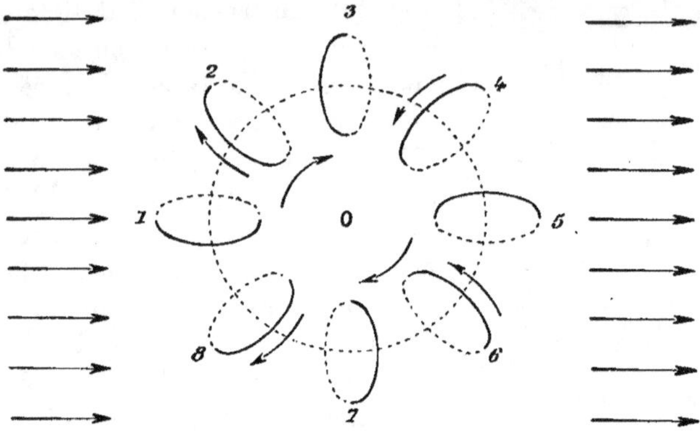

Fig. 91. — Dynamo théorique.

situé dans son plan. Nous avons représenté, sur la figure, la spire en perspective dans ses huit positions principales, la partie en traits pleins étant supposée en avant de la feuille, la partie en traits pointillés, en arrière.

Partons de la position 1. La spire ne rencontre aucune ligne de force et n'est parcourue par aucun courant induit. De la position 1 à la position 3, la spire se rapproche de la position perpendiculaire à la direction des lignes de force et en rencontre un nombre de plus en plus grand et maximum pour la position 3. Le flux augmente. Un courant de sens négatif naît donc dans la spire à chacun de ses mouvements. Le sens de ce courant est indiqué par la flèche (2).

De la position 3 à la position 5, le flux rencontré par la spire décroît de son maximum à O et fait naître en elle un courant de sens positif indiqué par la flèche (4).

De la position 5 à la position 7 le flux croît et fait naître dans la spire un courant négatif (flèche 6). Il est positif de la position 7 à la position initiale.

Ainsi, dans le mouvement circulaire de la spire, elle devient, à chacune de ses positions successives, le siège d'une force électro-motrice induite qui change de sens lorsqu'elle passe par la ligne 3.7 dite *ligne neutre*.

La force électro-motrice induite n'est pas la même dans chaque spire. Elle est maxima au voisinage des positions 3 et 5, où la variation de flux magnétique est le plus rapide. Elle est nulle au voisinage des positions 3 et 7 où le sens du courant change.

Si l'on développe en ligne droite, la circonférence que parcourt le centre de la spire et si, en chaque point, on élève une perpendiculaire de longueur proportionnelle à la force électro-motrice induite correspondante, on obtient une courbe sinusoïdale (fig. 92) qui coupe l'axe

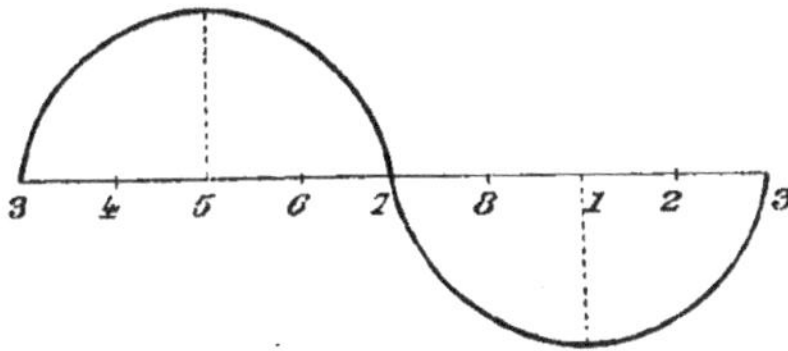

Fig. 92. — Variation de la force électro-motrice dans une spire.

aux points 3 et 7 et passe par des maxima de même valeur absolue, mais de sens inverse, aux points 5 et 1.

Manière de recueillir les courants induits. Collecteurs. Balais. — Si au lieu d'une seule spire, on en considère plusieurs, solidaires les unes des autres, leurs forces électro-motrices s'ajouteront, mais si elles sont réparties uniformément en couronnes et réunies ensemble, les courants étant égaux et de sens opposés, de part et d'autre de la ligne neutre, on ne recueillerait aucun courant au bout.

Il se produirait, dans ce cas, un phénomène analogue à celui qu'on observe lorsqu'on met en opposition deux piles identiques dont les effets s'annulent. Si, au contraire, on les couple en quantité,

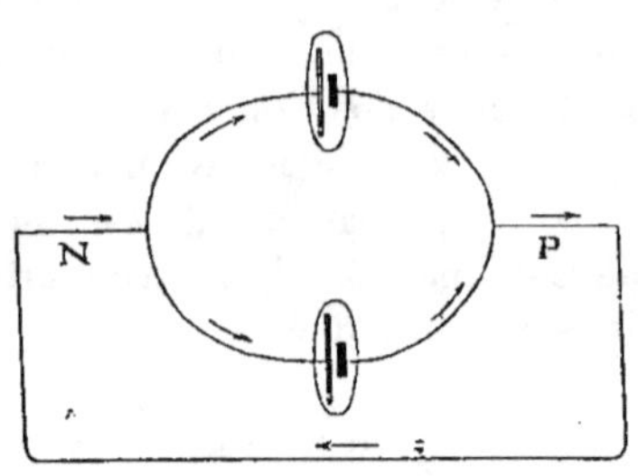

Fig. 93. — Moyen de recueillir les courants alternatifs.

comme le représente la figure 93, on obtient un courant égal à la somme des courants des deux éléments.

C'est d'une façon analogue qu'on procède pour recueillir les courants induits.

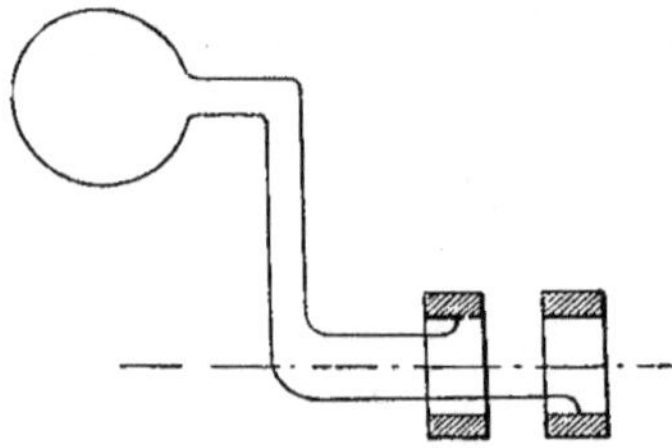

Le procédé est différent suivant qu'il s'agit des courants de sens *alterné*, tels que la machine les donne, ou de courants *redressés* dans le même sens.

Considérons toujours notre spire élémentaire

Fig. 94. — Manière de recueillir les courants alternatifs.

et concevons que, par un procédé quelconque, on puisse réunir chacune de ses extrémités à deux bagues cylindriques en cuivre, montées sur l'arbre qui produit le mouvement. La figure 94 représente schématiquement le principe de cette disposition. Faisons-en autant pour toutes les spires composant l'induit. Nous pourrons recueillir les courants par deux balais métalliques frottant sur ces bagues.

Le sens du courant changera à chaque demi-rotation, ainsi que cela a été expliqué, et en réunissant les balais par un conducteur, ce conducteur sera le siège de courants alternatifs.

Au lieu de deux bagues reliées à chacune des extrémités du fil, supposons qu'il n'y en ait qu'une, divisée en deux parties (fig. 95). Si les fentes correspondent à la ligne neutre, c'est-à-dire aux points où les courants changent de sens, les balais changeront de contact au même moment et l'on obtiendra dans le circuit extérieur une succession de courants de même sens. Cet organe s'appelle *commutateur* ou *collecteur*.

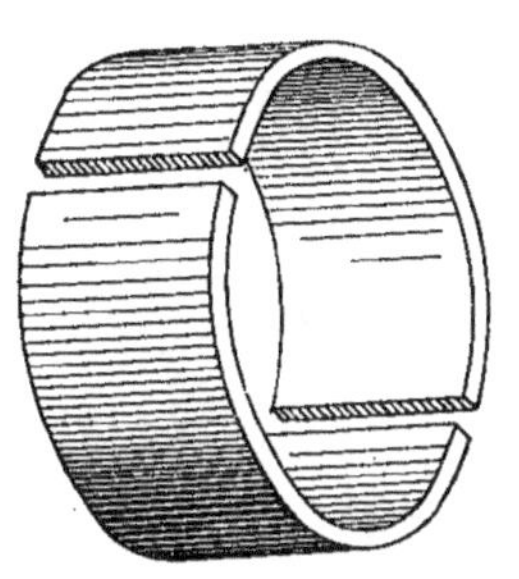

Fig. 95. — Moyen de redresser les courants alternatifs. (Principe du collecteur.)

Angle de calage des balais. — Théoriquement, le plan qui sépare le commutateur en deux parties, ou *plan de commutation*, devrait correspondre exactement à la ligne neutre. En réalité, il n'en est pas ainsi; le plan de commutation doit être avancé dans le sens de la rotation d'un certain angle qu'on appelle *angle de calage des balais*.

Ce déplacement est nécessité par le phénomène de *self-induction*, dont il a été parlé plus haut.

L'*extra-courant* qui se produit, au moment du passage des balais, donne un courant de *rupture* de même sens que le courant principal et une étincelle de *rupture*, puis un courant de *fermeture* du circuit de sens inverse à celui du courant principal et une étincelle de *fermeture*. C'est à cause de cela qu'on *décale* les balais

d'un certain angle, dont on règle pratiquement la position, jusqu'à ce que les étincelles soient réduites à leur
minimum.

Forme des induits. — Nous avons supposé jusqu'ici
un induit aussi simple que possible et consistant en
une spire unique. En réalité, les induits sont formés
d'un grand nombre de spires de fil conducteur isolé,
enroulé de manières variables. De là, plusieurs catégories
d'induits dont les principales
sont les induits *à anneau, à
lambour* et *à disque*.

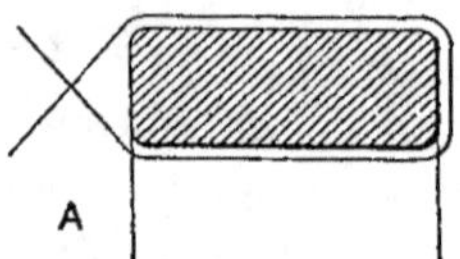

Fig. 96. — Principe des induits
à anneau.

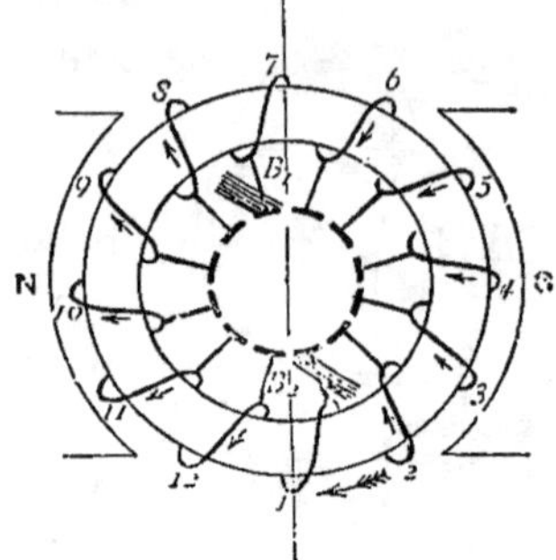

Fig. 97. — Principe de l'anneau Gramme.

Induits à anneau. — A
ce premier type, dont la
figure 96 montre le prin-
cipe, se rattachent les induits des machines Gramme.
L'anneau est, en réa-
lité, un cylindre de
hauteur variable, en
fer doux, sur lequel,
au lieu d'une série de
spires élémentaires,
le fil induit forme une
série d'enroulements
continus.

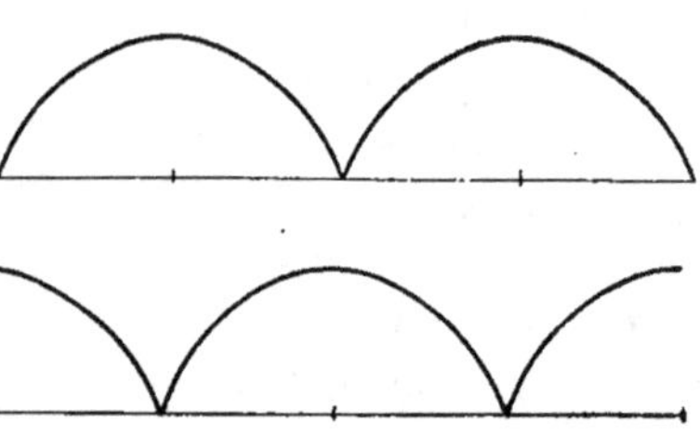

Fig. 98. — Courants élémentaires.

Imaginons d'abord
un certain nombre de spires, telles que les représente la
figure 97, reliées une à une à autant de coquilles cylin-

driques d'un même commutateur, sur lequel frotte une seule paire de balais $B_1 B_2$. On voit aisément que chaque spire donnera naissance à un courant redressé correspon-

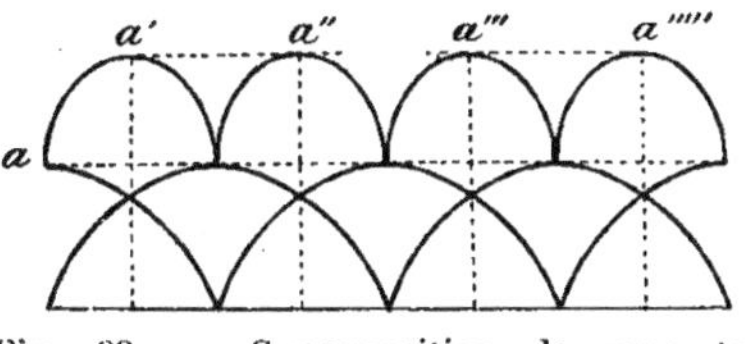

Fig. 99. — Superposition de courants élémentaires.

dant à la figure 98 (partie supérieure), tandis que la spire à 90° de celle-ci donnera le courant (fig. 97), partie inférieure.

Ces effets se superposent et donnent le courant représenté par la courbe $a\,a'\,a''$ (fig. 99). Si on multiplie le nombre des séries de spires, ainsi que le nombre des sections du collecteur, on arrive à atténuer les variations du flux électrique jusqu'à les rendre à peu près

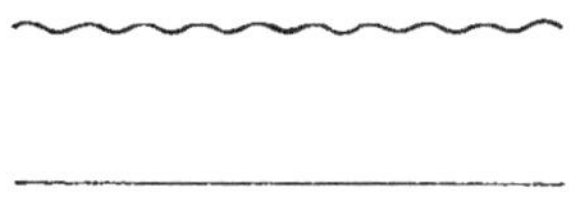

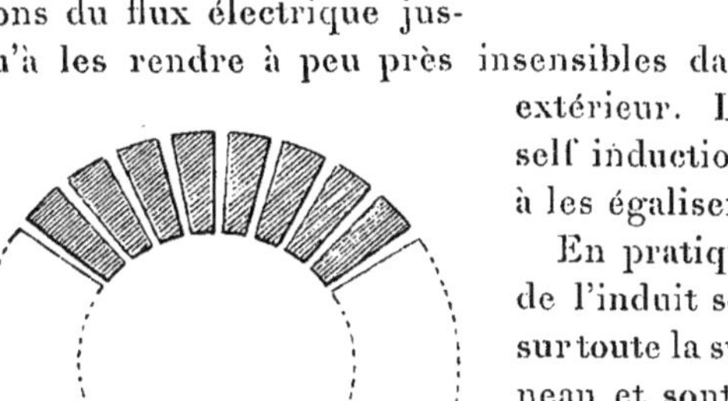

Fig. 100. — Courant continu.

insensibles dans le circuit extérieur. L'effet de la self induction tend même à les égaliser (fig. 100).

En pratique, les spires de l'induit sont enroulées sur toute la surface de l'anneau et sont réparties en un nombre assez grand de sections dont chacune est reliée au *collecteur*, composé d'une série de lames de section trapézoïdale, qui sont assemblées ainsi

Fig. 101. — Lames de collecteur.

qu'on le voit sur la figure 101 et séparées par des lames isolantes.

Les balais frottent sur la surface extérieure du collecteur. Ces balais sont ordinairement formés de fils de cuivre argenté réunis en faisceau, quelquefois aussi de toiles métalliques repliées sur elles-mêmes ou de lames de clinquant. On emploie fréquemment aujourd'hui des balais en charbon aggloméré imprégné de paraffine.

Courants de Foucault. — *L'armature* de l'induit est un anneau en fer doux, qui a pour effet de concentrer dans sa masse les lignes de force qui vont de l'un à l'autre pôle de l'inducteur (fig. 82). Cette disposition a l'avantage d'augmenter la force électro-motrice en augmentant l'intensité du flux magnétique, coupé par les spires de l'induit. Par contre, il a pour conséquence la production des courants dits *courants de Foucault* qui se manifestent toutes les fois qu'une masse métallique tourne dans un champ magnétique. On peut constater leur existence en plaçant, entre les

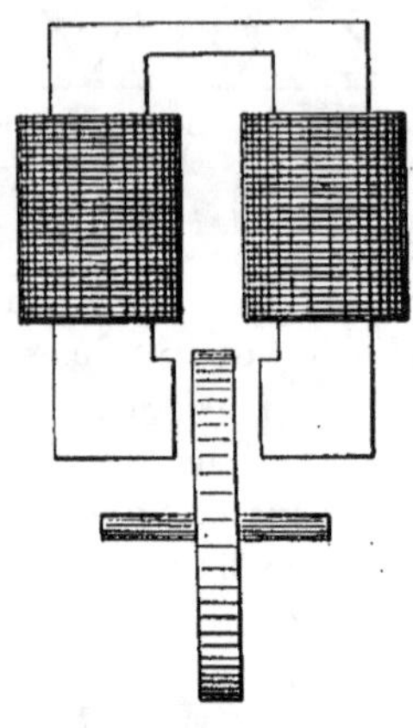

Fig. 102.— Production des courants de Foucault.

pôles d'un électro-aimant en fer à cheval, un disque de cuivre pouvant tourner autour d'un axe (fig. 102).

Dès qu'on fait tourner le disque, on constate qu'il s'échauffe. Si l'on place deux balais, l'un sur sa tranche, l'autre sur son axe, on peut recueillir un courant de grande intensité et de faible force électro-motrice, dont le sens est perpendiculaire aux lignes de force du champ.

La production de ces courants correspond à une perte inutile d'énergie et à un échauffement qui peut être dangereux pour les enveloppes isolantes du fil induit.

Il faut donc s'efforcer de les détruire, ce que M. Gramme a réalisé en composant l'armature de son

anneau avec un faisceau de fils vernis A (fig. 103); on
emploie aussi quelquefois des disques de fer empilés
les uns sur les autres et séparés par du vernis ou par du
papier. On forme aussi quelquefois les induits à anneau
avec des tôles de 3 à 5 millimètres d'épaisseur, isolées par
du vernis, du papier, ou une oxydation superficielle et
qu'on assemble entre des plaques *a*, à l'aide de tiges bou-
lonnées (fig. 104).

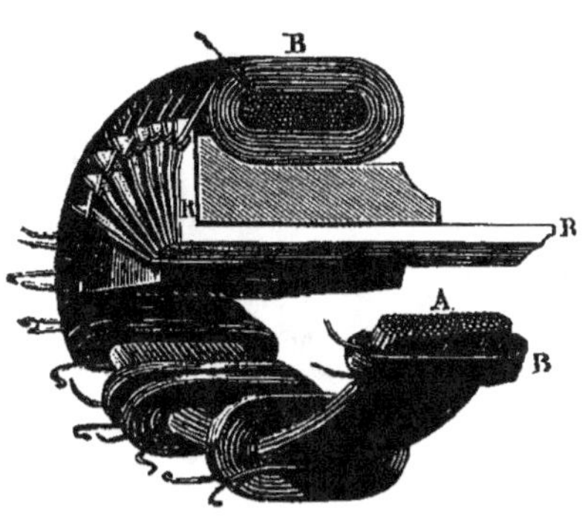

Fig. 103. — Anneau Gramme.

Induits à tambour. — Ces induits sont particuliers
aux machines Siemens. La masse de l'induit a aussi la
forme d'un cylindre, mais l'enroulement du fil ne le fait

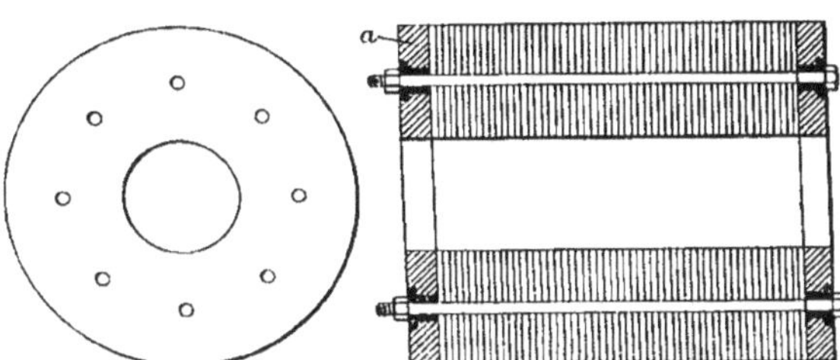

Fig. 104. — Induit en feuilles de tôle.

pas pénétrer dans la cavité intérieure de ce cylindre
(fig. 105); il reste toujours à sa surface extérieure en
suivant alternativement deux génératrices symétriques.
On donne au tambour une forme allongée pour réduire

au minimum la partie inactive qui se trouve sur les deux bases du cylindre. Cet enroulement, qui donne à l'induit la forme d'une navette, (fig. 106), est un peu plus difficile à

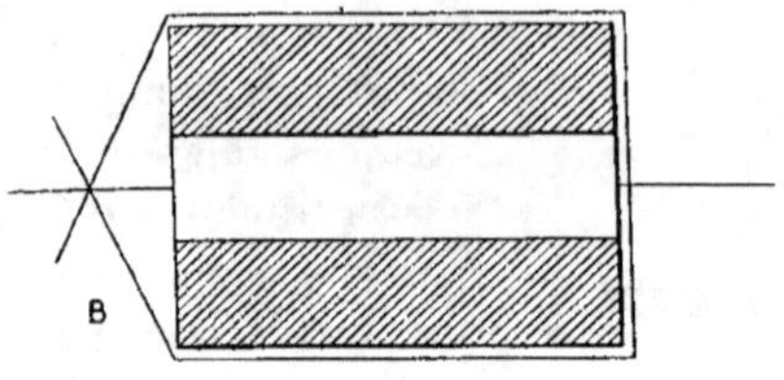

Fig. 105. — Principe des induits à tambour.

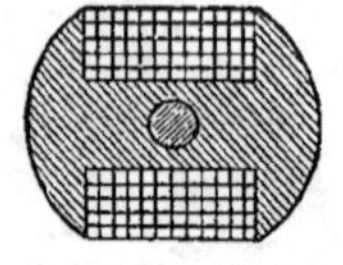

Fig. 106. — Section transversale d'un induit Siemens.

réaliser que l'enroulement de l'anneau Gramme et il est plus exposé aux détériorations provenant des efforts centrifuges. Les réparations d'une partie endommagée exigent quelquefois la réfection complète de l'induit, tandis que, dans l'anneau Gramme, les parties abîmées peuvent se réparer séparément.

Induits à disque. — Enfin, on a été conduit à fabriquer des induits à disque (fig. 107), dans le but de supprimer le fer de l'induit et les pertes qui en résultent. Ce type présente certains avantages, mais la construction en est assez compliquée.

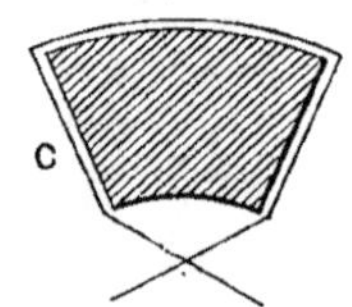

Fig. 107.
Schéma d'un induit à disque.

Inducteurs. — Nous avons dit plus haut qu'aux débuts de la fabrication des machines basées sur l'induction, les organes inducteurs étaient de simples *aimants permanents*. *A priori*, leur emploi peut sembler avantageux, car ils fournissent un champ magnétique qui ne coûte rien. En réalité, les aimants artificiels ont une puissance de beaucoup inférieure à celle des électro-aimants qui permettent, non seulement d'obtenir une force électro-motrice d'induction plus considérable, mais aussi d'avoir des machines de volume et de poids réduits, ce qui se traduit par une économie dans le coût de leur construction.

Mais l'emploi d'électro-aimants nécessite celui d'un courant excitateur initial. Cette excitation peut être obtenue soit par une petite machine magnéto-électrique (excitation indé-pendante ou sépa-rée) (fig. 108), soit par l'utilisation du courant induit lui-même.

Il peut paraître paradoxal, au pre-mier abord, qu'on puisse employer le courant final pour produire le courant initial qui doit ex-citer les inducteurs. Et ce serait, en ef-fet, un cercle vicieux absolu s'il n'existait pas, dans le fer le plus doux, une petite quantité de magnétisme *résiduel* ou *rémanent* qui suffit pour amorcer la machine.

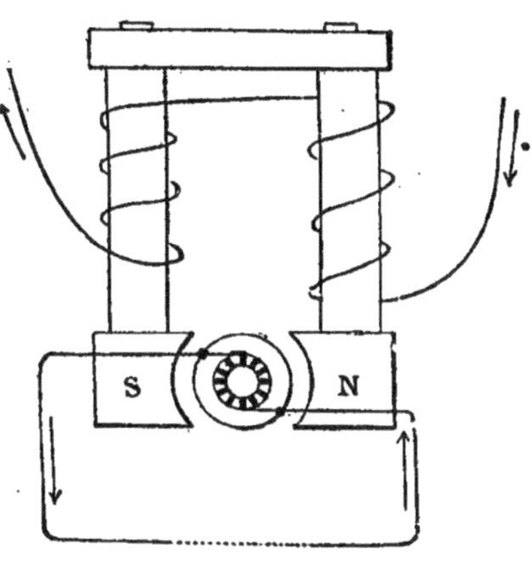

Fig. 108. — Schéma d'une dynamo avec excitation séparée.

Aussi les dynamos *auto-excitatrices* sont-elles des plus fréquentes.

On obtient ce résultat au moyen de trois dispositions différentes.

Machines excitées en série. — Dans ce type de machines, les fils des inducteurs sont dans le circuit extérieur (fig. 109). Leur inconvénient est qu'elles peuvent ne pas s'amorcer, si la résistance du circuit extérieur n'est pas inférieure à une quantité donnée dite *résistance critique*. Cela peut être gênant dans certains cas et, en particulier, lorsqu'on a à charger des accumulateurs qui pourraient, au contraire, se décharger dans la dynamo.

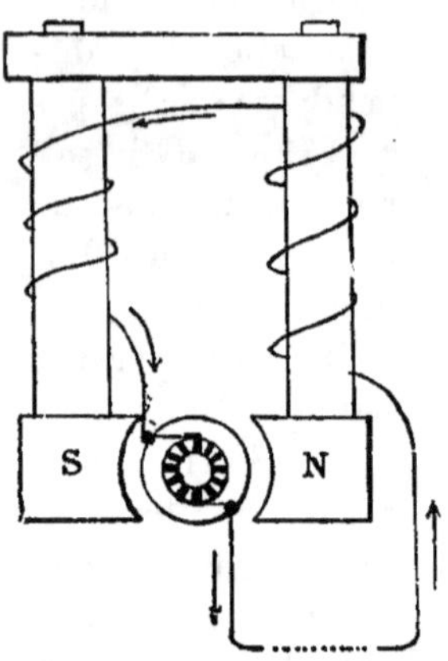

Fig. 109. — Schéma d'une dynamo excitée en série.

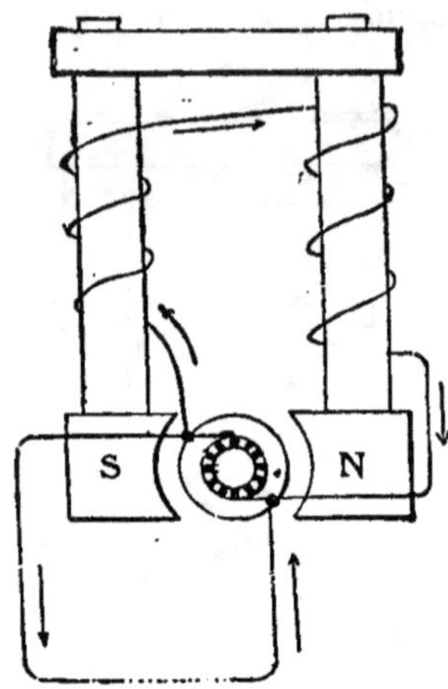

Fig. 110. — Schéma d'une dynamo excitée en dérivation.

Machines excitées en dérivation ou Shunt dynamos (1). — On utilise, dans ces machines, pour leur excitation, une dérivation prise sur le circuit total (fig. 110). Elles ont l'avantage d'être toujours amorcées, quelle que soit la résistance du circuit extérieur.

On règle le courant d'excitation au moyen d'une résistance auxiliaire appelée *rhéostat de champ ou d'excitation*.

---

(1) *Shunt*, mot anglais qui veut dire dérivation et qui est passé dans le langage technique. On donne le nom de *shunts* à des appareils qui dérivent une fraction déterminée des courants.

Excitation Compound. — Ce troisième type de machines participe aux qualités spéciales de chacun des précédents. Il comporte deux enroulements, l'un à gros fil, en série, l'autre à fil fin, en dérivation. Ce double enroulement permet d'obtenir aux bornes de la machine une différence de potentiel à peu près indépendante des variations de débit (fig. 111).

Rendement des dynamos. — Les machines à vapeur sont de très mauvais transformateurs d'énergie. Elles ne restituent sous forme mécanique qu'une très faible portion de l'énergie calorifique, qui résulte de la combustion de la houille. On peut s'en rendre compte par le simple calcul suivant.

Les machines à vapeur les plus perfectionnées, de grande puissance, consomment par cheval et par heure une quantité de charbon un peu inférieure à un kilogramme.

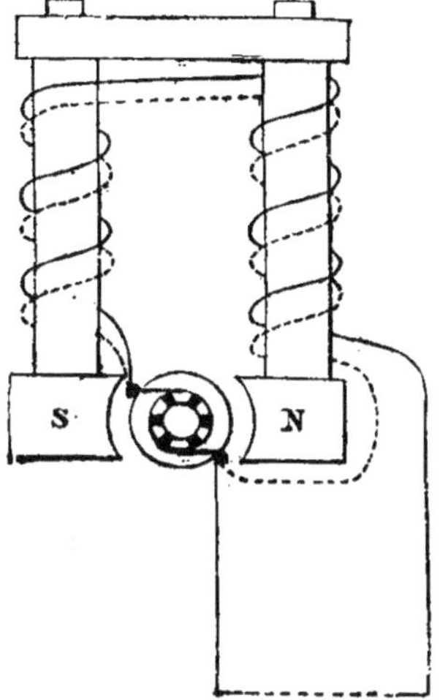

Fig. 111. — Schéma d'une dynamo Compound.

Admettons ce chiffre. La combustion d'un kilogramme de charbon dégage environ 8.600.000 calories (gramme-degré). Or, une calorie gramme-degré équivalant à $0^{kgm}436$, la combustion d'un kilogramme de charbon correspond à une puissance en chevaux de :

$$\frac{8.600.000 \times 0 \text{ kgm. } 436}{75 \times 3,600} = 13 \text{ chevaux;}$$

Ainsi un kilog. de houille renferme en réalité une énergie mécanique de 13 chevaux et en le brûlant sur la grille d'une machine à vapeur, on n'en retire qu'un. On perd donc en réalité $\frac{12}{13}$ ou 92 p. 100 de l'énergie renfermée dans le charbon.

Les machines dynamos électriques sont, au contraire, considérées en elles-mêmes et en dehors de leur accouplement avec les moteurs à vapeur, d'excellents transformateurs d'énergie mécanique.

Leur rendement, c'est-à-dire le rapport entre le travail extérieur qu'elles restituent et le travail qu'elles ont absorbé, varie de 85 à 90 p. 100, et peut même dépasser ce dernier coefficient.

Les 10 à 15 p. 100 qui constituent la perte se retrouvent en chaleur dans les diverses parties de la machine.

Cette perte résulte des frottements mécaniques de l'arbre entre ses paliers, des balais sur les collecteurs, de l'échauffement des fils, des courants de Foucault qui se produisent dans l'armature de l'induit, et enfin d'un phénomène particulier appelé *Hystérésis* (1), qui

---

(1) Soit deux axes rectangulaires OXOY. Supposons qu'on porte, sur l'axe OX, les valeurs de l'intensité du champ magnétique dans une bobine à noyau de fer doux, et qu'aux points correspondant à chacune de ces valeurs, on élève une ordonnée égale à la valeur de l'induction en *gauss*.

Si on mesure ces valeurs successives sur un noyau de fer n'ayant jamais été aimanté, on aura une courbe telle que OA (fig. 112). Si on fait

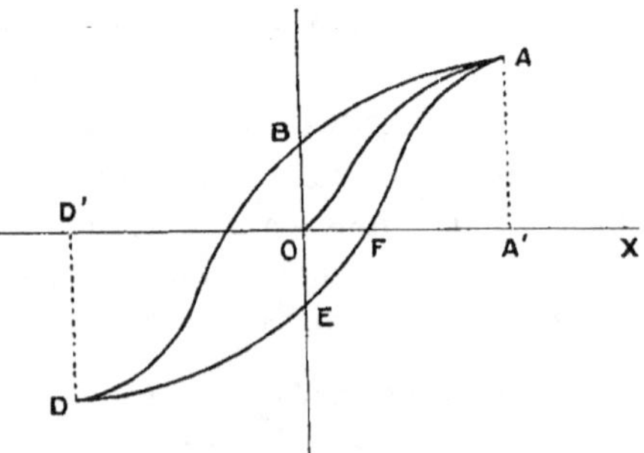

Fig. 112. — Hystérésis.

détermine l'échauffement du fer lorsqu'il est soumis à des variations périodiques d'aimantation.

Etude des dynamos au moyen de leurs caractéristiques. — M. Marcel Deprez a imaginé une méthode graphique qui permet de se rendre compte, d'une façon assez simple, des conditions dans lesquelles fonctionnent les différents types de dynamos. Cette méthode consiste à dresser, pour les machines en essai, une ou plusieurs courbes qu'on appelle les *caractéristiques* de cette machine.

Supposons qu'on veuille étudier la marche d'une dynamo tournant à une vitesse déterminée et appelée à travailler sur un circuit extérieur de résistance variable. On réunit les bornes de la machine par un *rhéostat* ou résistance qu'on peut faire passer par une série de valeurs successives connues, et on note, pour chacune de ces valeurs, la différence de potentiel et l'intensité du courant correspondantes, constatées par la lecture d'un voltmètre et d'un ampèremètre. On dresse le tableau de ces dernières quantités. Cela fait, sur deux axes rectangulaires OX, OY (fig. 113) on porte successivement : 1° sur OX, les valeurs des intensités ; 2° sur OY, les valeurs des différences de potentiel. Chacune d'elles correspond à un point M et

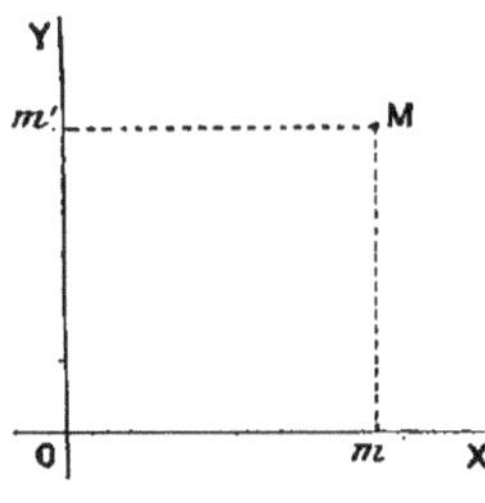

Fig. 113. — Construction des caractéristiques.

décroître ensuite l'intensité du champ magnétique, du maximum qu'on a atteint, jusqu'à zéro, on constate que les valeurs d'induction ne repassent pas par les valeurs précédentes et que, pour un magnétisme nul, l'induction a une valeur OB qui correspond au magnétisme rémanent.

En faisant varier le sens et l'intensité du courant de O à D' puis

l'ensemble de ces points, réunis par un trait continu, forme une courbe qu'on appelle la *caractéristique externe* de la machine.

A chaque système de groupement des induits et des inducteurs, correspond une forme spéciale de la caractéristique.

Celle des dynamos *excitées en série* est représentée par la figure 114.

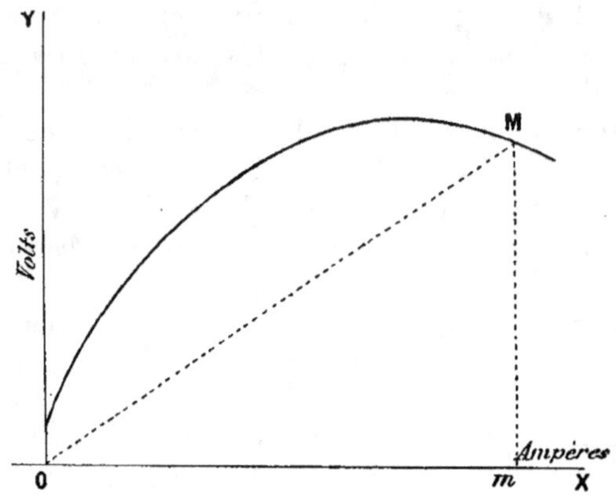

Fig. 114. — Caractéristique des dynamos en série.

Nous constatons tout d'abord qu'elle ne part pas du point O, mais d'un point placé un peu au-dessus sur l'axe OY; cela tient à l'existence du magnétisme rémanent dans les inducteurs. A partir de ce point, la courbe se confond à peu près avec une ligne droite, puis elle s'infléchit et s'abaisse vers l'axe des X.

Si nous considérons un point M de la courbe et si nous

---

de D′ à A′, la valeur de l'induction varie suivant les courbes BCD, DEFA, suivant un cycle fermé. Pendant ce temps, en raison de ce phénomène, qui constitue l'*hystérésis*, la température du fer s'élève proportionnellement à la surface de la courbe ABCDEFA.

le joignons au point o, nous avons un triangle rectangle Mmo dans lequel une propriété connue donne :

$$\frac{Mm}{Om} = \operatorname{tg} MOm.$$

Or, Mm est la différence de potentiel e; Om l'intensité correspondante i, donc $\operatorname{tg} MOm = \dfrac{e}{i} =$ la résistance, en vertu de la loi de Ohm.

Ainsi, pour tout point M, défini par ses coordonnées, comme nous venons de le dire, la tangente trigonométrique de l'angle MOm représente la résistance. Ceci bien entendu, pourvu que l'échelle des volts et des ampères soit la même.

On peut dresser de même la caractéristique des forces électro-motrices de la machine et celle des différences de potentiel au balai.

L'examen de la courbe que nous avons établie montre qu'étant donnée une dynamo tournant à une certaine vitesse, il y a d'abord une première région, dans laquelle de très faibles variations dans la résistance extérieure répondent à des variations sensibles de la différence de potentiel et de l'intensité. C'est la partie dans laquelle la courbe se confond sensiblement avec une ligne droite.

Ce sont là de mauvaises conditions de marche et il y a intérêt à ne pas faire travailler la dynamo dans cette région de la caractéristique.

Dans la partie où la courbe passe par une ordonnée maxima, on voit que pour des variations de la résistance, la différence de potentiel ne change guère. C'est la région la mieux utilisable de la courbe, lorsqu'on veut fonctionner à potentiel aussi constant que possible. Au delà, la courbe descend, ce qui montre que les différences de potentiel et les intensités varient en sens inverse.

Si une machine, comme celle que nous venons de considérer, a des inducteurs faits de fer doux, la courbe passera par l'origine ou très près.

Il peut arriver alors, qu'avec des résistances un peu grandes, on n'obtienne une intensité et une différence de potentiel nulles. Cela ressort de l'examen de la figure 115 où, pour toutes les valeurs de la résistance supérieures à la tangente de l'angle AOX, il n'y a plus de points de la courbe.

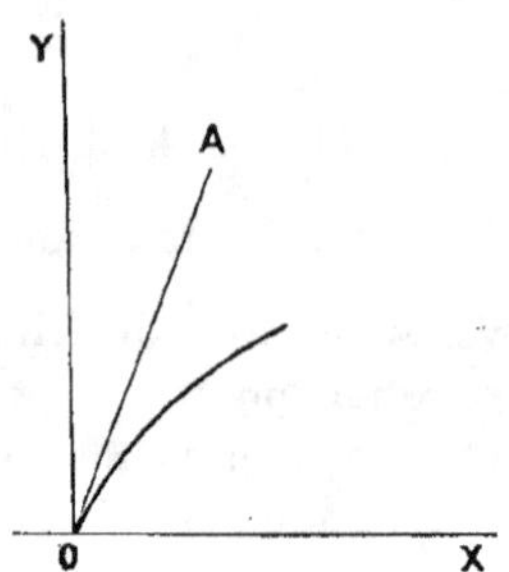

Fig. 115. — Machine non amorcée.

On dit alors que la machine n'est pas *amorcée* pour des valeurs de la résistance supérieures à une résistance donnée dite *résistance critique*. Si, en marche, la résistance augmente au-dessus de cette limite, la dynamo se *désamorcera*.

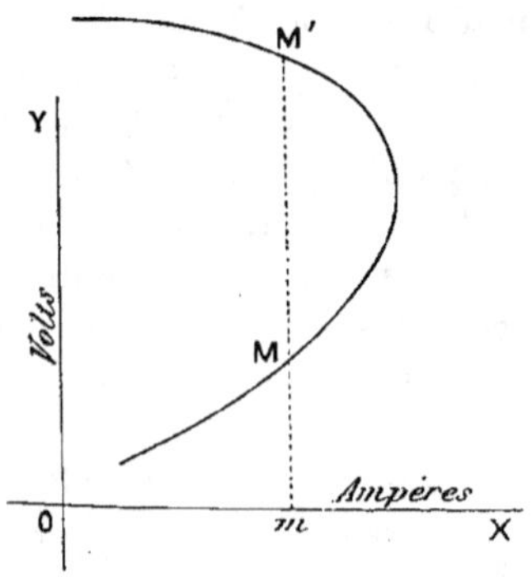

Lorsqu'on considère une dynamo *excitée en dérivation*, la caractéristique a une forme très différente de la première. Elle commence, comme la précédente, par une ligne presque droite, mais, ensuite, elle se redresse et revient en arrière (fig. 116).

Fig. 116. — Caractéristique d'une dynamo excitée en dérivation.

On voit qu'à une valeur Om de l'intensité, correspondent deux valeurs de la différence de potentiel Mm, M'm.

Comme dans le cas précédent, la stabilité n'est pas

obtenue dans la partie inférieure de la machine pour laquelle une très faible variation de la résistance correspond à des écarts sensibles de l'intensité et de la différence de potentiel. Au delà, l'intensité reste sensiblement constante, puis elle décroît à mesure que la différence de potentiel augmente. On utilise la machine dans la partie supérieure de sa caractéristique.

La forme de celle-ci montre qu'à l'inverse des machines excitées en série, les machines en dérivation se désamorcent pour des résistances inférieures à une valeur donnée.

Les machines *Compound* ont des caractéristiques qui se rapprochent des précédentes, suivant que c'est l'excitation en série ou l'excitation en dérivation qui domine.

$$\text{CHAPITRE III}$$

Les premières machines électro-dynamiques étaient à courants
alternatifs. — Divers types d'alternateurs. — Premier type d'alternateurs. — Second type d'alternateurs. — Troisième type
d'alternateurs. — Organes des alternateurs. — Disposition de
quelques types d'alternateurs. — Etude des courants alternatifs.
— Courants de grande fréquence. — Les transformateurs. —
Bobine de Rhumkorff. — Utilisation de la bobine de Rhumkorff,
par Jablochkoff. — Transformateur Gaulard et Gibbs. — Transformateur Zipernowski. — Transformateur Labour. — Rendement des transformateurs.

***Les premières machines électro-dynamiques
étaient à courants alternatifs.*** — Toute machine
composée d'organes qui sont entraînés dans un mouvement de rotation produit des effets périodiques.

C'est ainsi que les premières machines magnéto-électriques donnaient naissance à des courants présentant
des périodes successives dans lesquelles leur sens était
régulièrement inversé.

Ce n'est que par un artifice et une complication nécessaires que ces machines, dites à courants alternatifs ou
alternateurs, ont été transformées en machines à courants directs.

Nous avons vu que les premières machines magnéto-électriques étaient à courants alternatifs. L'invention de la machine Gramme les avait fait un peu oublier. Pour des raisons spéciales, que nous indiquerons dans un chapitre ultérieur, l'invention de la bougie Jablochkoff leur donna un regain de vogue. Mais elle ne fut que passagère et l'on revenait bientôt aux machines à courants directs dont l'emploi est généralement plus commode et est même indispensable pour certaines applications : la charge des accumulateurs, l'électro-chimie, etc.

Depuis quelques années, le vent a de nouveau tourné en faveur des machines à courants alternatifs. Ce revirement d'opinion n'est pas le résultat du caprice ou de la mode ; il répond à certaines nécessités industrielles qui s'accentuent chaque jour davantage et, plus particulièrement à celles qu'entraîne le transport électrique de l'énergie à grande distance.

Nous reviendrons plus loin sur cette question.

Divers types d'alternateurs. — Une boucle ou spire filiforme, traversée par un flux d'induction successivement croissant et décroissant, devient le siège d'une force électro-motrice induite périodique alternativement négative et positive.

C'est là le principe fondamental de toutes les machines basées sur les lois de l'induction.

Il peut être réalisé de plusieurs manières différentes.

La première consiste à déplacer la boucle dans un champ magnétique créé par une série d'aimants ou d'électro-aimants *fixes*.

Il est clair que le mouvement *relatif* de l'inducteur et de l'induit étant seul à considérer, le même résultat sera obtenu si la boucle est *fixe* dans un champ magnétique *mobile* créé par un ensemble d'aimants ou d'électro-aimants en mouvement.

Un premier type d'alternateurs se rattache à cette double combinaison.

La seconde manière consiste à avoir une spire *fixe* et un champ magnétique *fixe,* mais dont la perméabilité magnétique varie. De là un second type.

Une troisième manière consiste à avoir une spire *fixe,* en présence d'un inducteur *fixe* parcouru par un courant *alternatif.*

À ce type correspond une troisième catégorie d'alternateurs désignés sous le nom de *transformateurs.*

Premier type. — Ce type est caractérisé par le déplacement *relatif* de l'inducteur par rapport à l'induit, ce qui le divise tout d'abord en deux sections principales :

Les alternateurs à induit fixe et à inducteur mobile ;

Les alternateurs à induit mobile et à inducteur fixe.

Nous retrouvons, en outre, dans ces machines, les trois variétés d'induit, à anneau, à tambour et à disque, dont nous avons parlé à propos des machines à courant redressé.

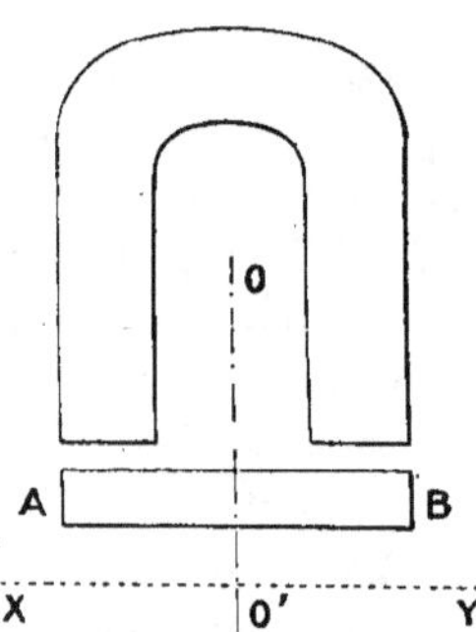

Fig. 117. — Second type d'alternateur.

Si on ajoute à cela les détails spéciaux de construction, on comprend qu'on ait pu, sans aller jusqu'aux simples différences d'aspect, créer un nombre considérable d'alternateurs distincts.

Second type. — Imaginez un système formé d'un fer doux en U et, fermant l'U sans le toucher, une armature AB en fer doux également, pouvant se mouvoir d'une façon quelconque soit autour de l'axe OO', soit autour de l'axe XY, soit autour d'un axe perpendiculaire au tableau et se projetant en O' (fig. 117.)

Si on conçoit, en outre, une bobine traversée par un courant continu pouvant magnétiser soit l'une des branches de l'U, soit l'armature elle-même, le mouvement de cette dernière déterminera un champ de flux variable capable de faire naître un courant alternatif dans une spire convenablement disposée.

On peut varier la position relative de ces diverses pièces et constituer de la sorte toute une série d'alternateurs dans lesquels l'organe mobile est une simple masse de fer doux.

Troisième type. — Ayant suffisamment défini plus haut leur principe, nous reviendrons plus loin sur ces appareils.

Organes des alternateurs. — Avant d'examiner comment les organes inducteurs et induits sont disposés dans les types d'alternateurs les plus usuels, arrêtons-nous à quelques particularités qui sont communes à tous.

Dans ces machines, les courants sont recueillis tels qu'ils sont produits, sans être redressés. Le collecteur des machines à courants directs n'est donc plus nécessaire. C'est là un grand point parce que les collecteurs sont la partie la plus délicate des dynamos, qu'ils s'usent rapidement sous le frottement des balais et les étincelles qui l'accompagnent et qu'il faut souvent régulariser leur surface en les mettant sur le tour, jusqu'au moment où il n'y a d'autre ressource que de les remplacer complètement.

Si l'induit est fixe, on recueille les courants à deux bornes qui jouent alternativement le rôle de pôle positif et de pôle négatif, leur sens s'intervertissant sans cesse. S'il est mobile, on les recueille sur des collecteurs formés d'un simple anneau muni d'un frotteur.

Un autre point commun à tous les alternateurs, c'est

qu'ils nécessitent un courant excitateur qui peut être emprunté, soit à une machine séparée à courants directs, soit à une dérivation du courant produit par la machine elle-même, dérivation qui est redressée par un commutateur monté sur le même arbre.

Quelquefois l'excitatrice à courants continus est montée sur le même arbre que l'alternateur qui est dit alors *auto-excitateur*. La première machine Gramme à courants alternatifs, construite en 1878, appartenait à ce type.

Dispositions de quelques types d'alternateurs.

— 1ᵉʳ Groupe : *Machine l'Alliance.* — Cette machine, dont nous avons déjà parlé, était magnéto-électrique. L'inducteur *fixe* était formé de huit aimants permanents placés en étoile et devant les pôles desquels venaient se placer successivement seize bobines disposées à la périphérie d'un disque.

Ce dispositif répété parallèlement trois ou quatre fois, donnait des machines à trois ou quatre disques encastrés entre quatre ou cinq séries d'aimants.

Ici, pas d'excitatrice nécessaire puisque l'inducteur est à aimant permanent.

Les extrémités du circuit induit aboutissaient d'une part à l'arbre lui-même, de l'autre à une bague placée sur l'arbre et séparée de lui par un isolant.

Machine Siemens. — Elle est basée sur les mêmes dispositions relatives, induit en couronne mobile se déplaçant entre deux séries d'électros. Excitatrice séparée.

Machine de Meritens. — Cette machine qui ressemble un peu par, sa forme extérieure, à la machine l'Alliance est aussi munie d'aimants permanents fixes devant lesquels tourne un anneau portant autant de séries d'enroulements distincts qu'il y a de pôles. Cette machine (fig. 66) a pendant longtemps été la seule machine électrique

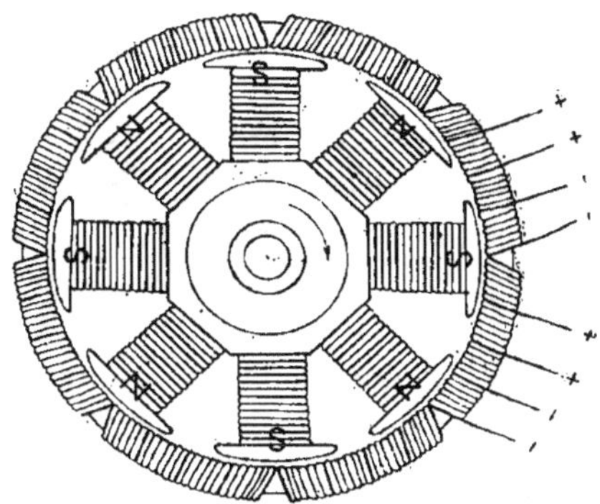

Fig. 118. — Section de l'inducteur et de l'induit
de la machine Gramme.

employée par l'Administration française des phares.

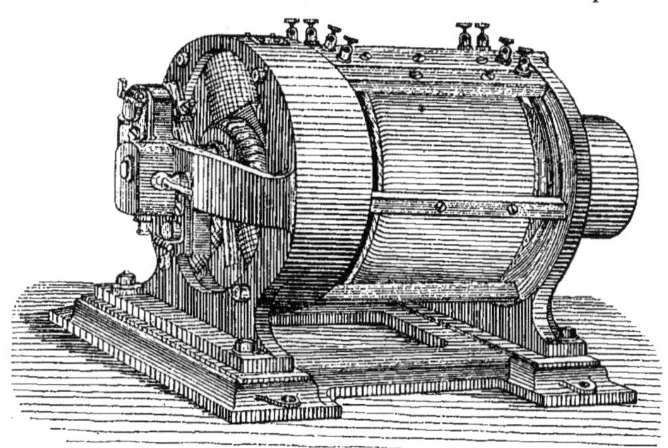

Fig. 119. — Machine Gramme à courants alternatifs.

Machine Gramme. — L'alternateur Gramme comporte

un induit fixe, en forme d'anneau, dans l'intérieur duquel tourne un inducteur formé d'une étoile à plusieurs branches. Il est représenté par les figures 118, 119.

Cette machine, montée sur le même arbre qu'une excitatrice à courant direct, donne des groupes de circuits distincts.

Nous nous bornerons à ces indications sommaires sur quelques exemples des alternateurs du premier type.

2ᵉ Groupe : Les alternateurs *à fer tournant*, sont d'invention plus récente. La disposition relative de leurs organes est réalisée de façons différentes dans les variantes que nous indiquons ci-après.

Alternateur Kingdon. — Un nombre pair de fers à cheval, tel que F, F′, est disposé en cercle autour d'un axe O. Les branches gauches sont entourées d'une bobine magnétisante B ; les branches droites d'une bobine induite b.

Les bobines BB′ ont leurs fils enroulés de façon à donner des polarités différentes aux branches successives. Le fer tournant est composé d'autant d'armatures qu'il y a de fers à cheval (fig. 120).

Alternateur Thury. — La figure 121 représente en coupe l'alternateur Thury. MN est un anneau, en acier coulé,

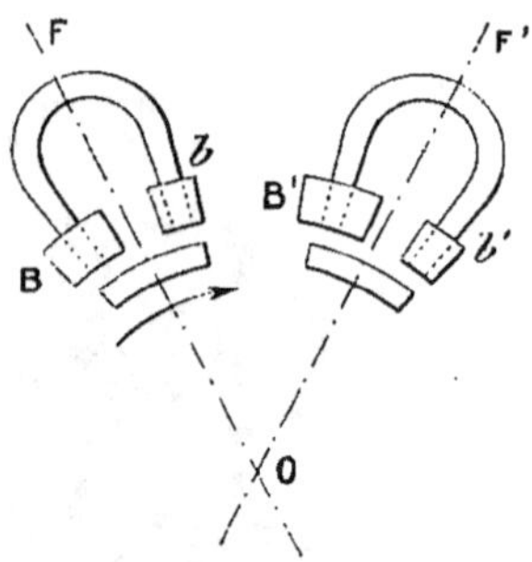

Fig. 120. — Principe de l'alternateur Kingdon.

qui présente une gorge profonde dans laquelle est enroulé en couronne le fil inducteur AB. L'induit est formé d'une série de bobines $a\,b$. La partie mobile du système est formée par une couronne également en acier coulé PQ, tournant sur l'arbre OO′, dont le bord recourbé présente alternativement des dents pq et des parties creuses qui passent successivement devant les bobines induites et produisent une variation du flux magnétique inducteur.

On comprend que cette machine présente des qualités de construction, en raison de la simplicité de ses organes

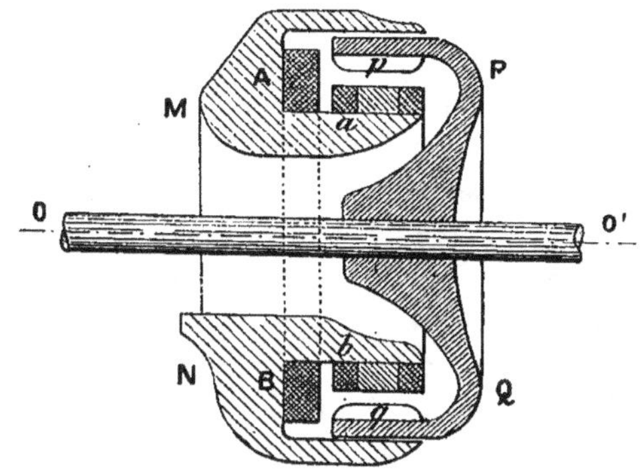

Fig. 121. — Alternateur Thury.

en mouvement, qui se réduisent à une seule pièce homogène (1).

Étude sommaire des courants alternatifs. —

L'étude des courants alternatifs est loin d'offrir la même simplicité que celle des courants continus.

Ces derniers, qu'ils soient produits par une pile ou par une machine dynamo électrique, se présentent avec le caractère d'un phénomène constant, comme l'est l'écoulement d'un liquide dans un tuyau, sous une pression déterminée.

L'intensité est sensiblement la même aux instants successifs considérés, et les effets du courant conservent toujours le même sens. Ainsi, un courant continu dirigé

____

(1) Voir pour la description d'un plus grand nombre de types d'alternateurs, le cours d'Électricité industrielle, professé à la Faculté de Grenoble par M. Pionchon.

dans un voltamètre, y décompose l'eau d'une façon uniforme, remplissant l'une des éprouvettes d'un volume d'oxygène, l'autre d'un volume double d'hydrogène.

Il n'en est plus de même avec un courant alternatif. De même que le courant direct, il est bien capable d'échauffer une résistance convenablement choisie, de faire jaillir une étincelle entre deux pointes de charbon, et par conséquent de faire naître un arc voltaïque; mais, si on lui fait traverser un voltamètre, on constate que les volumes de gaz contenus dans chaque éprouvette sont constamment égaux; en poussant plus loin la vérification, on reconnaît qu'ils sont composés respectivement de quantités égales d'oxygène et d'hydrogène.

Cela doit être, puisque le courant alternatif est la succession d'une série de courants continus d'intensités variables, dirigés successivement dans un sens et en sens inverse.

Il est donc bien évident que les expressions *différence de potentiel* et *intensité* n'ont plus de sens précis dans le cas d'un courant alternatif, puisqu'elles sont sans cesse variables de grandeur et de sens.

Nous avons vu, à propos des courants directs, que la force électro-motrice induite dans le mouvement d'une

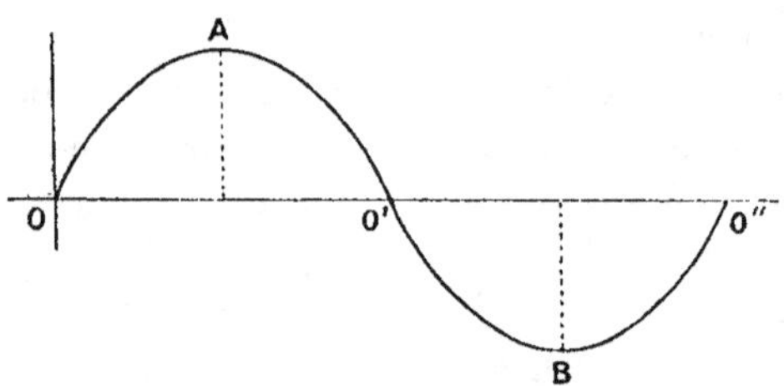

Fig. 122. — Variation de la force électro-motrice des courants alternatifs.

spire dans un champ inducteur variable est représentée par les ordonnées successives d'une courbe sinussoïdale, telle que OAO'BO", cette force électro-motrice passant par zéro deux fois dans un tour complet et par deux maximum égaux et de sens contraire.

Le courant recueilli aux bornes d'un alternateur présente les mêmes variations dans la limite de temps représentée par OO" qui porte le nom de *période*. Le nombre de périodes par seconde porte celui de *fréquence*.

A chaque instant, la différence de potentiel et l'intensité changent de valeur, et si l'on ajoute que la fréquence des alternateurs ordinaires est de 40 à 140 environ, on voit que ces éléments varient avec une rapidité extrême.

Un ampèremètre ou un volmètre ordinaires, placés dans un circuit traversé par un courant alternatif, ne sauraient donc donner aucune indication.

Par contre, il faut considérer dans un courant alternatif, l'influence qu'exerce sur lui-même le conducteur qu'il traverse, par effet de *self induction* ainsi que par sa capacité, tandis que dans le cas d'un courant continu, on n'a à se préoccuper que de la résistance du circuit.

On a été, cependant, amené à introduire dans l'étude des courants alternatifs, les notions de *potentiel* et d'*intensité*, mais à la condition de bien faire observer; au préalable, qu'elles doivent être envisagées d'une façon un peu différente que précédemment.

Le sens des courants alternatifs, changeant à chaque demi-période, si l'on veut avoir, en valeur absolue, la valeur de leur intensité, il faut la rechercher dans la manifestation d'un phénomène qui soit fonction non de la première puissance de cette intensité, mais de son carré, ce qui rend la mesure indépendante de son signe.

Or, nous avons vu que la quantité de chaleur dégagée dans un circuit est proportionnelle au carré de l'intensité du courant qui le traverse. L'échauffement d'un conducteur par le passage d'un courant alternatif donne donc le moyen d'évaluer son intensité moyenne en valeur absolue.

On est convenu d'appeler *intensité efficace* d'un courant alternatif, celle du courant direct produisant le même effet calorifique. C'est la racine carrée du carré moyen des intensités dans le temps considéré. De même, la *différence de potentiel efficace* entre deux points, est celle par laquelle il faut multiplier l'intensité efficace pour avoir la quantité d'énergie produite entre ces deux points.

Les appareils tels que les *électrodynamomètres*, dans lesquels l'aiguille se déplace sous l'influence *du carré* de l'intensité du courant, permettent de mesurer l'intensité des courants alternatifs.

On peut également la mesurer à l'aide d'un ampèremètre Cardew (fig. 123). Dans cet appareil, le courant traverse un fil fin formé d'un alliage de platine et d'argent, l'échauffe, et produit sa dilatation. Ce fil est enroulé sur une série de poulies en ivoire, ce qui permet d'opérer sur une grande longueur n'occupant qu'un petit espace. Son allongement produit la rotation d'une autre poulie qui porte une aiguille dont le déplacement sur un cadran est proportionnel au carré de l'intensité du courant qui le traverse. Cet appareil est gradué empiriquement.

Comme on a pour double expression du travail produit

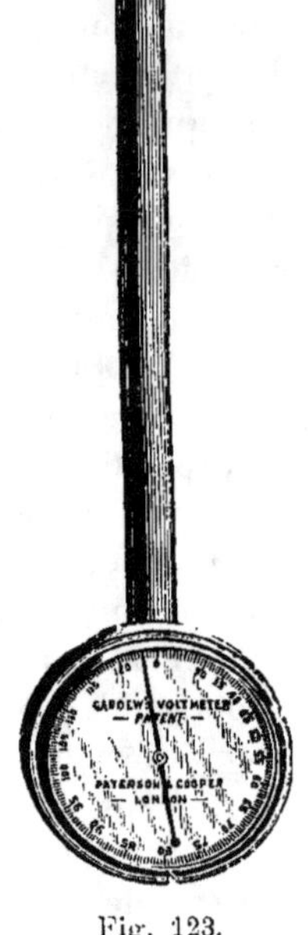

Fig. 123.
Ampèremètre
Cardew
pour les courants
alternatifs.

entre deux points, EI et RI², ces quantités sont égales ;
et de l'égalité EI$=$RI² on déduit I$=\dfrac{E}{R}$, formule qui n'est
autre que la *loi de Ohm*.

Ce qui précède n'est vrai que pour un conducteur rectiligne. Dans le cas d'une bobine dont les spires réagissent les unes sur les autres par self-induction, il n'en est plus de même.

Dans ce cas, l'effet de la self-induction est de diminuer la puissance disponible entre les points considérés, laquelle n'est plus égale au produit de l'intensité efficace par la différence de potentiel efficace.

La loi de Ohm ne s'applique plus, et au lieu d'avoir
I$=\dfrac{E}{R}$, R étant la résistance du conducteur en ohms,
ou *résistance ohmique*, on a I$=\dfrac{E}{R'}$, R' étant la *résistance apparente*, appelée aussi *impédance*.

R' est égal à R, multiplié par un coefficient K, plus grand que l'unité, que l'on appelle *facteur d'impédance*. Sous cette réserve, on a :

$$R' = KR \quad \text{et} \quad I = \frac{E}{KR}.$$

La valeur de l'impédance d'un conducteur (1) varie avec

---

(1) Voici un tableau qui donne pour des conducteurs en cuivre la valeur du facteur d'impédance en fonction de $\dfrac{d^2}{T}$.

$\dfrac{d^2}{T}$	K	$\dfrac{d^2}{T}$	K
0	1,0006	5.120	3,0956
20	1,0000	8.000	3,7940
80	1,0001	18.000	5,5732
500	1,1747	32.000	7,3250
1.280	1,6778		
2.000	2,0430		

la fréquence du courant alternatif qui le traverse et croît avec elle. Le facteur K est égal à $d^2 \left(\dfrac{1}{T} \right)$, d étant le diamètre du conducteur en centimètres ; $\dfrac{1}{T}$ est la fréquence, T étant la durée d'une période en secondes.

Il faut enfin faire remarquer que la répartition d'un courant alternatif dans un conducteur n'est pas uniforme et qu'il tend à se propager par la surface du conducteur dont le centre devient d'autant plus inutilisable que la fréquence augmente.

Il y a économie à employer un conducteur creux pour des fils de plus de 15 millimètres de diamètre et pour une fréquence de 80 périodes. C'est ainsi qu'est constituée la canalisation de Deptford (Ferranti), qui se compose d'un câble formé de deux conducteurs concentriques isolés au papier.

Nous nous bornerons à ces indications, sans entrer dans plus de détails, nous contentant de résumer par quels artifices et sous quelles conditions on rend applicables aux courants alternatifs le langage et les formules propres aux courants directs.

Courants de grande fréquence. — Un ingénieur américain, M. Tesla, a été amené à étudier les courants alternatifs dans lesquels la fréquence est très considérable. A l'aide de dispositifs spéciaux dont la description nous entraînerait trop loin, il est arrivé à produire des courants ayant jusqu'à 30.000 changements de direction dans chaque sens par seconde et une tension de 200.000 volts.

Les effets qu'il a obtenus avec de pareils courants sont extrêmement intéressants.

Le plus inattendu est assurément leur absolue innocuité.

Alors qu'un courant alternatif de 2 à 300 volts est déjà très dangereux, les courants alternatifs de grande fréquence, sont tout à fait inoffensifs. De même que les vibrations ultraviolettes de la lumière ne sont plus perceptibles à l'œil, et que l'acuité des sons à très grand nombre de vibrations n'est plus perceptible à l'oreille, les courants alternatifs de grande fréquence cessent d'être perceptibles par l'organisme humain.

Mais nous touchons ici à un ordre de phénomènes encore trop insuffisamment connus pour qu'il y ait lieu de s'y arrêter et d'en faire entrer l'examen dans le cadre élémentaire de ce travail.

Les transformateurs. — Les *transformateurs* sont devenus dans les dernières années, de précieux auxiliaires pour les machines à courants alternatifs. Concurremment avec elles, ils fournissent une solution précieuse du problème de la transmission de l'énergie à grande distance. Quelle que soit sa forme particulière, un *transformateur* est un appareil qui permet de faire varier les facteurs essentiels d'un courant alternatif, sa tension et son intensité, en sens inverse l'un de l'autre, de telle façon que leur produit, qui est l'expression de l'énergie qu'ils absorbent, reste constante, à un certain rendement près.

On peut réaliser ainsi, à volonté, des *réducteurs* ou des *élévateurs* de tension.

Cette transformation est réalisée avec un rendement excellent et sans aucune dépense de consommation ni d'entretien, l'appareil étant inerte, robuste et exempt de toute cause d'usure ou de détérioration, conditions qu'on rencontre rarement dans la pratique industrielle.

Bobine de Ruhmkorff. — La bobine d'induction dont le principe a été imaginé par Faraday, et à laquelle le constructeur Ruhmkorff a attaché son nom, est le plus ancien transformateur connu.

Mais elle n'a jamais été qu'un instrument de laboratoire jusqu'au jour où Jablochkoff eut l'idée de l'utiliser dans les installations d'éclairage.

Elle comporte, comme on le sait, une première bobine de fil fin, à nombreuses spires, enroulées sur un faisceau de fils vernis pour éviter les courants de Foucault. Elle est enveloppée d'une seconde bobine sur laquelle sont enroulées un petit nombre de spires de gros fils.

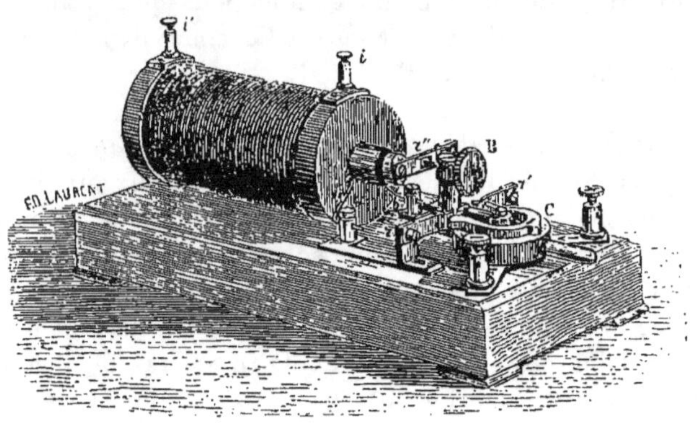

Fig. 124. — Bobine de Ruhmkorff.

Si l'on fait passer dans la première, soit un courant continu à sens alterné par un interrupteur spécial, soit un courant alternatif, on obtiendra un courant induit de potentiel plus faible. On aurait au contraire augmenté le potentiel en dirigeant le courant dans la bobine à gros fil et en recueillant le courant induit dans la bobine à fil fin (fig. 124).

Utilisation de la bobine de Ruhmkorff par Jablochkoff.

— Jablochkoff a fait breveter, le 15 février 1877, sous le titre de : *Disposition de courants destinée à l'éclairage par la lumière électrique*, une application des propriétés de transformation de la bobine de Ruhmkorff. Le problème à l'ordre du jour était alors la *divisibilité* de la lumière électrique. Il espéra l'avoir réalisée avec les petits foyers en faisant passer le courant fourni par une machine l'*Alliance* à travers plusieurs bobines de Ruhmkorff et en recueillant le courant induit dans chacune d'elles sur une lampe spéciale dans laquelle, grâce à leur tension, les courants franchissaient une distance de 2 à 3 centimètres le long de l'arête d'une petite bande de kaolin qui devenait lumineuse. Ce procédé n'a eu aucun succès pratique, mais il était original et il mérite d'être rappelé.

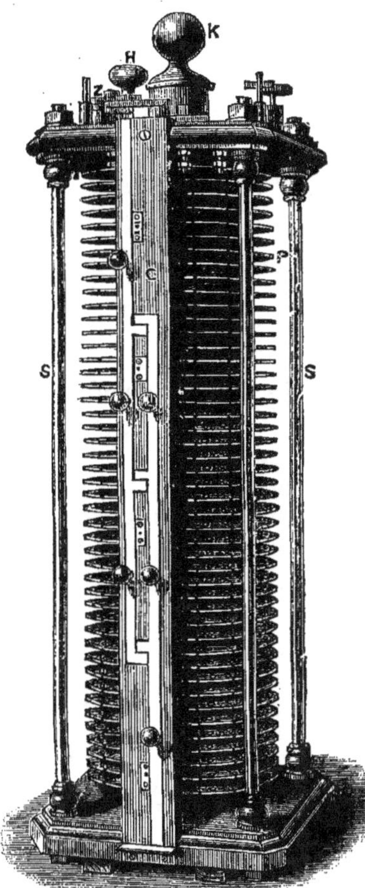

Fig. 125. — Transformateur Gaulard et Gibbs.

Transformateur Gaulard et Gibbs.

— La question fut reprise par Gaulard et Gibbs. Ces électriciens exposèrent en 1883 et 1884, à Londres et à Turin, leurs appareils qu'ils appelaient *générateurs secondaires*. Leur transformateur fonctionne en circuit magnétique ouvert, comme la bobine de Ruhmkorff.

Les éléments de ce système sont formés de disques plats en cuivre (fig. 126), réunis ensemble de deux en deux et séparés les uns des autres par des couches de papier parcheminé.

L'une des séries constitue le circuit inducteur, l'autre le circuit induit.

Fig. 126. — Spires du transformateur Gaulard et Gibbs.

L'ensemble se présente sous la forme d'une colonne verticale qui est montée sur un axe en fer doux (fig. 125).

Transformateur Zipernowski. — Ce transformateur est à circuit magnétique fermé. C'est une sorte d'anneau Gramme sur lequel les fils inducteurs et induits sont groupés alternativement.

Transformateur Labour. — En principe, le noyau magnétique des transformateurs Labour, que construit actuellement la Société L'Éclairage électrique, est formé de tôles minces de fer doux de 3 à 5 dixièmes de millimètre d'épaisseur, qui sont découpées en forme d'U, laissant un espace circulaire entre les deux branches. Ces tôles sont superposées en nombre variable pour atteindre l'épaisseur suffisante et sont isolées entre elles à l'aide d'un vernis à la gomme laque. Elles n'ont pas toutes la même largeur, de façon à former des dentelures intérieures qui servent à la ventilation.

Les enroulements sont faits sur des bobines rectangulaires en matière isolante et durcie, imprégnée à chaud de gomme laque et de bitume de Judée. Les bobines sont sur le fer du transformateur l'une dans l'autre, la bobine secondaire à l'intérieur, et la bobine primaire à l'extérieur.

Lorsque les bobines sont fixées sur les branches

Fig. 127. — Transformateur Labour : force électro-motrice inférieure à 3.000 volts.

en U du transformateur, un tampon cylindrique, formé aussi de tôles minces, est emmanché à force dans l'espace circulaire laissé exprès afin de fermer le champ magnétique.

Le transformateur est ensuite monté sur les plaques de fonte servant de base.

Lorsque les transformateurs doivent fonctionner dans des locaux et pour des tensions inférieures à 3.000 volts.

ils sont recouverts de tôles de fer percées de trous
(fig. 127).

Pour les appareils placés à l'extérieur et exposés aux
intempéries, ou pour des différences de potentiel supérieures à 3.000 volts, ils sont plongés dans des bacs

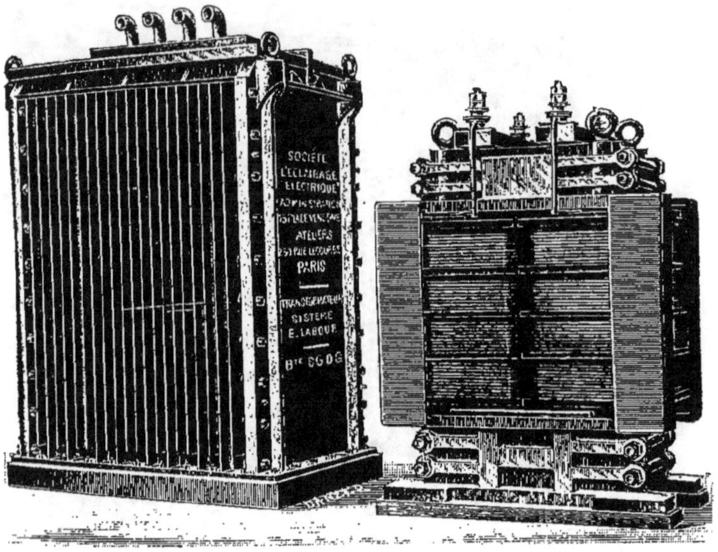

Fig. 128. — Transformateurs Labour : force électro-motrice supérieure
à 3.000 volts.

spéciaux en tôle galvanisée avec ailettes extérieures
et remplis de paraffine épurée fondant à 35 degrés
(fig. 128).

Cette disposition permet facilement de placer les
transformateurs dans des cuves en fonte à la façon des
boîtes de branchement des canalisations souterraines.

On construit aussi des modèles spéciaux avec doubles

enveloppes permettant une circulation d'air, d'huile ou d'eau.

Industriellement, on ne va guère au-dessus de 25.000 volts. Cependant, il en a été construit jusqu'à 50.000 volts pour la fabrication de l'ozone et même jusqu'à 100.000 volts pour les recherches de stérilisation de sérum poursuivies par M. d'Arsonval.

Rendement des transformateurs. — Dans un transformateur, la perte d'énergie, entre celle qui est fournie au circuit primaire et celle qui est recueillie dans le circuit secondaire, résulte :

1° De l'échauffement des fils ;

2° Des courants de Foucault et de l'hystérésis dans l'armature.

M. Mordey a reconnu que le rendement varie avec la fréquence des périodes. L'échauffement est proportionnel à la fréquence et la perte due aux courants de Foucault, proportionnelle au carré de cette même fréquence.

La perte totale atteint un minimum pour une valeur déterminée de la fréquence, égale à 100 dans les expériences de M. Mordey.

Contrairement à ce qui se passe pour les piles, le rendement des transformateurs augmente avec leur débit. Il dépasse ordinairement 90 p. 100 à quart de charge (1).

---

(1) Eric Gerard : *Leçons sur l'électricité*.

CHAPITRE IV

Propriétés des voltamétres. — À peine Carlisle
et Nicholson avaient-ils fait leur expérience sur la décomposition de l'eau par le courant électrique, qu'un autre
physicien, Gautherot, en la répétant sur l'eau salée
(1801), découvrit la propriété que possède un voltamètre,
placé dans certaines conditions, de fonctionner à son
tour comme une pile.

Après lui, Ritter, puis Mattenci, obtinrent des courants, au moyen de lames de platine plongées dans de
l'oxygène et de l'hydrogène provenant de l'électrolyse
de l'eau.

Grove, à son tour, imagina une pile à gaz qui n'était
autre chose qu'un générateur de courants secondaires.
On lui doit cette expérience ingénieuse et suggestive,
qui consiste à décomposer l'eau avec une pile à gaz de

huit à dix couples associés en tension. On montre ainsi l'analyse de l'eau produite par la synthèse de ses élé-. ments.

Après Grove, Poggendorf, puis de La Rive, eurent l'idée d'augmenter l'emmagasinement des gaz en recouvrant l'une des électrodes de mousse de platine et de peroxyde de plomb.

Travaux de Gaston Planté. — Mais c'est à Gaston Planté que revient l'honneur d'avoir élucidé la théorie de la reversibilité des voltamètres.

Il refit toutes les expériences antérieures, les compléta et publia, en 1859, un travail intitulé *Recherches sur l'électricité* qui est encore un guide sûr et précieux pour ceux qui se livrent aux mêmes études.

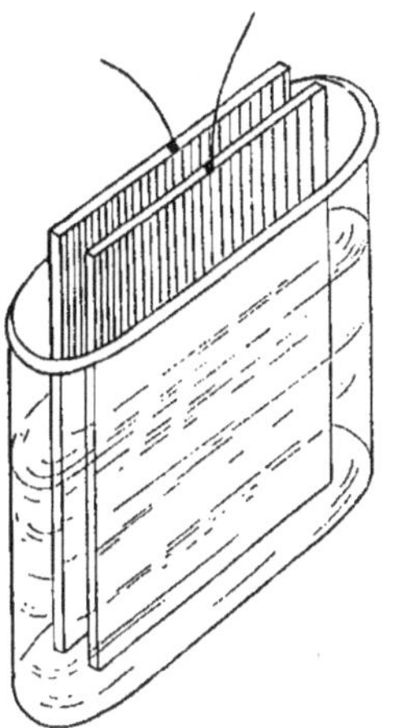

Fig. 129. — Voltamètre à lame de plomb.

Son voltamètre à lames de plomb a été le premier des appareils qu'il a appelés *piles secondaires* et qui, sous le nom d'*accumulateurs électriques,* ont conquis, depuis, une place importante dans l'électricité industrielle.

Fonctionnement des accumulateurs. — Formons une sorte de grand voltamètre avec un vase rempli d'eau acidulée dans laquelle nous ferons plonger deux larges feuilles de plomb (fig. 129). Si l'on envoie dans cet appareil le courant d'une pile, l'eau est décomposée. L'électrode négative, ternie d'abord par l'action superficielle de l'air, s'éclaircit, puis se recouvre d'une infinité de bulles d'hy-

drogène. L'électrode positive s'oxyde par le dégagement de l'oxygène et se recouvre sur sa face interne d'une couche de peroxyde de plomb. Puis, lorsque toute la surface du plomb est attaquée, le voltamètre ayant pris toute sa charge, l'oxygène n'est plus fixé et se dégage.

Si, à ce moment, on sépare le voltamètre de la pile et si on réunit ses deux pôles par un conducteur traversant un galvanomètre, celui-ci révèle l'existence d'un courant de sens inverse au premier.

Un voltamètre polarisé constitue donc une pile secondaire.

Pendant ce phénomène, une réaction chimique s'accomplit : le peroxyde de plomb formé sur l'électrode positive est attaqué par l'acide sulfurique de l'électrolyte et forme du sulfate de plomb avec dégagement d'oxygène. Quant au plomb de l'électrode négative, il est aussi attaqué par l'acide sulfurique et forme aussi du sulfate de plomb.

La période de charge a pour effet de recouvrir les électrodes de dépôts pulvérulents qui facilitent les actions chimiques. En la renouvelant, on obtient, d'une part, un dépôt de plomb métallique plus abondant, résultant de la réduction du sulfate de plomb par un nouveau dégagement d'hydrogène et, d'autre part, une plus grande quantité de peroxyde de plomb par un nouveau dégagement d'oxygène.

Formation. — Cette opération de charge et de décharge, répétée plusieurs fois, augmente l'épaisseur des couches de plomb et de peroxyde. Elle a reçu le nom de *formation*. La formation s'opère plus vite du côté positif que du côté négatif. Aussi, faut-il, de temps en temps, changer le sens du courant pour égaliser les dépôts.

Cela fait, on a un appareil qui fonctionne comme une

pile qu'on peut régénérer. Pendant la période de charge, l'énergie électrique est transformée en énergie chimique; pendant la période de décharge, l'énergie chimique est transformée en énergie électrique.

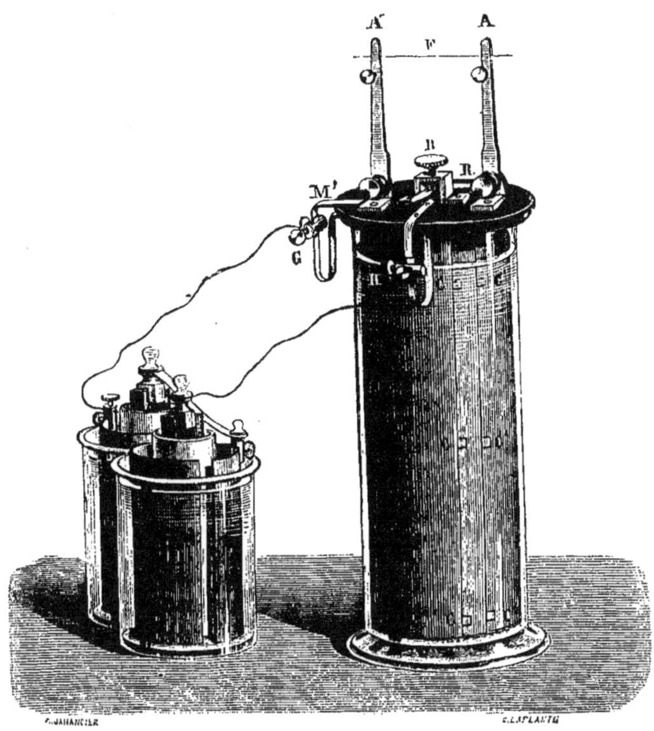

Fig. 130. — Pile secondaire Planté (vue extérieure).

Cette figure montre le chargement de l'élément avec une pile Bunsen et l'action calorifique du courant secondaire sur le fil F qu'il rougit.

Dès le début de ses travaux, Planté reconnut que c'est avec le plomb qu'une pile secondaire possède la force électro-motrice maxima. Le modèle qu'il a créé est constitué avec ce métal et, depuis, bien qu'on ait souvent cherché ailleurs, on est presque toujours revenu aux électrodes de plomb.

Celles des piles de Planté, après avoir successivement revêtu diverses formes, ont été, en dernier lieu, constituées avec deux feuilles de plomb qu'on sépare l'une de l'autre par deux bandes isolantes en caoutchouc et qu'on roule ensuite de manière à en faire un

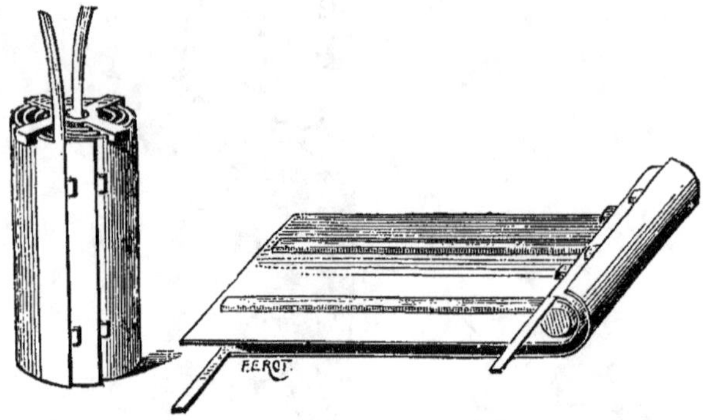

Fig. 131. — Montage de la pile secondaire Planté.

cylindre qu'on introduit dans un vase de même forme (fig. 130 et 131).

Formation artificielle. — Ce couple était soumis à une formation progressive, de la façon qui vient d'être indiquée, par une série de charges et de décharges successives. Une telle opération est longue et coûteuse, car elle consomme du courant. Aussi, plusieurs inventeurs ont-ils préconisé un système de formation artificielle rapide, par l'application directe d'une couche de peroxyde sur l'électrode.

Travaux de MM. Reynier et Faure. — Les premiers inventeurs qui ont indiqué cette méthode sont

MM. Reynier et Faure qui, en 1881, recommandaient le procédé suivant (1) :

« Les deux lames de plomb du couple sont individuellement recouvertes de minium ou d'un autre oxyde de plomb insoluble, puis entourées d'un cloisonnement en feutre solidement retenu par des rives de plomb.

« Ces deux électrodes sont ensuite placées dans un récipient contenant de l'eau acidulée. Si elles sont d'une grande longueur, on les roule en spirale comme l'a fait M. Planté. Le couple étant ainsi monté, il suffit pour le former, de le faire traverser par un courant électrique qui amène le minium à l'état de peroxyde sur l'électrode positive et à l'état de plomb réduit sur l'électrode négative. Dès que toute la masse a été électrolysée, le couple est formé et chargé.

« Quand on le décharge, le plomb réduit s'oxyde et le plomb peroxyde se réduit jusqu'à ce que le couple soit redevenu inerte. Il est alors prêt à recevoir une nouvelle charge d'électricité.

« Pratiquement, on peut emmagasiner ainsi une quantité d'énergie capable de fournir un travail électrique d'un cheval-vapeur pendant une heure, dans une pile Faure. de 75 kilogrammes. Des calculs, basés sur les données de la thermochimie, nous démontrent que ce poids pourra être beaucoup diminué.

« Le rendement de la pile secondaire de M. Faure peut, dans certaines conditions, atteindre 80 p. 100 du travail dépensé pour la charger.

« Quant aux résultats industriels considérables que nous promet à bref délai l'accumulateur d'électricité de M. C. Faure, nous n'en parlerons ici que pour en rapporter, en grande partie, le mérite aux travaux persévé-

____

(1) *Sur la pile secondaire de M. C. Faure,* par M. E. Reynier. Communication à l'Académie des sciences, 18 avril 1881.

rants et désintéressés de M. Planté qui ont été le point de
départ de l'invention soumise aujourd'hui à l'Académie. »

Premières illusions. — Dès sa naissance, cette
invention donna à ses promoteurs l'illusion d'un progrès
« dont l'application devait dépasser tout ce que l'imagination pouvait rêver » (1).

Une Société française au capital de cent millions de
francs, une Société belge au capital de cinquante millions
de francs devaient en entreprendre l'exploitation.

En même temps, une circulaire, adressée aux propriétaires et locataires de la ville de Paris et du département
ment de la Seine, les avisait qu'à partir du 1er mai 1881,
la Société *La Force et la Lumière* recevrait, dans ses
bureaux, les inscriptions de demandes d'abonnement
pour la fourniture de la force motrice et de l'éclairage à
domicile au prix d'un tarif spécial.

Le Conseil municipal de Paris était saisi d'une proposition d'éclairage gratis de l'avenue des Champs-Élysées pendant la durée de l'Exposition d'électricité (2).

Le Ministre des Postes et Télégraphes (alors M. Cochery)
recevait l'offre d'un prix de cent mille francs qui seraient
distribués aux inventeurs des meilleures dynamos électriques propres à la transmission de la force.

Tous ces projets soulevèrent d'ardentes polémiques.

Un ingénieur d'infiniment d'esprit et de science,
M. Géraldy, consacra, dans le journal *La Lumière électrique* du 28 mai 1881, un grand article à la discussion
des faits annoncés par MM. Reynier et Faure.

« La pile Faure, disait-il, est mieux adaptée que la
pile Planté aux applications industrielles. Elle est plus
solide, plus tassée, établie d'ailleurs sur de plus grandes

______

(1) *La Presse*, du 12 avril 1881.
(2) Le journal *La Presse*, du 29 août 1881.

dimensions, mais tous ces avantages peuvent être acquis par la pile Planté, si on le désire. Cependant, depuis vingt années environ que cet appareil existe, personne n'a pensé à en faire la base d'une distribution de force et de lumière...

« Il y a à cela de bonnes raisons. Je n'en citerai qu'une, c'est la question du camionnage dont les prospectus ont dit, en passant, un mot rapide, la traitant comme un de ces détails insignifiants qu'on ne mentionne que par excès de scrupule.

« Considérez, cependant, que pour fournir un travail d'un cheval pendant une journée de dix heures, il faudra employer dix piles de 75 kilogrammes chacune... Cela suppose donc qu'on apporte un poids de 750 kilogrammes et qu'on en rapporte autant, soit un camionnage total de 1.500 kilogrammes à joindre aux autres frais pour un bénéfice de 10 francs au prix du tarif. Je laisse au lecteur le soin de conclure.

« Au fond, soutenir que ce genre de distribution électrique est plus économique que la distribution par fils conducteurs, c'est exactement prétendre que la distribution d'eau actuelle immobilise un capital énorme en tuyaux enfouis, qu'il y a, du reste, dans ces conduites, une perte de charge considérable et qu'il vaudrait beaucoup mieux adopter une bonne organisation de porteurs d'eau avec tonneau perfectionné. »

Mode d'utilisation des accumulateurs. — Ces critiques étaient fondées ; elles répondaient spirituellement, et en touchant le point sensible, aux exagérations qui faisaient cortège à la jeune invention. Tout ce bruit s'apaisa bientôt et, cependant, l'accumulateur méritait mieux que l'écroulement aussi complet de tant d'espérances. Il avait déjà, à cette époque, en dehors du bruit des affaires, des partisans résolus. Sir William Thomson avait soumis à trois semaines d'essais, dans son laboratoire, ce que, dans une lettre, rendue publique, du 6 juin 1881, il appelait *une merveilleuse boîte d'électricité.*

Réduit à son véritable rôle, qui est plus modeste que le rôle universel qu'on avait voulu lui faire jouer, l'accumulateur, perfectionné par de nombreux inventeurs, adapté aux conditions d'applications pratiques qu'il peut remplir, a prouvé, depuis près de vingt ans, qu'il est un des plus précieux auxiliaires de l'électricité industrielle, surtout quand on l'utilise sur place sans aucun transport. Il est, dans ces conditions, une foule de circonstances dans lesquelles, malgré la délicatesse de leur fonctionnement, les accumulateurs rendent de grands services.

Nous nous bornerons à en citer quelques-unes.

Lorsqu'on a une force motrice disponible pendant le jour, ce qui est le cas ordinaire des stations centrales d'électricité, on peut l'utiliser à charger des accumulateurs qui concourent à l'éclairage du soir.

Lorsque le moteur qui doit actionner une dynamo n'a pas une marche suffisamment régulière, on peut, au lieu de l'employer directement, s'en servir pour charger des accumulateurs qui fonctionnent comme volants.

On peut également utiliser les accumulateurs dans les distributions d'énergie en les chargeant à distance.

Enfin, il est quelquefois avantageux de charger des accumulateurs en un lieu déterminé et de les décharger là où leur courant est nécessaire.

Malgré les critiques exposées plus haut, cette circonstance est assez fréquente. Elle comprend, comme cas particulier, une question d'un intérêt considérable : la traction électrique.

Constitution des accumulateurs. — Presque tous les types connus d'accumulateurs (et ils sont nombreux) sont des accumulateurs au plomb.

Les plaques sont généralement constituées par des cadres en plomb additionné de 5 à 8 p. 100 d'antimoine et rendu, de cette façon, inaltérable aux acides.

Sur ces cadres on s'efforce de retenir, par divers

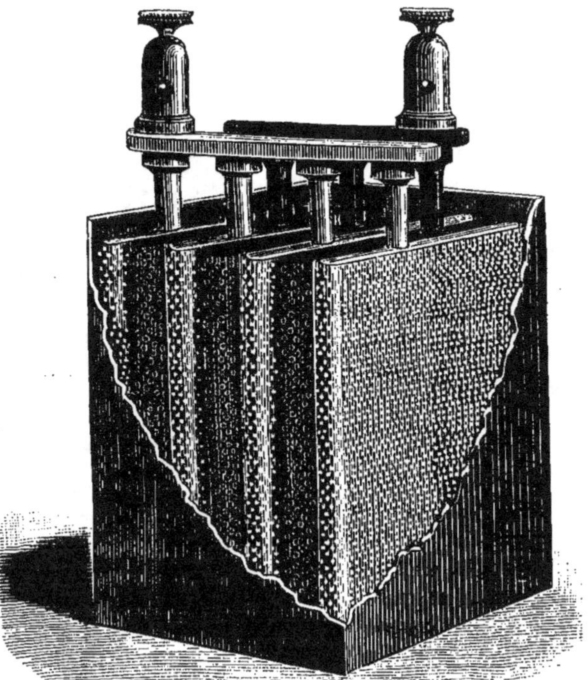

Fig. 132. — Accumulateur Fulmen, système D. Tommasi.

artifices, soit les produits de la formation naturelle par charges et décharges successives, soit les matières qui servent à la formation rapide. De là, une très grande variété de construction de ces cadres qui se présentent, tantôt sous la forme de grillage retenant dans leurs alvéoles la matière active, tantôt sous la forme de plaques gaufrées ou striées disposées de façon à produire le même résultat.

Nous avons vu plus haut que M. C. Faure avait imaginé de retenir la matière active par une enveloppe de feutre. Divers inventeurs ont appliqué des procédés analogues au cas de la formation rapide. Tel est l'accumulateur Fulmen (système D. Tommasi) dans lequel le grillage est entouré d'une enveloppe de celluloïd perforée d'un grand nombre de petits trous. L'oxyde de plomb est entre les deux (fig. 132-133).

Ces dispositifs sont surtout en usage pour les accumulateurs employés sur les tramways et qui sont soumis à des trépidations constantes.

Les positifs sont préparés avec une pâte de minium malaxé avec une dissolution d'acide sulfurique ; les négatifs avec une pâte de litharge imprégnée de la même façon. Les positifs ayant une tendance à se déformer plus facilement que les négatifs,

Fig. 133. — Éléments de l'accumulateur Fulmen système D. Tommasi.

on s'arrange de façon à encadrer un groupe de plaques par deux négatifs extrêmes.

L'ensemble, négatifs et positifs, est placé dans des bacs en bois, doublés de feuilles de plomb. Plus récemment, on a utilisé des bacs en verre. M. Eugène Sartiaux a généralisé, dans les stations d'accumulateurs de la Compagnie du Nord, l'emploi de bacs rectangulaires en verre moulé, fabriqués par la Société de Saint-Gobain (fig. 134). Certains de ces bacs ont jusqu'à 100 litres de capacité et peuvent contenir 360 kilogrammes de plaques, y compris le liquide qui les baigne et leurs accessoires.

Les récipients qui contiennent les plaques sont isolés du sol par des supports en verre paraffiné ou en porcelaine.

Les électrodes doivent être assez distantes les unes des autres pour éviter les courts circuits qui pourraient résulter de la chute de matières désagrégées entre deux plaques, ou du gondolement qui se produit souvent par

Fig. 134. — Bacs d'accumulateurs en verre.

suite d'une action chimique inégale en divers points de celles-ci. Pour la même raison, la partie inférieure des plaques doit être tenue à une distance suffisante du fond des bacs.

Le liquide, dans lequel baignent les électrodes, est de l'acide sulfurique étendu contenant de 16 à 30 p. 100 d'acide normal, ce qui correspond à un titre de 1,12 à 1,22. Il est recommandé d'employer de l'acide sulfurique au soufre, pour éviter l'action, en circuit ouvert, des produits arsénieux que contient l'acide sulfurique fabriqué avec des pyrites.

Charge. — On a intérêt à réduire la durée de la période de charge. Toutefois, il n'est pas prudent d'effec-

tuer celle-ci avec trop de rapidité, ce qui pourrait empêcher les réactions de s'accomplir complètement. Au
commencement de cette opération, la force électromotrice s'élève à 2 volts, puis elle croît lentement et atteint
jusqu'à 2 volts 5.

A ce moment, on voit se produire un vif bouillonnement qui indique que la charge est complète. Il ne faut
pas laisser ce bouillonnement se prolonger, car il correspond à un travail inutile et, de plus, il peut entraîner
une désagrégation des matières.

Pendant la période de charge, la densité du liquide
augmente parce que l'acide sulfurique libre devient de
plus en plus abondant. On peut donc se servir utilement
du densimètre pour en suivre les phases.

Pour chaque type d'accumulateurs, le constructeur
indique la limite que le courant de charge ne doit pas dépasser. La durée de la période de chargement en dépend.

Le courant initial doit être fourni par une dynamo
excitée en dérivation. Avec une dynamo en série ou une
dynamo compound, on courrait le risque d'un décharge
ment de l'accumulateur dans la machine. Il faudrait,
dans ce cas, disposer un interrupteur automatique de
courant de façon à séparer la dynamo des accumulateurs
lorsque l'intensité du courant de charge descend au-
dessous d'une limite déterminée.

La force contre-électro-motrice des accumulateurs
atteignant 2 volts au commencement de la charge et
2 volts 5 à la fin, si on a une batterie de N accumulateurs
et une résistance totale R du circuit extérieur, y compris
celui de la batterie, il faudra qu'aux débuts de l'opération la force électro-motrice aux bornes E, soit égale à
$2N + IR$, pour correspondre à une intensité de charge
égale à I. A la fin de la charge, la force contre-électro-
motrice augmentant, il faut, soit augmenter la vitesse de
la dynamo, soit diminuer la résistance R.

Durée de la conservation de la charge. — Lorsqu'un accumulateur est chargé, on peut le conserver inactif pendant longtemps et ne le décharger que longtemps après sans qu'il ait perdu une trop grande partie de l'électricité qui lui a été fournie.

La durée de la période d'inactivité et la perte correspondante dépendent évidemment de l'état dans lequel se trouve la batterie. Si ses plaques sont bien isolées les unes des autres, elle peut avoir encore, après plusieurs semaines, la moitié de sa charge initiale.

Mais cela n'a rien d'absolu et la durée de la conservation de la charge d'un accumulateur est extrêmement variable.

Décharge des accumulateurs. — Si l'on sépare l'accumulateur de la dynamo, immédiatement après la charge, sa force électro-motrice retombe rapidement à

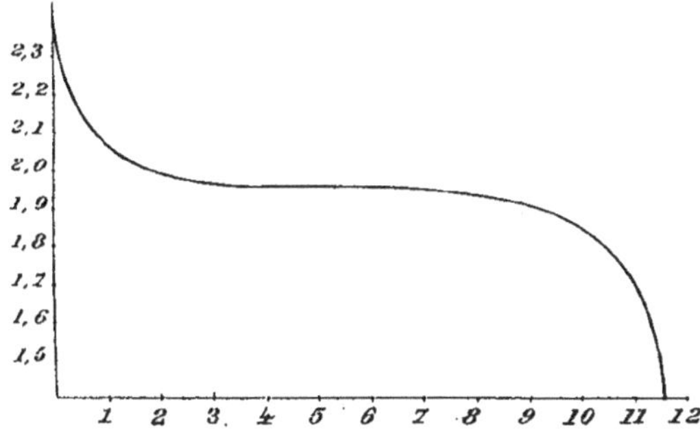

Fig. 135. — Régime de la décharge des accumulateurs.

2 volts 1. — Pendant la décharge, la force électro-motrice décroît lentement jusqu'à 1 volt 9, puis plus vite jusqu'à épuisement complet.

En même temps, la densité du liquide diminue et on peut suivre la période de décharge par le double moyen du voltmètre et du densimètre.

La courbe (fig. 135) montre approximativement le régime de la décharge, les ordonnées représentant la force électro-motrice et les abcisses les temps en heures.

Dès que la force électro-motrice est descendue à 1 volt 85, il est prudent d'arrêter la décharge.

Le courant de décharge doit être réglé à un régime indiqué par le fournisseur de l'accumulateur.

Précautions à prendre. — M. d'Arsonval a dit avec raison : « L'accumulateur n'est point un instrument inerte, toujours semblable à lui-même. Son fonctionnement a les caprices et les délicatesses d'un organisme vivant; il lui faut des soins particuliers et un régime spécial. Tout écart de régime lui est fatal et entraîne sa détérioration, c'est-à-dire sa mort. » C'est dire, en peu de mots, combien l'entretien des accumulateurs exige d'attentions et de précautions.

Elles doivent être de tous les instants.

Nous avons dit que la prolongation du régime de charge pouvait avoir pour conséquence la désagrégation des matières et leur chute entre les plaques. Il faut les faire tomber avec une baguette de verre pour éviter les courts circuits.

Lorsque la décharge est trop longue, les plaques se recouvrent d'une croûte blanchâtre due à la production du sulfate de plomb. Le mal n'est pas grand, s'il n'est que superficiel et on peut enlever le sulfate en frottant la plaque. S'il est plus profond, la matière se gonfle et se désagrège.

En surveillant bien la marche des accumulateurs, on peut, d'après M. Preece, estimer à dix ans la durée des négatifs et à deux ou trois ans celle des positifs.

Lorsqu'il s'agit des accumulateurs de tramways, qu'on fait plus légers pour éviter d'avoir à transporter un excès de poids mort, et qui sont, de plus, soumis à des secousses continuelles, ces durées doivent être réduites de beaucoup.

Il arrive souvent qu'on est conduit à arrêter le fonctionnement d'un accumulateur pendant un certain temps. Dans ce cas, il faut vider les bacs et les remplir d'eau pure.

On peut aussi recharger les éléments; on conseille même, pour leur conservation, de faire cette opération, de temps en temps, s'ils doivent rester longtemps sans être utilisés.

Lorsqu'on conserve les accumulateurs déchargés avec leur eau acidulée, il est bon d'ajouter au liquide 3 à 4 p. 100 de sulfate de soude, pour éviter la production du sulfate de zinc.

Constantes des accumulateurs. — Rendement. — On a l'habitude de définir le régime d'un accumulateur :

1° Par sa *capacité* et son *rendement en quantité*;

2° Par l'*énergie disponible* et son *rendement en énergie*.

Sa *capacité totale* se mesure au nombre d'ampères qu'il peut fournir pendant toute sa période de décharge. Sa *capacité utile* est celle qui correspond à la période pendant laquelle la force électro-motrice reste sensiblement constante.

La capacité utile est ordinairement de 9 à 13 ampères par heure et par kilogramme de plaques, éléments auxquels on rapporte généralement les données relatives aux accumulateurs.

Le rendement correspondant est le rapport de la quantité restituée pendant la décharge, c'est-à-dire la capacité utile, à la quantité totale fournie pendant la charge. Dans de bonnes conditions de fonctionnement, sa valeur atteint 90 et même 95 p. 100.

L'énergie restituée pendant la décharge est le produit
de la force électro-motrice moyenne par la capacité utile.
Elle s'exprime en *watts-heures*.

Le rendement en énergie est le rapport de l'énergie
utile à celle qui a été fournie pendant la charge.

Le rendement en énergie est exprimé par la formule :

$$Re = \frac{E \times Q}{E' \times Q'}.$$

Le rendement en quantité :

$$Rq = \frac{Q}{Q'}.$$

Donc :

$$Re = Rq \times \frac{E}{E'}.$$

Comme E est plus petit que E', on voit que le rendement en énergie est plus petit que le rendement en
quantité.

En admettant :

$$E = 1 \text{ volt } 9$$
$$E' = 2 \text{ volts } 25$$
$$Rq = 95 \text{ p. } 100$$

on trouve :

$$Re = 80 \text{ p. } 100$$

On peut, d'après ce qui précède, évaluer le poids de
plaques d'un accumulateur qui correspond à une puissance donnée.

Voyons, par exemple, quel est le poids d'accumulateur
qui contient une énergie disponible d'un cheval-heure.

Si nous admettons que le régime de la décharge, sous
1 volt 9, soit de 1 amp. 5 par kilogramme de plaques, la
puissance disponible sera, sous le même poids, de
1 volt 9×1 amp. $5 = 2$ watts 85.

Pour donner un cheval de puissance, soit 736 watts,

il faudra donc $\dfrac{736}{2,85} = 260$ kilogrammes de plaques pour toute la durée de la décharge.

Une capacité moyenne de 10 ampères-heure par kilogramme de plaques correspond au régime de 1 amp. 5 à $\dfrac{10}{1,5} = 6$ h. 2/3 de durée.

Le poids correspondant au cheval de puissance pendant une heure sera donc de 37 kilogrammes.

Ce chiffre est évidemment un minimum, puisqu'il est calculé d'après le poids des plaques sans tenir compte de leurs accessoires.

Depuis l'origine, de grands progrès ont été faits sous le rapport du rendement des accumulateurs. Malgré cela, le poids spécifique élevé du plomb, qui est le seul corps entrant dans leur composition, est un obstacle très grand au développement de leurs applications, de celles surtout qui ont pour objet la traction électrique.

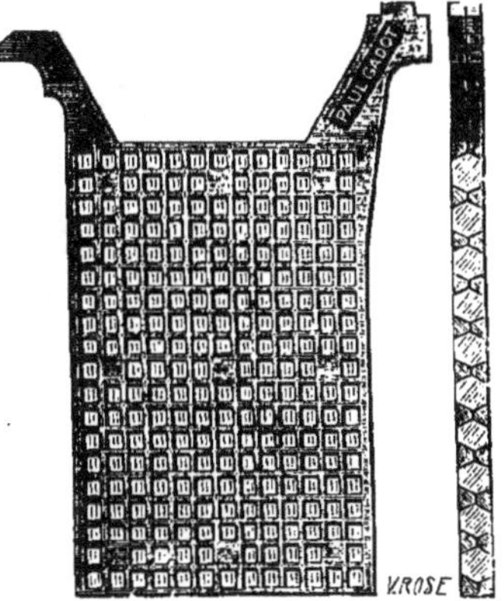

Fig. 136. — Élément de l'accumulateur Gadot.

Exemples de types d'accumulateurs. — Nous donnons ci-après, à titre d'exemple, la description sommaire de quelques plaques d'accumulateurs.

Accumulateur Gadot. — Cet accumulateur est formé de deux plaques fondues, en plomb inattaquable, présentant un quadrillage composé d'alvéoles tronconiques, dans lesquelles on fait pénétrer la pâte de matière active. En rapprochant

l'une de l'autre et en soudant les deux plaques de façon
à mettre en regard les alvéoles par leur base la plus
large, cette matière active forme une pastille qui est
emprisonnée et ne peut sortir du cadre (fig. 136).

Accumulateur Blot. — L'accumulateur Blot, plus récent, est du type Planté à formation lente. Il a pour

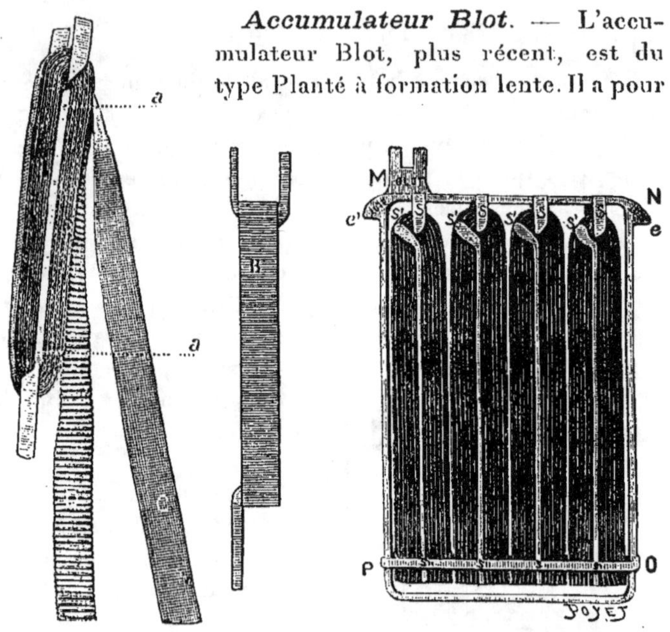

Fig. 137. — Navette
de l'accumulateur Blot.

Fig. 138. — Plaque
de l'accumulateur Blot.

élément principal une pièce en plomb antimonié, en
forme de *navette* B (fig. 137). Sur l'âme *a* de cette
navette, on enroule deux rubans D et C, l'un de plomb
gaufré et strié, l'autre de plomb gaufré seulement d'un
demi-centimètre d'épaisseur. Lorsque la navette est
ainsi préparée, on la coupe par le milieu et on associe
les moitiés, quatre par quatre ou huit par huit, dans

des cadres MNPQ (fig. 138), auxquels on les soude en S.

Les plaques sont ensuite suspendues dans une sorte de châssis en plomb dur qu'on introduit dans un bac en verre. La figure 139 représente l'accumulateur Blot

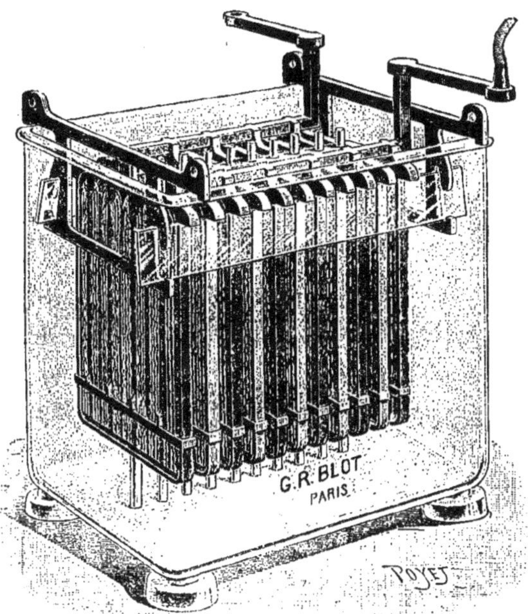

Fig. 139. — Élément monté de l'accumulateur Blot.

monté. On y voit les lames et plaques de verre qui isolent les plaques les unes des autres.

Accumulateur Tudor. — Dans l'accumulateur Tudor, type à formation Planté, comme le précédent, les plaques, en plomb fondu, présentent une série de rainures longitudinales dans lesquelles la matière active s'accumule.

Nous nous bornerons à ces indications succinctes sur quelques accumulateurs. Il en existe un très grand nombre de types qui se rattachent toujours aux mêmes principes généraux.

CHAPITRE V

Choix des corps devant servir aux canalisations. — Le cuivre et le fer. — Production du cuivre. — Part de l'électricité dans la production totale. — La tréfilerie. — Lignes électriques. — Conducteurs nus. — Diamètres usuels. — Poids kilométrique des fils. — Câbles. — Isolateurs. — Conducteurs isolés. — Matières isolantes.

Choix des corps devant servir aux canalisations.
— Entre tout générateur et tout récepteur d'énergie électrique, existe toujours une canalisation par laquelle le courant se transmet de l'un à l'autre.

Les machines dynamo-électriques comportent, en outre, dans leurs inducteurs et dans leurs induits, des circuits intérieurs dans lesquels les courants prennent naissance et se propagent.

On a donc été amené, dès le début des applications pratiques de l'électricité, au choix des corps qui sont le mieux désignés pour cet usage, par leurs propriétés électriques, leur résistance mécanique, leur malléabilité et leur prix.

Les corps bons conducteurs de l'électricité sont nombreux; tous les métaux peuvent être rangés dans cette catégorie.

Si on en dresse la liste dans l'ordre décroissant de la

conductibilité des principaux d'entre eux, on obtient la
liste suivante :

<pre>
        Argent pur 100   p. 100
        Cuivre pur 100   —
        Or pur   78   —
        Aluminium pur   64   —   (1)
        Zinc pur. . . . .   29,9 —
        Fer de Suède   16   —
        Etain de Banca . . . .   15,45 —
        Platine.   10   —
        Plomb pur . . . .   8,4 —
        Nickel pur. . . . .   7,89 —
        Antimoine . . . .   3,88 —
</pre>

Un rapide examen de cette liste suffit pour la réduire
d'une façon très sensible. Les métaux précieux, l'argent,
l'or, le platine, en sont tout d'abord éliminés. D'autres,
comme le zinc, l'étain, doivent être mis de côté à cause
de leur faible résistance mécanique. Le plomb, le nickel
et l'antimoine ont une conductibilité trop faible.

Restent le cuivre, le fer, l'aluminium et leurs alliages.

Le choix se restreint encore; l'aluminium, malgré la
réduction considérable que sa valeur a subie et les avantages qui résultent de sa faible densité, n'a pu être
encore obtenu avec une résistance mécanique suffisante.

Le cuivre et le fer. — Le cuivre est le canalisateur

---

(1) D'après des expériences faites en 1897 par MM. J. Richards et
Thomson la conductibilité de l'aluminium varierait de la manière
suivante, suivant la pureté du métal :

<pre>
98,5 p. 100 d'aluminium pur, 55 p. 100 de celle de cuivre pur.
99   —   —   59   —   —   —
99,5 —   —   61   —   —   —
99,75 —   —   63 à 64 p. 100 —   —
</pre>

A 100 p. 100, la conductibilité serait de 66 à 67 p. 100. Les
chiffres ci-dessus s'appliquent au métal écroui. Après recuisson,
on gagnerait 1 p. 100.

par excellence de l'électricité, depuis qu'on sait le pré
parer à un état de pureté absolue.

Pendant longtemps, on ne savait pas en éliminer les
impuretés, et, en particulier, l'oxyde de cuivre, qui en
réduisaient notablement la conductibilité. Les fils de
cuivre employés à la fabrication des premiers câbles
sous-marins étaient loin d'avoir les qualités électriques
des fils qu'on emploie aujourd'hui.

Le tableau ci-après, emprunté à M. Preece, ingénieur
en chef du Post-Office de Londres, montre la progression
qu'elles ont suivie :

		CONDUCTIBILITÉ
Fil du câble Douvre-Calais (1851)	42	p. 100
— Port-Patrik-Donaghade (1852) .	46	—
— Transatlantique (1856).	50	—
— de la mer Rouge (1857)	75	—
— de Malte et Alexandrie (1861). .	87	—
— du golfe Persique (1863)	89,14	—
— Transatlantique (1865)	96	—
— de la mer d'Irlande (1883). . . .	97,5	—

Aujourd'hui, on dépasse même 100 p. 100 par rapport
aux chiffres ci-dessus, qui sont établis en prenant pour
base l'étalon Mathiessen réputé *pur* et en réalité moins
pur que les cuivres électrolytiques du commerce, que les
États-Unis envoient, depuis plusieurs années, par quantités considérables en Europe.

Près de sept fois plus conducteur que le fer, le cuivre
est, il est vrai, plus cher que ce dernier, mais, à peu
près, dans la proportion même de sa conductibilité, de
sorte qu'il reste à son profit, en fin de compte, le bénéfice
d'une économie dans les frais de transport, de manu-
tention et de pose, lesquels sont sensiblement propor-
tionnels au poids du métal employé.

Si le fer est encore utilisé pour les lignes télégraphiques, c'est que pendant longtemps on n'a pas su

durcir le cuivre. La première ligne télégraphique, établie en 1848, entre Paris et Rouen, était en cuivre. On fut obligé de la remplacer par une ligne de fil de fer, parce que le cuivre s'allongeait puis se rompait sous son propre poids.

C'est ainsi qu'est né et que c'est développé l'emploi du fer dans les lignes télégraphiques.

Aujourd'hui qu'on sait donner au cuivre une résistance mécanique suffisante, le remplacement des lignes télégraphiques n'est plus qu'une question de temps, subordonnée aux nécessités d'entretien.

Toutes les lignes téléphoniques sont en cuivre.

Production du cuivre. — Aussi, par suite du développement considérable des applications de l'électricité, la production du cuivre a-t-elle été surexcitée au delà de tout ce qu'il était possible de prévoir.

On peut en juger par le résumé du graphique de la page suivante qui indique, pour tous les pays producteurs de cuivre, la progression qu'a suivie l'extraction depuis 1881.

Ce tableau, emprunté aux statistiques annuelles de la maison Merton de Londres, est assez éloquent par lui-même pour qu'il soit inutile d'en faire une analyse un peu détaillée.

Si on en extrait les nombres qui représentent la production totale du globe et ceux qui représentent la production des Etats-Unis et si on les traduit en double tracé graphique, on voit que les deux courbes sont sensiblement parallèles, ce qui veut dire que l'accroissement énorme de la production résulte, à peu près uniquement, des mines des Etats-Unis.

Tandis que la production de ces dernières a passé de 30.882 tonnes (1881) à 262.206 tonnes (1899), c'est-à-dire a octuplé, celle des autres pays est passée de 132.487

tonnes (1881) à 208.660 tonnes (1899), c'est-à-dire a augmenté seulement d'environ 50 p. 100.

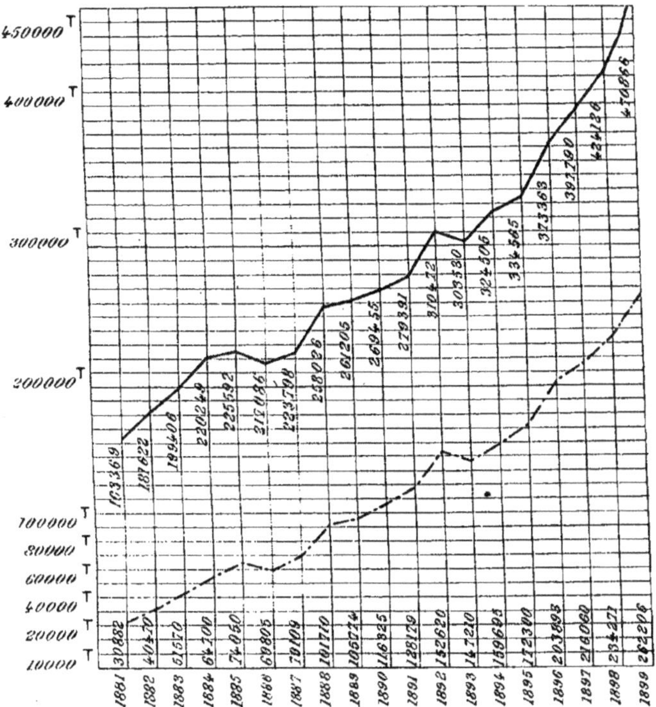

C'est là un phénomène économique qui peut donner à réfléchir à bien des points de vue différents.

Cette énorme surproduction des Etats-Unis se répartit en quatre groupes principaux :

1° Les mines du lac Supérieur, dont les principales sont celles de la Compagnie Calumet et Hecla ;

2° Les mines du groupe de Montana, dont les principales sont celles de la Compagnie Anaconda ;

3° Les mines de l'Arizona ;

4° L'ensemble des autres mines.

Voici, à quelques années de distance, la progression de chacun de ces groupes :

DÉSIGNATION des mines	1881	1885	1890	1895	1899
	tonnes	tonnes	tonnes	tonnes	tonnes
Compagnie Calumet et Hecla.	13.995	21.075	26.250	34.454	41.000
Autres mines du lac Supérieur.	10.355	11.135	18.200	23.582	28.363
Mines d'Anaconda. .		16.070	28.600	41.983	106.650
Autres mines de Montana	6.532	14.200	20.960	40.606	
Mines d'Arizona. . .		10.135	15.945	21.429	54.793
Autres mines		1.435	6.370	10.246	31.400
Total.	30.382	74.050	105.774	172.300	262.206

Quant aux autres pays producteurs de cuivre, ils viennent bien loin après les Etats-Unis.

C'est d'abord l'*Espagne* avec les célèbres mines de Rio-Tinto, 39.560 tonnes (1882) et 53.225 tonnes (1899) ;

Le Chili, 42.909 tonnes (1882) et 27.560 tonnes (1899) ;

Puis le Japon, 4.800 tonnes (1882) et 25.720 tonnes (1899) ;

L'Allemagne (mines de Mansfeld), 25.000 tonnes (1882) et 23.460 tonnes (1899) ;

L'Australie, 11.000 tonnes (1882) et 20.750 tonnes (1899).

Les autres pays ont des productions individuelles de moins de 5.000 tonnes.

L'Angleterre a passé de 3.464 tonnes (1881) à 550 tonnes (1899).

Enfin, le nom de la France, déjà médiocrement favorisée au point de vue de la production houillère, ne figure même pas dans cette statistique.

Part de l'électricité dans la production totale. —
L'électricité n'est pas, il est vrai, l'unique cause de cet
accroissement extraordinaire d'activité dans les mines
de cuivre. Les progrès généraux de l'industrie, et aussi
la consommation considérable de cuivre qu'entraîne
l'extension de la fabrication du matériel de guerre, et
en particulier celle des cartouches à douilles métalliques, y ont pris, comme elle, une part fort importante.

Celle de l'électricité est certainement prépondérante,
et il n'est pas douteux que sous l'influence de l'augmentation continue du nombre et de l'importance des installations électriques, elle ne fera que s'accroître.

On peut même se demander si l'industrie minière
pourra suivre sans défaillance l'industrie électrique dans
sa marche en avant.

Rien ne peut faire supposer qu'elle se rapproche
actuellement de sa production maxima. Au surplus, le
cuivre n'est pas comme le fer qui tombe en poussière
sous la corrosion de la rouille, comme le charbon qui
disparaît en fumée.

Réfractaire à l'action des agents atmosphériques, c'est
à peine s'il se recouvre d'une patine d'oxyde qui n'intéresse que sa surface et respecte sa masse. Le cuivre se
conserve, sinon éternellement, du moins pendant un
temps extrèmement long. Témoins, les armes de bronze
qui ont bravé les injures de plusieurs siècles d'enfouis-
sement dans le sol.

La réserve de cuivre que l'électricité a à sa disposition
n'est donc pas sensiblement entamée et l'industrie électrique ne paraît pas être exposée à manquer de sitôt
d'un de ses plus utiles auxiliaires.

La tréfilerie. — L'art de fabriquer des fils, la tréfilerie, a, sous cette impulsion énergique, fait en quelques
années des progrès considérables.

La fabrication des fils métalliques, connue dans l'antiquité la plus reculée, n'a été organisée d'une façon industrielle qu'à la fin du xive siècle.

C'est en Allemagne, à Nuremberg et à Augsbourg, qu'elle a pris naissance. Les ouvriers qui exécutaient ce travail étaient appelés *forgerons de fils*. Cependant on trouve en même temps le nom de *Drahtzicher ou tireur de fil* qui indique qu'à cette époque on faisait déjà usage de la filière. L'art de la tréfilerie ne s'appliquait alors qu'aux métaux précieux, l'or, l'argent et le cuivre.

En France, le premier tréfileur fut Richard d'Archal (1500), dont le nom a, pendant longtemps, désigné une marque de fabrication.

Mais c'est surtout en Angleterre que la tréfilerie prit un rapide développement.

En 1565, la reine Elisabeth fit venir d'Allemagne deux ouvriers qui l'organisèrent avec des machines hydrauliques et des manèges mus par des chevaux. Ces ouvriers, nommés C. Schulz et Cabb Bell, furent les créateurs de cette industrie en Angleterre. Elle reçut une grande impulsion après qu'en 1630 Charles Ier eut proclamé un édit interdisant l'importation des fils étrangers. Depuis, elle a beaucoup prospéré en Angleterre, surtout dans la région de Birmingham.

En Allemagne, le fondateur de cette industrie fut Felten qui établit, en 1750, à Mulheim, près de Cologne, une importante usine que dirigent encore aujourd'hui ses successeurs, MM. Guilleaume.

En France, le plus ancien vulgarisateur de la tréfilerie fut un industriel nommé Mouchel dont les descendants ont, de père en fils, exercé la même profession.

C'est vers 1709 que Mouchel inventa la bobine de tréfilerie. Au début, les Mouchel n'avaient pas d'usine et faisaient fabriquer dans les campagnes. En 1768, Jean-Baptiste Mouchel acheta l'établissement de Boisthorel. Jusqu'en 1824, cette usine ne faisait que retréfiler des fils ébauchés à l'étranger. A cette époque, Pierre-Jean-Félix Mouchel installa des fonderies et des laminoirs dans sa propre usine.

L'extension de cette fabrication a déterminé la création d'autres établissements. Parmi ceux qui ont le plus prospéré, nous devons indiquer les usines de M. Lazare Weiller créées à Angoulême et transportées au Havre depuis 1895.

Ces établissements, exploités aujourd'hui par une Société anonyme, sont outillés pour fabriquer une quantité journalière de plus de 50 tonnes de fil de cuivre et de 200 tonnes de fil d'acier.

Nous ne nous étendrons pas plus longtemps sur la fabrication des fils. Ceux de nos lecteurs que ce sujet intéresse trouveront de plus amples détails dans le travail complet que nous avons publié sur cette question. (1).

Lignes électriques. — Les conducteurs de cuivre employés pour les canalisations électriques se classent en deux catégories :

1° Les conducteurs nus ;
2° Les conducteurs isolés.

Fils conducteurs nus. — Ces conducteurs sont utilisés sous forme de fils ou sous forme de câbles. Le plus généralement, ils sont installés à l'extérieur et supportés par des poteaux à la manière des fils télégraphiques.

Mais pour cela, il a fallu donner aux fils de cuivre une résistance mécanique suffisante. Ces fils, lorsqu'ils

---

(1) *Lignes et transmissions électriques*, par L. Weiller et H. Vivarez.

sont recuits, s'allongent sous un assez faible effort, même sous leur propre poids et se rompent facilement.

On arrive à les durcir par l'addition de quantités infinitésimales de certains métalloïdes qui permettent de faire varier, en sens inverse, leur conductibilité et leur résistance mécanique.

Le *bronze silicieux*, préconisé par M. Lazare Weiller, est la plus connue de ces combinaisons. C'est avec elle qu'on a résolu, pour la première fois, le problème des canalisations électriques aériennes.

Les fils de cuivre pur, tels qu'ils sont fabriqués aujourd'hui avec les barres de cuivre électrolytique importées d'Amérique, ont, après *écrouissage*, une conductibilité de 97 à 98 p. 100 de celui du cuivre pur recuit et une résistance de 45 kilogrammes par millimètre carré. Au moment où ils se rompent sous cette charge-limite, leur allongement n'est que de 1 1/2 p. 100.

On a donc, avec ces fils, d'excellents conducteurs aériens.

Diamètres usuels. — Ces fils sont généralement employés sous les diamètres de 2 à 5 millimètres de diamètre.

Les fils de 2 millimètres ont une résistance électrique équivalente à celle des fils de fer de 5 millimètres employés en certains pays pour la télégraphie. En France, le diamètre adopté étant de 4 millimètres, les fils de cuivre de 2 millimètres se présentent avec un avantage de conductibilité et un certain désavantage de prix. L'équivalence électrique serait obtenue avec des fils de $1^{mm}6$ diamètre correspondant à une résistance mécanique totale un peu faible.

Les grandes lignes interurbaines de téléphonie utilisent très avantageusement les fils de cuivre. Celles de Paris-Bruxelles ont été construites avec du fil de cuivre

de 3 millimètres. Celle de Paris-Marseille avec du fil de
4^{mm}5.

Poids kilométrique des fils. — Une formule très
simple permet de trouver le poids kilométrique d'un fil
de diamètre donné d.

Ce poids est égal à celui d'un cylindre de cuivre dont
la section est $\dfrac{\pi d^2}{4}$, la longueur 1.000 mètres et la densité 9,8.

Ce poids P est donc égal à $\dfrac{\pi d^2}{4} \times 1.000 \times 9,8$; la réduction des coefficients numériques la réduit à $P = 7d^2$,
formule très commode pour un usage pratique.

Câbles. — Au delà du diamètre de 5 millimètres,
les fils deviennent moins maniables et ce n'est guère
que pour les lignes aériennes de tramways électriques
qu'on dépasse ce diamè-
tre (8 à 10 millimètres).

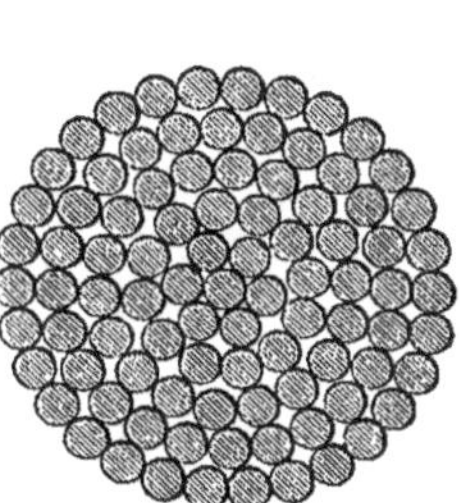

Fig. 140.

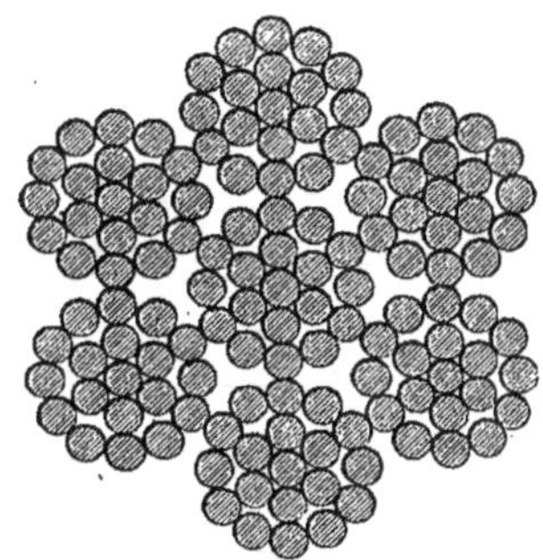

Fig. 141.

Lorsqu'on a besoin de conducteurs de plus grande
section, on emploie soit des barres, soit des bandes de
cuivre, mais, plus généralement, des câbles formés de la
réunion de plusieurs brins de fils tordus en corde en un

ou plusieurs torons (fig. 140, 141). On peut ainsi associer, en conservant une grande souplesse, des fils formant des conducteurs de très grande section. Celle de 1.000 mètres carrés a été employée dans un des secteurs d'éclairage électrique de Paris.

Nous ne nous étendrons pas sur la fabrication des câbles électriques, nous en référant, à ce sujet, à l'ouvrage précité.

Bornons-nous à donner une formule pratique utile, qui permet de trouver le poids kilométrique d'un câble en fonctions de sa section *utile*.

Ce poids est approximativement

$$P = 10\,S.$$

S étant la section en millimètres carrés et P le poids en kilogrammes. Le coefficient 10 est substitué à la densité du cuivre (9,8).

Isolateurs. — Les lignes électriques aériennes sont supportées par des isolateurs en porcelaine analogues à

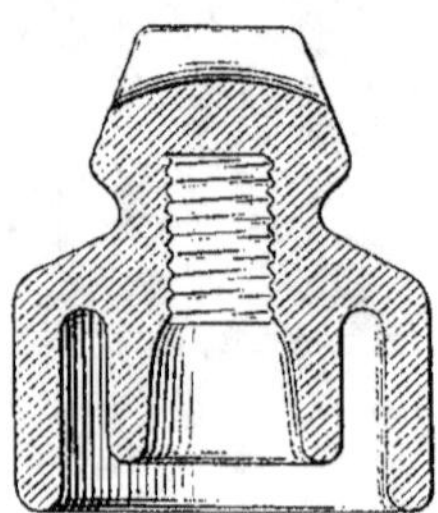

Fig. 142.

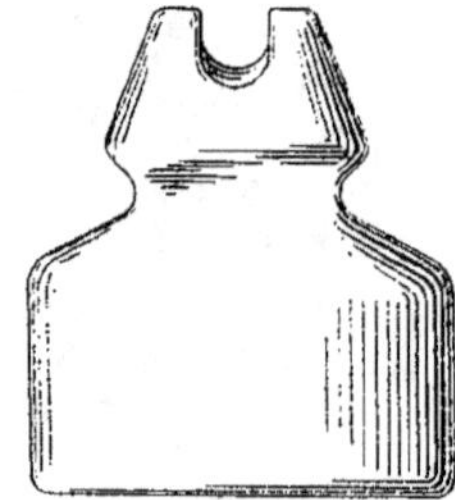

Fig. 143.

ceux des lignes télégraphiques (fig. 142, 143) dont nous représentons ci-contre un des nombreux types.

En certains cas, lorsqu'elles donnent passage à des

courants de haute tension, on fait usage d'isolateurs spéciaux de grand isolement.

Ceux qui ont été employés sur la ligne Francfort-Lauffen sont composés d'une cloche qui reçoit le conducteur et d'une série de trois réservoirs annulaires contenant un liquide isolant (fig. 144).

Conducteurs isolés. — Malgré l'augmentation de dépense qui en résulte, on est souvent obligé d'isoler les fils, même s'ils sont placés en l'air. Dans d'autres cas (fils de dynamos, câbles de télégraphie et de téléphonie souterraines, câbles sous-marins, etc.), l'isolement est absolument nécessaire.

Un conducteur isolé se compose d'une ou plusieurs *âmes* en fils ou câbles de cuivre recouverts d'une série de protections successives dont les unes ont pour but d'empêcher la déperdition du courant, dont les autres servent à garantir le conducteur contre l'usure et l'action des agents extérieurs.

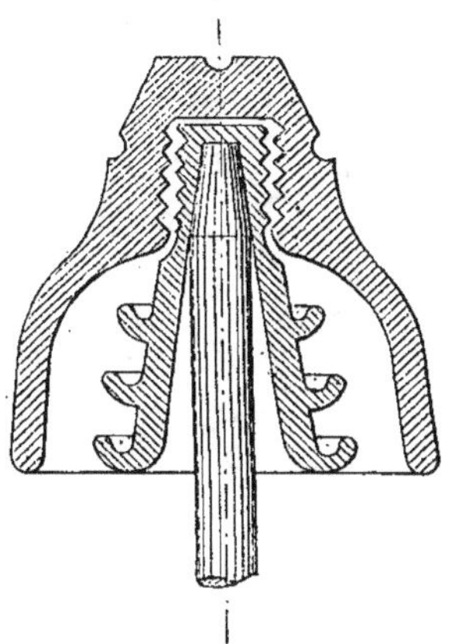

Fig. 144. — Isolateur à huile.

Matières isolantes. — Les matières généralement employées pour l'isolement électrique des fils sont la soie, le caoutchouc, la gutta-percha, le jute et le coton imprégnés de diverses substances, le papier, etc.

La soie sert particulièrement à l'isolement des fils de dynamos, le caoutchouc à l'isolement des conducteurs de lumière électrique, la gutta-percha à l'isolement des câbles sous-marins.

Les fils de dynamos ne comportent qu'un isolement à la soie ; dans les câbles de lumière isolés au caoutchouc, l'âme de cuivre est préalablement étamée pour éviter l'action corrosive qui résulterait de l'action réciproque du cuivre et du soufre contenu dans le caoutchouc vulcanisé. Généralement, à une gaine de caoutchouc succèdent des guipages formés de divers textiles enduits de matières

Fig. 145. — Câble concentrique du Châtelet.

bitumineuses. Dans le câble Siemens, qui est particulièrement employé à Paris pour les canalisations du secteur de la place Clichy et de la Compagnie parisienne de l'air comprimé, l'isolement est obtenu par deux guipages en sens inverse de jute imprégné d'un mélange de résines dont la composition est tenue secrète. Un tube de plomb recouvre le guipage. Il est entouré lui-même d'un matelas protecteur que recouvrent deux rubans d'acier enroulés en hélice de façon que le second recouvre l'espace qui sépare les spires successives du premier.

Les types de protection et d'isolement des câbles varient à l'infini.

Celui que représente en section la figure 145 est un câble à deux conducteurs concentriques, qui relie les installations d'éclairage électrique des deux théâtres de la place du Châtelet. Il est formé d'une âme centrale de 59 fils de 3 millimètres de diamètre et d'un second conducteur formé par 22 torons de 7 fils de $1^{mm}7$. Une couche de caoutchouc les sépare et une seconde couche les enveloppe. Le tout est protégé par une gaine de chanvre goudronné.

Nous donnons la spécification de ce câble en raison de ses dimensions exceptionnelles et nous nous bornons à ces indications générales, réservant pour le chapitre relatif à la télégraphie sous-marine celles qui concernent les câbles appliqués à cet usage.

CHAPITRE VI

LES SOURCES NATURELLES D'ÉNERGIE
LA QUESTION DE LA HOUILLE

Le soleil origine de toute énergie terrestre. — Utilisation directe de la chaleur du soleil. — Moteurs solaires. — Utilisation indirecte de la chaleur du soleil. — La houille. — Sa formation. — Durée attribuée à la période carbonifère. — Le passé de la houille. — Progrès de l'extraction de la houille. — Taux de l'accroissement de sa consommation. — Sa diminution. — Causes économiques qui limitent la consommation de la houille. — Progrès techniques qui permettent d'économiser la houille. — L'avenir de la consommation houillère. — Intervention de l'énergie solaire actuelle. — Ressources d'énergie contenues dans les eaux courantes de la France. — Autres sources d'énergie. — Conclusion.

Le soleil origine de toute énergie terrestre. — L'homme est impuissant à *créer* l'énergie sous une quelconque de ses formes. Nous disons à *la créer*, c'est-à-dire à la tirer de rien ou même de quelque chose qui ne soit pas aussi de l'énergie. Il ne peut que l'emprunter aux formes de l'énergie que la nature lui offre spontanément ou les transformer les unes dans les autres. Or, sur notre planète, une seule source de cette énergie apparaît dans l'astre qui lui a donné, et qui lui donne encore, le mouvement, la chaleur, la lumière et la vie. Primitivement incandescente, comme le soleil lui-même, la terre, progressivement refroidie à sa surface, n'est

qu'une lave brûlante dont la température n'est perceptible que lorsqu'on pénètre à de grandes profondeurs
dans le sol. La chaleur centrale est insensible à sa surface et n'offre, par conséquent, à l'industrie humaine,
aucun élément d'utilisation. C'est la chaleur directe du
soleil qui est notre seule ressource.

Utilisation directe de la chaleur du soleil. — Moteurs solaires. — Mais cette chaleur directe, elle-même, comment en tirer parti ?

Il devait naturellement venir à l'esprit de chercher à
la concentrer et de l'utiliser telle quelle, pour porter à
l'ébullition l'eau renfermée dans une chaudière et engendrer de la vapeur.

Tout le monde connaît cette expérience enfantine qui
consiste à faire converger les rayons du soleil au foyer
d'une lentille de verre, en un point brillant où peuvent
s'enflammer le papier, le bois, la paille. Les moteurs
solaires sont basés sur un principe analogue. La chaudière, placée au foyer d'un réflecteur parabolique de
grande ouverture, y reçoit les rayons réfléchis du soleil ;
l'eau qu'elle contient s'échauffe, entre en ébullition, puis
en vapeur.

Mais il faut pour cela, d'abord qu'il n'y ait ni nuages,
ni brouillards, puis que le miroir parabolique soit animé
d'un mouvement qui lui permette de suivre le « dieu
poursuivant sa carrière ».

L'appareil est, par conséquent, capricieux comme
l'astre qui l'anime et il a, de plus, le grave inconvénient
d'être condamné au repos pendant la nuit.

La tentative est donc intéressante et curieuse, mais
elle n'est que cela.

Il serait toutefois intéressant que l'utilisation immédiate de la chaleur solaire pût être étudiée par des
moyens différents. Dans les pays tropicaux, où les pluies

sont rares, au moins en certaines saisons, où les rayons
du soleil ne sont presque jamais masqués par les nuages,
la quantité de chaleur déversée par eux sur le sol est
extrêmement considérable. Dans de vastes espaces comme
le Sahara, il la reçoit et la rayonne en pure perte. On
peut prédire, sans être prophète, qu'il viendra un jour
où la chaleur absorbée par le sol sera, au moins dans les
régions chaudes du globe, utilisée au profit du bien-être
des populations qui les habitent.

Utilisation indirecte de la chaleur du soleil. — La
chaleur solaire ne pouvant être utilisée directement, du
moins d'une façon pratique, ce n'est que par ses intermédiaires qu'elle peut être asservie à nos besoins.

Ces intermédiaires ne sont pas nombreux. Ils se par-
tagent en deux classes qui correspondent, l'une à la production du phénomène *organique* de la végétation, l'autre
aux phénomènes *physiques et météorologiques* qui s'accomplissent autour de nous.

***Le bois et le charbon de bois, la tourbe, le
pétrole, le gaz naturel.*** — Nous voyons, à chaque
retour des saisons, le mouvement patient de la sève
accroître lentement la grosseur du tronc et de la ramure
des arbres, et la chaleur de l'été s'endormir en quelque
sorte dans les cellules des végétaux d'où on pourra la
réveiller, avec une étincelle, lorsqu'ils auront été coupés
et séchés.

C'est ainsi que le *bois* de nos forêts alimente, depuis
que l'homme existe, l'âtre de son foyer, et qu'il a servi
à ses premières tentatives industrielles.

Plus tard, il a su le chauffer à l'abri de l'air et le
distiller de façon à lui faire subir une combustion incom-
plète, capable seulement de dégager ses éléments gazeux
et laissant subsister intacte son ossature de charbon.

Tel est le *charbon de bois*, dont l'emploi en métallurgie s'est continué jusqu'au milieu de ce siècle.

La *tourbe* est aussi un produit végétal, une mousse, qui se reproduit à la surface et dont le pied se feutre en une matière dense, combustible, qu'on découpe en briquettes ou pains et qu'on emploie au chauffage.

Le *pétrole* et le *gaz naturel*, produits d'une distillation qui s'opère dans les entrailles de la terre, entrent, de nos jours, pour une large part dans l'économie industrielle et domestique. Ils ont la même origine organique que les précédents.

Le bois, le charbon de bois, la tourbe, les végétaux en un mot, sous leurs formes variées, sont le résultat de la transformation de la chaleur solaire actuelle en énergie organique végétale transformable elle-même en chaleur.

Elle offre à l'activité humaine un concours précieux mais limité, dont l'insuffisance même a eu cette conséquence déplorable à tant de points de vue : le déboisement des forêts.

La houille. — Sa formation. — Heureusement, ce phénomène de la carbonisation des végétaux, que l'industrie des bûcherons a su inventer dans nos bois, la Nature le pratique depuis des milliers de siècles avec une inconsciente prévoyance dont nous recueillons les fruits.

A l'époque géologique dite carbonifère, sous l'influence d'une atmosphère à la fois chaude et humide et riche en acide carbonique, une faune végétale puissante s'est développée sur certaines régions de la terre, en y formant d'immenses forêts. Leurs grands arbres ont jonché de leur frondaison annuelle un sol marécageux, détrempé par des pluies torrentielles, et sont tombés eux-mêmes sur un épais lit d'humus.

Tous ces débris se sont lentement carbonisés à l'abri de l'air et c'est de la sorte que se sont formées ces couches d'épaisseur variable, souvent séparées par des lits argileux qui marquent ainsi la succession des phases de leur formation, interrompues par des périodes de submersion pendant lesquelles les dépôts terreux se sont produits au sein des eaux.

Telle est, en quelques mots rapides, la genèse des combustibles minéraux qu'on désigne sous le nom de *lignite, anthracite* et *houille*, d'après l'ordre de leur formation, et que l'on réunit quelquefois sous le nom unique de *charbon de terre*.

Durée attribuée à la période carbonifère. — Quel temps a été nécessaire pour la carbonisation des forêts de l'époque houillère ? On ne peut se livrer à cet égard, on le conçoit, qu'à des conjectures basées sur des hypothèses assez incertaines. Elles fournissent néanmoins quelques indications. Ainsi, il résulte d'expériences qu'un hectare de haute futaie âgée de cent ans, si elle était réduite en charbon uniformément étendu sur le sol, donnerait une couche de 15 millimètres d'épaisseur seulement.

Il faudrait donc 6.600 ans pour que la couche atteignît l'épaisseur d'un mètre et, si l'on prend comme terme de comparaison un bassin houiller dont toutes les couches auraient ensemble une épaisseur de 40 mètres, on arrive à une durée de 264.000 ans pour le temps nécessaire à sa formation (1).

Et, cela, sans faire entrer en ligne de compte le temps pendant lequel se sont déposées les couches sédimentaires qui alternent avec les bancs de houille !

L'estimation ci-dessus serait, de ce chef, très inférieure à la vérité.

D'autre part, il faut tenir compte de ce fait, qu'à

---

(1) Voir Vezian : *Prodrome de Géologie,* t. III, p. 212.

l'époque lointaine pendant laquelle les combustibles fossiles se sont formés, la température et le degré d'humidité de l'air étaient bien plus élevés que de nos jours.

La végétation carbonifère était donc plus exubérante, plus touffue que la végétation actuelle, sa croissance plus rapide, et sa transformation en houille devait être accomplie plus rapidement que ne l'indique un calcul fait d'après les conditions actuelles.

Plusieurs géologues ont admis la durée de neuf millions d'années pour la période complète pendant laquelle se sont formés les bassins houillers.

Ne retenons de ces chiffres, très incertains par leur nature même, que l'impression d'un temps très long, très supérieur à celui de nos fugitives périodes historiques et embrassant plusieurs milliers de siècles.

Cette immense période a été nécessaire pour emmagasiner dans le sol de la terre, sous forme de charbon, l'épargne de chaleur solaire dans laquelle nous puisons. Son approvisionnement s'est accompli dans des conditions climatériques qui ne se reproduiront plus jamais. Le trésor existe donc, mais la source qui l'alimentait est tarie.

Pourquoi l'homme ne se préoccupe-t-il jamais de la disparition possible du blé, de la farine et du pain? C'est parce qu'il sait que chaque saison nouvelle amène une récolte nouvelle.

Ici, la moisson a été faite une fois pour toutes. La provision de houille, ce pain de l'industrie, comme on l'a justement appelée, ne se renouvellera jamais.

Il faut donc se demander si elle suffira, et pendant combien de temps, aux besoins des hommes, et par quoi on la remplacera le jour où il n'y en aura plus.

Le passé de la houille. — La distribution géographique des formations carbonifères a à peu près privé de bassins houillers l'Égypte, la Grèce et l'Italie. Aussi l'antiquité ne nous a-t-elle transmis sur le charbon naturel que de rares et incomplètes données. Tout au plus, les anciens connaissaient-ils les *lignites* et le *jayet* que Théophraste désigne sous le nom de *lithantrax*.

César raconte, dans ses *Commentaires*, que les peuples occupant le territoire actuel de la Belgique lançaient contre leurs ennemis des boules d'argile combustible incandescente qui devaient être vraisemblablement de la houille enflammée.

Mais il n'est question de l'exploitation des mines de charbon que bien longtemps après, dans une charte latine de 853 relative aux redevances, dues à leur seigneur, par les vassaux de l'abbaye de Péterborough, en Angleterre. Le fait est cité comme ordinaire et non comme nouveau.

Sur le continent, c'est naturellement en Belgique qu'il en est parlé tout d'abord. Une légende raconte qu'en 1198 vivait, au pays de Liège, un pauvre forgeron nommé *Hullos*. Un jour qu'il se lamentait sur les misères de son existence et sur la cherté du combustible qui lui était nécessaire pour son métier, un ange lui apparut et lui indiqua un gisement de charbon naturel sur une montagne voisine nommée *Publemont*.

Le nom de houille serait une corruption du nom de ce forgeron.

On a été d'ailleurs très sceptique sur l'intervention de la Providence dans la découverte de la houille. Il paraît que le manuscrit latin qui relate la légende est maculé de telle façon qu'on ne sait s'il faut lire *ab Angelo* (d'un ange) ou *ab Anglo* (d'un Anglais). Cette seconde interprétation est, à tous les points de vue, plus rationnelle.

Le célèbre voyageur vénitien, Marco Polo (1254-1323), qu'on a comparé à Hérodote, et qui visita la Mongolie et la Chine pendant plus de vingt années, signale, dans la province de Cathay, « l'existence d'une sorte de pierres noires qu'on tire des veines des montagnes et qui brûlent comme du bois ; elles restent allumées mieux que du charbon, car si vous les allumez le soir et que vous les fassiez bien prendre, toute la nuit elles resteront allumées et vous trouverez encore du feu le matin ; dans toute la province de Cathay on brûle de ces pierres parce qu'elles coûtent moins et que c'est une économie (1). »

En France, il est question, dans un document de 1335, d'un vaisseau appartenant à un propriétaire de Pontoise qui apportait du blé à Newcastle et en revenait avec un chargement de charbon.

A la même époque, les mines de Saint-Etienne étaient déjà en exploitation, ainsi que cela résulte d'un acte public du 18 février 1321, dans lequel le seigneur de la Roche la Molière autorisa le sieur Martin Chagnon à extraire du charbon de terre dans la propriété du sire de Lurieu à charge de lui payer une redevance égale à la moitié du produit.

Il est probable que le combustible naturel était employé plus anciennement et que le défaut de documents peut seul empêcher de faire remonter son emploi à une date plus reculée. Ainsi, dans un acte relatif aux mines de Brassac daté des 29 et 30 janvier 1489, il est exposé que « Jean Jammes le Vieux, habitant au lieu de Brezens, paroisse d'Auzat-sur-Allier, âgé de quatre-vingt-dix ans ou autour, dit aussi que ledit de Saint-Quentin, par soi et ses prédécesseurs, en a joui par tels et longtemps qu'il n'est mémoire ni entendement même de soixante ans et c'est à cause de la fréquentation que dessus et en suivant laquelle, il a vu faire plusieurs

---

(1) Voyages de Marco Polo publiés en 1824 par la Société de Géographie, d'après la traduction du manuscrit conservé à la Bibliothèque nationale.

monceaux, puits et bouches de la part dudit de Saint-Quentin dans lesdites limites et en extraire et consommer du charbon, brûler et vendre et en recevoir de l'argent sans nul contredit ni débat. »

Cet extrait témoigne d'une exploitation fort ancienne.

L'emploi de la houille dans les villes ne se répandit pas sans difficultés, créées par les autorités locales. En Angleterre, sous le règne de la reine Elisabeth, un député des communes porta devant le Parlement une action pour que son usage fût interdit, au moins pendant la session du Parlement, à cause des fumées qu'elle répandait.

Le Parlement de Rouen rendit, les 3 et 29 mars 1510, deux arrêts « enjoignant à tous serruriers, maréchaux et aultres gens usant du charbon de terre, de, avant le jour et feste de Saint-Jean, hausser leur cheminée de deux piez au moins afin que la fumée dudit charbon se puisse évaquer par au-dessus des maisons (1) ».

A Paris, le 15 juillet 1520, la Faculté délibéra sur les dangers et inconvénients créés par l'introduction du charbon anglais.

Ces diverses citations montrent que le charbon de terre était assez anciennement connu en Europe. Toutefois, la grande extension des exploitations houillères est assez récente, en France, du moins. Les gisements d'Anzin furent découverts en 1734, ceux de Carmaux en 1759 : ceux d'Alais en 1809. Le riche bassin du Pas-de-Calais a été découvert encore plus récemment, en 1852.

Progrès de l'extraction de la houille. — Depuis cinquante années, sous l'influence du mouvement économique dont le facteur principal a été la création des

---

(1) *Revue de Normandie*, 1864, t. CXLI, p. 320.

chemins de fer, la production de la houille n'a cessé de s'accroître d'une façon continue.

Elle atteignait, pour le dernier exercice, le total de 550 millions de tonnes qui se répartissent comme il suit :

Grande-Bretagne	198.550.000	tonnes.
Etats-Unis	174.200.000	—
Allemagne	85.700.000	—
France	28.750.000	—
Belgique	21.250.000	—
Autriche-Hongrie	11.030.000	—
Russie	9.230.000	—
Australie	5.430.000	—
Japon	4.850.000	—
Indes anglaises	3.910.000	—
Canada	3.400.000	—
Espagne	1.850.000	— (1)

Taux de l'accroissement de la consommation. — Sa diminution. — C'est surtout dans la période de 1850 à 1870 que l'expansion de la production houillère s'est manifestée sur le vieux continent. La poussée fut telle et la progression si rapide, qu'on se demanda avec anxiété quel serait le sort de l'industrie future en présence des mines taries.

La crise houillère de 1873 conduisait aux conclusions les plus pessimistes. Les économistes calculaient qu'aux taux de l'augmentation de la consommation, la production française doublerait tous les douze ans et demi, la production anglaise tous les quinze ans et demi, la

---

(1) Depuis que ces lignes ont été écrites, la production de la houille en 1899 a été publiée. Elle a atteint pendant cette dernière année le total de 627.500 tonnes dans le monde entier.

Les Etats-Unis d'Amérique ont pris la tête avec **218.000** tonnes. Ils sont suivis par la Grande-Bretagne avec **212.000**, puis par l'Allemagne avec **110.000**,

La France ne vient qu'en quatrième ligne avec **32.000** tonnes, suivie par la Belgique, **22.000** tonnes.

production belge tous les vingt et un ans. En supposant la continuation de cette progression, ce qui semblait même timide, en présence de l'accroissement de la consommation, toutes les réserves de la Grande-Bretagne et de la France seraient épuisées en deux ou trois cents ans.

L'événement a fort heureusement déjoué ces redoutables pronostics.

Certainement, la production houillère n'a cessé d'augmenter depuis 1850 et dans certains pays, comme les États-Unis, l'expansion a été formidable, mais, loin d'augmenter, comme on pouvait le présager, *le taux* de l'accroissement n'a cessé de décroître (1). D'après M. Nasse, ingénieur des mines allemandes, le taux d'accroissement pendant les quatre dernières périodes décennales aurait été celui que donne le tableau ci-après :

PAYS	1850-60	1860-70	1870-80	1880-90
	p. 100	p. 100	p. 100	p. 100
France	85	56	42	37
Grande-Bretagne	80	38	30	25
Belgique	60	40	22	22
Allemagne	146	116	64	54
Autriche-Hongrie	267	129	82	68
Russie	152	460	331	97
Espagne				
Italie	410	98	73	51
Suède				
États-Unis	167	117	115	84
Canada	85	121	86	126

(1) Production totale de la houille et de l'anthracite aux États-Unis :

1850.	7.173.850	tonnes.
1860.	15.173.409	—
1870.	32.854.690	—
1880.	71.426.496	—
1890.	140.039.970	—
1892.	158.000.000	—
1897.	174.216.000	—

Causes économiques qui limitent la consommation de la houille. — Les causes de ce ralentissement dans l'augmentation de la production sont multiples.

Il en est tout d'abord une que signalait M. L. Gruner, dès 1876, au Congrès de l'Industrie minérale, réuni à Douai : « Tôt ou tard, disait-il, on devra atteindre, dans tout pays, un maximum de production houillère forcément limité par la nature même des choses. En Angleterre, ce maximum ne me paraît guère devoir être supérieur à 250 millions de tonnes ; il suppose déjà un million de mineurs et une population ouvrière de 5 millions d'âmes. »

Confirmant cette thèse, M. de Lapparent émet les mêmes conclusions rassurantes (1). « La chose s'explique sans peine, dit-il, car il y a une limite à cette expansion industrielle, qui n'est autre que la mise en pleine valeur des richesses naturelles d'un pays. Cette limite est bien près d'être atteinte le jour où le réseau des voies de communication se trouve assez serré, d'une part, pour que les éléments nécessaires à la production arrivent partout à bas prix, d'autre part, pour qu'aucun produit n'éprouve de gêne à se rendre au point où il peut y avoir le plus d'intérêt à le faire consommer. Or, ne peut-on prétendre qu'aujourd'hui l'Europe occidentale est à peu près saturée de chemins de fer ? L'Angleterre et la Belgique possèdent un réseau dont les mailles pourraient difficilement être plus petites. A un petit nombre d'exceptions près, la France ne peut guère s'enrichir que de chemins à voie étroite. Quant aux lignes nouvelles qu'il reste à construire dans les pays méditerranéens, elles peuvent apporter à ces pays un réel supplément de prospérité, mais, pour nos contrées du Nord, ce serait

______

(1) *La question du charbon de terre*, p. 109.

bien peu de chose à côté du débouché que les chemins
de fer de l'Union américaine offraient aux forges du
vieux monde. Si donc il y a encore plus d'un progrès à
attendre comme mise en valeur des ressources des
diverses contrées de l'Europe, nous ne croyons pas qu'il
puisse s'y accomplir rien de comparable au mouvement
qui a marqué surtout le troisième quart du xix⁰ siècle.
Assurément, nous ne prétendons pas que la limite des
besoins de l'humanité civilisée soit atteinte. A cet égard,
l'homme est insatiable et inventera toujours du nouveau;
mais ce ne sera plus dans la même mesure. Il n'y a pas
à se le dissimuler, le grand effort est fait et il ne reste
plus guère qu'à glaner dans le champ qui a déjà fourni
une si riche moisson. »

*Progrès techniques qui permettent d'économiser la
houille.* — A ces arguments d'ordre économique, s'en
ajoutent d'autres purement techniques.

Les progrès apportés à la construction des machines
et aux méthodes industrielles n'ont cessé d'améliorer
les conditions dans lesquelles les combustibles sont
employés. On les économise, on les ménage, afin
d'obtenir les prix de revient décroissants que commande
la concurrence.

C'est ainsi que, de 1848 à 1898, la quantité de combustible nécessaire pour la production d'une tonne de
fonte a diminué de 2.037 kilogrammes à 1.197 kilogrammes (1), grâce aux perfectionnements de l'outillage,
à l'emploi des gazogènes, à l'utilisation plus parfaite des
menus et aussi à l'augmentation du rendement des
unités de fabrication.

Les machines à vapeur, qui sont, comme on le sait, de
si mauvais transformateurs de l'énergie calorifique du
charbon, dont elles n'utilisent qu'une infime partie, pré-

____

(1) *Cinquantenaire de la Société des Ingénieurs civils.*

sentent également une marge considérable à de futures économies.

Un ingénieur américain, M. F.-W. Dean, a fait ressortir dans une conférence devant la Société américaine des Ingénieurs mécaniciens, au mois de décembre 1897, les progrès qui ont été réalisés, de 1870 à aujourd'hui, dans la construction et la conduite de ces engins.

Il estime que par suite de perfectionnements dans les grilles, de l'emploi de réchauffeurs d'eau d'alimentation par les gaz chauds sortant des carneaux, etc., la production de la vapeur est obtenue avec 21 p. 100 d'économie et que l'utilisation de la vapeur dans le moteur lui-même a permis de réaliser des économies successives qui vont à un total de 37 p. 100 (1).

L'avenir de la consommation houillère. — Pour ces diverses causes, on peut admettre que les pays de l'Europe occidentale ont devant eux de quoi suffire à leur consommation de houille pendant encore cinq ou six cents ans.

Après ? Autant qu'on puisse faire des conjectures ayant quelque caractère de précision à pareille distance, il faudra aller chercher le combustible en Amérique.

Là, la nature a été singulièrement prodigue.

Sur les 552.000 kilomètres carrés (la millième partie de la surface du globe) dont se compose l'étendue de tous les bassins houillers de l'univers, les États-Unis en possèdent à eux seuls 509.000, soit 92 p. 100 environ.

Ces couches (dont une seule, celle de Pittsbourg, se continue avec une puissance de 1 à 3 mètres sur 50.000 kilomètres carrés et a vingt fois l'étendue de tous les bassins houillers de la France) suffiraient à assurer pendant onze mille ans la consommation totale du globe

---

(1) Voir le *Bulletin de la Société des Ingénieurs civils* de janvier 1898.

estimée à son taux actuel de 500.000.000 de tonnes par
an (1)!

A côté de cette formidable réserve, d'autres pays
lointains s'annoncent comme devant contenir des quan-
ités considérables de charbon. L'Australie possède un
Newcastle, déjà rival du Newcastle anglais, et des couches
tellement riches qu'une seule d'entre elles est estimée
contenir 84 milliards de tonnes. La Nouvelle-Zélande
entre également en ligne.

Et quelles surprises ne nous réserve pas, dans l'avenir,
l'exploration des pays encore inconnus, de l'immense
Chine à peine entr'ouverte, de l'Amérique tout entière,
des mystérieuses contrées du continent noir!

Ainsi, ce serait une crainte chimérique que de voir
l'humanité privée à bref délai de son auxiliaire le plus
précieux : le charbon. Ce qui l'est moins, c'est la perspective d'un nouvel élément de dépendance de l'ancien
continent vis-à-vis de cette puissance sans cesse gran-
dissante : les États-Unis. Le devoir du vieux monde, qui
n'a pas su montrer à temps, sur un autre terrain, l'énergie de ses moyens de défense, est au moins de rechercher, à défaut d'une exportation dont l'espoir lui échappe,
les moyens de se suffire à lui-même et de retarder encore
une échéance qui est la conséquence de la loi fatale qui
entraîne vers l'Ouest le centre de gravitation des inté-
rêts économiques et politiques du monde entier.

Intervention de l'énergie solaire actuelle. —
C'est ainsi qu'intervient, comme un élément d'épargne
et de salut, la seconde catégorie des phénomènes physiques et météorologiques qui représentent, non plus
cette fois l'épargne séculaire de la chaleur du soleil,
mais son action immédiate et directe.

-----

(1) *La question du charbon de terre*, par A. de Lapparent, p. **117**.

Son action calorifique détermine, dans les mers et dans l'atmosphère, en un cycle ininterrompu, l'évaporation de l'eau des océans, la formation des nuages, leur condensation en neige sur le sommet des montagnes, en pluie dans les zones moyennes et leur retour à la mer sous la forme de chutes d'eau, de torrents, de rivières et de fleuves.

Les vents, le flux éternel de la mer résultant des marées, les courants liquides qui sillonnent la surface des continents et agitent la masse des océans sont autant de mouvements nés de l'action du soleil et ne devant finir qu'avec elle et dans lesquels l'homme peut espérer trouver une compensation au gaspillage des réserves d'énergie houillère emmagasinée dans le sol (1).

Ressources d'énergie contenues dans les eaux courantes de la France. — Un simple calcul montre quelle est approximativement l'importance de cette énergie pour le sol de notre pays.

La superficie de la France est de 548.830 kilomètres carrés, sur lesquels il tombe annuellement une hauteur moyenne de $0^m,770$ de pluie.

C'est donc près de 400 millions de mètres cubes, dont la majeure partie s'évapore, laissant couler à la mer 190 millions de mètres cubes, au régime de 6.000 mètres cubes par seconde. Eu égard à l'altitude moyenne du sol, ce débit correspond approximativement à dix mil-

---

(1) En 1847, il y avait en France 4.853 machines fixes et locomobiles représentant une puissance totale de 59.762 chevaux. En 1897, le nombre des machines était de 65.595 et leur puissance de 1.163.205 chevaux.

Cette puissance représente celle de 3.500.000 chevaux animés ou celle de 23 millions d'hommes ; elle est donc égale à une force supérieure à celle qui pourrait être développée par la population mâle de la France. (*Cinquantenaire de la Société des Ingénieurs civils.*)

lions de chevaux-vapeur dont la production exigerait la combustion annuelle de 100 millions de tonnes de charbon.

Certes, la totalité de cette énergie ne serait pas utilisable, car l'aménagement des cours d'eau n'est pas possible partout. Mais, comme la France ne consomme annuellement que 25.000.000 de tonnes de houille, on voit qu'il suffirait d'utiliser le quart de la force hydraulique totale pour obtenir une énergie mécanique équivalente (1).

Le nombre de dix millions de chevaux-vapeur, auquel on arrive par un calcul théorique, représente-t-il exactement la puissance hydraulique contenue dans les cours d'eau du sol français? Cela est peu vraisemblable et il ne faut attacher à cette évaluation qu'une confiance relative, tant qu'elle n'aura pas été confirmée par une statistique. Aujourd'hui, que les progrès immenses faits depuis quelques années dans les procédés d'utilisation des chutes ont appelé l'attention sur un moyen commode et économique d'obtenir la force, la lumière et l'énergie sous ses diverses formes, les moindres torrents des montagnes sont l'objet d'études attentives en vue de leur mise en valeur. Une chute d'eau, petite ou grande, est considérée avec raison comme un élément de fortune pour le cercle qu'elle peut desservir. On voit se produire en maintes contrées, toutes proportions gardées, la fièvre de l'eau comme sévit ailleurs la fièvre de l'or. Aussi l'inventaire des forces hydrauliques utilisables se fait-il, petit à petit, sous la seule pression de l'intérêt. Alors seulement qu'il sera terminé, on pourra avoir une idée précise de cette richesse naturelle en France.

A priori, à part les régions comme les Pyrénées et

---

(1) Les barrages de la Seine représentent à eux seuls une énergie de 20 à 25.000 chevaux.

les Alpes, notre pays ne paraît pas être dans les plus favorisés. L'immense territoire des Etats-Unis contient une unité qui, à elle seule, possède une puissance hydraulique presque égale à la nôtre. Les chutes du Niagara représentent 7.000.000 de chevaux.

Plus près de nous, les célèbres chutes du Rhin, près de Schaffouse, sont évaluées à 1.750.000 chevaux, Les innombrables torrents et chutes de la Suisse offriront à l'industrie des ressources considérables. On estime déjà à 200.000 chevaux environ la puissance qui y est actuellement aménagée et utilisée.

Autres sources d'énergie. — A côté des chutes d'eau, les autres sources d'énergie naturelles et en particulier le vent et les marées, moins faciles à aménager et à utiliser, ne paraissent, quant à présent, pouvoir constituer qu'un appoint. Mais si l'on considère que leur terrain d'évolution est tout à fait différent, que, par leur nature même, les marées ne sont utilisables que sur la marge cotière des continents et que les vents règnent plus particulièrement dans les mêmes zones, on est amené à conclure qu'il serait imprudent de négliger l'étude de leur captation. Il est aisé de se rendre compte, d'ailleurs, qu'elles sont loin de représenter une puissance négligeable. C'est ainsi qu'on estime à environ dix mille chevaux l'effort produit par le va-et-vient de la marée dans l'embouchure de la Mersey à Liverpool.

Quelques exemples existent de la transformation en travail effectif de l'énergie contenue dans le flux et le reflux de l'Océan; mais ils sont rares, car l'aménagement est, dans ce cas, d'un prix extrêmement élevé. On évalue à environ 5.000 francs par cheval la dépense necessaire. Elle est donc, sauf certains cas particuliers, quant à présent, prohibitive de ce genre de production de force.

Il n'en est pas de même des moulins à vent, dont

l'action est moins régulière, mais qui peuvent donner des résultats avantageux par l'emploi combiné d'une dynamo et d'accumulateurs.

Conclusion. — Nous avons donc des moyens précieux et de plus en plus pratiqués, d'économiser nos réserves de houille, en généralisant l'aménagement des forces naturelles pour l'utilisation de l'énergie potentielle qu'elles renferment. Une grande quantité de l'énergie mécanique fixe peut être utilisée de la sorte. Mais, de longtemps encore sans doute, malgré la rapidité avec laquelle naissent, de nos jours, les progrès les plus imprévus, nous ne sommes pas appelés à voir la métallurgie, la grande navigation, l'industrie des transports à grande vitesse, se passer du concours de la houille. Dans le premier cas, c'est sa chaleur et non son énergie mécanique qui est nécessaire. Dans les autres, la facile mobilité du combustible crée à son profit un avantage qui écarte toute concurrence.

Les cours d'eau ne sont pas aménageables en tous les points de leur cours. Il faut prendre leurs chutes où elles sont et les utiliser dans un rayon déterminé.

C'est pour l'extension croissante de ce rayon d'action, problème qui intéresse à un si haut degré l'avenir économique et social des pays tels que le nôtre où l'approvisionnement de charbon est médiocre, que l'électricité est providentiellement intervenue, avec une souplesse d'action rassurante qui peut nous faire envisager avec moins d'inquiétude une des plus redoutables éventualités de l'avenir.

CHAPITRE VII

LA TRANSMISSION A DISTANCE DE L'ÉNERGIE MÉCANIQUE PAR L'ÉLECTRICITÉ

Considérations générales. — Premières expériences de transport de l'énergie par l'électricité. — Premiers essais de M. Marcel Deprez. — Autres expériences de M. Fontaine et de divers électriciens. — Influence du prix de la ligne. — Emploi des potentiels élevés. — Augmentation du potentiel de la ligne. — Courants polyphasés. — Champ tournant. — Lignes à trois fils. — Transport de Francfort à Lauffen. — Chutes du Niagara. — Transports électriques d'énergie en Suisse. — Transports d'énergie en France. — Le triphasé. — Convertisseurs rotatifs. — Limite d'emploi des courants alternatifs.

Considérations générales. — Lorsqu'on a à organiser un service municipal, tel qu'une distribution d'eau, de force, de lumière électrique, on est tout d'abord amené à rechercher, pour l'usine motrice, un emplacement dont le prix corresponde aux dépenses minima de premier établissement et d'exploitation.

C'est généralement dans les faubourgs ou dans la banlieue qu'on le choisit, souvent en dehors des limites de l'octroi, pour éviter une majoration de prix sur le charbon et les autres matières premières.

Plus l'usine sera éloignée du centre, plus les frais seront réduits.

Mais alors, d'autres éléments augmentent en sens inverse, proportionnellement à la distance qui accroît le coût du transport aux points où elle doit être utilisée, de la puissance qu'on a créée au loin, ainsi que le déchet perdu dans ce transport.

Le voisinage d'une chute d'eau, lorsqu'une hauteur et un débit, suffisants en toute saison, permettent d'en tirer parti, est une bonne fortune, assez rare dans les pays de plaines, fréquente dans les régions montagneuses.

L'aménagement en est généralement assez coûteux. Lorsqu'on a fait les travaux hydrauliques nécessaires, acheté et fait installer les turbines, la note à payer est le plus souvent plus élevée que lorsqu'on a simplement à installer un moteur à vapeur. Mais le coût de la consommation est bien inférieur et permet un amortissement rapide.

Par contre, le choix du point de départ ne présente pas une grande élasticité. Il est presque absolument imposé par les conditions géographiques et le tracé du cours d'eau auquel sera empruntée la puissance initiale.

Les considérations qui ont été développées dans le précédent chapitre montrent l'importance actuelle des forces motrices naturelles et le rôle capital qu'elles sont appelées à jouer dans l'avenir. Longtemps négligées ou imparfaitement utilisées, elles sont, depuis peu, l'objet d'une sollicitude croissante. Le moindre filet d'eau qui s'écoule des montagnes est analysé dans son régime, en vue de sa mise en valeur pour l'éclairage du village voisin, ou la domestication de la force chez ses habitants, de même que les plus grandes chutes deviennent le centre de création de véritables villes industrielles.

C'est une richesse, jusqu'ici presque inexploitée, qui offre la perspective de ressources immenses.

Jusqu'à ces dernières années, les procédés de transmission de l'énergie se limitaient à peu près exclusivement à l'emploi des câbles télodynamiques et à celui de l'eau sous pression.

L'électricité n'était entrée encore en ligne que pour la transmission à très grande distance, il est vrai, des efforts minuscules qu'utilise la télégraphie.

Premières expériences de transport de l'énergie par l'électricité.

— L'idée d'utiliser le courant électrique pour la transmission de l'énergie mécanique n'est pas bien ancienne. Elle date de 1873 et fut mise en pratique, pour la première fois, à l'Exposition de Vienne, par son auteur, M. Hippolyte Fontaine, qui appliqua le principe de la réversibilité des dynamos à la mise en mouvement d'une pompe centrifuge (1).

---

(1) Dans une notice publiée en 1885 sur les *Transmissions électriques*, M. Hippolyte Fontaine a raconté les conditions dans lesquelles fut faite cette expérience mémorable. Les applications du transport à distance de l'énergie mécanique se sont développées à tel point depuis quelques années et elles font pressentir pour l'avenir des résultats si considérables, qu'il est intéressant de reproduire son récit qui précise un point important de l'histoire des applications de l'électricité.

« En 1873, dit-il, l'ouverture de l'Exposition de Vienne eut lieu solennellement le 1er mai, c'est-à-dire à la date fixée, quatre ans avant, par le décret impérial. Seule, la galerie des machines fut momentanément fermée au public, parce que les installations étaient inachevées et pouvaient présenter quelque danger aux visiteurs.

« Je m'occupais alors d'organiser une série d'appareils qui paraissaient pour la première fois dans une Exposition internationale et qui devaient fonctionner ensemble ou séparément. C'était, en première ligne, une machine dynamo-électrique Gramme, destinée aux opérations électro-chimiques et capable de produire un courant continu d'environ 25 volts et 400 ampères.

« Cette machine devait être mue par un moteur à gaz, système Lenoir, et argenter des médailles et divers objets commémoratifs. Puis, une machine à aimants que je me proposais d'actionner au moyen d'une pile ou d'un accumulateur Planté, pour montrer la reversibilité de la merveilleuse machine de M. Gramme, alors dans toute sa nouveauté. J'avais aussi un moteur à vapeur de mon invention, chauffé au coke, et pouvant développer un travail de

Premiers essais de M. Marcel Deprez. — L'exposition d'électricité de 1881, qui donna une si vive impulsion à toutes les branches des études électriques, ne pouvait manquer de susciter des recherches et des travaux intéressants sur un sujet dont l'importance pratique n'échappait à personne.

---

25 kilogrammètres; un moteur domestique du même type, chauffé au gaz, mais d'une puissance moindre; une pompe centrifuge Neut et Dumont, installée sur un grand réservoir en tôle; un aimant Jamin portant une armature de 750 kilogrammes et divers appareils dont la nomenclature est inutile ici.

« Pour donner un peu de variété aux expériences, j'avais disposé la pompe centrifuge de façon qu'elle pût être commandée, soit par le moteur électrique Gramme, soit par la machine Fontaine, chauffée au coke, soit, enfin, par le moteur domestique chauffé au gaz.

« Le 1er juin, on nous annonça que la galerie des machines serait inaugurée le lendemain, à 10 heures du matin, par l'empereur et l'état-major de l'Exposition. Rien n'était terminé, mais ceux-là seuls qui se sont trouvés en pareil cas savent ce qu'on peut exécuter en quarante-huit heures, et quelle prodigieuse transformation s'opère dans une grande Exposition de la veille au jour de son ouverture définitive. Dans chaque section, les commissaires disposant d'une armée d'ouvriers faisaient procéder à l'enlèvement des caisses et des charpentes provisoires, des outils, etc., et à la décoration des espaces réservés à leurs nationaux. Ces messieurs visitaient toutes les installations, cherchaient parmi les appareils exposés ceux qui faisaient le plus d'honneur à leur pays, afin de les faire remarquer à l'empereur et d'arrêter le cortège le plus longtemps possible dans leurs sections respectives. M. Roulleaux-Dugage, qui dirigeait les travaux de la section française, vint me voir, en compagnie du baron Eugerth, commissaire général des installations mécaniques, et me pria de faire manœuvrer tous les appareils de mon exposition pendant l'inauguration de la galerie en insistant surtout sur les machines Gramme.

« Je me mis immédiatement à l'œuvre et, dans la journée du 2 juin, j'eus la satisfaction de voir tourner la grosse machine Gramme, les moteurs Fontaine et la pompe centrifuge Neut et Dumont. Mais, il me fut impossible d'actionner la petite machine Gramme au moyen de la pile et de l'accumulateur dont je disposais.

« Cela me contrariait, d'autant plus que je tenais principalement à montrer la réversibilité des nouveaux appareils électriques.

« Toute la soirée et toute la nuit, je m'ingéniai à trouver un

C'est à M. Marcel Deprez qu'on doit, après M. H. Fontaine, l'honneur des premières applications expérimentales de ce problème.

La première en date eut lieu à l'occasion de l'Exposition d'électricité de Munich (1882), entre cette ville et Miesbach, à 47 kilomètres. Le travail transporté était

---

moyen de me tirer d'affaire et c'est seulement le 3 au matin, quelques heures avant le passage de l'empereur, que l'idée me vint de prendre une dérivation de la grosse machine Gramme pour actionner la petite. Comme il me manquait du fil conducteur, je m'adressai au représentant de la maison Manhès de Lyon, qui me prêta obligeamment plusieurs bottes de fil de cuivre pour mon expérience. Je mis d'abord 250 mètres environ de conducteur entre les deux machines Gramme et quand je vis que, non seulement la machine à aimant tournait, mais encore qu'elle actionnait la pompe avec une vitesse telle que l'eau était projetée hors du réservoir, j'ajoutai du fil jusqu'à ce que le jet d'eau devint normal : le conducteur avait alors plus de 2 kilomètres de longueur totale.

« Cette longueur inusitée de câble, que je n'avais augmentée que pour donner à la pompe une vitesse convenable, me suggéra l'idée qu'on pourrait, avec deux machines Gramme, transporter des forces à grande distance. Je parlai de cette idée à un grand nombre de personnes et je la consignai dans la *Revue industrielle* de 1873 et dans l'ouvrage que je fis paraître sur l'Exposition de Vienne au commencement de 1874 ; la publicité que je lui donnai fut tellement immédiate et tellement considérable que je n'eus ni le temps, ni même la pensée de prendre un brevet d'invention pour m'en conserver le bénéfice.

« J'ajoute que, travaillant depuis deux années déjà avec M. Gramme qui m'a appris tout ce que je sais en électricité et qui avait, m'a-t-il dit depuis, déjà fait tourner deux de ses machines l'une par l'autre, j'ai toujours considéré que l'honneur de mon expérience revenait à la Société Gramme, dont j'ai été pendant quatorze ans le seul administrateur.

« L'expérience eut à Vienne un grand succès et le nombre des personnes qui en furent témoins est considérable.

« En 1876, la Société Gramme installa à Philadelphie une transmission électrique qui eut également un vif succès de curiosité.

« En 1878, à l'Exposition de Paris, la démonstration fut plus complète, en ce sens que trois outils, une petite presse typographique, une pompe et un ventilateur, fonctionnèrent simultanément ou séparément à l'aide d'une seule machine électrique génératrice et de trois réceptrices. »

faible et le rendement médiocre (un cheval au départ ; un quart de cheval à l'arrivée) et, en fait, l'expérience ne réussit que d'une façon imparfaite en raison du mauvais état des machines, qui fonctionnaient mal sous la tension, considérable pour l'époque, qu'on leur demandait (1.343 volts).

Mais elle eut une grande importance, parce qu'elle posa immédiatement la question sur son véritable terrain qui est l'utilisation des potentiels élevés, qui, seuls, permettent d'augmenter la résistance de la ligne et de réduire l'importance de celle-ci dans le prix de revient du transport.

Aussi est-ce dans le même ordre d'idées que furent faites successivement par **M.** Marcel Deprez et ses collaborateurs une nouvelle série d'expériences.

La première eut lieu en 1883, entre Paris (gare du Nord) et le Bourget (17 kilomètres). Le conducteur était un double fil télégraphique ordinaire.

Génératrice . . . . 1.290 volts.
Travail absorbé par la génératrice . . . . . 6 ch. 20
Travail recueilli sur l'arbre de la réceptrice.   2 ch. 03

Cette expérience fut répétée la même année entre Grenoble et Vizille avec les mêmes machines.

En 1884, sous le puissant patronage de la Compagnie du Nord et de MM. de Rothschild, ces expériences furent renouvelées et permirent le transport de 70 à 110 chevaux entre Creil et Paris avec un rendement de 40 p. 100 sous une tension de 5 à 6.000 volts.

Autres expériences de M. Fontaine et de divers électriciens. — De son côté, M. Fontaine reprenait la question en employant, non plus une seule machine à force électro-motrice élevée, mais plusieurs machines accouplées en tension.

L'impulsion était donnée.

En 1887, la Société suisse d'Œrlikon installait un transport de force de 50 chevaux entre Krieg-Stetten et Soleure (8 kilomètres), sur un fil de 6 millimètres et avec 2.000 volts. Le rendement était de 75 p. 100. En France, M. Marcel Deprez créait le transport de 62 chevaux près de Bourganeuf sur une distance de 14 kilomètres, avec un fil de 5 millimètres, une tension de 3.450 volts et un rendement de 60 p. 100 (1889). A Domène (Isère), MM. Hillairet et Huguet transportaient 300 chevaux à 5 kilomètres sur un fil de 7ᵐᵐ,7, sous un potentiel de 2.850 volts avec un rendement de 65 p. 100 (1890).

Exemples de transmissions mécaniques par courants directs. — Depuis, les applications de ce principe n'ont cessé de se développer. Dans un grand nombre d'établissements industriels, on a intérêt à supprimer les transmissions ordinaires par arbres, qui absorbent en résistances passives une très forte proportion de la puissance qu'elles reçoivent et à les remplacer par des transmissions électriques. Le moteur central, très puissant, met en action une génératrice dont le courant est distribué, par autant de lignes, à des réceptrices qui, à leur tour, servent de moteur pour un ou plusieurs outils. C'est simple, commode et économique.

Telle est la combinaison de la figure 146 qui montre une pompe centrifuge accouplée directement à l'aide d'un manchon à une réceptrice électrique montée sur le même bâti. L'ensemble est très compact et peut être installé dans un endroit de dimensions restreintes tel que le fond d'un puits.

De pareils exemples pourraient être multipliés à l'infini. Comme types de l'application de ce système de transmission, nous nous bornerons à citer celui des cabestans électriques de la Compagnie du Nord,

installés par M. E. Sartiaux, et l'organisation d'ensemble
que M. Lazare Weiller a réalisée dans les usines du
Havre, où une puissance centrale d'environ 8.000 che-

Fig. 146. — Pompe centrifuge accouplée directement
à un électro-moteur.

vaux est distribuée électriquement à des appareils de
puissance très variable.

Influence du prix de la ligne. — Tant que la
transmission de l'énergie ne dépasse pas les limites d'un
établissement industriel, la valeur de la canalisation
qui répartit le courant du centre moteur jusqu'aux
organes éloignés qu'elle anime n'a qu'une importance
de second ordre. Bien au contraire, dès qu'on attaque
le problème dans sa généralité, c'est-à-dire lorsqu'on
envisage le cas d'une puissance motrice qu'il faut trans-

porter sous forme d'énergie électrique du lieu où on la recueille aux lieux où on l'utilise, à plusieurs kilomètres de distance généralement, le prix de la ligne, avec ses supports, devient un gros élément de la dépense, qui croit rapidement avec la distance et qu'il faut s'efforcer de réduire à son minimum.

La résistance électrique de la ligne est d'autant plus faible, pour une distance donnée, que le conducteur est plus gros ; en d'autres termes, elle est inversement proportionnelle à la section de ce conducteur, ou au carré de son diamètre, et, plus la distance augmente, plus cette section doit augmenter elle-même, si l'on veut conserver à la ligne une même résistance totale.

Or, les conducteurs électriques sont formés de fils de cuivre, et si ce métal n'est pas rangé parmi les métaux précieux, il n'est pas non plus dans la catégorie des métaux bon marché.

Il vaut, à l'heure actuelle, en fils, environ 220 francs les 100 kilogrammes et on se rendra compte de l'influence du prix de la canalisation si nous disons qu'un simple fil de 4 millimètres de diamètre, gros par conséquent comme les fils télégraphiques ordinaires en fer, pèse 112 kilogrammes par kilomètre. Comme les lignes électriques de transport sont composées de deux fils, une telle canalisation coûterait, pour 1 kilomètre seulement, près de 500 francs, sans tenir compte des poteaux, des isolateurs qui supportent les fils, de la pose de la ligne, etc., tous éléments qui augmentent rapidement avec le poids du fil employé.

Emploi des potentiels élevés. — Il n'y a qu'un moyen pratique de diminuer la section du fil. L'énergie à transporter étant $(E \times I)$, celui qui consiste à avoir une petite force électro-motrice E et un grand débit I, c'est-à-dire une faible résistance de la ligne, serait théoriquement le plus avantageux. En réalité, il serait inapplicable à cause du prix de la ligne. Il vaut mieux, pour arriver au même produit EI, diminuer I et augmenter la force électro-motrice E.

Si l'on remarque qu'en vertu de la loi de Ohm, on a $I = \dfrac{E}{R}$, l'expression du travail électrique, EI, peut se mettre sous la forme $E \times \dfrac{E}{R}$, c'est-à-dire $\dfrac{E^2}{R}$; on voit que la valeur du travail conserve la même valeur soit qu'on double la force électro-motrice, soit qu'on réduise la résistance de la ligne au quart.

Cela résulte de l'égalité

$$\frac{(2E)^2}{R} = \frac{E^2}{\dfrac{R}{4}}.$$

Il en est de même, soit qu'on triple la force électro-motrice, soit qu'on réduise la résistance au neuvième.

La solution industrielle consiste donc, en généralisant ce principe, à donner au potentiel des valeurs croissantes, ce qui permet de diminuer en même temps, dans la proportion du carré, le poids et par conséquent le prix de la ligne.

C'est pour cela que, dans les premières expériences de transport de force, nous avons vu les efforts des inventeurs tendre à l'emploi de potentiels de plus en plus hauts.

Augmentation du potentiel de la ligne. — Or, l'emploi de tensions élevées nécessite des précautions tout à fait spéciales, et, en pratique, il y aurait un certain danger, non seulement pour la sécurité du personnel, mais aussi pour la conservation des machines, à aller trop loin dans cette voie.

Il n'en est pas de même en ligne, quoique la présence, en pleine campagne ou le long des routes, de fils à un potentiel élevé ne soit pas sans présenter quelques inconvénients.

On a beau élever les conducteurs hors de la portée de la main, les isoler avec toutes les précautions possibles, multiplier les avertissements au public, on n'est jamais à l'abri des accidents qui peuvent résulter d'une imprudence, de la malveillance, de la chute accidentelle d'un poteau ou d'un fil.

Mais ce sont là des conditions communes à toutes les branches de l'industrie moderne, et il faut se résigner à courir quelques risques en présence des nécessités qu'impose le progrès.

Avec les courants alternatifs, du moins, on a trouvé le moyen de localiser, dans la ligne seule, les hauts potentiels qu'exige la diminution de section des conducteurs.

Aux usines de départ et d'arrivée, les générateurs et récepteurs fonctionnent à potentiel réduit.

Ce résultat est obtenu à l'aide des *transformateurs*.

Une transmission d'énergie se compose donc en principe : 1° au point de départ, d'une dynamo génératrice suivie d'un transformateur qui élève le potentiel du courant à son entrée dans la ligne; 2° de la ligne; 3° au point d'arrivée, d'un transformateur qui réduit le potentiel du courant à son entrée dans la dynamo réceptrice.

Malheureusement, le problème ne se présente pas, en pratique, avec un caractère de simplicité aussi complète.

L'emploi des transformateurs exige l'utilisation de courants alternatifs, et d'autre part l'emploi des alternateurs ne va pas sans certains inconvénients auquels il a fallu parer (1).

Courants polyphasés. — Il y a une dizaine d'années, MM. Nicolas Tesla et Galileo Ferraris appelèrent l'attention sur l'emploi de courants alternatifs de périodes égales, mais de phases *décalées*.

On comprendra aisément ce que veut dire cette

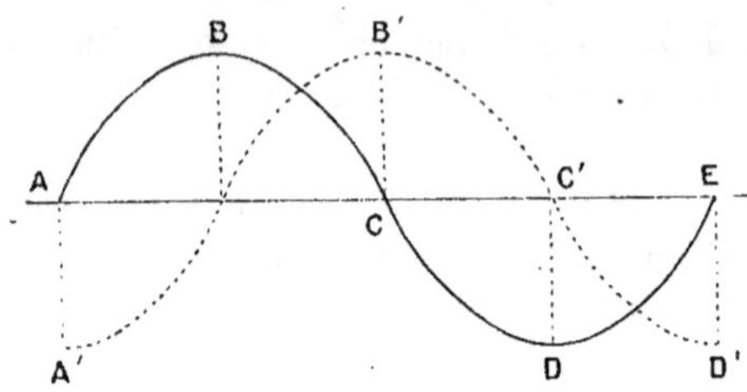

Fig. 147. — Courants alternatifs décalés d'un quart de période.

expression en se reportant à la représentation graphique des courants alternatifs.

Imaginons un premier courant dans lequel les variations de la force électro-motrice sont représentées par la sinusoïde ABCDE (fig. 147), et un second cou-

---

(1) Malgré la vogue qu'ont obtenue les courants alternatifs pour le transport électrique de l'énergie, l'emploi des courants directs, dans le même but, a encore des adeptes fervents.

C'est ainsi qu'un ingénieur suisse, M. Thury, vient de constituer une transmission de 5.000 chevaux à 58 kilomètres de distance, entre St-Jean-de-Maurienne et Lausanne, avec dix génératrices à courant direct d'un potentiel individuel de 2.200 volts, associées en série, et donnant, par conséquent, une tension totale de 22.000 volts.

L'emploi de ce potentiel élevé nécessite des dispositions protectrices variées aux stations extrêmes.

Nous nous bornerons à signaler celle qui consiste à isoler les dynamos du sol en les plaçant sur un ensemble d'isolateurs en verre.

rant A'B'C'D'E' identique au premier, mais commençant au moment où celui-ci passe par son maximum. Ce second courant est dit être *décalé*, par rapport au premier, *d'un quart de période*.

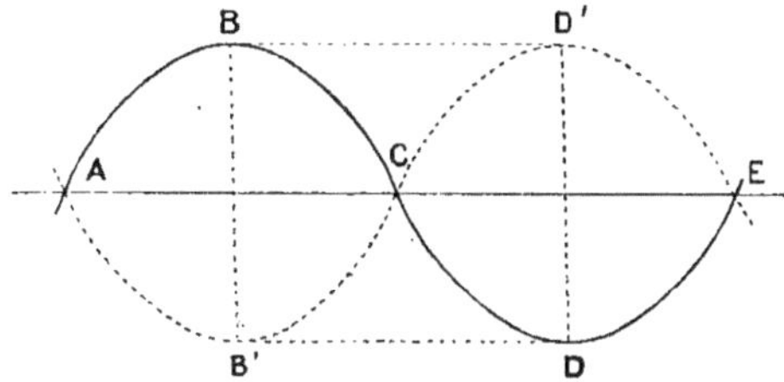

Fig. 148. — Courants alternatifs en opposition.

Si le décalage est d'une demi-période, les courants sont en opposition (fig. 148).

Si le décalage est d'*un tiers de période* (fig. 149), on peut concevoir trois courants ABCDE, A'B'C'D'E', A"B"C"D"E", dont on combine l'action dans des dynamos spéciales qui portent le nom de dynamos *triphasées*.

Les courants *diphasés*, *triphasés* et, d'une façon géné-

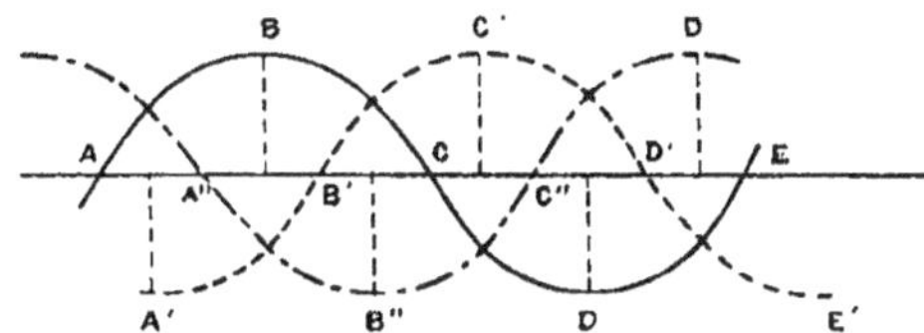

Fig. 149. — Courants alternatifs décalés d'un tiers de période.

rale, les courants *polyphasés* sont donc des courants alternatifs qui ne diffèrent que par leur phase. Leur étude a permis de résoudre d'une façon simple et avantageuse le problème du transport de l'énergie à distance en supprimant les inconvénients qui résultent de l'emploi des alternateurs ordinaires ou *monophasés*.

Champ tournant. — On les combine de façon à produire dans les *alterno-moteurs* ou machines réceptrices un *champ magnétique tournant.*

Qu'est-ce qu'un *champ magnétique tournant?*

La chose est simple et facile à comprendre si l'on imagine un aimant ordinaire, en fer à cheval, placé verticalement et tournant autour de son axe. Dans ce mouvement, il entraînera autour de lui le champ magnétique qui l'entoure.

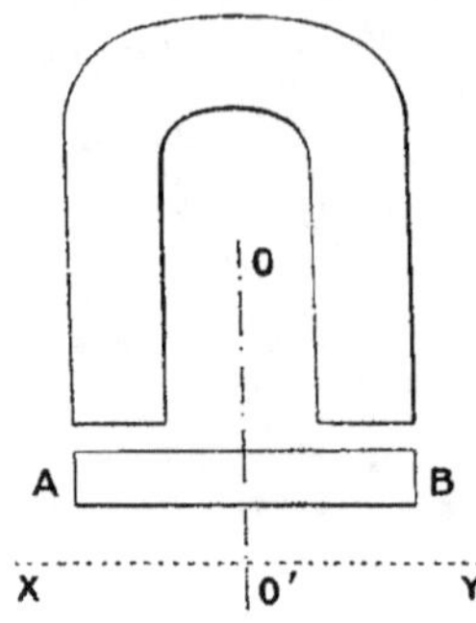

Fig. 150. — Action des champs magnétiques tournants.

Les champs magnétiques tournants ont la propriété de communiquer leur mouvement aux masses métalliques qui sont dans leur voisinage.

Si, en face des pôles de l'aimant (fig. 150), on place un disque de cuivre AB, dès que l'aimant tourne, le disque le suit dans son mouvement (1). C'est là une propriété précieuse qui peut être utilisée; mais si on devait la réaliser en faisant réellement tourner une masse magnétique, il n'y aurait aucun avantage. Heureusement, les courants polyphasés permettent d'obtenir des champs tournants sans mettre aucune masse en mouvement.

Sans entrer dans des développements plus complets à cet égard, il nous suffira d'indiquer qu'en prenant trois courants alternatifs décalés l'un par rapport à l'autre d'un tiers de période et en leur faisant traverser trois bobines disposées en triangle, leur effet sera de produire au centre de ce triangle un champ magnétique tournant.

---

(1) Ce mouvement est dû aux courants de Foucault qui se produisent dans le disque.

Un tel système n'est pas difficile à réaliser en pratique. Il n'y a qu'à tripler le nombre des bobines induites sur la couronne d'un alternateur, en intercalant, entre deux pôles d'électros, trois bobines. Chacune sera traversée par un courant alternatif décalé d'un tiers de période par rapport au précédent, et si on réunit ensemble toutes les bobines de même numéro, on aura en définitive trois courants alternatifs décalés d'un tiers de période (1).

Le moteur correspondant à une telle génératrice de courants sera, à son tour, composé de trois bobines ou d'un multiple de trois bobines à noyaux de fer. On lance dans ces bobines les trois courants alternatifs, ce qui produit au centre du moteur un champ tournant.

Moteurs polyphasés à champ tournant. — L'induit qu'on place dans ce champ est une armature mobile, portant des enroulements fermés sur eux-mêmes. Les courants induits qui naissent dans ces enroulements déterminent, par réaction, un entraînement de cette armature dans le même sens que celui du champ tournant.

L'inducteur est, seul, alimenté par les courants de la ligne.

Pour changer le sens de rotation du moteur, il suffit d'intervertir les pôles d'arrivée de la ligne aux bornes de l'inducteur.

On donne quelquefois le nom de *stator* à l'inducteur de ces moteurs, celui de *rotor* à leur induit.

---

(1) La *fréquence* de ces courants (voir page 188) ou leur *nombre de périodes* (alternatives doubles) par seconde est donnée par le produit $\dfrac{p \times n}{60}$; p étant le nombre des paires de pôles, alternativement positifs et négatifs du champ inducteur et n le nombre de tours de la partie mobile par minute.

- Lorsqu'un tel moteur marche à vide, l'induit accompagne le champ inducteur et tourne *synchroniquement* avec lui. Mais tout effort résistant détermine un retard de vitesse, un glissement relatif de l'induit, par rapport au champ tournant. Ce glissement, s'il se manifestait à un moment donné sous l'influence d'une cause quelconque, pendant la marche à vide, disparaîtrait aussitôt de lui-même, avec la cause qui l'aurait produite, le synchronisme se rétablissant, par l'effet de l'action réciproque du champ tournant et du champ induit.

En charge, c'est-à-dire, lorsque le moteur a à vaincre une résistance, qu'il travaille, en un mot, ce glissement subsiste, ce qui rend le moteur *asynchrone*. Pour les moteurs de puissance moyenne, cet écart de vitesse est d'environ 5 p. 100 de réduction sur la marche à vide.

Ainsi, un moteur tournant, par exemple, à 800 tours par minute à vide, devra tourner à 760 tours en charge.

Moteurs asynchrones. — Les alternomoteurs basés sur le principe que nous venons d'indiquer se construisent, soit avec induit à *court circuit*, soit avec induit enroulé.

Dans le premier type, l'organe mobile a la forme d'une *cage d'écureuil*. Il est constitué par un cylindre formé de feuilles de tôle douce isolées au papier, sur la partie extérieure duquel sont des tiges de cuivre isolées, placées suivant les génératrices et mises en court circuit au moyen de deux couronnes de cuivre placées sur ses bases.

A vide, ce genre de moteur démarre facilement sans le secours d'aucun appareil spécial, mais, en pleine charge, il faut pendant la durée de leur mise en marche deux ou trois fois plus de courant qu'en fonctionnement normal en pleine charge.

Cette condition restreint leur emploi aux faibles puissances. Au delà de 10 à 15 chevaux, afin d'éviter l'emploi de dispositifs spéciaux pour le démarrage, on préfère les moteurs à *induit enroulé* avec une résistance de démarrage qui leur permet de se mettre en route sans absorber un excès de courant.

Ce second type de moteurs *asynchrones* possède un enroulement analogue à celui des dynamos à courant continu. A la place du collecteur, se trouvent des bagues sur lesquelles frottent des balais qui dirigent le courant induit dans des résistances qu'on règle à la main à la mise en marche.

Comme exemple de ces moteurs, nous pouvons citer ceux que la maison Brown-Boveri et Cie de Baden (Suisse) (que la Compagnie Electro-mécanique représente en France) a construits et installés à l'usine élévatoire de la Coulevronière à Genève.

Le moteur biphasé, d'une puissance de 1.000 chevaux, commande directement une pompe centrifuge Sulzer qui refoule l'eau à 140 mètres de hauteur. Ce moteur est alimenté à 5.000 volts environ. En charge, sa vitesse est de 544 tours. Son poids est de 27 tonnes. C'est, à notre connaissance, le plus puissant des moteurs *asynchrones* construits jusqu'à ce jour.

Moteurs synchrones. — Si l'on suppose que l'induit placé dans le champ tournant soit muni d'enroulements dont les extrémités sont reliées à deux bagues sur lesquelles appuyent deux frotteurs; si, en outre, on fait passer un courant continu dans cet enroulement, on donne aux pôles de cet induit un magnétisme constant qui rend le mouvement de cet induit *synchrone* du champ tournant.

Une machine d'un tel type présente l'inconvénient de nécessiter un courant excitateur. En outre, on doit mettre les moteurs synchrones en marche à vide et, s'ils

ont une certaine puissance, leur imprimer un mouvement initial.

Malgré cela, dans certains cas et, en particulier,
dans les stations importantes où ces conditions sont
faciles à remplir, on peut avoir avantage à employer ces
moteurs, qui sont plus économiques, en tant que prix
de premier établissement, que les moteurs *asynchrones*
de grande puissance.

En outre, leur emploi permet d'améliorer le rendement des canalisations qui les desservent en diminuant
la perte d'énergie qui s'y produit.

Lignes à trois fils. — D'après ce que nous venons
de dire au sujet des alternateurs polyphasés, on voit
qu'ils fournissent diverses solutions avantageuses du
transport de l'énergie à distance.

Mais il semblerait, *a priori*, qu'ils auraient l'inconvénient d'exiger, entre le générateur et le moteur, autant
de lignes doubles qu'il y a de phases.

Ainsi, pour un transport de force par courants triphasés il faudrait réunir le générateur au récepteur par
trois lignes, c'est-à-dire par six fils, ce qui renchéri-
rait singulièrement l'installation. En réalité, trois fils
suffisent, ainsi qu'on peut s'en rendre compte d'une
façon assez simple.

Considérons les trois bobines dans lesquelles prennent
naissance trois courants alternatifs décalés d'un tiers
de période (1) et leurs pôles aa', bb', cc' (fig. 151). Joignons a', b', c', en un même point P que nous mettrons
à la terre. Les pôles a, b, c, restent à des potentiels décalés d'un tiers de période et la ligne ne se compose

____

(1) Ceux de nos lecteurs qui voudront avoir des détails plus
complets sur ces questions les trouveront dans l'excellent livre de
M. Janet : *Premiers principes d'électricité industrielle.*

plus que des trois fils L L' L". Ce montage a reçu le nom de *montage en étoile* (fig. 151).

On peut aussi faire la combinaison du *montage en*

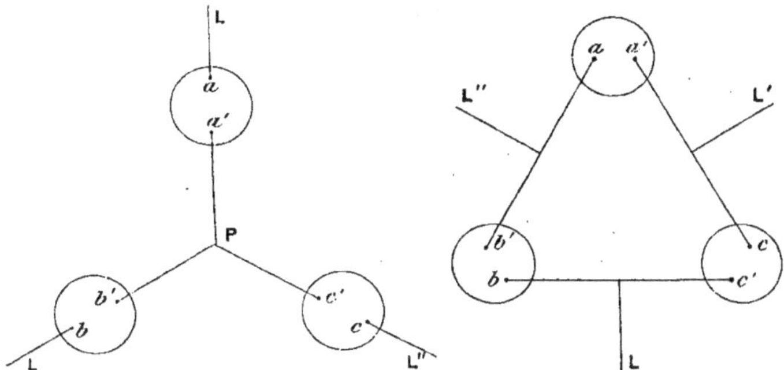

Fig. 151. — Montage en étoile.   Fig. 152. — Montage en triangle.

triangle caractérisée par la figure 152. Les récepteurs sont disposés comme les générateurs, soit *en étoile* soit *en triangle*.

Transport de Francfort à Lauffen. — L'application des courants *triphasés*, au transport de l'énergie, a été effectuée en grand, pour la première fois, en 1891, par M. Brown, alors ingénieur de la Compagnie d'Œrlikon, à l'occasion de l'exposition de Francfort.

La distance séparant les deux stations était de 175 kilomètres.

La puissance génératrice, qui était l'eau du Neckar, à Lauffen, actionnait une turbine d'une puissance de 120 chevaux, et par elle, une dynamo donnant des courants triphasés à basse tension (50 volts et 1.400 ampères), portés immédiatement à 15.000 volts et transmis à Francfort sur trois lignes formées de fils de cuivre de 4 millimètres supportés par des isolateurs à huile (1). A

____

(1) Voir, pour ces isolateurs à huile, page 232.

Francfort, le courant de haute tension était transformé en un courant de basse tension actionnant la réceptrice.

Le rendement effectif, c'est-à-dire le rapport entre la puissance absorbée par la génératrice et la puissance restituée par le moteur, a varié de 72 à 75 p. 100.

C'est là une expérience mémorable et qui fait époque dans l'histoire du transport de l'énergie par l'électricité. Elle marque le véritable point de départ d'une industrie nouvelle qui n'a cessé, depuis lors, de se développer avec une activité extraordinaire.

Toutes les sources de puissance naturelle sont aujourd'hui étudiées au point de vue de leur utilisation, et un grand nombre d'entre elles pourront être aménagées petit à petit dans ce but.

Chutes du Niagara. — Au premier rang sont les célèbres chutes du Niagara. D'après une note de M. Rankine, publiée au commencement de 1897, dans l'*Electrical Engineer*, la force motrice qui leur était déjà empruntée à cette époque était de 25.625 chevaux, dont 18.025 distribués électriquement et 7.200 chevaux hydrauliques employés par une fabrique de papier. Les projets de captation portent sur une puissance de 350.000 chevaux (1).

Le débit des chutes du Niagara est évalué à dix mille mètres cubes par seconde. En raison de la différence de niveau entre le lac Erié et le lac Ontario, la puissance qu'elles renferment a été évaluée par différents auteurs de 6.750.000 chevaux à 16.800.000 chevaux. Cette dernière évaluation est à peu près celle de Sir William Siemens, en 1877. On admet plus généralement celle de 7.000.000 de chevaux (Dr Unwin).

---

(1) Communication à la Société internationale des électriciens faite le 8 juillet 1896, par M. Martin, rédacteur en chef de l'*Electrical Engineer* de New-York.

En 1886, une grande société américaine, la Niagara Falls Power C°, obtint l'autorisation d'exécuter des travaux en vue de la dérivation de 450.000 mètres cubes. Elle institua à Londres, en 1890, une commission internationale d'ingénieurs électriciens chargés d'étudier les différentes méthodes de captation et de distribution et de faire des propositions d'exécution. Lord Kelvin, MM. Mascart, Collmann Sellers, Turettini et le Dʳ Unwin en faisaient partie.

Le programme des travaux comportait deux dérivations, l'une sur la rive canadienne, l'autre sur la rive des Etats-Unis. Celle-ci, seule, a été exécutée jusqu'à présent. L'eau qu'elle emprunte aux chutes est canalisée sur deux kilomètres de longueur et amenée à des turbines placées dans des puits à 50 mètres de profondeur. L'eau de décharge se rend en aval de la chute par un tunnel de deux kilomètres.

Ces travaux ont été terminés en 1895.

MM. E. J. Houston et A. E. Kenelly ont fait un calcul de la distance maxima à laquelle l'énergie du Niagara peut être transmise économiquement par l'électricité. Leur conclusion est qu'à Albany, à 350 kilomètres des chutes, elle peut être distribuée plus avantageusement que celle des machines à vapeur alimentées avec du charbon coûtant 15 francs la tonne.

En 1897, 18.025 chevaux étaient distribués, soit sur place à des usines groupées autour de la chute, soit à distance (tramways et éclairage de la ville de Buffalo située à 35 kilomètres).

La tension de distribution à distance est de 11.000 volts : les usines locales alimentées sont des fabriques d'aluminium, de carborandum, de chlorate de potasse, de soude, de carbure de calcium pour l'acétylène, etc., etc. Le prix du kilowatt varie de 0 fr. 108 à 0 fr. 036. Depuis, la puissance distribuée a continué à s'accroître.

Elle doit actuellement se rapprocher de 40.000 chevaux.

Transports électriques d'énergie en Suisse. — En Europe, la région où les transports électriques ont reçu les applications les plus importantes est la Suisse. Si l'on regarde la carte de ce pays, on voit combien il est favorisé au point de vue du développement et de l'importance des sources naturelles d'énergie. A l'origine des trois grands bassins du Rhin, du Rhône et du Danube, il est comme le nœud des hauts massifs montagneux d'où s'écoule une masse d'eau qui, d'après les évaluations de M. Mertz, contiendrait une énergie totale de quatre millions et demi de chevaux, dont six cent mille utilisables (1).

Aussi, est-ce dans la partie occidentale de la Suisse, la plus industrielle, c'est-à-dire dans les vallées de l'Areuse, de l'Aar, du Doubs et du Rhône à son entrée en France, qu'ont été faites les premières applications du transport électrique des forces naturelles.

Un premier réseau est alimenté par deux usines situées près de Neuchâtel, sur l'Areuse (fig. 153).

La première, celle du Plan-de-l'Eau, utilise une chute de 20 mètres de hauteur ayant un débit minimum de 2 mètres cubes par une ligne à courant continu de 35 kilomètres. Elle dessert un groupe de dix mille habitants réparti en quatre localités industrielles.

La seconde, celle de Combe-Garrot, est le point de départ d'un réseau de 40 kilomètres. Elle alimente, par un courant continu à haute tension, les villes du Locle (13.000 habitants) et de la Chaux-de-Fonds (30.000 habitants).

-----

(1) Voir, pour plus de détails, l'étude publiée en octobre 1897 par MM. G. Dumont et Baignière dans les *Mémoires de la Société des Ingénieurs civils.*

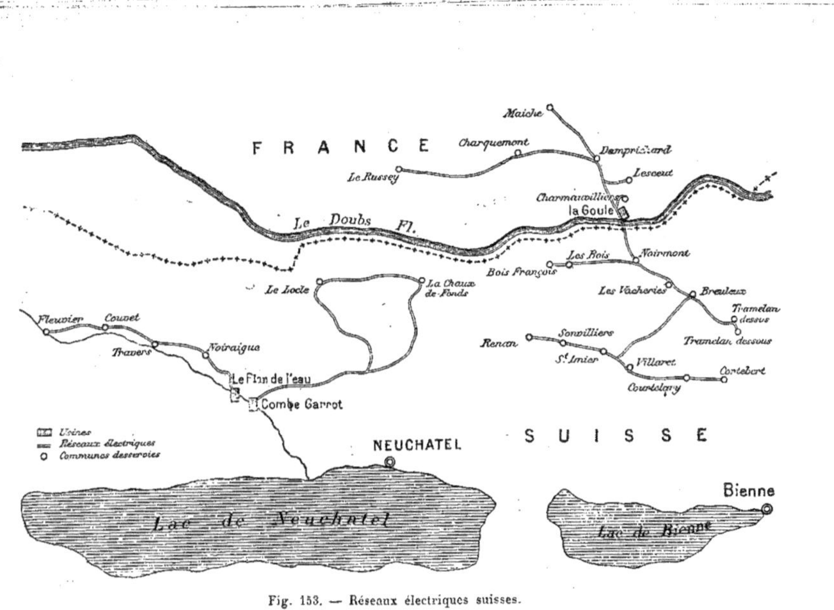

Fig. 153. — Réseaux électriques suisses.

Un second réseau est desservi par l'usine de la Goule, sur le Doubs, mise en mouvement par une chute de 4.000 chevaux. Il alimente une série de villages français et suisses. Au 31 décembre 1896, il avait 160 kilomètres de longueur et des circuits séparés pour la force et la lumière. On y utilise les courants triphasés.

D'autres installations analogues se trouvent sur le Rhin et l'Aar.

Le tableau ci-après, emprunté au travail que M. Blondel a publié dans les *Annales des ponts et chaussées*, (1er trimestre 1898), donne la progression des distributions électriques faites en Suisse de 1890 à 1896 (1er janvier de chaque année).

DÉSIGNATION	1890	1894	1896
Nombre de distributions d'éclairage et distributions d'éclairage et de force.	351	677	866
Nombre de transmissions et distributions de force	25	77	121
Nombre de générateurs et moteurs.	531	1.404	2.553
Puissance en kilowatts : 1 kilowatt = 1 ch.-v. 36	7.060	28.831	58.485
Nombre de lampes à incandescence.	51.255	145.984	212.568
— à arc	845	2.126	2.714
— à accumulateurs.	41	161	248

Les nombres de la dernière colonne sont actuellement de beaucoup dépassés.

Transports d'énergie en France. — Le premier en date est celui de la Loire, organisé par une Société de Saint-Etienne, et, maintenant, en pleine prospérité. Il fonctionne avec des courants triphasés installés par la Société suisse d'Œrlikon.

Cette installation dessert environ 5.000 lampes et 700 métiers de passementiers à Saint-Etienne.

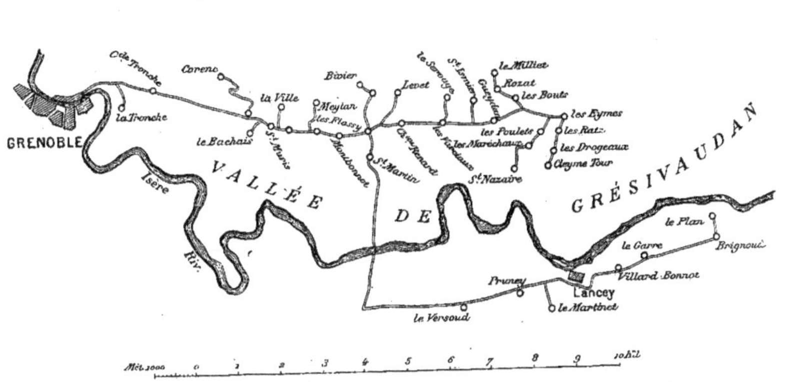

Tracé de la canalisation aérienne (12.000 volts) de la Société d'Eclairage du Grésivaudan (40 kilomètres)
les cercles indiquent les emplacements des transformateurs.

Fig. 154.

La grande installation du canal de Jonage qui amène aux portes de Lyon une dérivation importante faite sur le Rhône, à 15 kilomètres, comporte une puissance totale de 20.000 chevaux distribuée à Lyon par courant triphasé.

Un autre exemple très intéressant de distribution d'énergie électrique, est celui de la Société d'éclairage électrique du Grésivaudan, créée par M. Bergès, industriel à Lancey (Isère), et dont les travaux ont été exécutés par la Société l'*Eclairage électrique.*

La figure 154 indique le développement de son réseau qui dessert deux séries de villages répartis des deux côtés de la vallée. La chute utilisée a 550 mètres de hauteur; la perte de charge dans les conduites qui la canalisent jusqu'aux turbines est de 10 p. 100;

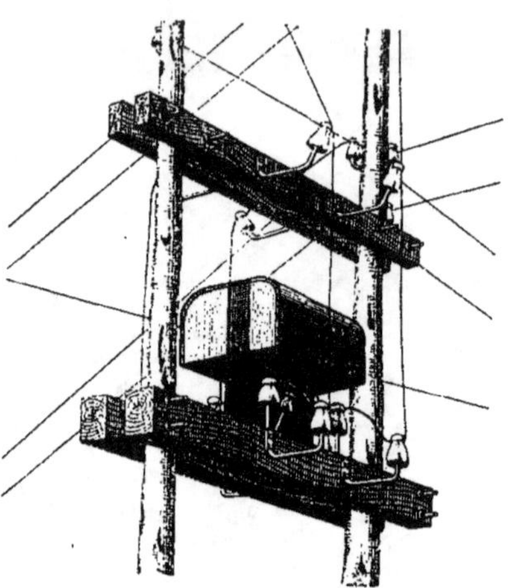

Fig. 155. — Transformateurs de la Société d'éclairage électrique du Grésivaudan.

la pression réellement utilisée correspond donc à 500 mètres de hauteur effective.

Les turbines commandent directement deux alternateurs Labour de 300 et 500 chevaux à basse tension. Des transformateurs élèvent cette tension à 12.000 volts.

La canalisation est aérienne, elle alimente une cinquantaine de villages et a un développement total de plus de 40 kilomètres. Chaque centre de distribution est précédé d'un transformateur placé sur poteaux (fig. 155). Ces transformateurs sont noyés dans la paraffine et protégés contre les intempéries par des capots en tôle. Les appareils de protection, sur chaque porte, sont des fusibles à basse et haute tension, des parafoudres de haute et basse tension, et des appareils de mise à la terre.

Les isolateurs sur lesquels reposent les canalisations sont à triple cloche. L'isolement total du réseau à sec est de 500 megohms kilométriques. Par les temps humides il descend rapidement, mais sans danger, à 50 megohms.

Les résultats économiques de cette distribution d'énergie électrique sont très satisfaisants. Toute l'installation mécanique est surveillée par un seul homme qui conduit turbines et alternateurs.

Deux manœuvres suffisent pour l'entretien.

Dans ces conditions, on a pu arriver à des prix de vente de lumière extrêmement avantageux pour le consommateur. C'est ainsi que la lampe de 10 bougies est vendue, à forfait, à 20 francs l'an ; chez les agriculteurs, la Société donne 5 lampes à incandescence, dont 4 de 5 bougies pour étables et écuries, et 1 de 10 bougies pour appartement, au prix de 55 francs l'an.

Ce ne sont là que des débuts qui promettent un développement de plus en plus grand de la transmission des chutes et des cours d'eaux. En peu d'années, l'accroissement des stations hydrauliques et de leur puissance a été très marqué.

Le journal *l'Industrie électrique* a relevé les éléments relatifs aux divers modes de force motrice employés en France en 1896 et, au 1er janvier 1898, dans les stations de distribution d'énergie par l'électricité.

En 1896, le nombre de stations était de 438, dont 378 correspondaient aux renseignements suivants :

FORCE MOTRICE	NOMBRE de stations	PUISSANCE en chevaux
Hydraulique.	182	11.665
Vapeur	128	26.802
Mixte (hydraulique et vapeur) . . .	48	7.442
Divers (gaz, pétrole, etc.)	20	1.823

Au 1ᵉʳ janvier 1898, ces nombres étaient devenus les suivants :

FORCE MOTRICE	NOMBRE de stations	PUISSANCE en chevaux
Hydraulique.	196	16.826
Vapeur	142	28.397
Mixte (hydraulique et vapeur) . . .	44	7.267
Divers (gaz, pétrole, etc.)	25	1.820,5

Le Triphasé. — Une puissante Société parisienne vient d'installer au bord de la Seine, à Asnières, une grande usine de production d'énergie électrique sous la forme de courants triphasés à 5.000 volts de tension et 25 périodes.

Cette Société, qui porte le nom caractéristique de *Compagnie du Triphasé*, a étudié ses plans d'installation de façon à créer dix groupes identiques d'une puissance individuelle de 20.000 kilowatts. Deux de ces groupes sont actuellement installés (juillet 1900), les autres étant en montage.

Cette usine est reliée par un câble à celle du secteur de la place Clichy.

Elle pourra desservir, dans des conditions de fonctionnement parfait, une surface correspondant à un rayon de 10 kilomètres, c'est-à-dire 30.000 hectares.

On pourrait même, à la rigueur, pousser plus loin la distribution d'énergie, la perte de charge n'étant que de 10 p. 100 à 15 kilomètres.

Convertisseurs rotatifs. — Toutefois, malgré les progrès que réalise l'emploi des courants polyphasés, la solution du problème n'aurait pas été complète si on n'avait trouvé le moyen de la généraliser en transformant les courants alternatifs en courants continus. En effet, si les premiers présentent des avantages précieux par la facilité avec laquelle ils se prêtent au transport de l'énergie à grande distance et l'économie qu'ils procurent, les seconds sont indispensables pour les opérations électrolytiques, ainsi que pour la charge des accumulateurs. La traction électrique n'est pas incompatible, en principe, avec l'emploi des courants alternatifs, mais elle est plus simple et plus facile avec les courants directs et, jusqu'à présent, presque exclusivement pratiquée avec leur concours.

Ces diverses applications, dont l'importance est considérable, auraient donc été exclues d'un système de distribution générale par courants alternatifs.

Frappés de l'intérêt qu'il y a à pouvoir passer à volonté de l'un à l'autre de ces modes de propagation de l'électricité, suivant les applications qu'on a en vue, deux ingénieurs français, MM. Maurice Leblanc et Hutin, étudièrent la question et, les premiers, en 1893, indiquèrent le moyen d'arriver à cette transformation à l'aide d'un appareil auquel Frank Geraldy avait donné le nom, familier mais expressif, de *Panchahuteur*.

Ces machines sont aujourd'hui entrées dans la pratique courante et sont construites par plusieurs grands établissements. On les désigne sous le nom de *convertisseurs rotatifs* ou *commutatrices*.

Il est assez facile de se rendre compte par quelle suite de déductions logiques on a été amené à leur type actuel (1).

Remarquons tout d'abord que la transformation des courants alternatifs en courants continus est résolue par le collecteur Gramme. On pourrait donc songer à réaliser cette transformation industriellement au moyen d'un système approprié de commutateurs.

C'est évidemment la solution qui se présente la première à l'esprit; mais elle n'est pas réalisable en pratique, à cause de l'abondance d'étincelles qui se produit dès qu'on aborde les potentiels élevés, ce qui est justement le cas le plus ordinaire de l'utilisation des machines à courants alternatifs.

Laissant donc ce procédé de côté, concevons que, sur un même arbre soient montées deux dynamos, l'une à courants alternatifs, l'autre à courants continus.

Si on envoie un courant alternatif, monophasé ou polyphasé, dans la première, elle se mettra en mouvement, en vertu du principe de la réversibilité, et entraînera la dynamo à courants directs, puisqu'elle est calée sur le même arbre. Celle-ci produira donc, en tournant, des courants directs, et on pourra dire, en quelque sorte, qu'on a opéré la transformation, puisqu'il entre un courant alternatif d'un côté de l'appareil et que, de l'autre, il sort un courant direct.

C'est une transformation de ce genre qu'on emploie à la station centrale de Porta Volta (aux portes de Milan), desservie par l'usine génératrice de Paderno d'Adda (installée par MM. Brown-Boveri et Cie), qui produit directement des courants triphasés à 15.000 volts envi-

---

(1) Voir à ce sujet, dans le *Génie civil* du 11 mars 1899, l'article signé Volta et la note *Commutatrices et Transformateurs redresseurs*, présentée par M. P. Janet au Congrès d'Electricité de 1900.

ron pour ce transport de force de 13.000 chevaux à 33 kilomètres.

La station réceptrice est munie de moteurs synchrones qui actionnent des dynamos à courant continu employées pour l'alimentation d'un réseau de tramways.

Cet arrangement fonctionne, avec de bons résultats, depuis 1898.

Toutefois, au point de vue spécial du rendement, un tel système ne se présente pas comme avantageux. En effet, en admettant que chacune de ses parties atteigne séparément le rendement excellent de 90 p. 100, ce n'est que $90 \times 90 = 81$ p. 100, qu'on obtiendrait effectivement.

On peut, il est vrai, condenser l'appareil et remplacer ses deux induits distincts par un induit unique, à deux enroulements, dont l'un serait relié, d'un côté, à un collecteur avec deux balais, pour le courant direct, de l'autre à deux bagues avec frotteurs pour le courant alternatif. Malheureusement, les deux courants voisins se gênent l'un l'autre et le rendement de l'appareil n'est pas amélioré.

Une troisième étape a consisté dans la suppression complète du second enroulement. La machine ainsi simplifiée n'est plus alors qu'une dynamo ordinaire, avec un anneau Gramme, par exemple, entre les deux masses polaires d'un inducteur.

Supposons qu'on considère deux points quelconques de la bobine induite aux extrémités d'un même diamètre et qu'on les réunisse à deux bagues collectrices munies de frotteurs, le circuit, partant de ces deux frotteurs, sera parcouru par un courant alternatif, de même que celui qui part des deux balais sera parcouru par un courant direct.

Si donc la dynamo, ainsi montée, est mise en mouvement d'une façon quelconque, on lui fera produire à volonté des courants directs ou des courants alternatifs selon que l'on mettra les balais en contact avec le collecteur ou les frotteurs avec les bagues.

Si, au contraire, on envoie dans l'induit un courant alternatif, identique à celui qu'elle produit lorsqu'elle est mise en mouvement par un moteur, ce courant parcourra l'induit et sortira redressé par les balais. L'inverse se produira pour un courant direct lancé par les balais; on recueillera un courant alternatif sur les bagues.

Le maximum de la force électro-motrice du courant alternatif étant égal à la force électro-motrice du courant direct, d'après les conditions mêmes du fonctionnement de l'appareil et la force électro-motrice d'un courant alternatif étant égale à sa force électro-motrice maxima multipliée par le facteur $\dfrac{1}{\sqrt{2}}$ (1), on voit que pour obtenir un potentiel de 500 volts, ce qui est la condition du fonctionnement ordinaire des lignes de tramways, il faudra que le courant alternatif à son entrée dans le convertisseur, ait une force électro-motrice de 350 volts. Cette condition impose l'emploi d'un réducteur de potentiel et par suite une certaine complication, malgré laquelle, cependant, le rendement des convertisseurs est encore de 90 à 94 p. 100.

On comprend, d'après l'observation qui précède, qu'une telle machine peut aussi bien fonctionner avec les courants polyphasés qu'avec les courants monophasés. Dans le cas d'un convertisseur triphasé, par exemple, on aura trois bagues réunies à trois points de l'induit distants de 120 degrés.

La maison Alioth, de Bâle, qui a donné une extension importante à la construction des convertisseurs rotatifs,

---

(1) Nous ne démontrons pas cette condition que le lecteur voudra bien admettre.

a construit sur ce principe général des *commutatrices universelles de laboratoire* que permettent de réaliser,

Fig. 156. — Commutatrice universelle Alioth.

dans leur expression la plus générale, les transformations dont nous venons d'indiquer le principe (fig. 156).

La figure 157 montre une commutatrice type Labour,

construite par la société l'Eclairage électrique. Elle a été dessinée de façon à présenter à la fois son collecteur et ses bagues de prise de courant.

Elle transforme en un courant continu de 110 volts et 136 ampères un courant alternatif de 80 volts et 136 ampères à une vitesse de 1.260 tours.

Fig. 157. — Commutatrice type Labour.

Elle est employée pour la charge des accumulateurs des voitures automobiles dans les centres de production à courant continu.

Ses dimensions sont : longueur, 1 mètre; largeur, $0^m,80$; hauteur $0^m,70$.

Les convertisseurs rotatifs commencent à se répandre dans les usages pratiques. C'est avec leur concours que fonctionnent les tramways de la ville de Buffalo. Ils reçoivent le courant biphasé à 11.000 volts qu'engendrent les chutes du Niagara et le transforment en courant continu. Il en est de même des usines de fabrication d'aluminium et de carborandum à Niagara Falls.

Un exemple important de leur utilisation nous est fourni par les installations électriques de la ville de Genève. Elles forment deux groupes, dont le premier et le plus ancien alimente l'éclairage de la ville et un réseau de tramways. Le second, établi à Chèvres, en 1896, est à courants alternatifs. Devant l'intérêt qu'il y a à pouvoir renforcer le premier groupe par le second, on a été amené à établir des convertisseurs pouvant transformer le courant alternatif des usines de Chèvres en courants continus.

La figure 158 représente une des commutatrices Alioth appliquées à ce service. Elles ont deux enroulements induits d'une puissance totale de 100 kilowatts. Elles reçoivent du courant diphasé à 78 volts et donnent du courant continu à 110 volts. Elles sont disposées pour alimenter une distribution à trois fils. Trois machines de cette puissance servent au réseau d'éclairage. Trois autres, à induit simple, de 150 kilowatts à 425 volts (alternatif), 600 volts (continu) sont appliquées au réseau des tramways.

A Paris même, où plusieurs secteurs livrent du courant alternatif, l'emploi des convertisseurs était particulièrement indiqué et a été appliqué en diverses circonstances.

Citons, entre autres, le Palace Hotel qui est situé sur le champ d'action de la Compagnie du secteur des Champs-Elysées qui livre du courant alternatif à ses abonnés.

Trois groupes de commutatrices Alioth et de transformateurs Labour changent le courant monophasé du secteur en courant continu à 110 volts, qui sert à charger des accumulateurs et à effectuer l'éclairage de cet établissement au moyen de 5.500 lampes à incandescence de 16 bougies et de 30 lampes à arc.

Nous pourrions multiplier ces exemples de l'emploi des convertisseurs rotatifs.

Fig. 158. — Commutatrice Alioth, de Genève.

Nous verrons dans le chapitre suivant comment ils ont été appliqués à Paris à trois installations importantes de chemins de fer électriques.

Rôle futur des convertisseurs rotatifs. — Ce que nous venons de dire de ces appareils montre quelle doit être leur importance dans les progrès futurs de l'industrie électrique. Ils permettent d'obtenir, dans chaque

problème particulier d'installation électrique, la solution qui lui convient le mieux et délimitent, en même temps, le champ d'action de l'un et l'autre modes de propagation des courants, ce qui met un terme à toute polémique sur les avantages respectifs de chacun en précisant les conditions spéciales de son emploi.

Aux courants alternatifs, la mission d'aller capter au loin, dans les régions montagneuses, l'énergie des chutes d'eau pour les amener, avec la dépense minima de frais de canalisation, qui résulte de leur potentiel élevé, au voisinage des agglomérations de population où elle doit être recueillie et distribuée pour les usages les plus variés. Là, le courant alternatif est détendu puis reçu dans des convertisseurs qui le transforment en courant direct, le rendent inoffensif et assoupli à toutes les exigences de l'industrie et de l'économie électrique.

Limites d'emploi des courants alternatifs (1). — Ainsi que nous venons de le voir, l'emploi des courants alternatifs a permis de reculer les limites auxquelles peut se faire pratiquement la transmission de l'énergie mécanique. La distance qu'on peut atteindre économiquement en employant des lignes aériennes dépend tout d'abord de la valeur des conducteurs qui les constituent et de leur matériel accessoire de poteaux, isolateurs, etc. Cette valeur est loin d'être négligeable et elle peut être aisément chiffrée.

Mais, à côté de cet élément, il y en a d'autres d'une appréciation moins facile, qui tiennent aux difficultés d'ordre purement technique, en face desquelles on se trouve dès qu'on aborde l'emploi de courants de tension élevée.

---

(1) Voir sur cette question le *Bulletin de la Société des Ingénieurs civils*. (Janvier et février 1900.)

Tant qu'on en est resté à l'usage de courants alternatifs dont la tension est inférieure à 10.000 volts, ces difficultés se sont résumées à isoler soigneusement les lignes. Pour des tensions supérieures, elles augmentent par suite de la tendance qu'a l'électricité à jaillir sous forme d'étincelles entre les conducteurs qu'elle traverse et les corps qui les avoisinent.

Dans le voisinage de 20.000 volts, les conducteurs deviennent lumineux dans l'obscurité et laissent jaillir de petites étincelles dans toutes les parties de leur surface qui présentent des aspérités, aux ligatures par exemple.

On sent déjà qu'on est en présence d'un effort statique qui tend à faire fuir l'électricité sur toute l'étendue de la ligne. L'air qui l'enveloppe est, suivant son état, plus ou moins favorable à cette déperdition. Cependant cette perte n'est pas gênante jusqu'à 40.000 volts. Au delà, elle s'accroît rapidement. Vers 50 à 60.000 volts, l'air est impuissant à retenir le courant et il faut songer à isoler les conducteurs, soit à la manière ordinaire en les recouvrant, soit en les plaçant dans une canalisation remplie d'huile, ce qui en augmente singulièrement le prix et en complique le fonctionnement.

En résumé, il résulte des données qu'on a actuellement sur cette question, que l'emploi de courants à 40.000 volts est à la limite de ce qu'on peut réaliser pratiquement et qu'il n'est pas possible d'aller au delà sans des précautions spéciales et des frais élevés.

Une circonstance particulière rend délicat l'emploi de courants à haut potentiel. C'est le phénomène de *résonance* par suite duquel les vibrations électriques sont renforcées lorsqu'elles se trouvent en accord avec celles d'objets placés dans le même circuit. Il se passe là quelque chose d'analogue à ce qui se produit en acoustique.

Cette résonance est augmentée lorsqu'on augmente la capacité de la canalisation en la plaçant souterrainement ou dans des tubes. Elle accroît la difficulté d'aborder les potentiels très élevés.

Lorsqu'on se trouve en présence d'un problème de transmission de puissance électrique, on n'a pas à redouter de complications spéciales jusqu'à une distance de 150 à 180 kilomètres, pourvu qu'on ait soin d'isoler parfaitement la ligne et de la garantir contre les actions mécaniques ou électriques extérieures. Dans cette limite de distance, les transmissions peuvent être avantageuses jusqu'à environ 80 kilomètres pour une puissance transmise inférieure à 1.000 kilowats.

Au-dessus de 80 kilomètres, la solution peut être économique jusqu'à environ 160 kilomètres pour des puissances plus considérables.

Au-dessus de ces chiffres, le problème devient très indéterminé. Il est sans doute réalisable, au point de vue technique, dans les limites de distance et de potentiel que nous venons d'indiquer. Mais il devient plus aléatoire au point de vue commercial.

On comprend du reste qu'il soit très difficile de préciser quoi que ce soit à ce sujet, et nous n'avons eu en vue, en donnant les indications générales qui précèdent, que de résumer d'une façon sommaire l'état actuel de cette question.

Conclusions. — Nous n'entrerons pas dans le détail des évaluations de dépense initiale et de prix de revient auxquelles correspondent les problèmes multiples qu'un ingénieur doit se poser lorsqu'il a à étudier l'utilisation d'une force naturelle (1).

Limitée jusqu'à présent à de petites forces et à de

---

(1) Voir à ce sujet le travail que M. Blondel a publié dans les *Annales des ponts et chaussées* (1er trimestre de 1898), sous le titre : « De l'utilité publique des transmissions électriques d'énergie : But, procédés, état actuel, valeur économique et avenir ».

petits rayons, cette utilisation va prendre, grâce à l'emploi simultané des courants alternatifs et directs, un essor très vif, dont nous ne pouvons, au moment où sont écrites ces lignes, que mesurer les débuts. Les progrès successifs accomplis, en un petit nombre d'années, ont été tels qu'ils promettent, à bref délai, un accroissement extrêmement considérable du nombre des forces naturelles improductives mises en valeur.

Les conséquences de cet état de choses peuvent être résumées en une sorte de formule dont les termes sont en apparence contradictoires : la décentralisation industrielle et économique résultant de la centralisation de l'énergie naturelle.

Au point de vue industriel, un premier fait se manifeste. Des industries, encore dans l'enfance, mais très prospères et riches de promesses, sont nées, de cette circonstance seule qu'elles ont pu trouver, loin des grands centres, des conditions favorables à leur éclosion et à leur développement. Nous parlerons plus loin de ces industries, dont deux principales, celle de l'aluminium et celle de l'acétylène par le carbure de calcium, sont véritablement les filles du mouvement électrique actuel.

Ce siècle se termine dans des conditions économiques et sociales créées par la poussée industrielle qui est résultée de l'établissement des chemins de fer. Il semble difficile qu'elle puisse se continuer encore avec la même intensité, sans des dangers, dont il est plus aisé de démêler les causes que de mesurer l'étendue dans l'avenir.

C'est aujourd'hui un aphorisme banal et même ridicule, en sa forme, que l'agriculture manque de bras et que les champs se dépeuplent au profit des villes dont la population s'accroît sans cesse par le développement de faubourgs industriels où s'enrégimentent, dans d'immenses casernes, des armées de travailleurs arrachés à l'air pur des campagnes et voués pour la plupart à la démoralisation et à l'alcoolisme. Comment retenir dans son village le jeune soldat libéré qui a goûté le bien-être factice et les plaisirs malsains des grandes villes ? L'attraction est fatale, et ainsi se produisent ces phénomènes de congestion sociale dont les effets morbides désolent à la fois les moralistes et les économistes.

Si quelque chose peut être fait pour remonter un pareil courant, c'est à l'électricité qu'on le devra.

Grâce à elle, les localités rurales les plus perdues au fond des montagnes ont pu recevoir la lumière et la force et être appelées à la vie intellectuelle. Elles en ont même bénéficié avant les grandes villes. Un très grand nombre de petites communes du Dauphiné, région où ce mouvement a commencé, il y a une dizaine d'années, sont aujourd'hui dotées de réseaux de lumière électrique, alors qu'elles ne connaissaient auparavant aucun système d'éclairage autre que la chandelle, le pétrole ou... le clair de la lune.

En même temps, la diffusion des petits moteurs permet aux ouvriers le travail à domicile, travail plus facile, moins pénible, accompli non à l'atelier, mais au milieu même de la famille.

On ne peut espérer, assurément, que l'émiettement de la force pourra se faire indéfiniment. Il est des travaux pour lesquels il faudra toujours de puissants moteurs, servis par des bataillons d'ouvriers embrigadés dans des usines.

C'est un mal nécessaire auquel il n'est pas de remède radical. Pas plus qu'autre chose, l'électricité n'apporte avec elle une panacée universelle. Il faut se féliciter qu'elle donne un moyen de réduire l'importance individuelle d'un grand nombre d'industries en les éloignant des centres et en les éparpillant dans des régions où la vie est moins chère, plus saine au point de vue physique et au point de vue moral.

C'est là un des côtés du développement des études électriques qu'on peut envisager avec la certitude qu'un avenir prochain permettra d'en apprécier les bienfaits.

On voit par ces indications sommaires quelle devient l'ampleur de la science des applications de l'électricité. Elle manifeste d'une façon évidente le *tout par l'électricité* qui a été longtemps une formule d'espérance confuse et qui devient aujourd'hui un fait positif dont la généralisation de plus en plus étendue produira certainement dans l'avenir des phénomènes économiques plus surprenants que ceux dont nous avons été jusqu'ici les témoins.

CHAPITRE VIII

TRANSPORT A DISTANCE DE L'ÉNERGIE MÉCANIQUE
RÉCEPTEURS MOBILES
LA TRACTION ÉLECTRIQUE

Principe des divers systèmes en usage. — Premiers essais. — Canalisation aérienne. — Voie. — Moteurs. — Canalisation souterraine. — Autres systèmes. — Chemins de fer électriques. — Tramways sur routes sans rails. — Traction au moyen des accumulateurs. — Prix de revient de la traction électrique. — Accumobiles. — Plates-formes mobiles. — Traction électrique sur les canaux. — Progrès de la traction électrique.

Principe des divers systémes en usage. — Le principe de la réversibilité des dynamos peut être appliqué, non seulement à un transport d'énergie entre un générateur et un récepteur fixes tous les deux, mais aussi entre un générateur fixe et un récepteur mobile.

Si ce dernier est convenablement monté sur un truc roulant et relié aux roues de celui-ci, il leur communiquera son mouvement.

C'est là le principe du fonctionnement des tramways électriques.

Le schéma ci-contre (fig. 159) permet de comprendre la façon dont il est appliqué en principe.

A est le générateur fixe, relié d'abord avec la ligne BC, aérienne par exemple, puis, soit directement, soit par l'intermédiaire de la terre, avec les rails DE ; P est

une voiture roulante portant le récepteur Q, dont l'axe
est relié avec l'un des essieux du véhicule ; L est une
tige, fixée sur le toit de la voiture qui établit un
contact électrique permanent entre la ligne, le générateur et le récepteur.

L'examen de la figure montre qu'à un moment quelconque, le circuit est fermé par le récepteur qui tourne,
communique son mouvement à l'essieu et détermine,

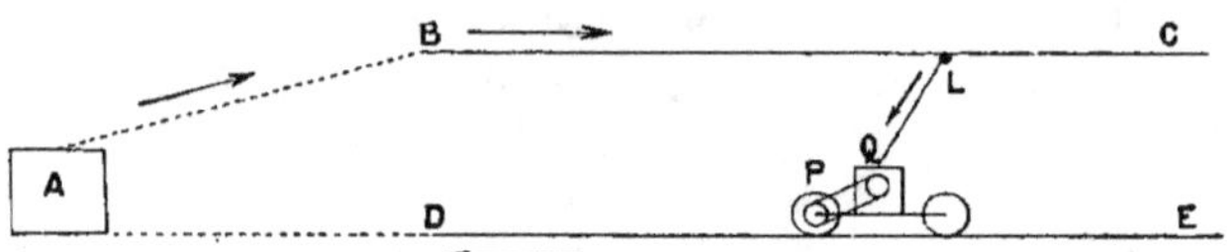

Fig. 159. — Principe du fonctionnement des tramways électriques.

par conséquent, le déplacement longitudinal de la voiture.

Un autre système de tramways électriques dispense
de la ligne. Il consiste à faire porter, par la voiture
elle-même, une batterie d'accumulateurs, dont le courant
actionne la dynamo receptrice, au lieu de venir d'une
station centrale. Celle-ci n'a alors d'autre office que la
charge de ces accumulateurs.

Enfin, un troisième dispositif consiste à avoir, sur le
véhicule, non plus des accumulateurs, mais un système
mécanique producteur de courant avec moteur et
dynamo. Dans ce cas, l'usine centrale est supprimée. Le
véhicule la transporte avec lui.

A chacun de ces procédés correspond un mode particulier de traction électrique.

Le premier est le plus généralement employé, soit
avec une ligne aérienne, soit avec une ligne placée dans
le sol.

Le second, moins répandu, est surtout appliqué dans
certaines villes, telles que Paris, où l'on proscrit d'une

façon absolue, par suite de considérations esthétiques, l'usage des lignes aériennes.

Le troisième n'a eu, jusqu'à présent, qu'une seule application dans la locomotive Heilmann, système qui a été essayé sur le réseau de la Compagnie des chemins de fer de l'Ouest.

Premiers essais. — Le premier tramway électrique expérimenté en France était placé à l'entrée de l'Expo-

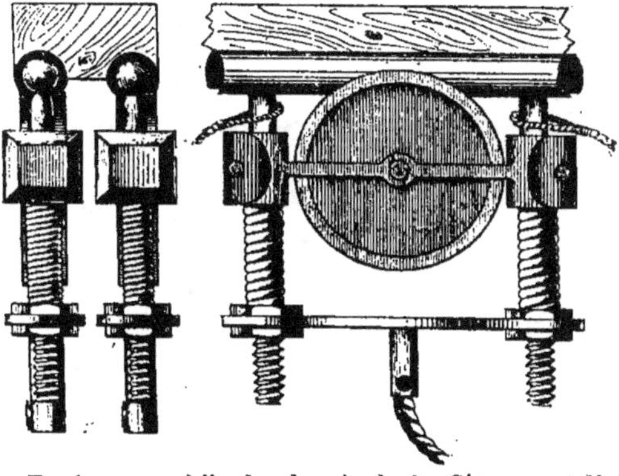

Fig. 160. — Équipage mobile du chemin de fer Siemens et Halske (1881)

sition d'électricité de 1881, entre la place de la Concorde et l'une des portes latérales du Palais de l'Industrie. Ce n'était donc qu'un joujou, mais un joujou très intéressant par sa nouveauté et qui a fait son chemin depuis. Il avait été installé par la maison Siemens et Halske, de Berlin (1).

Les conducteurs électriques aériens étaient au nombre de deux, le retour du courant ne s'effectuant pas par la terre. Ces conducteurs consistaient en deux gros tubes de cuivre rouge fendus suivant leur génératrice infé-

____

(1) Le premier tramway électrique fut celui que Werner Siemens installa à l'Exposition de Berlin en 1879.

rieure et dans l'intérieur de chacun desquels circulait une sorte de navette en cuivre, reliée, à travers la fente, à un cadre extérieur muni d'un galet de roulement et de deux ressorts produisant un contact permanent avec le tube. Ce petit équipage roulant était relié par une cordelette métallique avec le récepteur placé sur le tramway (fig. 160).

Ce système, un peu compliqué, est aujourd'hui bien simplifié.

Canalisation aérienne. — La canalisation aérienne des tramways électriques est maintenant formée par un fil unique de cuivre dur, cylindrique, d'un diamètre de 8 à 10 millimètres (le plus souvent 8^{mm},25) suspendu au-dessus de la voie ferrée à environ 7 mètres de hauteur.

La fabrication de ces fils doit être l'objet de soins particuliers, parce que, dans toute leur étendue, ils doivent présenter un diamètre uniforme pour le roulement du galet de contact, sans que rien, pas plus dans leur aspect extérieur que dans leur résistance mécanique, ne signale les points de jonction des éléments dont se compose la ligne.

On arrive à ce résultat en faisant la jonction des bouts de la manière suivante. On taille, en bec de sifflet très

Fig. 161. — Soudure des fils de ligne.

allongé, les deux extrémités à réunir; on les rapproche en intercalant entre elles une feuille de soudure à l'argent, on maintient le tout par une forte ligature de fil de cuivre et on brase le joint au chalumeau (fig. 161).

A l'aide de dispositifs accessoires et en écrouissant le cuivre dans la partie que la chaleur du chalumeau a ramollie, on arrive à obtenir ainsi des joints très solides ne présentant, sur la résistance en plein fil, qu'une diminution de 3 à 4 ki-

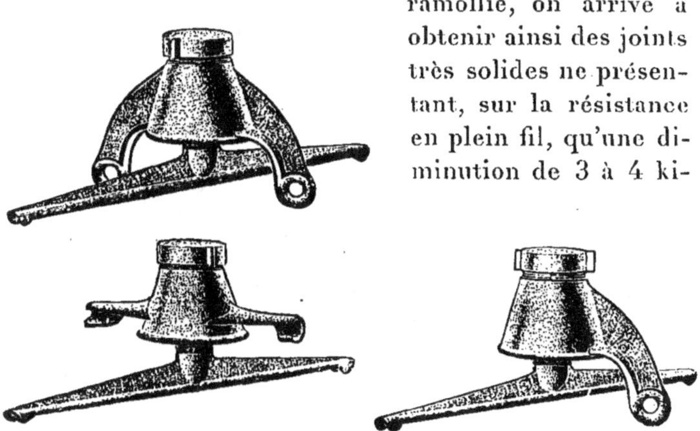

Fig. 162. — Modes de suspension des fils de lignes.

logrammes seulement, par millimètre carré. Ces fils sont livrés, par grandes longueurs, très soigneusement

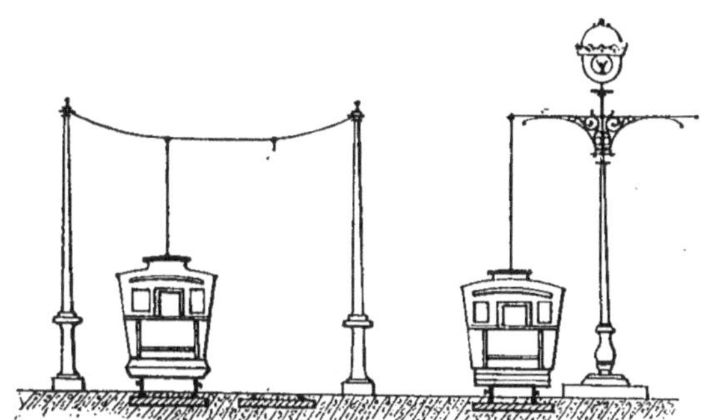

Fig. 163. — Suspension des fils et prise du courant.

enroulés sur des tambours ou tourets, ce qui facilite le déroulement et les opérations de pose. La ligne est suspendue, d'espace en espace, à des isolateurs de formes spéciales, présentant des dispositions variées qui leur permettent d'être supportées par des fils d'acier fixés à des colonnes de fonte placées le long de la voie à parcourir.

Les figures 162-163 indiquent sommairement divers types d'isolateurs usuels ainsi que leurs modes de suspension les plus fréquents.

La prise de courant est faite sur la partie inférieure du fil par un frotteur rouleur spécial placé à l'extrémité d'une longue perche que porte le toit de la voiture.

Cet organe est ordinairement un galet à gorge *en bronze* de 10 à 15 centimètres de diamètre, appelé *trolley*.

Dans les lignes qu'elle construit, la maison Siemens et Halske emploie un autre système, dit *à archet*, qui fonctionne par frottement de glissement. Il a pour but d'épouser d'une façon plus douce les coudes et irrégularités de la voie aérienne (fig. 164). La partie *amb* de l'archet est un fil dont la partie frottante est protégée par une gaîne en aluminium qu'on remplace lorsqu'elle est usée.

Un système mixte, qui participe à la fois de l'archet et du trolley ordinaire, consiste dans l'emploi d'un archet

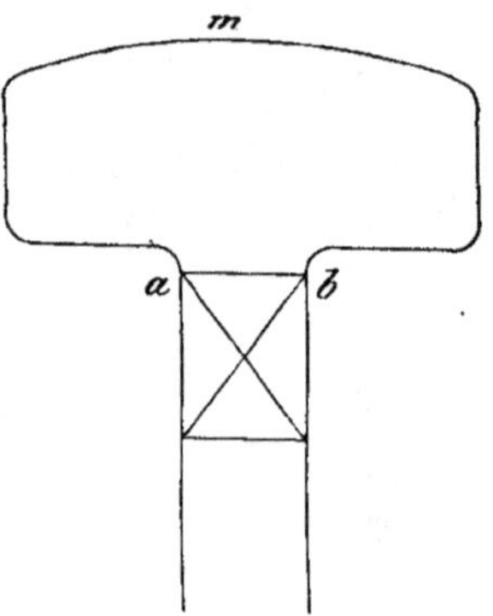

Fig. 164. — Système à archet.

comme celui qui vient d'être décrit, sur lequel est enfilée à frottement doux, une poulie pouvant se déplacer latéralement sur lui.

La perche, qui porte à son extrémité ces organes, est munie, à sa base, de puissants ressorts qui tendent à la soulever et assurent ainsi un bon contact entre le frotteur et la ligne.

Le plus ordinairement, la ligne aérienne étant parallèle à la voie, la perche n'a besoin que d'un déplacement dans le plan vertical. Un dispositif a été imaginé pour permettre à la perche de se déplacer dans tous les sens (Dickinson). Lorsqu'on l'emploie, la ligne et la voie n'ont plus besoin d'être parallèles, ce qui présente souvent des avantages appréciables.

Le conducteur aérien reçoit le courant par des fils d'alimentation ou *feeders* venant de l'usine.

Voie. — Le second conducteur, qui ramène le courant au générateur, est formé par la voie elle-même. Mais comme la continuité électrique des rails ne serait pas suffisante, malgré les éclisses, on a imaginé de réunir leurs extrémités voisines par un gros fil de cuivre recourbé dont les bouts sont sertis dans les rails eux-mêmes.

Divers procédés sont employés dans ce but.

Celui que représente la figure 165 est employé surtout aux Etats-Unis, sous le nom de Chicago Rail Bond.

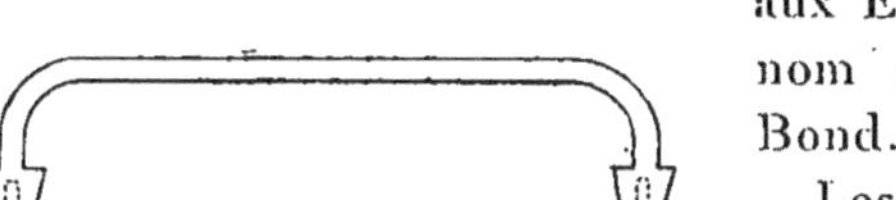

Fig. 165. — Chicago Rail Bond.

Les extrémités du fil de jonction portent un bouchon conique percé d'un trou central qui pénètre dans le rail et dont on assure le contact à l'aide d'un goujon pénétrant dans le trou.

On complète quelquefois la continuité électrique de la voie, en plaçant, entre les rails, dans le sol, un gros fil longitudinal en cuivre qu'on relie aux éclisses.

Moteurs. — Les voitures qui circulent ferment le circuit par autant de dérivations mobiles dans lesquelles le courant passe, de la ligne aérienne au rail, en suivant

le trolley et en se rendant ensuite dans l'électro-moteur
placé sous la caisse de la voiture.

Ces moteurs sont ordinairement d'une puissance individuelle de 20 à 25 chevaux.

Les figures 166 et 167 représentent l'un des types
d'électro-moteurs employés par la Compagnie Thomson-

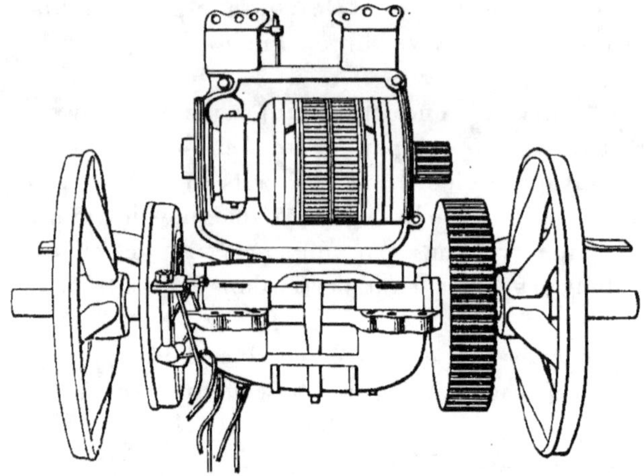

Fig. 166. — Electro-moteur Thomson-Houston.

Houston, construit par la Société des établissements
Postel-Vinay.

Sa puissance nominale est de 40 chevaux, mais il est
capable d'efforts plus considérables. Il est renfermé à
l'abri de la poussière et de l'eau, dans une carcasse ou
enveloppe métallique dont font partie les essieux. Cette
carcasse peut s'ouvrir complètement en deux parties, de
sorte que, suivant le mode de suspension adopté,
l'induit et ses paliers peuvent, ou suivre la partie mobile
ou rester dans la partie fixe.

Cet induit est formé de feuilles de tôle découpée, dans

les encoches desquelles prennent place trois bobines à
4 spires de fils. Quant à l'inducteur, il est formé de
4 bobines.

Les porte-balais sont au nombre de deux ; ils comportent chacun un seul balai en charbon qui a presque
la même largeur que le collecteur de telle façon que

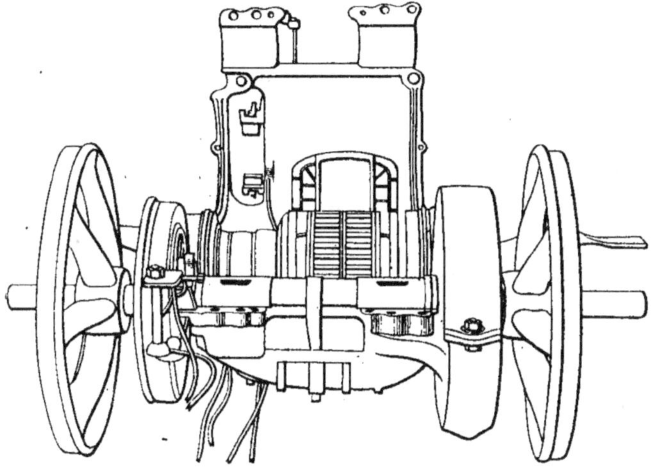

Fig. 167. — Electro-moteur Thomson-Houston.

l'usure de celui-ci se produit régulièrement sur toute sa
largeur.

Les voitures sont disposées de façon à pouvoir marcher indifféremment dans les deux sens. On n'a pour
cela qu'à retourner en sens inverse la perche qui porte
le trolley et à renverser le sens de la marche de l'électro-moteur, ce qui se fait à l'aide d'un commutateur
placé sous la main de l'homme qui dirige la marche du
tramway (*wattman*).

Une dérivation du courant permet de pourvoir, dans
la soirée, à l'éclairage du véhicule.

Canalisation souterraine. — Le désir de conserver les avantages de la canalisation par trolley, tout en supprimant ce que ce système a de peu agréable pour les yeux, a donné naissance à un grand nombre de dispositifs dans lesquels le conducteur, sur lequel se fait la prise de courant, est enfermé dans un caniveau souterrain, soustrait, autant que faire se peut, aux chances d'accès de la poussière, de l'eau, de la boue, de la neige. Le problème n'est précisément pas simple, car le frotteur que la voiture traîne au-dessous d'elle ne peut aller prendre l'électricité sur le conducteur souterrain qu'en passant à travers une fente longitudinale du caniveau. Suivant une formule connue, il faudrait que celui-ci fût, à la fois, ouvert et fermé. Malgré ces exigences contradictoires, on a réussi à imaginer des arrangements relativement satisfaisants qui ont été appliqués principalement en Allemagne et aux États-Unis et, tout dernièrement, à Paris (1).

Autres systèmes. — Mais on a cherché quelque chose de mieux et c'est ainsi qu'ont été imaginés divers

---

(1) Lire la communication faite par M. Postel-Vinay au Congrès d'électricité de 1900, sous le titre de *Prises de courant pour tramways*.

Elle contient d'intéressants détails historiques sur les étapes successives que les études de traction ont parcourues à leur origine.

En voici le résumé succinct :

C'est l'Américain Pinkus qui paraît être le premier inventeur qui s'est occupé de cette question. Venu en Europe en 1820, il a pendant vingt ans abordé beaucoup de problèmes industriels, entre autres celui de la traction par l'air comprimé. Vers 1840, se placent les expériences de traction électrique que Jacobi exécuta sur la Néva. Elles suggèrent à Pinkus l'idée de placer les batteries dans une station centrale et d'en envoyer le courant aux voitures par une double ligne avec contacts glissants portés par celles-ci.

Les brevets qu'il prit à ce sujet en 1840 et 1841 portent en germe l'organisation actuelle de la traction électrique et, d'une façon plus

systèmes dans lesquels la voiture emprunte le courant à une canalisation souterraine par le moyen de frotteurs qui viennent se mettre en contact avec des pavés métalliques placés de distance en distance dans l'entrevoie. Ces pavés sont en communication avec la source d'électricité de l'usine au moyen de câbles isolés placés dans le sol.

Dans le système Claret-Villeumier, qui a été appliqué d'abord à Lyon, en 1894, puis à Paris, depuis 1896, sur la ligne de 7 kilomètres de longueur, qui va de la place de la République à Romainville et dont l'emploi vient d'être étendu, tout récemment, à plusieurs autres lignes de la Capitale, le courant produit par la génératrice de l'usine circule dans un conducteur souterrain isolé placé entre les rails et aboutit à une série de distributeurs, placés dans le sol, dont chacun commande 20 pavés métalliques ou *plots* disposés à la suite les uns des autres à fleur de sol.

Par un ensemble de dispositions trop complexes pour être décrites ici, les plots consécutifs reçoivent successivement, et deux par deux, le courant au moment où la voiture passe au-dessus.

Elle le recueille par le moyen d'un long frotteur hori-

---

générale, le principe des distributions d'énergie par l'électricité.

En 1855, un major italien, Alexandre Bossolo, conçoit l'idée d'employer un seul conducteur pour l'amenée du courant, soit le rail, soit un conducteur aérien, ce qui suppose le retour par la terre.

D'autres, plus avancés que ces précurseurs, dans le domaine de la pratique, réalisent des expériences de véritable traction électrique.

Ce sont Farmer (1847), Hall (1851), puis un Français, Henry Cazal (1860).

À tous ces inventeurs un producteur puissant d'électricité faisait défaut, et il faut attendre l'invention de la machine Gramme pour voir ces études sortir de leur période d'incubation.

zontal qui est toujours en contact avec deux plots consécutifs.

Plus récemment encore, le principe général qui a inspiré la solution précédente a été appliqué à une disposition de prise de courant très originale et d'un fonctionnement plus simple.

Ce système, dont l'inventeur est M. Diatto, est appliqué depuis plus d'un an aux tramways de Tours et vient d'être installé sur plusieurs lignes intérieures de Paris.

La canalisation souterraine est en communication électrique avec une série de pavés placés entre les rails. A l'intérieur de chacun d'eux se trouve une cavité cylindrique remplie de mercure, dans lequel flotte un clou en fer dont la tête vient, en se soulevant, s'encastrer dans une pièce de fer doux qui affleure le sol au milieu de la surface du pavé et est isolée dans une plaque d'asphalte.

La voiture porte, sous son châssis, un système magnétique qui attire le clou, au moment où il passe au-dessus de sa tête, assurant ainsi, pendant ce temps, le passage du courant de la canalisation souterraine à la dynamo-réceptrice qui communique son mouvement à la voiture.

Chemins de fer électriques. — Nous nous contenterons de signaler, dans cette rapide revue, les conditions spéciales qui sont propres aux chemins de fer électriques.

Ici les trains sont appelés à avoir une vitesse égale, sinon supérieure, à celle des trains remorqués par les locomotives ordinaires, et un tonnage comparable.

Ces conditions, qui n'existent pas pour les tramways ordinaires, imposent des dispositifs spéciaux pour la construction des locomotives électriques et de leurs prises de courant.

D'assez nombreux spécimens de ces machines nouvelles ont été exposés au Champ-de-Mars et à l'annexe de Vincennes.

Dans les chemins de fer électriques, la prise de courant se fait sur un rail surélevé au-dessus du sol et placé en dehors de la voie.

En raison du danger que présenterait le contact de ce rail, de nombreux avis sont affichés le long de la voie. En outre, le rail électrisé est rendu très reconnaissable par une couche de couleur rouge. Il est, en certains points, protégé latéralement par des planches de bois.

Cette méthode n'a pas d'inconvénients parce que le public n'a pas accès sur la voie. Elle serait inapplicable pour les tramways et les chemins de fer sur route et, d'une façon générale, pour les transports sur les voies où le public à accès.

On peut voir à Paris, en ce moment, plusieurs exemples de chemins de fer électriques.

L'un d'eux, exploité par la Compagnie de l'Ouest, doit relier Versailles à la gare des Invalides. Une seule section est ouverte entre cette dernière station et celle du Champ-de-Mars.

La Compagnie d'Orléans vient d'ouvrir à l'exploitation un tronçon de 4 kilomètres entre la nouvelle gare du quai d'Orsay et l'ancienne gare d'Austerlitz.

Enfin, la Compagnie du Métropolitain a livré au public une ligne allant de la place de la Nation à la Porte-Maillot.

En attendant que l'usine centrale de Bercy soit terminée, c'est l'usine du Triphasé, à Asnières (1), qui fournit le courant aux deux sous-stations de la place de l'Étoile et de Bercy.

---

(1) Voir page 281.

Ce courant, qui est alternatif triphasé à 5.000 volts, passe d'abord dans des transformateurs, qui abaissent sa tension à 420 volts.

Il est ensuite recueilli par une commutatrice de 750 kilowatts, qui le transforme en courant direct à 500 volts.

Ces commutatrices, qui seront au nombre de trois dans chaque sous-station, lorsque le service sera complètement organisé, sont munies de disjoncteurs automatiques qui coupent le courant lorsqu'un court circuit vient à se produire sur la voie.

Ce sont là les premiers chemins de fer électriques installés en France. On peut être prophète à bon compte, en prédisant que ce système de traction est appelé à un grand avenir.

Tramways sur routes sans rails. — Certains inventeurs ont cherché à rendre applicable à la circulation sur les routes, le système de transmission électrique par trolley en faisant usage d'une double ligne aérienne et en supprimant les rails.

Ce mode de procéder ne paraît pas être encore entré dans la pratique.

Il a été modifié, il y a quelques mois, par M. Lombard-Gerin, qui a imaginé de remplacer le trolley de prise de courant par un petit moteur électrique qui se meut de lui-même sur la double ligne aérienne, conserve par conséquent l'indépendance d'allure qui lui est nécessaire pour éviter les chocs et à-coups pouvant résulter du tirage et qui transmet à la voiture le courant de la ligne par un conducteur souple, en laissant au mouvement du véhicule toute la liberté qui lui est nécessaire.

Traction au moyen des accumulateurs. — La traction au moyen des accumulateurs présente certains avantages sur la traction avec prise de courant sur la ligne aérienne.

Le principal et celui grâce auquel elle a tenu et tient encore le « record » à Paris malgré la concurrence qui lui est faite (1), c'est qu'elle n'apporte aucune modification extérieure à l'aspect des voies auxquelles elle est appliquée. C'est un médiocre avantage dans les villes où les considérations esthétiques sont reléguées au second plan. C'est, au contraire, d'un intérêt si capital dans les autres, qu'il a suffi pour faire bannir, jusqu'à présent, toute ligne à trolley, de la façon la plus absolue, à Paris et dans plusieurs grandes villes de l'étranger.

Un argument, nous ne dirons pas plus sérieux, mais plus tangible, résulte de ce que, avec les accumulateurs, l'usine est sensiblement moins importante ; la voie ordinaire suffit ; la ligne aérienne n'existe plus. Le bénéfice augmente avec la longueur de la ligne.

Mais, par contre, les accumulateurs sont portés par les voitures ; ils sont lourds, ajoutent au poids mort un élément considérable. Si on veut diminuer leur poids, leur fragilité, déjà gênante, augmente et demande un entretien et un amortissement plus coûteux.

Aussi le développement de ce mode de traction ne s'est-il produit que dans quelques capitales où les municipalités sont assez grandes dames pour faire passer le luxe et la satisfaction des yeux avant l'économie.

A Paris, un assez grand nombre de voitures de tramways à accumulateurs ont été installées par la Société pour le travail électrique des métaux. Telle, la ligne de Saint-Denis à Paris dont la figure 168 représente la vue d'ensemble.

---

(1) Communication de M. Maréchal à la Société internationale des électriciens de janvier 1897.

Fig. 168. — Tramway de la ligne de Saint-Denis à Paris.

Plus récemment, la Compagnie des tramways de Paris et du département de la Seine, a mis en service trois lignes nouvelles partant de la Madeleine et se bifurquant l'une pour aller à Levallois, l'autre à Courbevoie par le pont Bineau, l'autre à Courbevoie par le pont de Neuilly.

L'usine de charge est à Puteaux avec trois postes de chargement, un à l'extrémité de chaque ligne (1).

Les voitures sont à 52 places. Elles sont munies de 200 éléments d'accumulateurs système Tudor, formant une batterie du poids de 3.600 kilogrammes et de deux moteurs capables de développer chacun une puissance de 15 chevaux pouvant s'élever temporairement à 25 chevaux.

Le temps employé à la charge des accumulateurs, faite à chaque voyage complet, varie de 8 à 13 minutes.

Un système mixte est appliqué pour les lignes qui sont, partie en ville, partie en banlieue.

Dans la banlieue, le système par trolley est employé; en ville, c'est le système par accumulateurs qui fonctionne.

Prix de revient de la traction électrique. — La tendance à la suppression de la traction animale est aujourd'hui générale. C'est que le cheval est loin d'être un moteur économique. La puissance qu'il peut développer normalement n'est guère que les deux tiers de celle de son confrère, le cheval-vapeur, soit 50 kilogrammètres.

Son seul avantage est d'être capable de donner *un coup de collier* quand il le faut, et de produire ainsi, pendant un certain temps, un effort très supérieur à sa

---

(1) Voir la communication faite à la Société internationale des électriciens, par M. F. Lasnier, mai 1897.

moyenne ordinaire. Mais il a, à son passif, des inconvénients sérieux.

Qu'il travaille ou non, il mange, et les fourrages sont une matière fertile en désappointements imprévus. Il est soumis aux chances de maladie, d'épidémies, et sa carrière utile n'est jamais de longue durée.

Aussi n'est-il pas étonnant qu'on s'efforce de le remplacer par des moteurs plus économiques.

M. Gadot, qui a fait des études comparatives sur la traction par accumulateurs et sur la traction animale, s'est livré à des recherches qui établissent le prix de revient des tramways de la Compagnie générale des omnibus à Paris.

Ces recherches ont porté sur quatre années d'exploitation normale pendant lesquelles il n'y a eu ni épidémie de chevaux, ni disette de fourrages.

Elles ont abouti à l'évaluation d'une dépense de 0 fr. 561 par voiture et par kilomètre, en ne tenant compte que des *frais de traction.*

Cette évaluation, rapportée à *la voiture-kilomètre,* en usage actuellement pour l'étude des prix de revient de traction, est loin d'être logique. Elle rend difficiles les comparaisons. Dans l'espèce, elle s'applique à des voitures contenant 52 places, pesant vides 3.600 kilogrammes et avec les voyageurs, 7.000 kilogrammes. Il serait beaucoup plus rationnel de rapporter la dépense au nombre des voyageurs transportés à un kilomètre.

Quoi qu'il en soit, ce mode de calcul ayant prévalu, M. Gadot estime que dans les mêmes conditions, la traction par accumulateurs ne correspond qu'à une dépense de 0 fr. 507, ce qui constitue un premier avantage de 0 fr. 054 par voiture-kilomètre au profit de cette dernière. En outre, le capital de premier établissement est plus faible, les aléas résultant du prix des fourrages et de la maladie des chevaux évités.

Enfin, on peut se dispenser, dans certains cas, du pavage de l'entrevoie, condition à laquelle on s'astreint quelquefois pour aider à l'effort des chevaux.

D'après les comptes de la Compagnie des tramways de Paris et du département de la Seine, ses frais de traction en 1894 et 1895 auraient été de 0 fr. 47 et 0 fr. 50. Ils seraient sensiblement diminués depuis et réduits à 0 fr. 31 seulement (1).

Avec les canalisations à trolley, les dépenses de traction par voiture-kilomètre comprenant la production du courant, l'entretien de l'usine, du matériel roulant, des rails, du salaire des *wattmen*, varient généralement de 0 fr. 20 à 0 fr. 30.

À ces dépenses de traction, il faut ajouter les dépenses d'entretien, de perception et les frais généraux, puis les dépenses d'amortissement.

On peut évaluer les premières à 0 fr. 08-0 fr. 12, et les dernières à 0 fr. 10-0 fr. 15, en comptant dix à quinze ans pour la durée du matériel roulant et vingt à trente ans pour celle des installations fixes (2).

Accumobiles. — À côté des tramways mus au moyen d'accumulateurs, une nouvelle catégorie de véhicules, actionnés de la même façon, mais circulant sur le sol lui-même, sans rails, est appelée à un développement considérable, au moins dans les grandes villes et leurs abords immédiats, Nous voulons parler de la catégorie des *automobiles* électriques que M. Hospitalier désigne sous le nom d'*accumobiles* (3).

---

(1) Mémoire sur la traction mécanique sur rails et sur routes pour les transports en commun, par MM. L. Perissé et R. Godfernaux.

(2) Voir les *Tramways électriques*, par M. Henri Maréchal.

(3) Voir communication à la Société internationale des électriciens, mai 1897.

M. Hospitalier estime que, grâce aux progrès réalisés dans la fabrication des accumulateurs, une voiture pesant au total de 970 à 1.200 kilogrammes et portant 300 à 350 kilogrammes d'accumulateurs type Fulmen, un cocher et deux voyageurs, pourra fournir aisément et, sans crainte d'arrêt forcé, 60 kilomètres de parcours journalier.

La dépense correspondante serait de 4 francs pour les frais de charge, autant pour l'amortissement de la voiture et des accumulateurs, le salaire du *wattman* restant le même que celui d'un cocher ordinaire.

Les frais inhérents à la journée du cheval sont évalués par M. Eric Gérard (1) (d'après une exploitation bruxelloise), à 3 fr. 327 ; par M. Gadot (Compagnie générale des omnibus à Paris), à 4 fr. 1406. Seulement, il faut compter deux chevaux (et plutôt trois) pour assurer le service continu d'une même voiture.

Les frais de traction seraient donc plus faibles pour l'*accumobile* que pour l'*hippomobile*.

La comparaison des frais d'amortissement est plus difficile. Elle est, quant à présent, à l'avantage des voitures à chevaux, mais les autres conservent la supériorité d'ordre général, indiquée plus haut, et on peut, en outre, sans excès de témérité, escompter, pour cette industrie naissante, des progrès que la traction par chevaux, pratiquée depuis des siècles, ne permet pas de prévoir à son profit.

La circulation par accumobiles sera, en outre, très certainement favorisée au regard des automobiles à pétrole, le jour, qu'on peut espérer prochain, où des stations de charge d'accumulateurs installées dans les villes et échelonnées sur les routes les plus fréquentées, mettront les voitures électriques à l'abri des chances

____

(1) *Leçons sur l'électricité.*

d'arrêt tout en leur permettant d'effectuer des parcours considérables sans les obliger à revenir à leur point de départ.

Un concours a été ouvert dans ce but. Clos en juillet 1899, il a donné naissance à un certain nombre d'appareils intéressants.

Nous nous bornerons à quelques détails généraux sur l'un d'eux qui est dû à la Compagnie générale des Travaux d'éclairage et de force (Anciens Etablissements Clemançon).

Il se compose d'un coffret sur colonne, assez analogue, par son aspect extérieur, avec les avertisseurs d'incendie, distributeurs automatiques, que l'œil est habitué à voir sur les voies publiques.

Le coffret contient un tableau auquel aboutit le double câble d'alimentation venant de la source d'électricité. Le fût renferme deux câbles souples réunis sous une garniture de cuir et dont l'extrémité est munie d'une prise de courant mâle qui vient se raccorder à la prise de courant femelle dont doit être muni le véhicule à ravitailler.

Ces deux parties de l'appareil sont fermées par deux portes dont la clef est entre les mains de l'employé préposé à sa garde.

La distribution du courant se fait au moyen d'un compteur qui fonctionne par l'introduction d'un jeton ou d'une pièce de monnaie, opération qu'on renouvelle jusqu'à ce que la voiture ait reçu la quantité de courant qui lui est nécessaire.

En attendant que ces appareils distributeurs soient entrés dans la pratique courante, par la force même des choses et malgré certains avantages incontestables que possèdent les voitures automobiles à pétrole, les divers types de voitures automobiles électriques, fiacres, coupés, victorias, breaks, omnibus, se multiplient avec rapidité.

Nous donnons ci-après, à titre de spécimen, quelques détails succincts sur les types de voitures électriques créés par M. Charles Mildé : voiture de maître qui, par l'interchangeabilité des caisses peut être, suivant la sai-

Fig. 169. — Fiacre Mildé.

son, un coupé ou une victoria à quatre places, ou voiture de livraison pouvant transporter une charge utile de 500 à 1.000 kilogrammes.

La dépense en énergie de ces deux types est de 80 watts-heures par tonne kilométrique en terrain varié, les parcours journaliers variant entre 50 et 70 kilomètres.

Le fiacre Mildé dont la figure 169 donne une vue d'ensemble pèse à vide 1.500 kilogrammes ; sa batterie d'accumulateurs pèse 600 kilogrammes, son moteur 200 kilogrammes.

La voiture de livraison est de 2.800 kilogrammes à vide et de 3.500 kilogrammes avec les marchandises et son conducteur.

Fig. 170. — Voiturette Mildé (Duc vis-à-vis).

Elle porte 1.000 kilogrammes d'accumulateurs et un moteur du poids de 280 kilogrammes.

Poursuivant le cours de ses études, la maison Mildé a réalisé de nouveaux types de voiture urbaine dont les avantages résultent de l'emploi d'un avant-train moteur et directeur, sorte de tracteur attelé à la caisse au moyen d'une flèche articulée et contenant tout le mécanisme, moteur et accumulateurs.

Sur ce principe ont été construits plusieurs modèles principaux :

1° *Un tricycle à deux places*. — Poids en charge maxima

670 kilogrammes, savoir : 520 kilogrammes à vide (dont 60 kilogrammes pour un moteur d'une puissance de 1.000 watts et 200 à 220 kilogrammes pour les accumulateurs) et 150 kilogrammes pour deux voyageurs.

2° *Une voiture de promenade à quatre roues* (Duc, vis-à-vis, phaéton) (fig. 171). — Poids en charge maxima : 1.100 kilogrammes, savoir : 870 à 900 kilogrammes à vide (dont 80 kilogrammes pour un moteur d'une puissance de 1.700 watts et 300 à 330 kilogrammes pour les accumulateurs) et 200 à 250 kilogrammes pour trois ou quatre voyageurs.

3° *Une voiture légère de luxe* (Cab français ou victoria). — Poids en charge maxima 1.200 kilogrammes, savoir : 950 à 980 kilogrammes à vide (dont 80 kilogrammes pour un moteur d'une puissance de 1.700 watts et 300 à 330 kilo-grammes pour les accumulateurs) et 220 kilogrammes de charge utile (deux voyageurs et le conducteur).

4° *Une voiture pour service urbain* (Landau, landaulet, coupé, victoria, voiture de livraison pour poids légers). — Poids en charge maxima : Pour le landau, 1.550 kilogrammes à vide et 350 kilogrammes pour les voyageurs. Pour la victoria ou le coupé, 1.330 kilogrammes à vide et 220 kilogrammes pour les voyageurs. Pour la voiture de livraison, 1.800 kilogrammes à vide et 400 kilogrammes de poids utile.

Le poids à vide de ces voitures comprend : un moteur de 2.400 watts pesant 120 kilogrammes et 400 à 440 kilogrammes d'accumulateurs.

Plates-formes mobiles. — Aux systèmes de traction électrique que nous venons de passer en revue se rattache celui des plates-formes roulantes électriques. Dans les premiers, c'est le moteur qui se déplace ; dans les seconds, c'est la voie elle-même qui est en mouvement.

Appliquée pour la première fois à l'Exposition de Chi-

cago en 1893, puis à Berlin en 1896, la plate-forme roulante a été reproduite à Paris en 1900, avec un succès

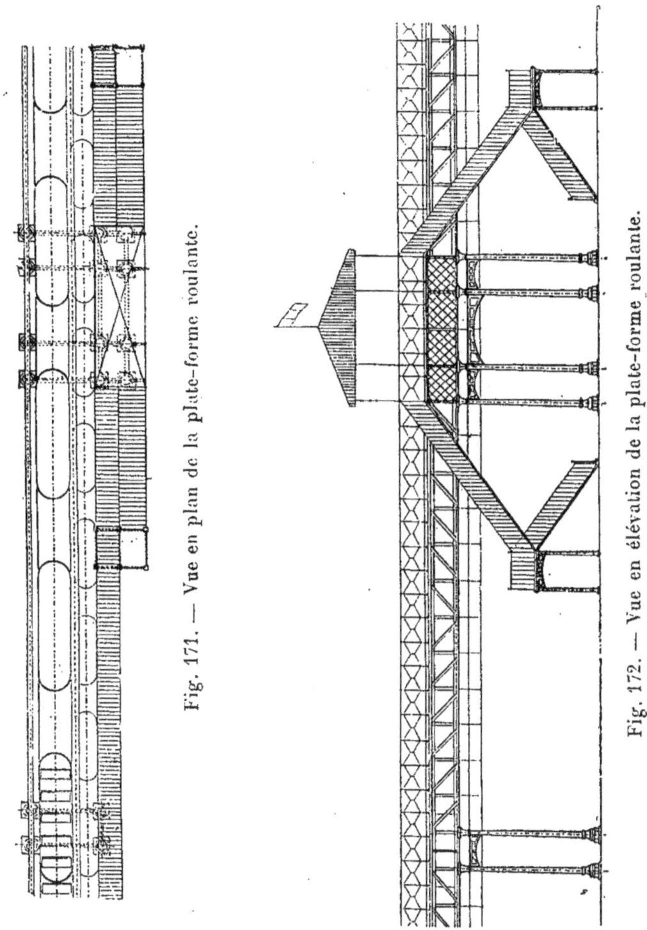

Fig. 171. — Vue en plan de la plate-forme roulante.

Fig. 172. — Vue en élévation de la plate-forme roulante.

considérable, pour assurer la circulation du public dans
l'enceinte intérieure dé l'Exposition, entre l'Esplanade
des Invalides et le Champ-de-Mars.

Un syndicat d'études, dirigé par M. J. Armengaud jeune, a étudié un projet fusionnant les travaux antérieurs de M. Blot (1886) et les perfectionnements que MM. Guyenet et de Mocomble lui ont apportés.

Avant sa mise en pratique effective, ce projet avait reçu un commencement de réalisation par l'expérience à grande échelle qui fut faite, en janvier 1899, à Saint-Ouen.

La plate-forme de l'Exposition a 3^{km},400 de longueur. Elle reçoit son mouvement de moteurs électriques alimentés par une usine centrale. Elle est placée sur un viaduc à 7 mètres du sol, auquel on accède par une dizaine de stations à l'aide d'escaliers fixes et par un plancher mobile à faible vitesse permettant le passage de la vitesse zéro à celle de 8 kilomètres à l'heure environ, vitesse à laquelle la plate-forme fait un tour complet en vingt-cinq minutes et demie (fig. 171-

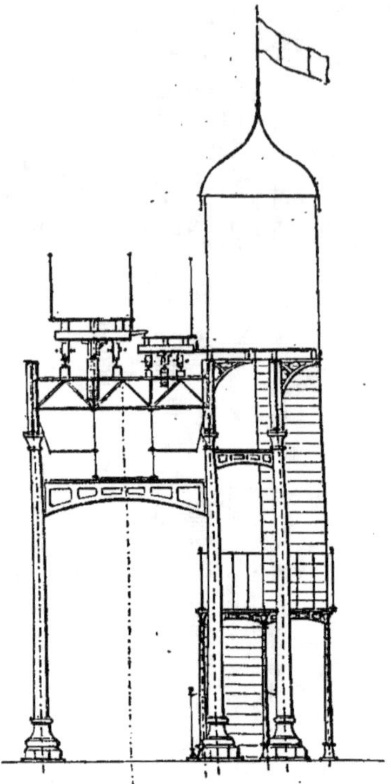

Fig. 173. — Vue en coupe de la plate-forme roulante.

172-173). Cette plate-forme, composée de trucks articulés, en un ruban continu, est portée par 172 galets entraînés par autant de moteurs électriques de 5 chevaux chacun.

A vide, elle pèse environ 1.700 tonnes. Avec le public

calculé sur la circulation des jours de fête, elle pèse environ 2.700 tonnes.

Dans les conditions de son fonctionnement normal, elle permet de véhiculer environ 30.000 personnes à l'heure avec une dépense d'électricité qui n'atteint pas 50 francs.

Traction électrique sur les canaux. — L'emploi de l'électricité offre plusieurs solutions intéressantes de la question du halage des bateaux sur les canaux, uniquement pratiqué depuis longtemps au moyen de chevaux.

Il y a quelques années, on eut l'idée de substituer à ce procédé primitif la traction par une locomotive circulant sur le chemin de halage. Après un essai de plusieurs années sur le canal d'Aire et sur la Deule, ce système fut abandonné en raison des frais qu'entraînaient la pose et l'entretien de la voie ferrée.

Le halage funiculaire installé par M. Maurice Lévy au souterrain de Mont-de-Billy, près de Reims, et dans lequel les bateaux sont entraînés par un cable sans fin en mouvement auquel ils sont accrochés, a été appliqué et l'est encore avec plus de succès que le précédent. Mais c'est un procédé purement mécanique auquel nous n'avons pas à nous arrêter.

Les systèmes qui utilisent le concours de l'électricité sont au nombre de trois.

Le *touage électrique* a été étudié par M. de Bovet en 1892 et appliqué par la Société des grands toueurs de la Basse-Seine et de l'Oise. Il consiste dans l'installation sur ces bateaux d'un treuil électrique sur lequel s'enroule la chaîne de touage immergée dans le lit du fleuve. Sur la berge est placée une ligne aérienne formée d'un fil de 8 millimètres de diamètre alimenté par un courant à 110 volts. La prise du courant est faite par un petit chariot roulant sur la ligne.

La *propulsion électrique*, signalée en 1893 par M. Büker au Congrès international de navigation de Chicago, a été utilisée en France, à la même époque, par M. Gaillot. Elle consiste dans l'emploi d'un bachot propulseur servant à la fois de remorqueur et de gouvernail, qu'on installe à l'arrière du bateau. Ce bachot, qui flotte à hauteur fixe dans l'eau, contient une dynamo-récep-

Fig. 174. — Cheval électrique.

trice, pouvant absorber 4.000 watts, dont l'axe se continue avec celui d'une hélice. La réceptrice est actionnée par deux fils qui réunissent ses pôles à deux trolleys circulant sur un fil de ligne et un fil de terre placés sur la rive.

Le système dit *cheval électrique* consiste en un tracteur mobile (fig. 174) ou locomotive routière à trois roues, qui circule sans rails sur le chemin de halage et remorque les bateaux comme le feraient deux chevaux à une vitesse de $2^{km},5$ à 3 kilomètres. Ce chariot porte

une dynamo de 4.000 watts, soit environ 6 chevaux,
pouvant, à un moment donné, développer 8 chevaux. Il
pèse 2.200 kilogrammes. La dynamo emprunte son courant à une ligne aérienne, au moyen d'un trolley composé de deux poulies en bronze montées sur un bâti en
laiton portant une tige de 40 centimètres de long qui le
maintient en équilibre pendant la marche (fig 175). Ce
procédé, inventé par M. Gaillot, en 1894, expérimenté

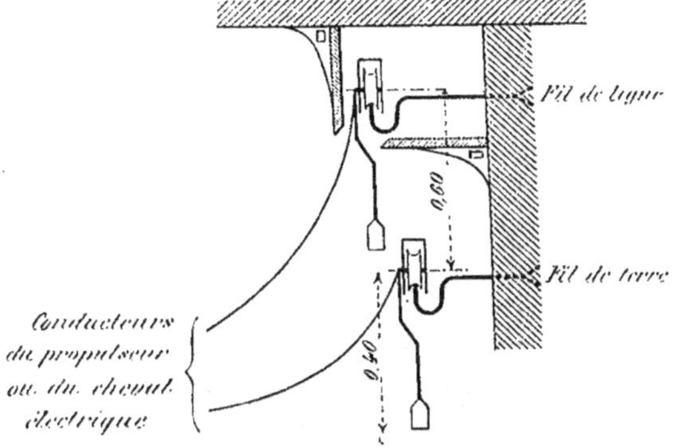

Fig. 175. — Disposition des trolleys du cheval électrique.

par lui en 1895 et 1896 sur le canal de Bourgogne et
exploité depuis par la Société Denèfle et Cⁱᵉ, est en expérience sur la grande ligne de navigation de Paris à la
mer du Nord comprise entre Béthune et l'Escaut, sur
88 kilomètres.

Les trois systèmes, dont il vient d'être question d'une
façon sommaire ont fait l'objet de communications détaillées au VIIᵉ Congrès international de navigation tenu
à Bruxelles en 1898. Nous y renvoyons le lecteur désireux d'avoir de plus amples informations sur ce sujet (1),
nous bornant à indiquer le principe de chacun d'eux.

----

(1) *Modes de traction mécanique le long des canaux*. Rapport

Autres exemples de récepteurs mobiles. — Nous terminerons enfin ce chapitre par l'indication de quel-

Fig. 176. — Tracteur électrique à trolley pour usines.

ques appareils d'usine qui se rattachent au groupe des récepteurs mobiles.

Le premier (fig. 176) est un petit tracteur à trolley

de MM. La Rivière et Bourguin, ingénieurs des ponts et chaussées ; *Le touage individuel des bateaux sur les canaux*, par

construit par MM. Sautter-Harlé et Cⁱᵉ, pour le service intérieur d'une usine. Il se compose d'une plate-forme en tôle et cornière, sur laquelle est fixé à

Fig. 177. — Treuil électrique de trois tonnes.

sa partie centrale un électromoteur bipolaire relié aux deux essieux par deux paires d'engrenages à denture

M. A. de Bovet, directeur de la Compagnie de touage de la Basse-Seine et de l'Oise. Voir aussi les articles publiés dans le journal anglais *Engineering* des 24 septembre, 1ᵉʳ, 8 et 22 octobre 1897.

taillée. Le moteur est protégé par une enveloppe en .
acier coulé qui sert de siège au conducteur. Celui-ci a
sous la main de part et d'autre, deux volants actionnant

Fig. 178. — Treuil électrique roulant de six tonnes.

respectivement le frein et l'appareil de manœuvre
constitué par un commutateur inverseur permettant
d'effectuer le changement de marche et d'opérer le
démarrage progressif et le réglage de la vitesse à l'aide

d'une résistance graduée qu'on intercale dans le circuit de l'induit.

Ce tracteur est établi sur une voie de $0^m,50$. Il peut remorquer une charge de 10 tonnes en absorbant à ses bornes 5.000 watts environ. Il pèse 1.650 kilogrammes et ses dimensions d'encombrement sont $1^m,900$ de longueur et $1^m,200$ de largeur.

Les figures 177 et 178 représentent des chariots roulants électriques de type et de puissance différents construits par la même maison.

Le premier est du type à vis sans fin pouvant soulever une charge de 3 tonnes; le deuxième est à frein Megy d'une puissance de 6 tonnes. Chacun de ces chariots porte deux séries d'organes se rapportant les uns au mouvement de levage, les autres au mouvement de translation.

Le premier chariot roulant se compose de deux flasques verticaux entretoisés portant à leurs extrémités deux moteurs électriques reliés, l'un à la noix de levage à empreintes, l'autre aux deux galets montés sur l'arbre central par l'intermédiaire d'un renvoi à vis sans fin et roue hélicoïdale. Une enveloppe en fonte, qui enferme complètement chaque roue et chaque vis, forme réservoir d'huile et supporte les deux paliers de la vis dont l'un est muni de collets de butée. Ces organes sont facilement visibles sur le dessin qui suppose que ladite enveloppe est transparente.

Les électromoteurs sont bipolaires à induit Gramme et à un seul inducteur. Le courant est amené aux électromoteurs à l'aide de conducteurs tendus parallèlement aux voies de roulement et sur lesquels viennent frotter des prises de courant portées par le chariot.

Voici les éléments relatifs à cet appareil :

Charge maxima soulevée. . . . . 3.000 kilos.
Vitesse du levage par minute. . . . . 3 mètres.

Consommation aux bornes, environ . . . . 4.500 watts.
Vitesse du chariot par minute . . . . 24 mètres.
Consommation aux bornes du moteur, environ. 1.800 watts.
Largeur . . . . 0 m. 800.
Longueur. 1 m. 700.
Hauteur au-dessus de la voie. . . . . 1 m. 400.
Poids. . . . . 1.100 kilos.

Dans le second chariot roulant, les deux électromoteurs de la translation et du levage sont reliés aux galets et à la noix à empreintes par des renvois d'engrenages et la charge est suspendue à une hauteur quelconque par un frein système Megy.

Afin d'atténuer les bruits des dentures, les pignons clavetés sur les arbres des moteurs sont en cuir vert comprimé; ils engrènent avec des roues en fonte à denture taillée. Les conditions de fonctionnement de ces chariots sont les suivantes :

Charge maxima soulevée . . . . 6.000 kilos.
Vitesse du levage par minute. . . . . 4 m. 30.
Consommation aux bornes, environ . . . . . . 7.500 watts.
Vitesse de translation par minute . . . . 45 mètres.
Consommation aux bornes, environ . . . . . . 2.400 watts.
Largeur . . . . 0 m. 990.
Longueur. 2 m. 200.
Hauteur au-dessus de la voie. . . . . 0 m. 770.
Poids. . . . . 1.600 kilos.

L'Exposition nous a montré deux types d'appareils de levage de très grande puissance, actionnés par l'électricité, qui ont servi au montage des machines du Palais de l'Electricité et y sont restés exposés.

Le premier était, dans la section française, la grue *Titan*, construite par la maison Le Blanc.

Cette grue, d'une puissance maxima de 30 tonnes, est servie par deux moteurs électriques.

L'un, d'une puissance de 20 chevaux, à vitesse réglable

dans les deux sens, sert au mouvement de translation ; il fonctionne sous une tension de 240 volts.

La vitesse, pour une charge de 30 tonnes, oscille entre un maximum de 20 mètres par minute et un minimum de 4 mètres. A vide, la vitesse est de 24 mètres.

Les mouvements de la volée et du crochet de suspension sont produits par un moteur unique de 16 chevaux, à vitesse constante, qui actionne par courroies les trois treuils d'orientation, de translation et de levage.

La vitesse d'orientation de la volée est de 4 mètres par minute ; celle du chariot sur la volée est de $11^{m},50$.

La vitesse de levage, à la montée et à la descente, peut varier comme il suit :

Montée, vitesse pour une charge de 10 tonnes.	$2^{m},10$
Descente — — —	$3^{m},40$
Montée, vitesse pour une charge de 30 tonnes.	$1^{m},10$
Descente — — —	$2^{m},50$

Le second appareil est un pont roulant de 25 tonnes exposé par un constructeur allemand, M. Carl Flohr.

Ce pont a une portée de $27^{m},60$. Il permet le levage des grosses charges à la vitesse de $2^{m},40$ par minute.

Sa vitesse de translation est de 30 mètres.

Celle du déplacement du treuil sur le pont, de 18 mètres.

La course complète de l'appareil dans le hall était de 107 mètres.

Le treuil porte deux moteurs électriques de 18 chevaux chacun, commandant par engrenages et vis sans fin l'arbre de la chaîne.

La translation du treuil sur le pont est assurée par un moteur de 8 chevaux.

Celle du pont lui-même est produite par un moteur de 26 chevaux.

Ces engins sont remarquables à la fois par les efforts

considérables qu'ils permettent de réaliser et par l'extrême facilité avec laquelle ils se prêtent aux mouvements qu'on leur commande.

La grue Titan recevait le courant par une double ligne aérienne sur laquelle frottait un trolley à double galet.

Le pont roulant avait une prise de courant par contacts glissants.

Progrès de la traction électrique. — Si la traction électrique est née en Europe, c'est surtout aux Etats-Unis qu'elle s'est développée. Dès 1889, alors que, sur le vieux continent, elle ne faisait que de timides et rares progrès, de nombreuses sociétés se créaient dans le nouveau, développant avec une rapidité prodigieuse le nombre de kilomètres livrés à l'exploitation.

Il atteint en ce moment environ 45.000, avec un nombre à peu près égal de voitures.

Sous l'impulsion de ce développement si rapide, le mouvement a suivi en Europe, où il s'est surtout étendu en Allemagne et en France.

Voici, d'après le *Zeitschrift Electrotechnische*, quelle était la situation en Allemagne au 1er septembre 1899 :

Nombre d'installations de tramways électriques.	89
Longueur totale de voies.	2.048 kilomètres
Nombre de voitures automobiles.	4.504
Puissance totale électrique.	66.041 kilowatts

En France, au 1er janvier 1900, la situation était la suivante :

Nombre d'installations.	72
Longueur totale de voies.	753 kilomètres
Nombre de voitures automobiles.	1.295
Puissance totale électrique.	28.508 kilowatts

Les autres nations européennes ne peuvent présenter que des résultats inférieurs à ceux-là.

On voit donc qu'en Europe, les progrès de la traction électrique ont été infiniment moins rapides qu'en Amérique.

CHAPITRE IX

Fonctionnement des télégraphes électriques. — Anciens procédés de communication à distance. — Amontons. — Chappe. — Première idée de l'emploi de l'aimant pour la télégraphie. — Nouvelles recherches.

Fonctionnement des télégraphes électriques. — La télégraphie électrique se rattache, par le mécanisme de son fonctionnement, au système général de la transmission de l'énergie à distance par l'intermédiaire de l'électricité. Mais il s'agit ici de conditions bien différentes de celles que nous avons examinées dans les précédents chapitres.

Dans le cas présent, les distances sont incomparablement supérieures à celles dont nous avons déjà parlé. La télégraphie terrestre, et surtout la télégraphie sous-marine, ne connaissent, pour ainsi dire, pas de limites de transmission.

Par contre, l'effort développé par le récepteur est extrêmement faible, puisqu'il se résume au mouvement d'un petit style ou d'une roue contre une bande de papier qui se déroule devant eux.

La manipulation au poste de départ ne met en jeu,

elle aussi, que des efforts peu considérables, se résumant à des interruptions rythmées du passage du courant.

Aussi n'a-t-on pas besoin de générateurs électriques puissants, les piles suffisent.

Anciens procédés de communication à distance. — Avant d'aborder l'examen des procédés modernes de la télégraphie, il est intéressant de passer en revue les phases qu'elle a traversées depuis que le besoin de communiquer à distance, hors de la portée de la voix, aussi vieux que l'usage de la parole elle-même, s'est imposé aux hommes.

Dès la plus haute antiquité, on se servait, en Asie, de feux allumés sur les hauteurs comme de signaux conventionnels.

Hérodote raconte que, pendant les guerres de Grèce, les Perses avaient établi des lignes de sentinelles qui transmettaient les nouvelles de proche en proche, d'Athènes à Suse, en quarante-huit heures.

Les Grecs héritèrent de ce mode de communications rapides (1).

-----

(1) D'après Eschyle (*Agamemnon*), un feu allumé au sommet du mont Ida et répété sur différentes montagnes, devait avertir Clytemnestre de la prise de Troie.

La sentinelle qui, depuis dix ans, attendait ce signal, s'écrie :

« Grâce aux Dieux, l'heureux signal perce l'obscurité. Salut, ô flambeau de la nuit, qui fait luire un beau jour. »

Et Clytemnestre répond au chœur, qui demande comment lui est parvenue cette nouvelle :

« C'est Vulcain, par ses feux allumés sur l'Ida. — De fanal en fanal, la flamme messagère a volé jusqu'ici. Les feux brillaient au mont Ida, au promontoire d'Hermès, à Lemnos, au mont Athos, à Maciste, à Massape, aux bords de l'Eurype, au mont Cytheron, aux monts Egyplanète, à Arachine et enfin à Argos. »

Aristophane parle du feu de Lemnos dans sa comédie de *Lysistrata*. Il établissait probablement une communication optique entre l'Europe et l'Asie.

Polybe consacre, dans son *Histoire* (1), des développements importants à la description des différents systèmes de signaux et fanaux en usage à la guerre.

Il cite un procédé, attribué à Enée, consistant dans l'emploi, aux deux postes qui doivent communiquer, de vases en terre dans lesquels flottent verticalement, à des hauteurs variables avec le niveau de l'eau, des bâtons sur lesquels sont inscrits les faits qui se produisent le plus souvent à la guerre.

Les vases étant munis à leur partie inférieure d'orifices permettant l'écoulement d'une certaine quantité d'eau, on peut, à un signal convenu d'avance, ouvrir ces orifices et ne les fermer qu'à un autre signal. Si les choses sont bien réglées, les bâtons doivent être descendus de quantités égales et rendre possible la lecture du fait qu'on a désiré transmettre sur la partie du bâton qui affleure l'ouverture du vase.

Ce système de transmission étant forcément limité à un petit nombre de faits, Cléomène et Démocrite en avaient imaginé un autre d'un emploi plus général, au moyen d'une série de signaux lumineux avec correspondance par un ensemble de cinq tablettes contenant les lettres de l'alphabet.

A une époque plus rapprochée de la nôtre, les Romains établirent dans tout l'empire, des voies de communication avec, de distance en distance, des tours de signaux. L'un des bas-reliefs de la colonne Trajane représente une tourelle avec une fenêtre de laquelle sort un fanal (fig. 179).

Ce système s'étendit de plus en plus au moyen âge. A Constantinople, il avait pour but de prévenir de l'approche des Arabes.

En Espagne, les Espagnols et les Arabes se servirent

---

(1) Polybe : *Histoire générale*, livre X, chapitres xliii à xlvii.

aussi de cette télégraphie optique, de nouveau en honneur de notre temps.

Au xvᵉ siècle, un moine nommé Trithème inventa sous le nom de Sténographia Trithémiana un procédé de communication, à distances quelconques, par le feu.

Amontons. — Jusqu'à la fin du xviiᵉ siècle, tous les systèmes de communication à distance n'avaient guère

Fig. 179. — Bas-relief de la colonne Trajane.

été au delà des procédés rudimentaires légués par les anciens. A cette époque, un membre de l'Académie des Sciences, Amontons, esprit ingénieux et inventif, eut l'idée d'employer les lunettes d'approche pour la perception des signaux. Il en fit l'essai sur une distance de plusieurs lieues, avec succès, dit-on, mais sans que son idée, dont on se plut à reconnaître l'originalité, eût une suite pratique.

Du reste, cette invention ne paraît pas avoir frappé les contemporains d'Amontons. Fontenelle, qui en parle, ne semble attacher aucune importance sérieuse à ce « jeu d'esprit », comme il l'appelle.

« Peut-être, dit-il, ne prendra-t-on que pour un jeu d'esprit, mais du moins très ingénieux, un moyen qu'Amontons inventa de faire savoir tout ce qu'on voudrait à une très grande distance, par exemple de Paris à Rouen, en très peu de temps, et même sans que la nouvelle fût sue dans tout l'espace entre deux.

« Cette proposition, si paradoxale et si chimérique en apparence, fut exécutée dans une petite étendue de pays, une fois, en présence de Monseigneur, une autre, en présence de Madame. Le secret consistait à disposer dans plusieurs postes successifs, des gens qui, par des lunettes de longue-vue, ayant aperçu certains signaux du poste précédent, les transmissent au suivant et toujours ainsi de suite, et ces divers signaux étaient autant de lettres d'un alphabet dont on n'aurait le chiffre qu'à Paris et à Rouen.

« La plus grande portée des lunettes faisait la distance des postes dont le nombre devait être le moindre possible. Et comme le second poste faisait les signaux au troisième à mesure qu'il les voyait faire au premier, ces signaux se trouvaient portés de Paris à Rouen, presque en si peu de temps qu'il en fallait pour les faire à Paris (1). »

Chappe. — C'est à Claude Chappe que revient l'honneur d'avoir créé la télégraphie en France et de l'avoir organisée en service public.

Bien que cette invention ne se rattache que très indirectement aux applications de l'électricité, elle a eu trop d'influence sur la télégraphie électrique et ses progrès, pour qu'il ne soit pas nécessaire de s'y arrêter quelques instants.

---

(1) Amontons mourut le 4 octobre 1699, à l'âge de quarante-deux ans.

Claude Chappe était né à Brulon (Sarthe) en 1765. Il commença ses études au collège de Joyeuse, à Rouen, et les continua à La Flèche. C'est à Brulon, chez sa mère, où il était réuni avec ses quatre frères, en 1790, que lui vint l'idée de la télégraphie. Son frère A. Chappe(1) dit que « depuis le jour où Claude Chappe employa deux casseroles pour communiquer télégraphiquement, jusqu'au jour où la Convention alloua 6.000 francs pour établir la ligne de Ménilmontant, près Paris, jusqu'à Saint-Martin-du-Tertre (3 myriamètres 5), Chappe fit plusieurs essais qui coûtèrent beaucoup à sa famille et qui font voir qu'il ne connaissait aucun des moyens employés par ceux qui avaient eu, avant lui, l'idée de communiquer promptement à grande distance ».

La subvention de 6.000 francs que la Convention vota pour mettre à exécution les propositions de Claude Chappe fut votée sur le rapport que Romme lui présenta, le 4 avril 1793, au nom des comités réunis de l'instruction publique et de la guerre, relativement aux expériences qui avaient été faites l'année précédente.

« Dans tous les temps, disait ce rapport, on a senti le besoin d'un moyen rapide et sûr de correspondre à de grandes distances. C'est surtout dans les guerres de terre et de mer, qu'il importe de faire connaître rapidement les événements nombreux qui se succèdent, de transmettre des ordres, d'annoncer des secours à une ville ou à un corps de troupe qui seraient investis.

« L'histoire renferme le souvenir de plusieurs procédés conçus dans ces vues, mais la plupart ont été abandonnés comme incomplets et d'une exécution trop difficile.

---

(1) Lettre de A. Chappe insérée dans le *Magasin pittoresque*, 1840, p. 240, à la suite d'une notice sur Claude Chappe publiée dans ce recueil.

« Chappe offre un moyen ingénieux d'écrire en l'air, en déployant des caractères peu nombreux, simples comme la ligne droite dont ils se composent, très distincts entre eux, d'une exécution rapide et sensible à de grandes distances. »

En vertu des décisions de la Convention, une ligne d'essai fut établie le 26 juillet 1793. Lakanal rendit compte des expériences qui avaient été faites. L'Assemblée approuva à l'unanimité les conclusions du rapport de Lakanal, nomma Chappe ingénieur-télégraphe avec les émoluments de lieutenant du génie et chargea le ministre de la guerre, Bouchotte, de l'exécution d'une ligne, dont l'utilité ne tarda pas à être démontrée, car, peu de temps après, elle permit d'annoncer à l'Assemblée la prise de Condé. Par le même procédé, la Convention faisait communiquer à l'armée du Nord le vote par lequel elle décidait qu'elle avait bien mérité de la patrie et que Condé s'appellerait Nord-Libre. Avant la fin de la séance, l'Assemblée apprenait que son décret était arrivé à Condé et qu'il avait été accueilli avec enthousiasme.

On comprend la satisfaction, mêlée de surprise, que causait une rapidité de communications si nouvelle et si inattendue.

Entre les mains de Napoléon, le télégraphe devait prendre une importance de premier ordre. La capitulation d'Ulm fut la conséquence de renseignements télégraphiques opportunément obtenus grâce à la ligne qu'il avait fait établir entre Strasbourg et Munich. Tandis que les Autrichiens, le croyant en train d'opérer une descente en Angleterre, s'avançaient sur le Rhin, sans attendre les Russes, leurs alliés, Napoléon, renseigné sur leurs mouvements, les rejoignait à marches forcées, les enfermait dans Ulm et forçait une armée de 40.000 hommes à capituler, sans coup férir.

Chappe mourut en 1805 à peine âgé de quarante ans. Ses frères Ignace, Pierre, René et Abraham lui succédèrent dans la direction des télégraphes français. René et Abraham y restèrent jusqu'en 1830. Le gouvernement provisoire les mit à la retraite (1).

Première idée de l'emploi de l'aimant pour la télégraphie. — La première idée relative à la possibilité d'une communication à grande distance au moyen de l'aimant, se trouve dans un ouvrage, dont une première édition en latin avait paru à Pont-à-Mousson en 1624 sous le titre de :

Hilaria mathematica ex variis geometriæ, méchanicæ, cosmographiæ, opticæ et aliarum hujusmodi artum problematis contenta, dont l'auteur était le Père Leurechon, jésuite lorrain.

Cet ouvrage fut réédité en français, à Paris, chez Antoine Rabinat, en 1626, sous le pseudonyme de Van Etten, avec le titre de :

Récréations mathématiques composées de plusieurs problèmes plaisants ou facétieux en fait d'arithmétique, géométrie, optique et autres parties de ces belles sciences.

Montucla se montre particulièrement sévère pour cet opuscule plein « d'un fatras de questions dont un grand nombre sont sottes et puériles, d'un désordre et d'un langage barbare qui devraient rebuter tout esprit un peu raisonnable ». Cependant il mérite d'être sauvé de l'oubli, ne serait-ce qu'à cause du paragraphe suivant (2) :

« Quelques-uns ont voulu dire que, par la moyen d'un aimant ou d'une pierre semblable, les personnes se pourraient entreparler.

---

(1) Voir *La Télégraphie électrique en France et en Algérie,* par Alfred Etenaud.

(2) Soixante-quatorzième problème intitulé : *De l'aimant et des aiguilles qui en sont frottées.*

« Par exemple, Claude étant à Paris et Jean à Rome,
si l'un et l'autre avaient une aiguille frottée à quelque
pierre dont la vertu fût telle qu'à mesure qu'une aiguille
se mouvait à Paris, l'autre se remuât tout de même à
Rome, il se pourrait faire que Claude et Jean eussent
chacun un même alphabet et qu'ils eussent convenu de
se parler de loin tous les jours à six heures du soir.
L'aiguille ayant fait trois tours et demi pour signal que
c'est Claude et non un autre qui veut parler à Jean,
alors Claude lui voulant dire que le roi est à Paris, il
ferait mouvoir et arrêter son aiguille sur L, puis sur E,
puis sur R, O, I, et ainsi de suite. Or, en même temps,
l'aiguille de Jean, s'accordant avec celle de Claude, irait
se remuant et s'arrêtant sur les mêmes lettres, et, partant, l'un pourrait facilement écrire ou entendre ce
que l'autre lui veut signifier. L'invention est belle, mais
je n'estime pas qu'il se trouve un aimant qui ait telle
vertu. Aussi n'est-il pas expédient ; autrement les trahi-
sons seraient trop fréquentes. »

Nouvelles recherches. — Ce lien qui fait marcher
en concordance l'aiguille de Claude et celle de Jean,
c'est le fil conducteur dans lequel circule le courant
électrique et, à cela près (que le jésuite de Pont-à-
Mousson ne pouvait prévoir), il décrit sommairement,
mais à peu près exactement, le télégraphe à cadran que
Bréguet devait inventer 227 ans plus tard, en 1853.

Il fallut attendre, plus d'un siècle, les expériences
qui suivirent celle de Leyde, pour qu'on repensât à
la possibilité de transmettre des signaux au loin au
moyen de décharges électriques. Cette idée vint tout
naturellement lorsqu'on s'occupa de chercher à quelle
distance pouvait se produire l'étincelle. On se rappelle
les travaux qui furent faits à Londres par le Dr Watson
et ses collègues. En 1747, Cavendish émit l'opinion

qu'on pourrait communiquer à deux milles de distance par le moyen de décharges électriques. Le problème était posé. En différents pays, et à quelques années de distance, plusieurs inventeurs proposèrent des systèmes de communication par le moyen de l'électricité.

Ce fut d'abord, à Genève, un savant, d'origine française, Lesage, qui imagina, en 1774, de faire communiquer deux stations au moyen de vingt-quatre fils métalliques, correspondant à autant de balles de sureau suspendues à des fils. Le mouvement de chacune d'elles indiquait une des lettres de l'alphabet.

Ce système paraît être le même que celui que sir Arthur Young, riche Anglais venu en France, en 1787, pour y étudier l'état de l'agriculture et les sources de la richesse publique, décrit dans son *Journal de Voyage*.

Sir A. Young fut très frappé des expériences qu'il vit à Paris, chez M. Lomond, le 16 octobre 1787.

« Vous écrivez, dit-il, deux ou trois mots sur du papier; M. Lomond les prend avec lui dans une chambre et tourne une machine dans un étui cylindrique au haut duquel est un électromètre.

« Une jolie petite balle de moelle de plumes, un fil d'archal est joint à un pareil cylindre électriseur dans un appartement éloigné. Sa femme, en remarquant les mouvements de la balle qui correspond, écrit les mots qu'ils indiquent, d'où il paraît qu'il a formé un alphabet de mouvements.

« Comme la longueur du fil d'archal ne fait aucune différence sur l'effet, on pourrait entretenir une correspondance de fort loin, par exemple avec une ville assiégée ou pour des objets beaucoup plus dignes d'attention et mille fois plus innocents.

« Quel que soit l'usage qu'on en pourra faire, la machine est admirable. M. Lomond a plusieurs autres machines très curieuses qui sont toutes l'ouvrage de ses mains. Il semble que l'invention mécanique soit en lui une inclination naturelle ».

A peu près à la même époque, le grand Volta, encore professeur obscur, avait eu l'intuition de la possibilité de transmettre des signaux à grande distance au moyen de fils conducteurs d'électricité suspendus à des poteaux.

Cela résulte d'une lettre écrite, en 1867, par M. Cantu à M. Renzi, administrateur de l'Institut historique de Milan (1). Une lettre de Volta, datée du 15 avril 1777 et trouvée dans ses papiers, contenait le passage suivant :

« Combien de belles idées, d'expériences surprenantes, qui s'agitent dans mon cerveau et basées sur cet artifice d'envoyer l'étincelle électrique faire partir le pistolet à quelque distance que ce soit et dans toutes les directions et situations. Au lieu du *colombino* qui va mettre le feu au feu d'artifice, j'y enverrai d'un endroit quelconque, qui ne serait même pas en ligne directe, l'étincelle électrique qui mettra le feu au moyen du pistolet. Ecoutez : Je ne sais à combien de milles un fil de fer tendu sur le sol des champs ou de la route, replié en arrière ou traversant un canal d'eau, conduirait l'étincelle électrique suivant le parcours indiqué; mais je prévois que, dans un très long voyage sur la terre humide ou à travers les eaux courantes, il s'établirait bientôt une communication qui dévierait le cours du fleuve électrisé séparé du crochet de la bouteille pour aller au fond.

« Mais si le fil de fer était soutenu par des poteaux en bois, placés de distance en distance, par exemple de Côme à Milan, et interrompu seulement dans cette dernière ville par mon pistolet, qu'il continuât et vînt enfin plonger dans un canal de navigation qui communique

---

(1) Voir *La Télégraphie électrique en France et en Algérie*, par A. Etenand.

avec le lac de Côme, je ne crois pas impossible de faire
partir mon pistolet à Milan avec une bonne bouteille de
Leyde, chargée par moi à Côme.

« Votre affectionné ami,

« ALEXANDRE VOLTA. »

Dix ans après, un Espagnol, Don Francisco Salva,
médecin honoraire de la Real Camera, inventa un procédé d'application de l'électricité aux communications et
en fit part à l'Académie Royale des Sciences de Barcelone. Il le communiqua ensuite au ministre d'État, qui,
selon le témoignage des journaux de 1797, aurait été
très satisfait de la simplicité et des effets rapides de la
machine construite dans ce but.

Salva proposa d'établir un système de communication
entre Barcelone et la ville de Palma, dans l'île de
Majorque, par-dessous les eaux, et serait ainsi le véritable
promoteur de la télégraphie sous-marine.

A la même époque, et dans le même pays, un Français,
Bettancourt, se servait de la bouteille de Leyde et trans-
mettait sa décharge dans un faisceau de fils disposés
d'Aranjuez à Madrid.

Enfin, à une date plus rapprochée, en 1808, un membre
de l'Académie des Sciences de Munich, le docteur von
Sœmmering, avait imaginé un système de télégraphie
basé sur la décomposition de l'eau par le courant. Il le
présenta, le 29 juillet, à l'Académie des Sciences de
Munich, après l'avoir essayé sur un circuit de 2.000
pieds. Il utilisait une pile à colonne avec 35 circuits
aller et retour pour les vingt-cinq lettres allemandes et
les dix chiffres.

Le baron Larrey, lié d'amitié avec Sœmmering, le
vit en passant à Munich et emporta son télégraphe à
Paris, pour le présenter à l'Institut. Mais il ne donna
lieu à aucun rapport.

Au moment où Sœmmering faisait ces expériences, un officier russe, le baron Schilling, était dans la même ville comme attaché militaire. Il suivit les essais de Sœmmering, s'enthousiasma pour ses recherches et le seconda avec ardeur.

De leur collaboration sortirent des perfectionnements importants et, tout d'abord, l'application, faite pour la première fois, d'un vernis isolant aux conducteurs d'électricité. Il eut l'occasion d'employer ses fils isolés pour déterminer l'explosion de mines à travers la Néva (1815).

Schilling renouvela ses expériences à Paris en 1814, à travers la Seine, pendant la durée de l'occupation des alliés, puis, de retour à Pétersbourg, il continua ses travaux et créa le premier télégraphe électrique.

Son appareil se composait de cinq aiguilles amiantées, mises au centre d'un multiplicateur de Schweiger; il le simplifia, petit à petit, et finit par le réduire à une seule aiguille marquant les lettres et les chiffres.

Cet appareil, présenté dans les Sociétés savantes à Bonn et à Heidelberg, y excita la plus vive curiosité. Le professeur Muncke, de cette dernière université, le fit reproduire et il y existe encore dans le cabinet de physique.

En 1836, le docteur Cooke, fils d'un médecin de Durham, vit ce modèle, et frappé de l'utilité qu'il pourrait présenter, il se décida à quitter Heidelberg, où il était venu pour se livrer à des études anatomiques, pour rentrer en Angleterre et se consacrer à l'étude des télégraphes électriques. Il soumit son système à sir Ch. Wheatstone, en 1837.

Par leur collaboration, la télégraphie électrique entrait dans sa phase définitive et supplantait le vieux télégraphe à qui le chansonnier Nadaud a fait de si spirituels adieux :

Que fais-tu, mon vieux télégraphe,
Au sommet de ton vieux clocher,
Sérieux comme une épitaphe,
Immobile comme un rocher?
Hélas! comme d'autres peut-être,
Devenu sage après la mort,
Tu réfléchis, pour les connaître,
Aux nouveaux caprices du sort.

C'est que la vie est déplacée,
Les savants te l'avaient promis,
Et toute royauté passée
N'a plus de flatteurs ni d'amis.
Autrefois, tu faisais merveille
Et nous demeurions tous surpris
De voir, en un seul jour, Marseille
Envoyer deux mots à Paris.

Tu fus l'énigme de notre âge :
Nous voulions, enfants curieux,
Deviner ce muet langage,
Qui semblait le parler des dieux,
Lorsque tes bras cabalistiques
Lançaient, à l'horizon blafard,
Les mensonges diplomatiques
Interrompus par le brouillard.

Maintenant, en une seconde,
Le Nord cause avec le Midi;
La foudre traverse le Monde
Sur un brin de fer arrondi;
L'esprit humain n'a point de halte,
Et tu restes debout et seul,
Ainsi qu'un chevalier de Malte
Pétrifié dans son linceul.

CHAPITRE X

LA TRANSMISSION DE L'ÉNERGIE A DISTANCE
GRANDES DISTANCES — PETITS EFFORTS
LA TÉLÉGRAPHIE ÉLECTRIQUE TERRESTRE

Wheatstone. — Morse. — Résistances que la télégraphie électrique rencontre en France. — Premiers essais. — Établissement et développement du réseau français. — Réseau terrestre du monde entier. — Matériel de la télégraphie électrique. — Télégraphe à cadran de Bréguet. — Appareil Morse. — Appareil de Wheatstone. — Appareil Estienne. — Appareil Hérodote. — Télégraphe Hughes. — Appareils multiples. — Systèmes duplex et diplex. — Quadruplex. — Rendement des divers télégraphes. — Télégraphie sans fil.

Wheatstone. — Treize jours après la mort de Schilling, survenue à Saint-Pétersbourg le 7 août 1837, avait lieu en Angleterre, au chemin de fer du London and Birmingham Railway, la première expérience publique d'un appareil télégraphique né de la collaboration de Cooke et du professeur Wheatstone.

La première partie de la carrière de celui-ci (1) avait été consacrée à l'étude des lois de l'acoustique, en vue de la fabrication des instruments de musique. Ses travaux le conduisirent à étudier la transmission des

---

(1) Sir Charles Wheatstone, né à Glocester en 1802, est mort à Paris, membre associé de l'Académie des sciences, le 19 octobre 1875.

sons, à travers les conducteurs linéaires. Des expériences publiques furent faites sur ce sujet à l'Institut Polytechnique avec un appareil qu'il avait appelé « Le Téléphone » (1831).

Un peu plus tard (1834), il porta ses recherches sur la vitesse de la propagation de l'électricité, qu'il reconnut être du même ordre que la vitesse de la lumière. C'est peu d'années après, en février 1837, que Cooke, après avoir consulté Faraday, entra en relations avec Sir Charles Wheatstone.

Le 12 juillet de la même année, ils firent enregistrer un brevet et, après l'expérience que nous venons de rappeler, ils signèrent un acte d'association pour l'exploitation de leur appareil, fondé sur le même principe que celui de Schilling, c'est-à-dire sur le mouvement de l'aiguille aimantée accentué par l'emploi du multiplicateur de Schweiger.

Le génie inventif de Wheatstone ne tardait pas à se manifester dans l'œuvre commune des deux physiciens, et l'appareil, successivement perfectionné, n'avait bientôt plus que deux et même une seule aiguille verticale (1).

Morse. — A ce même moment, un nouveau champion de la télégraphie électrique entrait inopinément dans l'arène. Nous voulons parler de l'Américain Samuel Morse (2). Venu en Europe pour se perfectionner dans son art (il était peintre), il rentrait en Amérique, vers la fin de l'année 1832, sur le paquebot *le Sully*.

Au nombre des passagers, se trouvait le Dr Jackson qui quittait la France encore tout pénétré des conférences

---

(1) De tous les savants qui se sont occupés de télégraphie, c'est certainement Wheatstone qui a fait faire les plus grands progrès à cette science. On trouve son nom à chaque pas dans l'étude des appareils et des méthodes télégraphiques.

(2) Né en 1791.

de Pouillet qu'il avait entendues à la Sorbonne, et au cours desquelles ce physicien avait montré un puissant électro-aimant pouvant supporter 1.000 kilogrammes.

Le Dr Jackson avait avec lui quelques instruments et entre autres un petit électro-aimant, avec lequel il répéta quelques expériences devant les autres passagers. Elles impressionnèrent profondément Morse, qui, dès son arrivée en Amérique, se mit au travail et imagina un système à l'aide duquel un crayon, actionné par un électro-aimant, pouvait inscrire sur un rouleau de papier des signes reproduisant les dix chiffres dont la combinaison formait des lettres et des mots.

Après des efforts infructueux, son appareil finit par marcher, et le 2 septembre 1837, Morse fit devant une commission de l'Institut de Philadelphie des expériences portant sur une longueur de quatre lieues.

Le succès de ces expériences et les encouragements qu'il reçut firent tourner la tête à Morse, qui ne craignit pas de s'attribuer la priorité sur tous les systèmes de télégraphes européens. Son système fut appliqué en Amérique sur une première grande ligne, de Washington à Baltimore, en 1844.

L'année d'avant, Morse avait reçu une récompense nationale de 30.000 dollars.

Résistances que la télégraphie électrique rencontre en France. — Malgré les efforts d'Arago, qui défendait la télégraphie électrique, en France, à la Chambre des députés, avec sa haute autorité scientifique, l'opinion publique semblait réfractaire à ce progrès contre lequel on voyait s'élever les mêmes critiques enfantines qui avaient accueilli l'établissement des chemins de fer.

On en trouve la trace dans une spirituelle boutade de Pitre Chevalier, dans le *Musée des familles* :

« En vain, à ces progrès dont l'avenir est infini, dit-il, les prophètes de malheur ont opposé des objections chagrines. Le télégraphe électrique, disaient les uns, rend inapplicable la loi sur la chasse, les oiseaux qui s'approchent du fer électrisé tombent frappés de mort et tout le petit gibier va périr ainsi.

« C'est, au contraire, le gibier qui tuera le télégraphe disaient les autres ; les oiseaux qui viennent percher sur les fils conducteurs interceptent le fluide et les dépêches leur entrent dans le ventre par les pattes au lieu de se rendre à Paris ou à Rouen. Ceci eût été grave du temps que les bêtes parlaient. Figurez-vous les plus grands secrets politiques livrés aux pies et aux moineaux francs. Mais, heureusement pour le télégraphe et pour l'État, ces deux nouvelles contradictoires se sont trouvées aussi fausses que les autres. On a reconnu là de ces canards que les journaux inventent pour remplir leurs colonnes depuis qu'ils ont agrandi leur format de plusieurs centimètres.

« Le véritable ennemi de la télégraphie électrique sera plutôt la foudre, sa sœur : on n'est jamais trahi que par les siens. »

Premiers essais. — Ce fut seulement en 1844 qu'on songea sérieusement en France à la télégraphie électrique.

Sur la proposition du ministre de l'Intérieur, Duchatel, une commission fut nommée, le 8 novembre de cette année, pour lui faire un rapport *sur la valeur des systèmes de télégraphie électrique, les avantages de ces systèmes et la possibilité de leur application.*

Arago, Pouillet, Becquerel faisaient partie de cette commission qui conclut à l'opportunité d'un essai sur une ligne de chemin de fer. Un crédit extraordinaire de 240.000 francs fut ouvert pour l'établissement d'une ligne de 12 myriamètres au minimum (23 novembre 1844).

Dès la fin du mois de janvier de l'année suivante, tous les poteaux destinés à supporter cette ligne étaient placés le long de la voie du chemin de fer entre Paris et Rouen. La ligne fut composée de deux fils de cuivre rosette supportés, à 2 ou 3 mètres du sol, par des poteaux armés à leur sommet de poulies en verre, et espacés d'environ 20 mètres.

Les essais furent faits à la fin du mois d'avril. Ils donnèrent lieu à diverses observations (entre autres, quant aux fils de cuivre de la ligne), mais ils réussirent complètement. La télégraphie électrique était fondée en France.

Elle ne devait être, toutefois, dans la pensée de ses promoteurs, qu'un instrument politique et gouvernemental.

Pendant la première période de la télégraphie, il n'était venu à l'idée de personne qu'elle pût servir aux besoins des particuliers. Un capitaine d'état-major publia à Montpellier, en 1830, une brochure contenant une proposition timide sur la possibilité de faciliter les opérations commerciales en mettant le télégraphe à la disposition des particuliers. Elle resta sans écho. Et lorsque, dix-neuf ans après, discutant le budget du ministère de l'Intérieur devant l'Assemblée nationale, un député la renouvela, il s'attira de la part du ministre une sorte de réprimande publique, suivie d'une fin de non-recevoir absolue et non motivée. Le seul bénéfice qui en résulta pour le public, c'est qu'il put connaître tous les jours les cours de la Rente 3 p. 100 et 5 p. 100 et celui des actions de la Banque de France, télégraphiés aux villes principales.

Ce ne fut qu'en 1850 et grâce à l'initiative de Leverrier que la télégraphie devint une institution d'utilité publique et générale, malgré de sérieuses restrictions qui s'expliquaient autant par les idées qui avaient cours relativement à son emploi, que par les agitations politiques de l'époque.

Etablissement et développement du réseau français. — En 1846 avaient été commencées les lignes de Paris à Lille, de Lille à la frontière, de Douai à Valenciennes.

D'année en année, le réseau ne cessa de s'accroître.

Au 31 décembre 1851, il comportait déjà 2.133 kilomètres. En 1852, un décret prescrivit la création d'un réseau complet reliant la capitale à tous les chefs-lieux des départements.

Le tableau de la page 353 donne, depuis l'année 1854, jusqu'en 1871, ses développements successifs, le nombre de dépêches taxées et les recettes correspondantes.

A la fin de 1871, le réseau français, y compris la Corse, comptait 41.248 kilomètres de lignes et 119.405 kilomètres de fils, avec 2.025 bureaux de l'Etat, desservis par 6.084 appareils et 1.228 bureaux de gare.

Le réseau algérien comprenait, au 1er janvier 1872, 6.200 kilomètres de lignes aériennes et 72 stations.

Depuis cette date, la progression de tous les services du réseau télégraphique français n'a cessé de continuer. Elle est mise en évidence par la statistique (p. 354), empruntée au *Journal télégraphique* publié par le bureau international de Berne.

Réseau terrestre du monde entier. — Nous empruntons, au même journal, la statistique générale des lignes télégraphiques du monde entier, dans l'année 1898.

Nous la reproduisons à la page 355.

Matériel de la télégraphie électrique. — Ses éléments principaux sont : la source d'électricité, la ligne, les appareils transmetteurs et récepteurs.

Du générateur, qui est généralement, en France, la pile Leclanché; de la ligne, qui, jusqu'à présent, est

Développement du réseau français.

ANNÉES	FRANCE		KILOMÈTRES de lignes neuves construits dans l'année	ALGÉRIE	
	Nombre de dépêches taxées	Recettes en francs		Nombre de dépêches taxées	Recettes en francs
1854	236.018	2.064.983 71	2.069	»	»
1855	254.532	2.487.159 21	1.258	»	»
1856	360.299	3.191.102 04	763	10.402	35.522 21
1857	413.616	3.333.695 74	165	27.172	107.558 28
1858	463.973	3.516.633 70	3.019	52.247	174.773 30
1859	598.701	4.022.799 78	3.019	108.951	211.038 73
1860	720.250	4.188.065 26	5.021	131.796	202.293 16
1861	920.609	4.919.787 96	4.520	161.196	278.743 28
1862	1.518.044	5.302.440 55	2.329	168.168	338.660 68
1863	1.754.867	5.937.904 93	798	178.497	257.882 »
1864	1.967.748	6.123.272 06	1.175	189.009	257.318 63
1865	2.473.747	7.052.139 84	1.810	222.187	373.679 68
1866	2.842.554	7.707.590 61	2.556	233.396	472.547 21
1867	3.213.995	8.659.845 28	2.932	263.411	489.968 12
1868	3.503.182	8.267.040 96	2.967	298.171	384.720 04
1869	4.754.648	10.367.085 73	2.818	444.984	434.794 70
1870	5.663.852	9.632.009 53	50	489.976	459.406 40
1871	4.819.471	8.357.974 14	»	486.633	521.914 78

FRANCE, CORSE ET ALGÉRIE.

DÉSIGNATION	1881	1894	1898
Longueur des lignes en kilomètres.	77.254	100.310	139.549
Longueur des fils en kilomètres	229.137	328.592	674.461
Nombre de bureaux ouverts au service intérieur et international.	6.068	11.726	12.921
Nombre d'appareils en service :			
Appareils Morse.	6.824	12.936	13.496
— Hughes	437	816	858
— divers.	744	6.025	9.311
Personnel.	21.277	33.092	72.082 (1)
Nombre de télégrammes expédiés ou reçus. . . .	26.856.502	42.950.438	46.002.550
Recettes.	30.748.268 17	37.415.499 74	47.017.483 fr.

(1) Ce nombre comprend le personnel des postes et celui des télégraphes.

LIGNES TÉLÉGRAPHIQUES DU MONDE ENTIER.

NOMS DES PAYS	NOMBRE DE KILOMÈTRES (31 décembre 1898)	
	de lignes	de fils
I. — *Pays d'Europe.*		
Allemagne	123.056	448.326
Autriche	34.804	108.018
Belgique	6.379	33.396
Bosnie-Herzégovine	2.822	7.182
Bulgarie	5.246	10.828
Danemark	4.863	14.024
France et Corse	127.853	644.676
Grande-Bretagne et Irlande	70.017	496.374
Grèce	8.379	11.423
Hongrie	22.016	107.370
Italie	40.513	127.236
Luxembourg	611	1.039
Norvège	12.046	28.384
Pays-Bas	5.907	20.945
Roumanie	6.851	17.590
Russie	144.163	298.608
Suède	8.762	25.896
Suisse	7.144	21.083
Espagne	31.992	73.773
Portugal (1897)	7.381	15.257
II. — *Autres pays.*		
Cochinchine et Cambodge	3.853	6.538
Indes britanniques	87.740	266.169
Japon (1896)	24.063	84.434
Égypte	4.054	17.199
Algérie	11.696	29.785
Sénégal	2.031	2.456
Tunisie	3.750	7.400
Natal	1.993	4.727
Nouvelle-Calédonie (1897)	895	1.393
Australie du Sud (1895)	9.444	»
Indes Néerlandaises	8.506	12.710
Victoria	6.179	15.128
Nouvelle-Galles du Sud	21.323	57.384
États-Unis (**Western Union** Cⁿ) . .	305.666	1.465.459

formée de fils d'acier de 4 millimètres galvanisé, montés sur des isolateurs en porcelaine fixés sur des poteaux en bois, nous ne dirons pas davantage.

Quant aux appareils, ce sont ordinairement des organismes très compliqués dont la description, même succincte, sortirait du programme de ce travail. Nous nous bornerons à indiquer le principe du fonctionnement des plus usuels.

Télégraphe à cadran de Bréguet.

— Le premier système employé en France a été le télégraphe à cadran de Bréguet, dont le premier type, combiné par Foy et Bréguet, rappelle, par la disposition de ses signaux, le télégraphe de Chappe.

Dans son modèle définitif, le télégraphe à cadran de Bréguet se compose (fig. 180) d'un disque en cuivre dont la circonférence porte 26 échancrures correspondant aux 25 lettres de l'alphabet, la vingt-sixième formant cran de repos.

Autour du centre de ce cadran tourne une manivelle munie d'un bouton qui permet de la déplacer ; son extrémité porte une dent qui entre dans chacune des échancrures du disque.

Au-dessous de celui-ci, et entraîné par le mouvement de la manivelle, se trouve un second disque sur la surface duquel est creusée une gorge à circonférence ondulée présentant treize sommets extérieurs et treize intérieurs. Dans son mouvement, cette gorge entraîne un petit galet qui est relié à un ressort oscillant entre deux butoirs.

Si l'un de ces butoirs est en contact avec la pile, et la manivelle avec la ligne, un tour complet de la manivelle déterminera treize interruptions et treize émissions du courant.

Du cran de repos à la lettre A il y aura une émission ;

jusqu'à la lettre B une émission et une interruption, et ainsi de suite.

Le poste récepteur comporte un électro-aimant dont la palette est attirée toutes les fois qu'une émission passe sur la ligne. On conçoit qu'elle puisse être rendue soli-

Fig. 180. — Télégraphe à cadran de Bréguet.

daire d'une aiguille tournant sur un cadran et indiquer les lettres sur lesquelles s'arrête le manipulateur.

Cette solidarité est obtenue à l'aide d'un mécanisme d'horlogerie qui fait tourner deux roues dentées placées parallèlement l'une à l'autre.

L'oscillation de la palette de l'électro est communiquée à un doigt pris dans une fourche et dont le mouvement déplace une pièce qui arrête alternativement les deux roues dentées. L'aiguille indicatrice est entraînée par elles.

Appareil Morse. — L'appareil Morse commença à être employé en France, en 1854, dans le service international. Il supplanta rapidement le télégraphe à cadran parce qu'il était plus rapide et qu'il laissait une trace des dépêches transmises. On voit, en se reportant aux statistiques, qu'il est encore d'un usage général.

Il est basé sur la transmission successive de signaux longs et brefs groupés de façon à donner, par leurs com-

Fig. 181. — Manipulateur Morse.

binaisons, toutes les lettres et tous les signes de la numération.

Ainsi la lettre A est représentée par un signal bref suivi d'un signal long ■ ▬ ; B, par un signal long suivi de trois signaux brefs ▬ ■ ■ ■, etc.

Il faut remarquer, tout d'abord, que ce système de communication n'est pas limité seulement à la transmission écrite. Il peut s'appliquer à la correspondance au moyen du son ou au moyen de la lumière.

Une série d'émissions acoustiques longues et brèves, faites avec un sifflet, permettrait de correspondre aussi bien que par la lecture de signes analogues inscrits sur le papier. Les télégraphistes exercés finissent même par *lire* les dépêches qu'ils reçoivent, *à l'oreille*, par la succession des bruits longs et courts du mécanisme qui inscrit les traits et les points.

Appliqué aux signaux lumineux, le système Morse permet la correspondance par la télégraphie optique,

Fig. 182. — Récepteur Morse.

dont une lampe, masquée par un volet mobile, forme l'élément principal.

On a même proposé, il y a quelques années, un système de correspondance à distance basé sur l'écrasement, sur les nuages, d'un pinceau de lumière électrique. Il se forme de cette manière une tache lumineuse visible de points extrêmement éloignés. Des apparitions courtes et brèves de cette tache forment un moyen de correspondance.

Le principe des transmissions Morse est donc susceptible d'une généralisation très étendue et son application à la télégraphie peut être variée d'un grand nombre de manières.

Dans le système ordinaire, la succession des émissions brèves et longues résulte de l'interruption du courant transmis à l'aide d'un manipulateur ou clef (fig. 181), qui ferme le circuit de la pile en s'abaissant, l'ouvre en s'élevant.

La pression de la main en v l'abaisse, un ressort n le relève. On acquiert assez rapidement la pratique nécessaire pour donner aux émissions successives la longueur relative qui correspond à l'inscription d'un point ou d'un trait.

Le récepteur comporte un électro-aimant (fig. 182) dans lequel sont dirigées les émissions tour à tour brèves et longues du courant. L'armature de l'électro, mise en mouvement par la succession de ces émissions, s'appuie sur une bande de papier qui se déroule par le moyen d'un mouvement d'horlogerie et le met en contact avec une molette encrée. La durée de ce contact produit un point ou un trait.

Appareil de Wheatstone. — Dans le système Morse, la nécessité d'employer des signaux longs augmente la durée de la transmission. Les points passent vite ; les traits mettent plus de temps ; c'est un inconvénient et on aurait un grand avantage à n'employer que des signaux brefs.

Avec l'appareil automatique Wheatstone les signaux brefs et longs du télégraphe Morse sont remplacés par des perforations faites de part et d'autre de l'axe de la bande de papier. Cette bande est percée, dans le sens de sa longueur, d'une série médiane de piqûres qui facilitent son entraînement. Les signes télégraphiques sont représentés par des trous plus grands placés de part et d'autre.

Ainsi l'ensemble de deux trous tels que *a* et *b* forme un signal court. L'ensemble de deux trous tels que *c* et *d* forme un signal long (fig. 183).

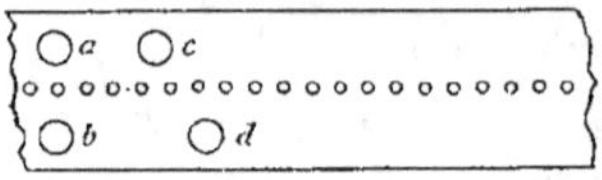

Fig. 183. — Bande Wheatstone.

Avec ce système, il faut préparer la dépêche qu'on a à transmettre et la perforer d'avance sur une bande. Cette bande est ensuite placée dans un transmetteur qui la déroule devant deux tiges qui peuvent passer à travers le papier aux points où il est percé et sont arrêtées par lui dans ses parties pleines.

Dans le premier cas, un courant est lancé sur la ligne dans un sens ou dans l'autre, suivant que l'aiguille passe par les trous de l'une ou l'autre rangée; il ne passe rien dans le second cas.

Il passe donc deux signaux simultanés lorsque les deux trous sont en face : signal bref. Lorsque les deux trous sont en diagonale, le passage est plus long et le signal aussi.

Le récepteur est un électro-aimant qui produit l'action sur la bande de papier d'une molette encrée.

Un employé peut perforer 30 à 40 mots par minute et l'appareil peut en transmettre 120 à 130.

Il faut donc plusieurs employés au poste de départ pour préparer les bandes et autant au poste d'arrivée pour les traduire.

Appareil Estienne. — Il a pour but de substituer aux traits horizontaux de l'appareil Morse des traits verticaux. La comparaison des deux lignes ci-dessous permet de se rendre compte de l'économie de temps correspondante.

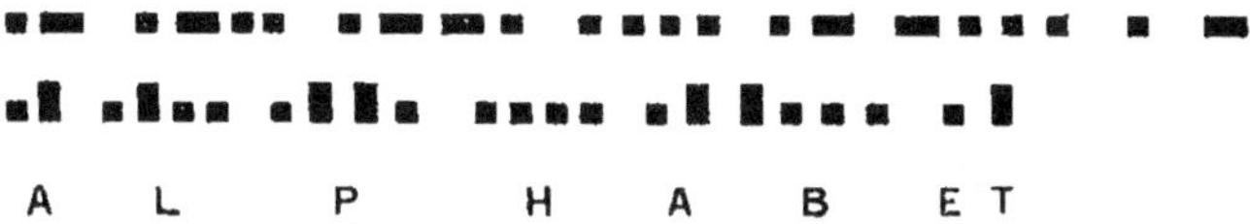

Appareil Hérodote. —Dans le même ordre d'idées, M. Hérodote a combiné un appareil qui a cette qualité importante, au point de vue de l'exploitation, que ce n'est pas un appareil nouveau, mais un Morse transformé, ce qui permettrait, le cas échéant, l'utilisation d'un matériel considérable avec le minimum de frais.

Dans cet appareil, les signaux sont imprimés par une molette de 6 millimètres d'épaisseur formée de 6 spires semblables à la molette Morse. La molette peut, suivant qu'elle est appuyée obliquement ou perpendiculairement au papier, imprimer deux ou six traits correspondant à un signal bref ou long.

L'impression a alors l'aspect ci-dessous :

L'auteur estime qu'avec son appareil on peut, en une heure de travail, gagner en rapidité la transmission de huit ou dix télégrammes sur le récepteur Morse.

Télégraphe Hughes. — Le besoin d'avoir les dépêches écrites et en caractères connus, a donné naissance à l'appareil Hughes, qui imprime les télégrammes en

lettres romaines sur la bande du récepteur. Le télégramme n'a donc plus besoin d'être traduit ; il est immédiatement lisible.

En dépit de son origine anglaise, c'est surtout en
France qu'il a obtenu le plus grand succès (1).

Il permet de transmettre 50 à 60 dépêches à l'heure.

Appareils multiples. — Lorsque le développement des communications télégraphiques n'avait pas
encore atteint le degré d'intensité qu'il a eu depuis, on
n'avait pas à se préoccuper de l'utilisation, à son maximum, de la capacité des lignes. Lorsque celles-ci ont été
occupées à leur plein et qu'on a dû envisager la nécessité
de poser de nouveaux fils pour satisfaire aux besoins
croissants du public, on s'est demandé s'il n'y avait pas
mieux à faire que de se résoudre à des installations coûteuses.

Ainsi est née la question des télégraphes multiples,
basés sur cette considération que la transmission d'un
télégramme n'utilise la ligne que pendant une fraction
du temps pendant lequel elle l'occupe, et qu'il est possible d'utiliser les intervalles des émissions d'un télégramme pour en transmettre un ou plusieurs autres.

Il est clair qu'on y parviendra si, au poste de départ
et au poste d'arrivée, on peut installer, par exemple,
cinq appareils, mis successivement en communication
avec la ligne à l'aide de deux frotteurs marchant synchroniquement sur des distributeurs à cinq touches

----

(1) En raison de l'accueil que son invention a trouvé dans notre
pays, M. D.-E. Hughes, qui est mort à la fin de janvier 1900 (il
était né à Londres le 16 mai 1831), a légué à l'Académie des
sciences de Paris une somme de 100.000 francs, dont le revenu est
destiné à récompenser, chaque année, l'auteur de la meilleure
invention pratique dans le domaine de la Physique, de l'Électricité
et du Magnétisme.

reliés respectivement aux appareils transmetteurs et aux appareils récepteurs.

Cette disposition est réalisée dans l'appareil imaginé par M. Baudot. Il est trop complexe pour que nous en fassions la description ici.

Il permet d'expédier 165 lettres par minute.

Systèmes duplex et diplex. — Ces systèmes de transmissions rapides, basés sur une autre considération que la division du temps, permettent d'envoyer simultanément soit deux dépêches de sens opposé (duplex), soit deux dépêches de même sens (diplex).

Le *duplex* a été imaginé en 1853 par Gintl. Le système consiste à grouper le manipulateur et le récepteur de chaque station de façon à rendre le récepteur de la station A insensible au manipulateur de la même station et seulement sensible à celui de la station B.

Même disposition pour cette dernière. Les manipulateurs de A et de B peuvent alors fonctionner simultanément sans que leurs récepteurs respectifs soient influencés. Le récepteur de B obéit seulement au manipulateur de A, et réciproquement.

Le *diplex* a été imaginé par Edison.

Il consiste à employer, au poste A, deux transmetteurs reliés par la ligne à deux relais placés au poste B et reliés en série. Les électro-aimants de ces relais sont calculés pour ne faire fonctionner leurs armatures, le premier que sous un faible courant, le second sous un courant plus intense.

A l'aide de certaines dispositions des manipulateurs on arrive à rendre leurs effets indépendants.

Quadruplex. — On peut combiner le diplex et le duplex de façon à envoyer deux dépêches dans chaque sens. Le système est dit alors *quadruplex*.

Rendement des divers télégraphes. — A l'aide des systèmes que nous venons d'énumérer succinctement on est arrivé à augmenter considérablement le débit des lignes.

D'après M. E. Gérard, si on représente par 1 le débit du télégraphe Morse, celui du Hughes est représenté par 2,4 ; celui du Wheatstone par 3,6 ; celui du Baudot à 4 claviers par 6,6 ; celui du Baudot à 6 claviers par 9,6.

Télégraphie sans fils. — Nous ne pouvons terminer ce chapitre sans parler d'un nouveau mode de télégraphie qui présente une particularité extraordinaire, c'est que tout en étant un télégraphe électrique, il n'a besoin, entre deux postes, d'aucun lien matériel pour la transmission des signaux.

Dans ce système, l'agent transmetteur manipule son appareil de façon à traduire son télégramme en signes brefs et longs du code Morse. Le récepteur, qui peut être relié à plusieurs kilomètres de distance et qui n'est relié par rien avec le transmetteur, reçoit ces signaux et les enregistre sans le concours de personne, déroulant sa bande dès que l'onde électrique l'atteint, et l'arrêtant lorsque la transmission est terminée.

Le Dr Henri Hertz, de Carlsrhue, a exécuté, en 1888, des expériences très intéressantes et d'une portée philosophique considérable parce qu'elles établissent l'analogie, entrevue par Faraday et déjà affirmée par Maxwell, en 1865, entre les ondes électriques et les ondes lumineuses.

L'appareil avec lequel Hertz a fait ces expériences comprend un *inducteur*, bobine d'induction puissante qui produit des décharges périodiques jaillissant entre deux sphères métalliques qui forment l'*oscillateur*.

Ces oscillations électriques rapides ont des périodes

très courtes dont le nombre peut être évalué à
50.000 millions par seconde. Les vibrations lumineuses
sont au nombre de 500 trillions par seconde.

C'est avec ce système que Hertz a reconnu que les
ondes électriques jouissent des propriétés des ondes
lumineuses, se refléchissant, se réfractant, s'interférant,
comme elles.

Quant à leur propagation à distance, elle a été réalisée pour la première fois en 1895, par un savant russe,
M. Popoff, puis par M. Marconi (1896).

Un professeur français, M. Branly, a apporté un contingent précieux à ces études par l'emploi d'un tube à
limaille, qui est un *révélateur* extrêmement sensible,
même à grande distance, des courants induits.

M. Branly a reconnu, en 1890, que les substances
métalliques discontinues, telles que les limailles, libres
ou incorporées dans un isolant, primitivement très
mauvaises conductrices, le deviennent dès qu'elles sont
frappées par l'onde électrique. Un choc fait disparaître
cette conductibilité.

Ce tube de limaille, appelé *radioconducteur* ou
cohéreur, est un révélateur incomparable dont la sensibilité se manifeste, non seulement à distance, mais
même à travers les murs.

M. Popoff a fait usage du *radioconducteur* Branly dans
ses expériences. Le tube à limaille est accompagné
d'un frappeur commandé par le relai qui produit les
signaux intermittents du système Morse, de sorte que
chaque onde reçue est suivie d'un choc ramenant le
radioconducteur à sa résistance initiale.

Ainsi, le système télégraphique sans fil imaginé par
M. Popoff comporte un *oscillateur* à étincelles servant
de transmetteur. Les ondes arrivent au cohéreur, le
rendent conducteur, ferment le circuit local du relai
qui actionne le récepteur. Un frappeur automatique

frappe sur le tube à limaille, qui est alors prêt à recevoir une onde nouvelle.

M. Ducretet a perfectionné et completé ce système et a rendu le récepteur automatique, ce qui rend la présence du télégraphiste inutile au poste de réception.

M. Popoff avait pu, dans ses premières expériences, franchir des distances de 1.500 mètres, puis de 5 kilomètres en mer. M. Marconi a pu atteindre 5, 16 et 23 kilomètres entre l'île de Wight et Bornemouth, avec des mâts de 25, 30 et 36 mètres de hauteur, le long desquels il place, suivant le dispositif recommandé par M. Popoff, un fil métallique isolé relié à une des électrodes du radioconducteur, l'autre électrode étant à la terre.

Ce système d'*antennes* augmente la sensibilité de l'appareil.

Depuis les premières expériences de M. Popoff et de M. Marconi, de nombreux essais ont été faits à des distances croissantes avec des antennes de plus en plus élevées.

M. Ducretet a donné, dans les *Comptes rendus de l'Académie des sciences* (numéro du 7 novembre 1898), le résumé des expériences faites entre la Tour Eiffel et le Panthéon, dont la distance est de 4 kilomètres.

Le 31 mars 1899, la communication a été obtenue, avec un succès parfait, d'un bord à l'autre de la Manche (46 kilomètres), entre Douvres et Boulogne, avec des antennes de 37 mètres.

En juillet 1900, deux navires de guerre anglais échangèrent des signaux en pleine mer, à 112 kilomètres, avec des antennes de 53 mètres et 60 mètres.

Ces résultats sont plus satisfaisants que ceux qu'on a obtenus en pleine terre. On a amélioré ces derniers en se servant d'antennes très élevées soutenues en l'air par des cerfs-volants ou des ballons.

Ces expériences et un grand nombre d'autres, que nous sommes obligé de passer sous silence, ont permis de mettre en lumière un certain nombre de faits. Les voici :

Pour opérer dans les conditions les plus favorables, il faut que les antennes des deux postes soient égales et parallèles.

La hauteur des antennes, H, doit croître avec la distance D, à franchir, suivant la formule :

$$H = \alpha \sqrt{D},$$

α étant un coefficient variable avec le matériel employé.

Ainsi, pour des communications dans la banlieue de Paris, il a fallu des antennes de 12 mètres pour 3 kilomètres de distance, des antennes de 18 mètres pour 9 kilomètres 1/2, des antennes de 24 mètres pour 13 kilomètres 1/2; ce qui vérifie sensiblement la formule.

Les communications sont à peu près les mêmes par le brouillard, la pluie, le vent. Elles sont facilitées par l'humidité du sol et meilleures lorsque les points à relier sont séparés par la mer, que lorsqu'ils sont dans l'intérieur des terres. Dans ce cas, il faut des antennes plus élevées.

Il ne faut certainement pas conclure de faits que nous venons de citer que la télégraphie hertzienne sans fil est appelée à remplacer la télégraphie ordinaire et la télégraphie optique.

Mais, pour être plus modeste, son rôle peut avoir une très grande importance, et l'on peut déjà induire des expériences acquises, qu'elle rendra de grands services pour l'échange des signaux, sans lien matériel, et par tous les temps, entre les forts, les phares, les navires et les côtes, les navires entre eux, les postes isolés en pays inconnu ou hostile.

Il y a là, même sans escompter les surprises de l'avenir, un champ très vaste à exploiter (1).

---

(1) Lire la communication présentée au Congrès d'électricité de 1900, sous le titre de *État actuel et Progrès de la télégraphie sans fil par ondes hertziennes*, par MM. A. Blondel et G. Ferrié.

CHAPITRE XI

LA TRANSMISSION DE L'ÉNERGIE A DISTANCE

GRANDES DISTANCES — PETITS EFFORTS

LA TÉLÉGRAPHIE SOUS-MARINE

La télégraphie sous-marine monopolisée par l'Angleterre. — Péril Français. — Nomenclature des compagnies anglaises. — Historique. — Tentatives françaises. — Création du réseau français. — Matériel de la télégraphie sous-marine. — Étude des fonds. — Constitution et fabrication des câbles. — Pose des câbles. — Appareils de transmission.

La télégraphie sous-marine monopolisée par l'Angleterre. — L'histoire de la télégraphie sous-marine offre l'exemple, certainement unique, d'une invention qui, pendant une période de près de cinquante années, a été le monopole exclusif d'une seule nation.

Née en Angleterre, jalousement couvée par elle, encouragée et subventionnée par les pouvoirs publics de ce pays, dès qu'elle s'est manifestée comme pouvant devenir un instrument de prééminence universelle, elle a grandement contribué à accroître la puissance maritime de nos voisins et à leur maintenir la maîtrise des mers.

Péril Français. — Le danger qui résulte pour la France d'une pareille mainmise sur les communications

interocéaniques du monde entier, n'est apparu dans toute
son étendue que le jour où les nations de l'Europe,
ayant été prises de ce qu'on a appelé la fièvre coloniale,
notre pays a vu, avec l'accroissement de son empire
d'outre-mer, grandir la nécessité d'assurer la permanence
du contact entre la mère patrie et les éléments lointains
qui le composent.

Signalé depuis longtemps par les esprits prévoyants,
il est tel, qu'à l'heure actuelle, une rupture de nos relations avec la Grande-Bretagne (et, malheureusement,
cette hypothèse n'est plus aussi invraisemblable que par
le passé), nous trouverait brusquement séparés de nos
colonies et de nos escadres et sans aucun moyen rapide
de correspondre avec elles, de les diriger, de les défendre. Le temps n'est plus, et la malheureuse Espagne
en a fait récemment la cruelle expérience, où le succès
dans la guerre résultait presque exclusivement de la
valeur de l'individu sur un champ de bataille étroit, où
la lutte pouvait durer des années sans épuiser les adver-
saires.

Par suite de l'expansion coloniale de toutes les
nations, c'est sur tous les points de l'univers que les
puissances ennemies prendront un contact qui sera
court et décisif, et dont l'issue dépendra de la rapidité des
avertissements reçus, des ordres donnés, de la prompte
exécution des combinaisons que les dirigeants des deux
parties auront conçues.

M. de Vogüé le disait à M. Hanotaux, alors ministre
des Affaires étrangères, le jour de sa réception à l'Académie française (1) :

« Nos communications universelles et instantanées
commandent à la vigie diplomatique une effrayante
rapidité de décision. Dans ce cabinet, où l'on attendait

____

(1) 25 mars 1898.

jadis de lents courriers, un réseau de fils vibre sans cesse et transmet à toute minute les tressaillements de toute la planète. On n'imagine guère le Cardinal dictant au père Joseph ses instructions sur l'Artois ou la Valteline entre le télégraphe et le téléphone ».

Ce qui frappe les yeux de tous aujourd'hui, l'Angleterre, elle, avec la politique avisée qui a toujours inspiré ses actes, l'a compris, il y a déjà un demi-siècle.

Dès que la démonstration a été faite de la possibilité d'un nouveau mode de correspondances rapides à travers les océans, sans hésitation et sans bruit, le gouvernement anglais en a favorisé l'établissement et l'extension par tous les moyens en son pouvoir, intervenant dans la constitution des sociétés de câbles, les aidant par des subventions considérables, les encourageant par toutes les mesures possibles et prenant en même temps les précautions nécessaires pour s'en assurer, au moment décisif, la direction absolue (1).

C'est sous l'empire de cette préoccupation constante, que nous devons admirer et imiter tout en regrettant de ne pas en avoir eu l'initiative, que s'est constitué un puissant réseau de lignes sous-marines qui sillonnent le

----

(1) Le cahier des charges de la concession des câbles de la côte d'Afrique, pour lesquels le gouvernement anglais paie une subvention de 475.000 francs par an, comprend 13 articles, dans lesquels on lit les clauses suivantes :

Art. 3. — Le câble proposé ne doit, en aucune station, posséder d'employés étrangers ; de même, les fils ne passeront dans aucun bureau et ne pourront être sous le contrôle d'un gouvernement étranger.

Art. 7. — Les dépêches du gouvernement impérial et colonial doivent avoir la priorité...

Art. 9. — En cas de guerre, le gouvernement pourra occuper toutes les stations du territoire anglais ou sous la protection de l'Angleterre et se servir du câble au moyen de ses propres employés.

monde et aboutissent presque toutes aux bureaux du Foreign Office de Londres.

Nomenclature des compagnies anglaises. — Jetons les yeux sur la carte des communications télégraphiques sous-marines du monde (fig. 183). Elles constituent un ensemble presque exclusif de lignes anglaises, réparties en trois groupes principaux (1) :

1° Le *groupe américain nord*, qui comprend : L'*Anglo American Telegraph Company*, propriétaire d'un réseau de 15.200 kilomètres et de trois câbles entre l'Europe et l'Amérique ; la *Direct United States telegraph Company;* la *Commercial cable Company*, propriétaire de trois câbles entre l'Irlande et l'Amérique (12.700 kilomètres) ;

2° Le *groupe américain sud*, comprenant : La *Brazilian submarine telegraph Company*, avec 13.800 kilomètres et deux lignes entre l'Europe et le Brésil ; la *Western and Brazilian telegraph Company*, avec 10.000 kilomètres de Buenos-Ayres à Para, le long de la côte du Brésil ;

3° Le *groupe d'Orient et d'Extrême-Orient*, dont l'élément le plus important est l'*Eastern telegraph Company*, qui a un réseau de 47.000 kilomètres dans la Méditerranée, la mer Rouge et la mer des Indes.

Elle se prolonge par le réseau de l'*Eastern extension Australasia and China telegraph Company* (28.000 kilomètres) et l'*Eastern and South Africa telegraph Company* (12.000 kilomètres).

En dehors de ces compagnies existent d'autres compagnies secondaires.

------

(1) Voir *Les câbles sous-marins*, par Harry Alis. *La question des câbles télégraphiques sous-marins*, par Henri Bousquet. *Les câbles sous-marins et la défense de nos colonies*, par J. Depelley.

Le tableau ci-après résume les noms de toutes les compagnies et le capital de chacune d'elles.

Il se totalise par 250.000 kilomètres de lignes et 838.750.000 francs de capital !

	CAPITAL francs
Europe.	
Direct Spanish Telegraph	4.500.000
Spanish National Telegraph	16.000.000
Black Sea Telegraph.	2.000.000
Europe and Azores Telegraph.	5.000.000
Amérique.	
Anglo-American Telegraph	175.000.000
Direct United-States Telegraph	32.000.000
Commercial Cable	50.000.000
Halifax and Bermuda Telegraph.	4.250.000
Cuba submarine Telegraph	5.500.000
West-India and Panama Telegraph	34.000.000
Mexican Telegraph.	10.500.000
Central and South America Telegraph. . .	30.000.000
West-Coast of America Telegraph	11.500.000
Brazilian submarine Telegraph	35.000.000
Western and Brazilian Telegraph	47.000.000
South American Telegraph	20.000.000
Pacific Telegraph	50.000.000
Afrique.	
West-African Telegraph.	17.500.000
African Direct Telegraph	13.500.000
Eastern and South African Telegraph. . .	34.000.000
Eastern Telegraph.	152.000.000
Eastern Extension Australasia and China.	11.500.000
Indo-European Telegraph	78.000.000

Historique. — La première idée des câbles sous marins, émise en 1837 par Wheatstone, fut soumise par lui à la Chambre des Communes en 1840. Le célèbre physicien étudia avec détails les éléments de l'entreprise et fit exécuter toute une série de dessins dans lesquels on retrouve, avec surprise, le type des appareils encore employés aujourd'hui.

L'importation de la gutta-percha en Europe et l'invention de Morse, furent un sérieux stimulant pour les progrès de la télégraphie sous-marine.

Morse étudiait, de son côté, un projet de communications entre l'Europe et les Etats-Unis. Des essais furent faits, à ce moment, en divers pays. Wheatstone fit, en 1844, une première expérience pratique dans la baie de Swansea. En 1845, ce fut Erza Connel qui immerga dans l'Hudson, entre le fort Lee et New-York, un câble de deux milles qui fonctionna plusieurs mois, mais fut coupé par les glaces; puis, en 1848, eut lieu l'immersion de deux câbles isolés à la gutta-percha (1), l'un dans l'Hudson par Armstrong, l'autre par le docteur Werner Siemens dans le port de Kiel. Enfin, en 1849, M. Walker établit un câble de deux milles de longueur dans la Manche, près de Folkstone.

Ces divers essais forment en quelque sorte la phase préparatoire de la télégraphie sous-marine. Sa mise en pratique définitive date de la création du télégraphe sous-marin de la Manche, par M. John Watkins Brett. Son câble fut immergé le 23 août 1850.

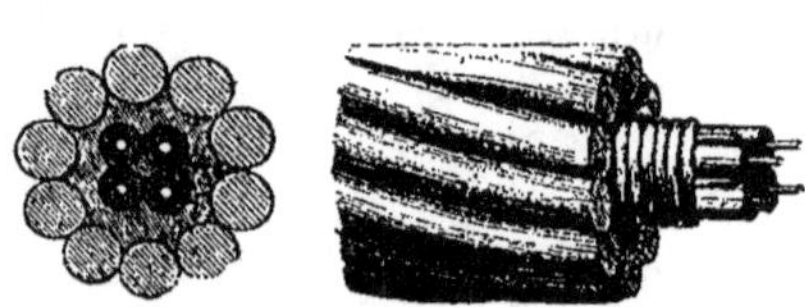

Fig. 184. — Section et vue de côté du premier câble de la Manche (1851) (2).

Malheureusement il se rompit et il fallut l'abandonner. M. Brett ne fut pas découragé par cet insuccès; il réunit

____

(1) Voir le *Traité de télégraphie sous-marine*, de M. Wunschendorff.

(2) Les figures 184 à 188 indiquent la composition de divers câbles, mais les sections ne sont pas en vraie grandeur; elles sont réduites.

de nouveaux capitaux et fit construire un autre câble, qui fut posé un an après. Ce câble a été plusieurs fois réparé, mais jamais renouvelé intégralement (fig. 184).

Cette fois, le succès fut complet, et il eut un grand retentissement des deux côtés du détroit. Mais les premières imitations qu'il suscita échouèrent complètement. Elles avaient porté sur l'installation de câbles entre la Grande-Bretagne et l'Irlande. Ce n'est qu'en 1853 qu'on réussit à mettre en communication Port Patrick et Donaghadée. Dès lors, plusieurs câbles furent posés : d'Angleterre en Hollande, de Douvres à Ostende, de Suède en Danemark, de Corse en Italie et en Sardaigne, etc.

Le projet de traversée de l'Atlantique ne tarda pas à aboutir, après la fusion des deux premières sociétés créées dans ce but. Un câble de 2.500 milles marins fut mis en fabrication pour relier Valentia (Irlande) à Trinity Bay (Terre-Neuve). Embarqué sur deux navires qui se mirent en route le 6 août 1857, il se brisa presque au départ, le 11 août, après l'immersion de 354 milles.

Le câble fut ramené à Plymouth, réparé, complété, et la pose reprise au printemps de 1858. Malgré quatre ruptures, l'opération était terminée au mois d'août de la même année. Malheureusement, des défauts se révélèrent et rendirent bientôt la transmission impossible. Vingt jours après l'ouverture du service, le câble ne pouvait plus fonctionner. Après quelques tentatives pour le réparer, on dut se résoudre à l'abandonner.

Malgré cet échec, la possibilité de la communication entre l'Europe et l'Amérique était démontrée. Le Gouvernement anglais le comprit et nomma une commission chargée d'étudier *la meilleure manière de construire, poser et maintenir les câbles télégraphiques sous-marins.*

Cette commission avait terminé ses travaux en avril 1861. Son rapport affirmait que les échecs subis étaient dus à une étude imparfaite de la question et posait les principes relatifs à la fabrication et à l'immersion des câbles.

Aussi, dès 1862, une exploration des fonds de l'Atlantique était faite en vue de la pose d'un nouveau câble (fig. 185), qui fut fabriqué dans des conditions bien meilleures que le câble de 1858.

Il fut embarqué sur un navire dont le nom est resté célèbre, le *Great Eastern*, qui appareilla le 23 juillet 1865.

Sa première campagne fut infructueuse ; le câble se rompit deux fois, presque au départ, puis, après réparation,

Fig. 185. — Section du câble transatlantique, 1865. (Câble d'atterrissement.)

aux deux tiers de la route. On ne réussit pas à le repêcher et l'opération fut abandonnée.

Une troisième compagnie fut fondée et reprit les

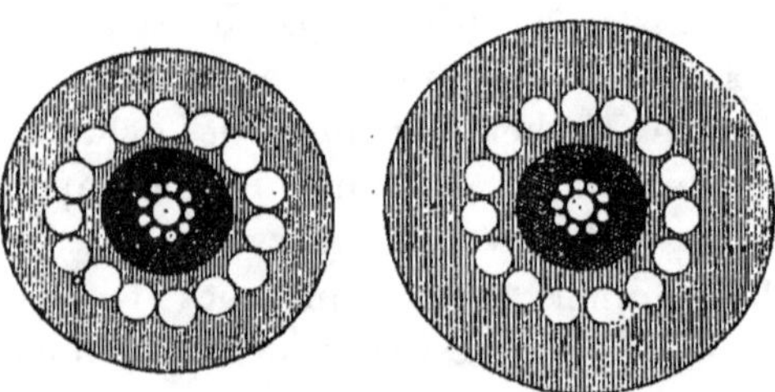

Fig. 186. — Sections du câble de la Compagnie française de Paris à New-York. Profondeurs de 200 à 500 mètres et au delà.

opérations avec les perfectionnements indiqués par l'expérience fâcheuse qui venait d'être faite. Un nouveau câble destiné a être relié à la partie déjà immergée fut embarquée sur le *Great Eastern*, qui partait le 30 juin

1866 et, cette fois, réussissait complètement dans sa mission.

Trois ans après, un premier câble français entre Brest et New-York était posé par les ingénieurs anglais qui avaient fait la précédente campagne.

Le second câble transatlantique français, dit câble Pouyer-Quertier, a été posé en 1879 également par des ingénieurs anglais (fig. 186, 187 et 188).

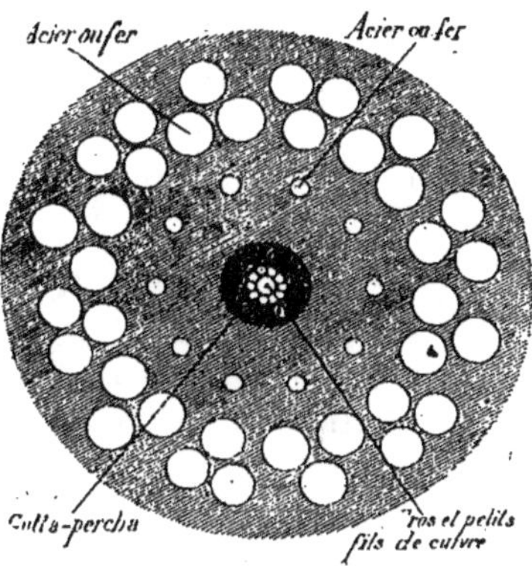

Fig. 187. — Section du câble d'atterrissement de la Compagnie française de Paris à New-York, 1879.

Tentatives françaises. — Comme on le voit, jusqu'à aujourd'hui, l'industrie de la fabrication et de la pose des câbles sous-marins a été complètement anglaise. Les tentatives n'ont pas manqué, cependant, en France et elles avaient des chances de réussir si elles avaient été encouragées en haut lieu. Chose étrange, par trois fois, elles ont échoué devant le Parlement (1).

Une première fois, en 1886, un projet avait été élaboré pour la création d'un réseau télégraphique entre la côte d'Afrique, Madagascar et la Réunion. Il fut repoussé par la commission du budget.

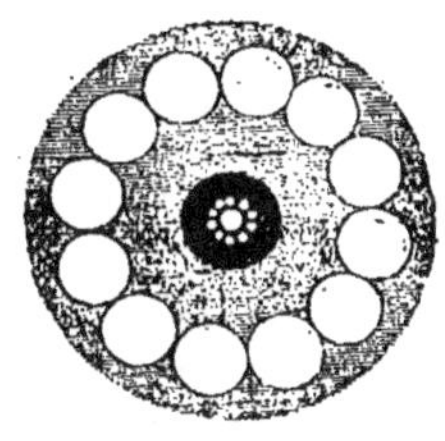

Fig. 188. — Section du câble d'atterrissement intermédiaire de la Compagnie française de Paris à New-York, 1879.

----

(1) Voir les *Câbles sous-marins*, par Harry Alis.

Une seconde fois, en 1887, il s'agissait d'établir les communications entre la Guyane, la Martinique, la Guadeloupe et la France par New-York et Brest. Ce projet échoua devant la Chambre.

Enfin, plus récemment, un contrat accordé à une compagnie française pour l'atterrissement d'un câble aux Açores, était rejeté par la Chambre, repris par une compagnie anglaise et réalisé par la pose du câble, moins de quatre mois après (1).

Où chercher la cause d'une pareille attitude du Parlement français? Est-ce par raison budgétaire qu'il a repoussé tout concours à l'industrie française? Mais, en même temps, il accordait des subventions considérables aux compagnies anglaises (2).

Ce défaut d'encouragement tient-il à un excès de sollicitude pour les capitaux français qui pourraient être compromis dans ce genre d'affaires? Mais aucun n'est plus prospère.

Prenons l'exemple des six grandes compagnies anglaises. Voici, en regard de leur nom, la longueur de leur réseau, leurs recettes annuelles et leurs recettes rapportées au kilomètre de ligne :

---

(1) Voir au sujet de cette affaire extraordinaire, la brochure déjà citée de M. Depelley.

(2) En 1883, le câble du Sénégal est posé par une compagnie anglaise, qui reçoit une subvention de 1.700.000 francs pour une ligne dont la construction et la pose ont coûté 2.400.000 francs.

En 1884, l'*Eastern extension telegraph Company* pose le câble de Saïgon au Tonkin. Elle reçoit du gouvernement français une subvention annuelle de 300.000 francs.

En 1885, le gouvernement français traite avec l'*African direct telegraph Company* pour un câble devant desservir nos possessions de Rio-Nunez, Grand-Bassam, Porto-Novo-Gabon. Coût : 300.000 francs par an pendant 25 ans.

En 1889, autre contrat pour relier Obock à Périm avec subvention annuelle de 37.500 francs par an pendant 20 ans. (*Les câbles sous-marins*, par Harry Alis.)

	RÉSEAU	RECETTES totales	RECETTES kilométr.
Anglo-American	15.200 km.	8.206.000 fr.	540 fr.
Commercial Cable . . .	12.700	9.800.000	757
Brazilian submarine . .	13.800	7.945.000	568
Western and Brazilian.	10.000	5.248.000	534
Eastern Telegraph . . .	39.000	18.495.000	474
Eastern Extension . . .	28.000	12.544.000	449

La moyenne de la recette kilométrique ressort à environ 500 francs, sur lesquels, déduction faite des frais d'exploitation, il reste un bénéfice net d'environ 300 francs.

Les dépenses d'établissement sont d'environ 2.500 à 3.000 francs par kilomètre. C'est donc un revenu de 10 p. 100 assuré (1).

Création du réseau français. — Quoi qu'il en soit, et malgré tant d'entraves, la persévérance a fini par triompher.

Une société française a été créée en mai 1888. Une puissante usine a été édifiée à Calais par la Société industrielle des téléphones pour la fabrication des câbles sous-marins et un matériel naval a été constitué pour leur pose.

Le réseau français dont on voit les lignes ponctuées sur notre carte, au milieu du réseau des lignes anglaises à traits pleins, comprend, outre les petites lignes de l'Algérie et de la Tunisie, de Mozambique à Majunga, de l'Australie à la Nouvelle-Calédonie, un important réseau qui part de France et dessert l'Amérique du Nord, les Antilles, la partie nord de l'Amérique du Sud et aboutit au Brésil.

------

(1) *La question des câbles télégraphiques sous-marins en France*, par Henri Bousquet.

On peut regretter, pour la sécurité de la France et de ses colonies, que cette entreprise ait été si tardivement commencée. Mais elle l'est, et s'il est vrai qu'il n'y a que le premier pas qui coûte, on peut fonder de légitimes espérances sur ceux qui suivront.

Les événements se sont d'ailleurs chargés d'apporter avec eux des arguments auxquels il est impossible de rester indifférent, des avertissements auxquels il est impossible de rester sourd.

Notre politique extérieure, longtemps « hypnotisée sur la trouée des Vosges », selon une expression célèbre, doit maintenant étendre le champ de ses préoccupations et faire tout ce qui est nécessaire pour protéger et défendre l'empire colonial qu'elle a si laborieusement conquis.

Sous la pression des faits accomplis, le gouvernement français a compris son devoir et a présenté (il y a déjà près d'un an) un projet relatif à la création d'un ensemble de nouvelles lignes de télégraphie sous-marine.

La commission de la Chambre, qui a été chargée de son examen, s'est arrêtée, après quelques modifications au réseau initialement projeté, à un programme comprenant :

Un câble direct de Brest à Dakar (Sénégal);

Un câble de Kotonou à Libreville pour compléter le réseau occidental africain;

Un câble entre Hué et Amoï;

Un câble de la Réunion à Tamatave, en attendant que Madagascar soit reliée à la France.

Les communications avec l'Indo-Chine sont obtenues par l'utilisation du réseau terrestre russe et celui du câble de la Compagnie danoise des Télégraphes du Nord, qui aboutit à Amoï.

Puisse la réalisation de ce premier projet ne pas être trop retardée !

Matériel de la télégraphie sous-marine. — L'élément principal de la télégraphie sous-marine est le conducteur destiné à relier les deux postes. Sa fabrication, aussi bien que sa pose, comportent une série d'opérations qui nécessitent les soins les plus minutieux, car les frais considérables qu'entraîne l'établissement d'un câble peuvent être stérilisés par la moindre négligence.

Etude des fonds. — La constitution d'un câble dépend beaucoup de la nature et de la profondeur du sol sous-marin sur lequel il doit être déroulé. Une étude attentive de ce sol doit précéder tout autre travail.

Depuis l'essor des entreprises de télégraphie sous-marine, l'Amirauté anglaise a fait exécuter de nombreuses campagnes de sondages, et considérablement développé ces études, jusqu'alors à peu près localisées aux abords des ports, aux côtes et à l'embouchure des fleuves.

Aujourd'hui, certaines mers, comme la Méditerranée, ont été explorées et sont complètement connues dans leurs profondeurs ; l'Atlantique l'est suffisamment, au moins dans la partie qui sépare les Etats-Unis de l'Europe. Cette partie présente, d'après Huxley, des fonds réguliers, s'étendant sur une largeur de 400 lieues à une profondeur moyenne de 4.000 à 5.000 mètres, et auxquels on arrive, de chaque côté, par des pentes douces. Ce plateau est éminemment propre à l'établissement des câbles, qui y reposent à l'abri de toute action nuisible, dans une couche de vase farineuse provenant de coquillages microscopiques.

Les grands fonds du Pacifique sont moins accessibles. Au voisinage du Japon, ils présentent une dépression, dite du Tuscarora, où la sonde est descendue à 8.000 mètres. Cette circonstance, jointe à l'éloignement des côtes et à l'absence de tout point d'atterrissement intermédiaire, sera un obstacle sérieux à vaincre pour la traversée de cet immense océan entre les Etats-Unis et l'Asie.

Constitution et fabrication des câbles.

— La spécification des câbles dépend à la fois du service auquel ils sont destinés et des conditions spéciales dans lesquelles ils se trouveront au fond de la mer. Mais elle se résume, en définitive, en un ou plusieurs conducteurs de cuivre, formés chacun d'un fil ou d'une cordelette, isolés par une gaîne de gutta-percha (1). Ces conducteurs isolés, dont chacun constitue une ligne distincte, sont juxtaposés et forment ce qu'on appelle l'âme du câble. Cette âme est entourée d'une enveloppe en chanvre qui la protège et sur laquelle s'applique une torsade de fils d'acier composant l'armature.

Le tout est environné d'une spirale de toile goudronnée. (Voir les figures précédentes.)

Suivant la profondeur, on fait varier l'armature. Dans

---

(1) La rareté croissante de la gutta-percha et l'augmentation de son prix, qui en est la conséquence, ne sont pas sans causer de graves inquiétudes aux constructeurs de câbles sous-marins.

Cette matière est, en effet, indispensable pour leur isolement et, jusqu'à présent, on ne voit pas par quoi on pourrait la remplacer. Aussi, depuis un certain nombre d'années, cherche-t-on, dans le monde entier, une plante produisant la gutta, pouvant s'acclimater dans nos colonies, mieux que ne le fait l'arbre à gutta de Java.

M. Jean Dybowski croit avoir trouvé cette plante dans un arbuste originaire du nord de la Chine et qui s'appelle l'Eucomia.

Il paraît qu'il est facilement acclimatable dans les zones tempérées et qu'il fournit, aussi bien par ses fruits que par ses feuilles et ses rameaux, une matière excellente.

L'Eucomia a été étudiée à Londres en 1892 et il semblerait que nos voisins n'aient pas su reconnaître ses qualités.

Le Jardin colonial de Vincennes paraît avoir été plus avisé. Il faut souhaiter que ses prévisions se réalisent complètement, car sans gutta-percha, l'avenir de la télégraphie sous-marine serait sérieusement compromis.

le voisinage des côtes et dans les bas-fonds, où les câbles
sont exposés à être dragués par les ancres des navires,
cette armature est renforcée. Elle est plus faible dans
les grands fonds.

Pose des câbles. — Lorsqu'on a déterminé la spécification d'un câble, on le fabrique en une longueur
supérieure à celle des points à réunir, pour tenir
compte du *mou* et permettre à la ligne d'épouser les
sinuosités des fonds.

On arrive à cette longueur totale par une série d'opérations. On fabrique d'abord l'âme, c'est-à-dire l'ensemble des conducteurs de cuivre et de leurs isolants, par
longueurs de 2.500 mètres environ. La Compagnie
française des câbles télégraphiques fait exécuter ces
âmes par la Société industrielle des téléphones, à son
usine de Bezons. De là, les âmes sont expédiées à
Calais, où elles sont soudées les unes aux autres,
recouvertes de leur armature protectrice et finalement
enroulées dans les cuves en fer du navire de pose. Les
câbles des cuves sont enfin réunis entre eux de façon à
former, en un tout continu, la longueur de câbles que le
navire posera dans sa campagne.

Les câbles ne sont emmagasinés dans les cuves du
bord qu'après avoir été soumis à des épreuves extrêmement sévères qui portent, séparément et successivement,
sur chacun des éléments qui les composent, puis sur
leur ensemble.

Les navires destinés à la pose des câbles sont amé-
nagés d'une façon toute spéciale, en usine et laboratoire
ambulants. Outre les cuves, dans lesquelles le câble est
enroulé dans l'eau, ils comportent un outillage qui
permet d'extraire le câble de la cuve, de le dérouler et
de le laisser filer dans la mer, avec une grande régula-
rité de mouvements et d'efforts assurée par des appareils

de retenue et des freins. Si le câble est trop long pour être posé en une fois, on en pose une première partie dont on fixe l'extrémité à une bouée flottante, puis on va chercher la partie suivante, qu'on relie à la première, et ainsi de suite.

Il est évident que l'idéal est de pouvoir emporter tout le câble en une fois, ce qui conduit à la construction d'immenses navires.

La Manitenance Company possède aujourd'hui un bateau plus grand que le *Great Eastern*, qui peut contenir 3.000 milles de câbles et qui pourrait, dans les conditions normales, et s'il était favorisé par le beau temps, poser en une seule campagne un câble transatlantique d'Europe en Amérique.

Nous résumons là, en quelques mots, une opération extrêmement délicate et difficile, de laquelle dépend souvent le succès ou l'insuccès complet de l'entreprise.

Appareils de transmission. — C'est une disposition particulière du système Morse qui permet la transmission des signaux à travers les câbles sous-marins.

Mais ici, au lieu d'émissions longues et brèves, on emploie des émissions de sens différent, qui déterminent le déplacement à droite ou à gauche d'un petit faisceau d'aimants. Comme ce déplacement serait très difficile à suivre, on l'a amplifié par un artifice ingénieux dont nous avons déjà parlé et qui consiste à rendre le mouvement de l'aimant solidaire de celui d'un petit miroir sur lequel on dirige un faisceau lumineux. Ce faisceau se réfléchit sur le miroir et dessine sur le mur une petite tache lumineuse circulaire, dont le mouvement est très amplifié et facile à enregistrer. C'est ainsi qu'était faite dans les premiers temps la réception des dépêches sous-marines. On l'a simplifiée depuis et rendue moins pénible pour les opérateurs par l'emploi du *siphon recorder* de sir W. Thomson (Lord Kelvin), qui inscrit les signaux et en rend le contrôle possible.

Basé sur le même système que le miroir, cet appareil consiste en un petit tube capillaire, toujours rempli d'encre très fluide et dont l'extrémité est au contact d'une bande de papier qui se déroule devant elle.

Le mouvement de l'extrémité du tube s'inscrit sur le papier en une ligne sinueuse, dans laquelle les traits de droite sont assimilés aux traits de l'appareil Morse, les traits de gauche aux points (fig. 189).

Les employés expérimentés arrivent à une grande

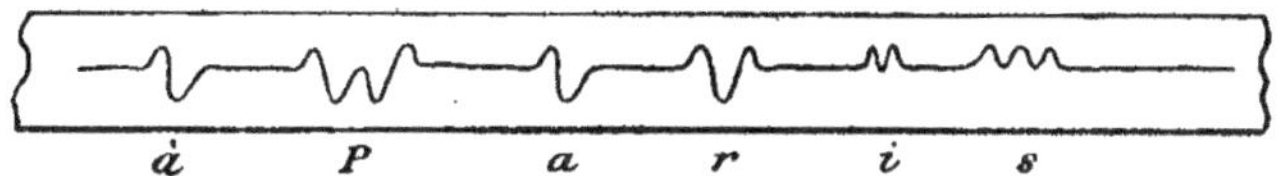

Fig. 189. — Écriture du siphon recorder.

facilité de lecture de ces signaux, presque toujours écrits, d'ailleurs, en langage conventionnel (1).

Telle est, dans ses grands traits économiques, historiques et techniques, cette grande industrie de la télégraphie sous-marine dont le rôle, déjà si grand, est appelé à devenir plus grand encore.

Le vrai maître du monde, dans l'avenir, sera celui qui sera le maître des communications et dont les ordres seront le plus vite et le plus sûrement transmis aux points les plus éloignés de l'univers.

C'est donc surtout au sujet de cette industrie qu'on doit, et de plus en plus, en France, pousser le cri : *Caveant consules*, si longtemps, malheureusement, clamé dans le désert.

____

(1) Voir pour toutes les questions se rattachant à la technique de la télégraphie sous-marine, le traité de M. Wunschendorff.

CHAPITRE XII

TRANSMISSION DÉ LA PAROLE AU MOYEN
DE L'ÉNERGIE ÉLECTRIQUE
LE TÉLÉPHONE

Premiers essais. — Le téléphone à ficelle. — Téléphone musical de Wheatstone. — Autres études. — Charles Bourseul. — Elisha Gray et Graham Bell. — Téléphone Edison. — Le microphone. — Le téléphone service public. — État actuel de l'industrie téléphonique en France. — Réseaux téléphoniques étrangers. — Organisation du réseau téléphonique de Paris. — Lignes téléphoniques. — Conducteurs isolés. — Canalisations sous-marines. — Le télégraphone.

Premiers essais. — Le téléphone à ficelle. — Comme toutes les grandes inventions, la téléphonie n'est pas sortie tout armée du cerveau d'un seul homme; elle a eu ses précurseurs. Si ses commencements ne datent pas d'une époque aussi ancienne que ceux de la télégraphie, ils forment cependant, à cette merveilleuse découverte, une préface qui remonte à la fin du xvııe siècle.

La téléphonie électrique et magnétique est récente. Le téléphone, dit à ficelle, qui utilise la propriété du son de se transmettre plus facilement par les corps solides que par l'air, a été décrit, en 1667, par l'Anglais Robert Hooke.

« Je puis affirmer, disait-il, qu'en employant un fil

tendu, j'ai pu transmettre le son instantanément à une grande distance et avec une vitesse, sinon aussi grande que celle de la lumière, du moins incomparablement supérieure à celle du son dans l'air. Cette transmission peut être effectuée, non seulement avec le fil tendu en ligne droite, mais encore quand ce fil présente plusieurs coudes. »

Téléphone musical de Wheatstone. — En 1831, Wheatstone, qui avait consacré les débuts de sa carrière à l'étude de l'acoustique et à la fabrication des instruments de musique, imagina une expérience dont nous avons parlé plus haut.

Un orchestre était placé dans le sous-sol d'une maison. Des tiges métalliques rigides, disposées au-dessus, conduisaient le son, à travers le rez-de-chaussée, jusqu'à une table d'harmonie placée dans une salle de concert.

Le public avait ainsi la surprise d'entendre la musique sans voir ni les instruments, ni les instrumentistes.

Autres études. — L'invention de la télégraphie électrique devait appeler tout naturellement l'attention sur la possibilité de transmettre les sons à distance.

Cependant, malgré les recherches d'Henry et Page (1837), relatives à la propriété qu'ont les tiges de fer d'émettre des sons, lorsqu'on les aimante et désaimante avec rapidité, malgré les expériences de Froment et Pétrina (1847-1852), personne n'avait songé que le courant électrique pourrait servir de véhicule à la parole.

Charles Bourseul. — Une intuition remarquable porta un physicien ingénieux, Charles Bourseul, à affirmer la possibilité de transmettre électriquement la voix humaine à distance (1854). Du Moncel, qui a raconté le fait (1), ne peut s'empêcher de rappeler qu'il paraissait si extraordinaire, si invraisemblable, que lui-même ne put y croire, et que l'hypothèse de Bourseul fut regardée « comme un rêve fantastique ». Du Moncel n'était pas seul à manifester cette défiance. Plusieurs savants et entre autres M. Preece, le directeur du Post Office de Londres, la considéraient comme irréalisable quoique *très belle.*

Il est vrai que Bourseul s'était borné à des affirmations, et que la note qu'il publia sur la question ne fut appuyée par aucune expérience.

Cette note du moins est extrêmement curieuse. En voici les termes :

« Après les merveilleux télégraphes qui, peuvent reproduire à distance l'écriture de tel ou tel individu et même des dessins plus ou moins compliqués, il semblerait impossible d'aller plus en avant dans les régions du merveilleux. Essayons cependant de faire quelques pas de plus encore. Je me suis demandé, par exemple, si la parole elle-même ne pourrait pas être transmise par l'électricité, en un mot, si l'on ne pourrait pas parler à Vienne et se faire entendre à Paris.

« La chose est praticable. Voici comment :

« Les sons, on le sait, sont formés par des vibrations et appropriés à l'oreille par ces mêmes vibrations que reproduisent les milieux intermédiaires. Mais l'intensité de ces vibrations diminue avec la distance, de sorte qu'il y a, même en employant des porte-voix, des tubes et des cornets acoustiques, des limites assez restreintes qu'on ne peut pas dépasser.

« Imaginez que l'on parle près d'une plaque mobile, assez flexible pour ne perdre aucune des vibrations produites par la voix ; que cette plaque établisse et inter-

----

(1) *Le téléphone,* par le comte Th. Du Moncel.

rompe successivement la communication avec une pile ; vous pourrez avoir à distance une autre plaque qui exécutera en même temps les mêmes vibrations.

« Il est vrai que l'intensité des sons produits sera variable au point de départ, où la plaque vibre par la voix, et constante au point d'arrivée, où elle vibre par l'électricité, mais il est démontré que cela ne peut altérer les sons.

« Il est évident d'abord que les sons se reproduiraient avec la même hauteur dans la gamme.

« L'état actuel de la science acoustique ne permet pas de dire *a priori* s'il en sera tout à fait de même des syllabes articulées par la voix humaine. On ne s'est pas encore suffisamment occupé de la manière dont ces syllabes se sont produites. On a remarqué, il est vrai, que les unes se prononcent des dents, les autres des lèvres, etc..., mais c'est là tout.

« Quoi qu'il en soit, il faut bien songer que les syllabes ne reproduisent à l'audition rien autre chose que des vibrations des milieux intermédiaires ; reproduisez exactement ces vibrations et vous reproduirez exactement aussi les syllabes.

« En tout cas, il est impossible de démontrer, dans l'état actuel de la science, que la transmission électrique des sons soit impossible. Toutes les probabilités sont, au contraire, pour la possibilité.

« Quand on parla pour la première fois d'appliquer l'électro-magnétisme à la transmission des dépêches, un homme haut placé dans la science traita cette idée de sublime utopie, et cependant, aujourd'hui, on communique directement de Londres à Vienne par un simple fil métallique. Cela n'était pas possible, disait-on, et cela est.

« Il va sans dire que des applications sans nombre et de la plus haute importance surgiraient immédiatement de la transmission de la parole par l'électricité.

« A moins d'être sourd et muet, qui que ce soit pourrait se servir de ce mode de transmission, qui n'exigerait aucune espèce d'appareils. Une pile électrique, deux plaques vibrantes et un fil métallique suffiraient. Dans une multitude de cas, dans de vastes établissements, par exemple, on pourrait, par ce moyen, transmettre à distance tel ou tel avis, tandis qu'on renoncera à opérer cette transmission par l'électricité, dès lors qu'il faudra procéder lettre par lettre et à l'aide de télégraphes exigeant un apprentissage et de l'habitude.

« Quoi qu'il arrive, il est certain que, dans un avenir plus ou moins éloigné, la parole sera transmise à distance. J'ai commencé des expériences à cet égard; elles sont délicates et exigent du temps et de la patience, mais les approximations obtenues font entrevoir un résultat favorable. »

Ces paroles prophétiques devaient avoir une confirmation éclatante vingt ans après seulement, et Bourseul, mort, ne pouvait jouir du triomphe de ses prévisions.

Elisha Gray et Graham Bell. — Malgré l'intérêt du problème, les années s'écoulèrent, sans que les idées de Bourseul, considérées comme chimériques, et que leur auteur, disparu, ne pouvait plus défendre, donnassent lieu à des travaux décisifs.

En 1874, seulement, M. Elisha Gray, de Chicago, inventa un téléphone musical et entrevit la possibilité de créer un téléphone parlant. Il perfectionna son appareil et déposa, le 14 février 1876, une demande de protection provisoire au bureau des brevets de Washington.

Par une singulière coïncidence, le même jour, M. Graham Bell déposait, au même office de brevets, la demande d'une patente se rattachant au même sujet.

Un vice de forme entraîna la déchéance du brevet

provisoire ou caveat d'Elisha Gray, de sorte que la priorité de l'invention est restée à Graham Bell, bien que, dit Du Moncel (1), sa description relative à la parole articulée fût très vague, alors que celle d'Elisha Gray était complète et accompagnée de nombreux dessins. Quoi qu'il en soit, Graham Bell continua ses expériences, qui furent couronnées d'un succès complet et eurent, dès qu'elles furent connues en Europe, un immense retentissement.

Elles lui valurent le prix Volta de 50.000 francs décerné par l'Académie des Sciences et, à cette époque, accordé seulement une fois, vingt ans avant, à Ruhmkorff pour son invention de la bobine d'induction.

Le téléphone Bell, que sir William Thomson a qualifié de « merveille des merveilles », consiste en un barreau aimanté NS, dont l'un des pôles, coiffé d'une bobine E, se trouve en face et presque en contact d'une plaque en fer très mince M qui vibre sous l'action de la voix (fig. 190). Les extrémités du fil de la bobine se relient à un double conducteur *a*, *b*, qui se rend au récepteur, identique au transmetteur. Sous l'influence des vibrations que lui imprime la parole, la plaque vibre devant l'aimant et, par les modifications qu'elle détermine dans son état magnétique, engendre dans la bobine un courant d'in-

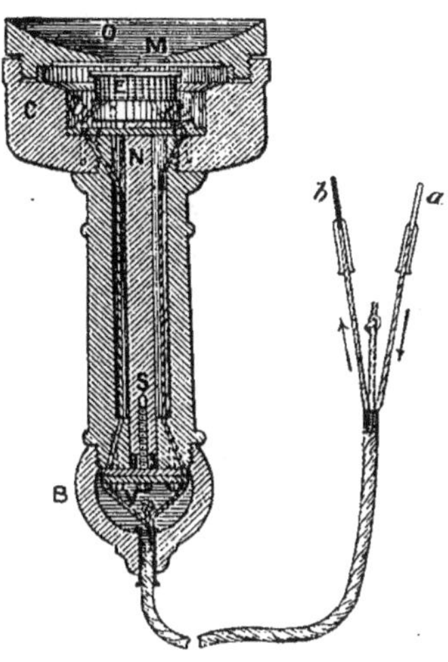

Fig. 190. — Téléphone Bell.

____

(1) *Le téléphone,* par le comte Du Moncel.

duction qui se propage jusqu'au récepteur où les mêmes phénomènes se reproduisent en sens inverse.

Téléphone Edison. — Le téléphone Bell est un téléphone *magnétique*. Celui qu'Édison imagina, en 1877, est un téléphone à *pile* dans lequel le célèbre inventeur fait intervenir la propriété, reconnue par Du Moncel et par M. Clérac, que possèdent certains corps, médiocrement conducteurs, tels que le charbon, de modifier la

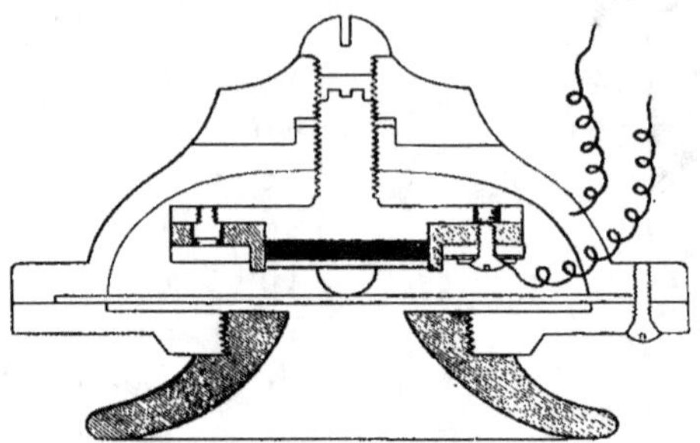

Fig. 191. — Transmetteur Edison.

résistance d'un circuit dans lequel ils sont intercalés, lorsqu'ils sont comprimés plus ou moins fortement.

Le transmetteur Edison comporte une plaque vibrante, placée au fond d'une embouchure et venant porter sur un système rhéostatique formé d'un disque de charbon de noir de fumée de pétrole comprimé, maintenu entre deux lames de platine qui sont reliées chacune aux bornes du circuit (fig. 191).

Contrairement à ce qui existe dans le système Bell, le récepteur et le transmetteur sont différents. Le récepteur rappelle le dispositif du téléphone de Graham Bell. Il comprend, comme celui-ci, une bobine magnétisante qui recouvre l'une des branches d'un petit aimant en fer à cheval.

La plaque vibrante affleure cette bobine. Edison a augmenté singulièrement la portée de son téléphone à l'aide d'un artifice qui consiste à faire passer le courant de la pile dans une bobine d'induction, ce qui augmente

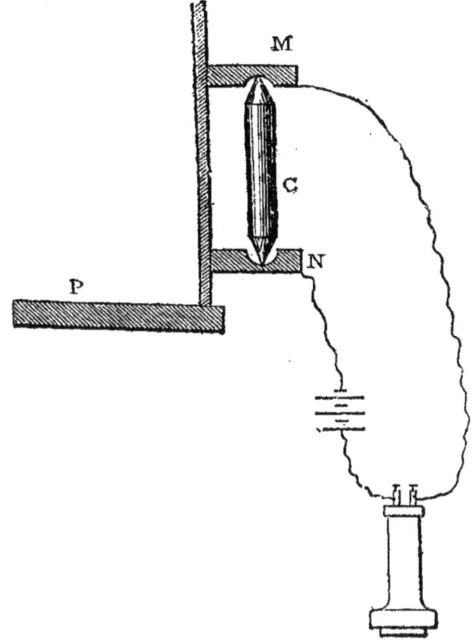

Fig. 192. — Microphone Hughes.

sa tension et lui permet de franchir des distances infiniment plus considérables.

On doit bien penser que les appareils primordiaux dont nous venons de donner sommairement la description, ont été le point de départ de recherches nombreuses et de l'invention d'une quantité de types de téléphones. Nous nous abstiendrons d'en dire plus long à ce sujet.

Le microphone. — En 1877, M. Hughes, l'inventeur du télégraphe auquel il a donné son nom, apportait à la téléphonie naissante un perfectionnement capital par le moyen de l'organe qu'on a appelé *microphone*.

A la rondelle de charbon, qui entre dans la construction du téléphone Edison, il eut l'idée de substituer une baguette de charbon appointée à ses deux bouts, C, et placée verticalement entre deux appuis M, N, également en charbon, présentant une cavité, de façon à laisser un certain jeu. Ce mode de suspension spécial donne à cet appareil très

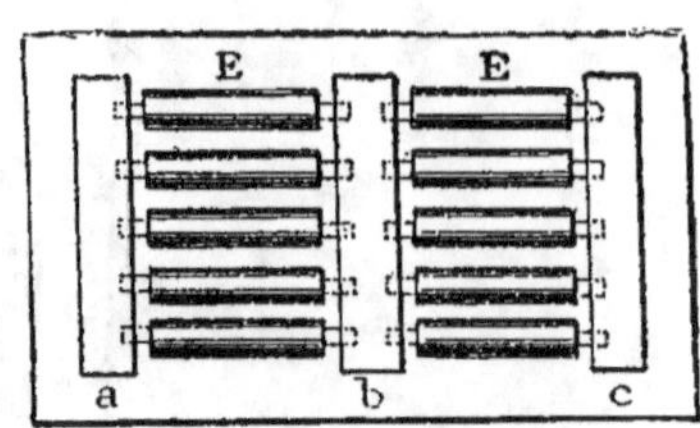

Fig. 193. — Microphone Ader.

simple, lorsqu'on le place dans le circuit téléphonique, le pouvoir d'amplifier les sons, au point de rendre perceptibles les bruits les plus légers (fig. 192).

Comme le dit Du Moncel, les pas d'une mouche marchant sur le support de l'appareil donnent la sensation du piétinement d'un cheval. Le cri de la mouche, surtout son cri de mort, devient perceptible, suivant M. Hughes !

Le microphone est pour les sons ce que le microscope est pour la vision.

Le microphone de Hughes, sous les formes variées que lui ont données divers inventeurs, a remplacé le transmetteur Edison.

Fig. 194. — Poste téléphonique Ader.

Dans le modèle de M. Ader, qui est le plus fréquemment employé en France, le microphone est formé de deux séries de cinq baguettes de charbon E, maintenues entre trois autres baguettes transversales a, b, c. L'ensemble est fixé au-dessous d'une planchette en sapin, disposée comme un pupitre et contre laquelle on parle (fig. 193).

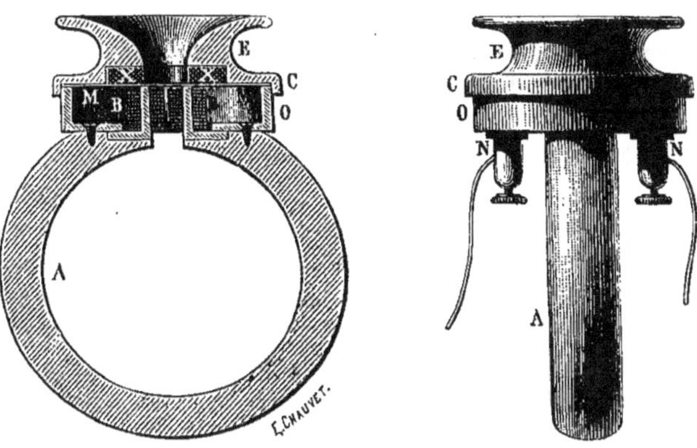

Fig. 195. — Récepteur Ader. (Coupe et profil.)

Les récepteurs Ader sont accrochés de part et d'autre de ce pupitre par l'anneau lui-même de leurs aimants (fig. 194 à 196).

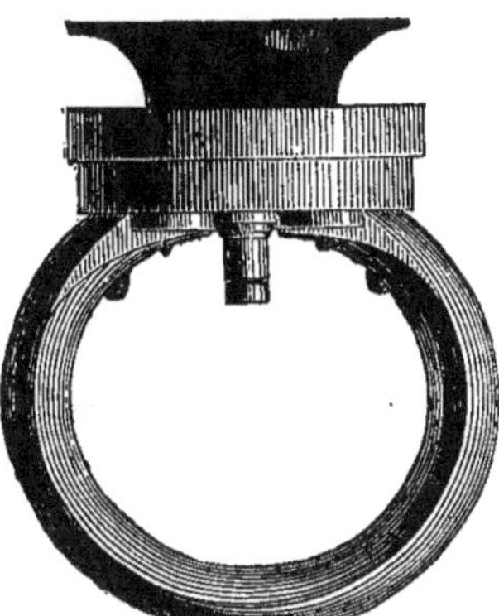

Fig. 196. — Récepteur Ader.
Vue de face.

Le téléphone service public. — Initialement exploité comme service public à Paris et dans plusieurs grandes villes de province par la Société générale des téléphones, la téléphonie est aujourd'hui organisée en service d'État, de façon à permettre la communication entre les divers abonnés d'une même ville et entre ceux de villes différentes.

État actuel de l'industrie téléphonique en

France. — On aura une idée du développement actuel de l'industrie téléphonique en France, par la statistique ci-après établie au 1er janvier 1899 (1) :

I. *Réseaux urbains :*

Nombre de réseaux exploités par l'État.	767
Longueur, en kilomètres, des lignes . .	16.094
Longueur, en kilomètres, des fils	189.686

II. *Circuits interurbains :*

Nombre de circuits	1.288
Longueur, en kilomètres, des lignes . .	21.511
Longueur, en kilomètres, des fils	59.975

III. *Stations et postes :*

Nombre de stations centrales	805
Nombre de cabines publiques	1.261
Nombre de postes d'abonnés	51.383

IV. *Personnel* (nombre d'agents) 2.789

V. *Nombre de conversations :*

Urbaines.	138.128.082
Interurbaines	3.098.801

VI. *Recettes* (En francs). 13.273.994

VII. *Dépenses* (En francs). . . . . : . 10.700.977

Réseaux téléphoniques étrangers. — Voici, d'après la même publication, quelques renseignements statistiques, relatifs à l'exploitation téléphonique au 1er janvier 1899, dans les principaux États, parmi ceux qui ont adhéré à la convention internationale de Berne :

---

(1) *Journal télégraphique de Berne,* numéro du 25 juillet 1900.

STATISTIQUE TÉLÉPHONIQUE DE QUELQUES ÉTATS D'EUROPE AU 1er JANVIER 1899.

DÉSIGNATION	ALLEMAGNE	AUTRICHE	HONGRIE	BELGIQUE	RUSSIE	SUISSE
I. *Réseaux urbains.*						
Nombre	300	219	41	17	83	288
Longueur en kilom. des lignes.	29.824	»	1.577	»	5.978	12.665
Longueur en kilomètres des fils.	354.434	86.902	22.568	34.640	57.808	62.208
II. *Circuits interurbains.*						
Nombre	2.985	90	65	»	18	502
Longueur en kilom. des lignes.	21.579	7.710	5.260	»	779	»
Longueur en kilomètres des fils.	82.573	16.764	17.224	12.863	2.609	12.936
III. *Stations et postes.*						
Nombre de stations centrales.	911	196	374	78	104	288
Nombre des cabines publiques.	11.963	443	105	93	51	874
Nombre des postes d'abonnés.	200.158	26.664	12.869	14.076	23.686	34.662
IV. *Personnel.* Nombre d'agents.	(*)	1.933	(*)	455	1.490	1.115
V. *Nombre de conversations.*						
Urbaines	490.788.565	100.833.170	26.570.336	30.673.286	102.599.731	16.335.332
Interurbaines	72.339.266	1.302.248	381.278	453.288	789.657	3.634.244
VI. *Recettes* en francs	(*)	7.066.642	2.612.184	3.371.808	5.471.314	4.536.610
VII. *Dépenses* de l'année courante.	(*)	2.368.267	(*)	904.908	2.180.150	5.364.049

Nota. — L'Exploitation téléphonique est faite uniquement par l'État en Allemagne, en Autriche, en Belgique, en Suisse. — En Russie et en Hongrie, elle est faite concurremment par l'État et par des Compagnies privées. Les résultats marqués d'un astérisque ne sont pas connus, les administrations des Postes, Télégraphes et Téléphones étant réunies en une seule en Allemagne et en Hongrie et certains éléments de la statistique étant évalués en bloc.

Nous n'avons pas les renseignements relatifs à la Grande-Bretagne.

Quant à ceux qui sont relatifs aux États-Unis, qui n'ont pas adhéré à la convention internationale, ils ne font pas partie des statistiques publiées par le *Journal de Berne*. Si nous avions ces derniers, ils révéleraient pour la téléphonie américaine un état de progrès bien supérieur à celui de la téléphonie dans le reste du monde.

D'après une statistique anglaise, le nombre des appareils téléphoniques en service serait de :

500.000 environ en Europe,
900.000   —   en Amérique,
100.000   —   dans les autres parties du monde.

On aura une idée du développement que la téléphonie a pris aux États-Unis, en rapprochant des chiffres qui précèdent, les suivants relatifs à l'année 1898.

Les réseaux des compagnies américaines qui exploitent les brevets de l'American Bell telephon Company ont une étendue de 1.007.878 kilomètres de fils, auxquels il faut ajouter 522.737 kilomètres relatifs aux extensions au Canada et dans les autres parties de l'Amérique Britannique. Le nombre de bureaux correspondants est de 1.962 et celui des abonnés de 384.230 !

Organisation du réseau téléphonique de Paris. — Le réseau téléphonique de Paris que nous prenons pour exemple, était primitivement composé de douze bureaux centralisant les communications d'autant de groupes d'abonnés. Les bureaux étaient reliés entre eux par un certain nombre de lignes. Ainsi le poste A et le poste B (fig. 197) étaient reliés par plusieurs lignes telles que AB, deux abonnés rattachés au même bureau tels que a et a' communiquaient entre eux avec le concours du bureau A par les lignes aA, Aa'.

Deux abonnés, rattachés à deux bureaux différents, tels que a et b, communiquaient avec le concours des deux bureaux A et B par les lignes aA, AB, Bb.

Fig. 197. — Principe de l'organisation d'un réseau téléphonique.

Ce système fonctionne encore ainsi, mais la centralisation qui a été faite en 1893 par l'ouverture du bureau de la rue Gutenberg a considérablement diminué le nombre des bureaux de quartier.

Chaque abonné du réseau de Paris est désigné par un nombre formé de 5 chiffres. Le premier à gauche indique le bureau auquel il est relié ; les deux seconds indiquent le groupement par centaines ; les deux derniers donnent le classement de l'abonné dans sa centaine.

Ainsi le poste central Gutenberg ayant le n° 1 et comprenant 6.000 abonnés ou 60 séries de 100, le n° 157.03 montrera immédiatement à la téléphoniste que l'abonné correspondant est relié à ce bureau et qu'il est le troisième de la 57e centaine.

Les employées téléphonistes sont placées dans de longues salles et assises devant une paroi verticale portant une série de panneaux percés de trous numérotés auxquels viennent aboutir les lignes du réseau.

Elles sont groupées, trois par trois, ayant chacune à assurer les correspondances de 80 abonnés, toujours les mêmes, avec l'un quelconque des 6.000 abonnés reliés au bureau. Devant chaque groupe sont placés trois tableaux de 2.000 numéros chacun.

Chacune de ces téléphonistes peut aussi relier l'un de ses 80 abonnés, soit avec l'un des 2.000 du tableau qui est devant elle, soit avec l'un des 2.000 des tableaux de ses deux voisines.

Chacun des 80 numéros du tableau particulier est masqué par un volet qui tombe lorsque l'abonné appelle; un cordon souple est relié à chaque numéro; il porte à son extrémité libre une fiche qu'on introduit dans le trou correspondant au numéro du second abonné avec lequel le premier désire entrer en conversation. La ligne est ainsi continue.

Ces détails donnent une idée de la manière dont se fait le service. Nous passons sous silence les dispositifs qui permettent à la téléphoniste de s'assurer si la conversation est terminée.

Ajoutons qu'au nombre des 6.000 lignes, il y en a 480 qui correspondent aux lignes auxiliaires des autres bureaux et permettent de faire communiquer ensemble deux abonnés de deux bureaux différents.

Nous nous bornons à ces renseignements généraux, et forcément un peu vagues, la description d'un bureau téléphonique demandant une abondance de détails qu'il n'est possible d'aborder qu'avec de longs développements et de nombreuses figures.

Lignes téléphoniques. — Les réseaux des villes de province ainsi que les lignes qui relient les villes entre elles, sont formés de fils aériens supportés par des isolateurs et des poteaux.

Sauf à Paris, où la même raison qui a fait proscrire les lignes de tramways à trolley, interdit les lignes aériennes, un réseau urbain se compose généralement d'une tourelle, placée sur le toit du bureau central, et vers laquelle s'élèvent les fils correspondant à chaque abonné, d'où ils s'étoilent dans toutes les directions.

Le choix des points d'appui appelés à les supporter est une chose délicate et qui ne va pas sans de sérieuses difficultés. Il n'est pas un propriétaire qui n'y réfléchisse à deux fois avant de donner l'autorisation d'établir un potelet sur son toit et, souvent, la deuxième réflexion entraîne le refus.

Il faut donc réduire le nombre des points d'appui pour avoir la chance de tomber sur des propriétaires bénévoles et tolérants. Il n'y a pour cela qu'un moyen : augmenter la portée des lignes en employant des fils ayant la plus grande résistance mécanique possible compatible avec le minimum de conductibilité strictement nécessaire.

C'est ainsi qu'on s'est arrêté à l'emploi de fils, assez fins, de 1 mm. 10 de diamètre qui ont environ 40 p. 100 de la conductibilité du cuivre pur et 75 à 80 kilogrammes de résistance à la rupture par millimètre carré. On peut sans inconvénient les lancer dans l'espace et ne les soutenir que tous les deux ou trois cents mètres, si c'est nécessaire.

Les lignes urbaines sont disposées exactement de la même façon que les lignes télégraphiques, avec cette différence toutefois qu'une ligne télégraphique ne comporte qu'un fil, le retour du courant se faisant par la terre, tandis qu'une ligne téléphonique en comporte souvent deux.

Cette disposition a pour but d'empêcher la production de ce grésillement qui gêne souvent la transmission de la parole sur les lignes téléphoniques et qu'on a qualifié du nom caractéristique de *friture*.

Ce phénomène résulte de la production de faibles courants qui naissent sous l'influence des causes les plus diverses. Parmi les principales sont les variations du magnétisme terrestre, les courants telluriques, les oscillations des fils de ligne dans le champ magnétique de la terre, l'électricité atmosphérique, les changements de température, etc.

Plus la ligne est longue, plus elle est sensible à ces influences multiples.

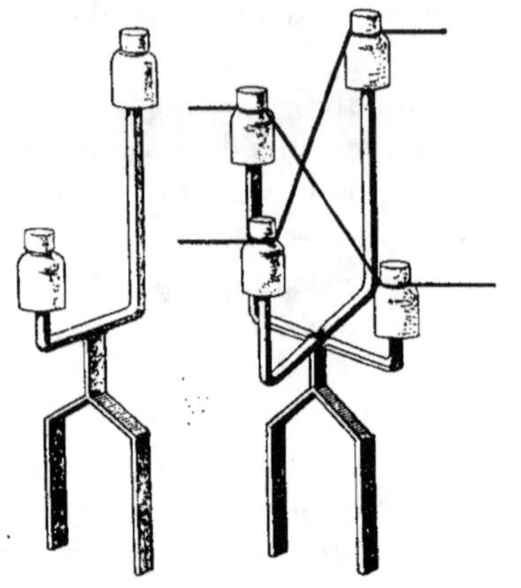

Fig. 198. — Disposition des fils téléphoniques pour combattre l'adduction.

A ces bruits confus, qui gênent la transmission nette des sons, viennent s'en ajouter d'autres qui résultent de l'induction des lignes voisines.

Cet effet d'induction est tel qu'il permet d'entendre, dans une ligne téléphonique, le bruit saccadé d'un appareil Morse transmettant un télégramme dans une ligne distante de 50 mètres. Les lignes de lumière produisent le même phénomène.

Il est heureusement possible de combattre ces effets

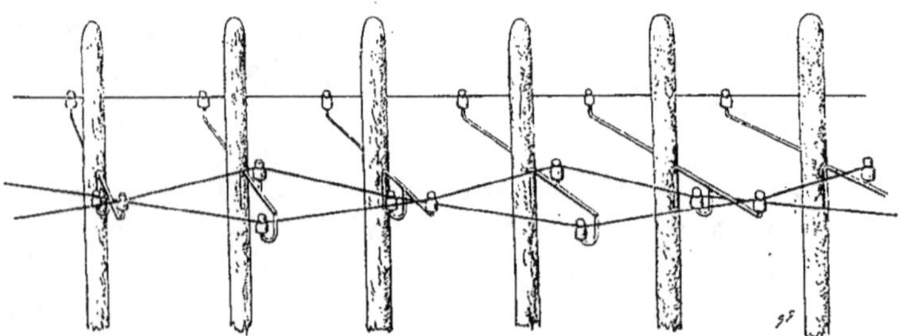

Fig. 199. — Disposition des fils téléphoniques pour combattre l'induction.

en disposant les deux fils de ligne de façon à les neutraliser. Ce principe a été breveté par Bell en 1877, sous cette forme, qu'il faut que leur position relative soit telle que l'action inductive extérieure soit la même sur chacun d'eux.

L'usage de deux fils, malgré la dépense supplémentaire qu'il entraîne, a été jugé indispensable. Le Congrès des électriciens de 1889 l'a recommandé par un vœu émis dans sa séance du 28 août.

Cette disposition est complétée en plaçant les deux fils, d'un poteau à l'autre, de manière que chacun d'eux suive, par rapport à l'autre, une sorte d'hélice. On arrive à ce résultat en plaçant les isolateurs à des hauteurs différentes et en croisant les fils (fig. 198 et 199).

Conducteurs isolés. — Dans les lignes où les fils ne peuvent être aériens, à Paris, par exemple, on se sert de conducteurs isolés.

Ces conducteurs étaient précédemment formés d'un groupe de 14 fils isolés à la gutta-percha et renfermés dans un tube de plomb. Ils avaient l'inconvénient d'être très coûteux, de tenir beaucoup de place, etc.

On les a remplacés par les câbles Patterson dans lesquels chaque fil, d'une grosseur de 1 millimètre, est entouré d'une double bande de papier enroulée en spirale autour de lui. Deux fils, ainsi équipés, sont torsadés

Fig. 200. — Système Fortin-Hermann à plusieurs conducteurs.

ensemble. On réunit 52 groupes de deux fils pour former un ensemble de 104 fils qu'on entoure d'un tube de plomb, obtenu en comprimant, à la presse hydraulique, du plomb fondu qui se moule en gaine autour du câble.

Ces câbles sont placés dans les égouts.

Dans la partie du câble téléphonique Paris-Londres qui va de la Bourse à la gare du Nord, on a employé le système Fortin-Hermann, qui consiste tout simplement

Fig. 201. — Système Fortin-Hermann à un seul conducteur.

en une série de petites perles allongées, en bois paraffiné, dans l'axe desquelles passe le fil (fig. 200 et 201).

Canalisations sous-marines. — Le problème de la téléphonie sous-marine présente des difficultés spéciales qui l'ont limitée jusqu'à présent à deux uniques applications : la ligne Paris-Londres avec 37 kil. 500 de câble immergé, et la ligne Buenos-Ayres-Montevideo avec 45 kilomètres de ligne immergée.

Ces difficultés résultent d'un fait dont on peut se rendre compte par une comparaison empruntée à la mécanique hydraulique.

Imaginez deux récipients pleins d'eau et réunis par un long tube. Si à la surface de l'eau dans l'un des réservoirs, on exerce une pression à l'aide d'un piston, il se produit une onde qui gonfle le caoutchouc et se transmet progressivement jusqu'à l'autre récipient.

Si, au contraire, on donne au piston une série de mouvements rapides en sens contraire, le tube se dilate et se contracte successivement et d'une façon très marquée au voisinage du réservoir, mais ces ondulations s'éteignent rapidement et sont impuissantes à atteindre l'autre extrémité du tube, s'il est assez long.

On peut assimiler à ces deux effets les émissions télégraphiques et téléphoniques. On voit que ces dernières ont une portée limitée. Mais continuons la comparaison et supposons que les deux récipients, au lieu d'être réunis par un seul tube, soient munis l'un et l'autre d'un tube fermé à son extrémité libre, de façon que le plus petit puisse être engagé dans le plus grand, comme le montre le schéma (fig. 202).

Supposons en outre que le petit tube soit formé d'une matière élastique, le tube extérieur d'une matière rigide, les pulsations alternatives rapides imprimées au premier se transmettront au liquide contenu dans le second et se propageront à une distance plus grande.

Ce dispositif, transporté sur le terrain électrique, con-

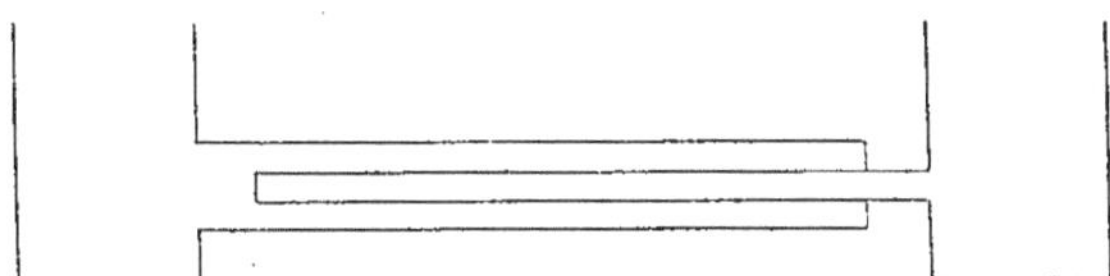

Fig. 202. — Téléphonie sous-marine.

siste à faire usage d'un condensateur linéaire agissant entre deux fils isolés. Il a été breveté par M. Van Rysselberghe en 1881, puis par M. Boxel, et étudiés pécialement par M. Picou (1).

D'autres systèmes ont été imaginés dans le même but. Mais, jusqu'à présent, rien de décisif ne permet d'affirmer que la téléphonie sous-marine pourra bientôt rivaliser avec la télégraphie sous-marine.

La parole ne peut franchir que des distances relativement faibles, et l'on ne peut se flatter que deux personnes arrivent bientôt à causer ensemble de l'un à l'autre rivage de l'Atlantique.

Mais, que le problème finisse par être résolu un jour

____

(1) Voir communication à la Société Internationale des Électriciens, 6 mai 1891.

rapproché ou lointain, on peut raisonnablement n'en pas douter.

Télégraphone. — Nous ne pouvons clore le chapitre de la téléphonie sans consacrer quelques lignes à un merveilleux petit appareil que l'Exposition a révélé : le *télégraphone*, imaginé par M. Valdemar Poulsen, ingénieur des télégraphes danois.

Cet appareil, dont la portée pratique ne peut être mesurée dès à présent, repose sur un principe absolument nouveau.

C'est une sorte de *phonographe* dans lequel le cylindre de cire sur lequel se fait d'ordinaire l'inscription matérielle de la parole est remplacé par un cylindre sur lequel est enroulé, en spirale serrée, un fil de nickel ou d'acier.

Le style qui se déplace devant le cylindre de cire et y grave les vibrations de la voix, est remplacé par un petit électro-aimant animé d'un mouvement analogue.

Si on parle dans un téléphone relié de près ou de loin par une ligne à ce petit électro-aimant, tandis qu'il se déplace devant le cylindre, il se produit dans le fil spiral de celui-ci une inscription magnétique invisible de la parole. Ce phénomène, très mystérieux et très inattendu, paraît résulter de l'action du courant téléphonique sur le magnétisme *remanent* de la spirale d'acier.

Celle-ci, une fois impressionnée, garde son écriture magnétique et peut la traduire en sons articulés lorsqu'on fait marcher l'appareil en sens inverse. La permanence de l'inscription est durable et persiste, pour ainsi dire, indéfiniment.

Par contre, on peut la détruire, avec une extrême facilité, en égalisant le magnétisme des spires. Il suffit, pour cela, de faire passer un faible courant dans le petit électro-aimant, tandis qu'il se déplace devant le cylindre.

L'électro-aimant sert donc à la fois à inscrire la parole et à l'effacer.

Quelles seront les applications pratiques de cet extraordinaire petit instrument? Si l'on ne peut encore répondre à cette question, il est certain, du moins, qu'on peut lui prédire une brillante carrière.

CHAPITRE XIII

Expériences de sir Humphry Davy. — L'arc voltaïque. — Les charbons électriques. — Charbons à mèche. — Charbons métallisés. — Industrie des charbons électriques. — Constantes de l'arc voltaïque. — Lampes. — Principe du fonctionnement des régulateurs ou lampes à arc. — Lampes à arc enfermé. — Jablochkoff. — Grandeur et décadence d'une invention. — La bougie Jablochkoff. — Divisibilité de la lumière. — Autres types de lampes analogues. — Lampe Wilde. — Lampe Jamin. — Lampe soleil. — Lampes à incandescence. — Incandescence à l'air libre. — Lampes à incandescence dans le vide. — Durée des lampes à incandescence. — Perfectionnements et desideratas. — La lampe Nernst.

Expériences de sir Humphry Davy. — L'origine des nombreux systèmes de lampes électriques qui existent aujourd'hui, remonte aux expériences que sir Humphry Davy prépara dès l'année 1800.

Il constata d'abord que le charbon de bois « possède les mêmes propriétés que les corps métalliques relativement à la secousse et à l'étincelle lorsqu'il sert de milieu de communication entre les extrémités de la pile de Volta (1) ». Puis, deux ans plus tard, faisant des

____

(1) Lettre de Davy à Nicholson, octobre 1800.

expériences sur une pile de Cruikshanks, il remarqua que « lorsque, au lieu de métaux, on employait du charbon bien calciné, l'étincelle était plus grande et plus brillante, qu'un commencement évident de combustion était observé, les charbons se maintenant rouges quelque temps après le contact et montrant des points brillants (1) ».

Mais ces observations ne le conduisirent que plus tard à la découverte de *l'arc voltaïque.*

Dans le circuit de la grande pile de 2.000 éléments

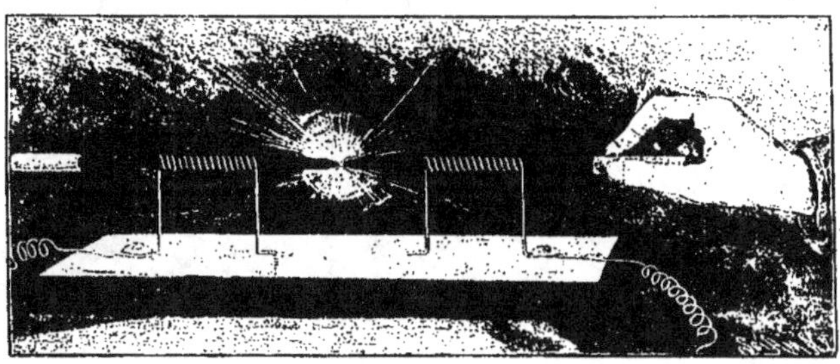

Fig. 203. — Arc voltaïque sans mécanisme.

cuivre-zinc que la Société Royale de Londres avait fait construire en 1806, il eut l'idée d'intercaler deux baguettes de charbon de bois qu'il plaça dans le prolongement l'une de l'autre et en contact par leurs extrémités (fig. 203). Il les vit s'échauffer, et les ayant légèrement éloignées l'une de l'autre il constata la production d'une flamme d'un éclat éblouissant, dont la température était extrèmement élevée et qui formait comme un arc entre elles.

L'arc voltaïque. — Lorsqu'on regarde un arc voltaïque à travers un verre coloré qui en rend l'éclat

---

(1) *Journal of the royal institution,* t. I, 1802.

supportable à l'œil, on voit que les deux pointes de charbon entre lesquelles il se produit sont le siège d'un mouvement qui transporte des gouttelettes de matière fondue du pôle positif au pôle négatif. En même temps, on observe que le premier se creuse en forme de cratère (*a*) et que le second s'use en s'appointant (*b*). L'usure du charbon positif est à peu près double de celle du charbon négatif (fig. 204).

Ce phénomène semble justifier l'hypothèse d'après laquelle le courant électrique aurait un mouvement du pôle positif au pôle négatif.

Le transport des matières du pôle positif au pôle négatif peut, d'ailleurs, se démontrer par une expérience très nette signalée par M. G. Gallice.

Elle consiste à mettre en présence un gros charbon de 15 millimètres de diamètre et un petit charbon de 4 millimètres de diamètre.

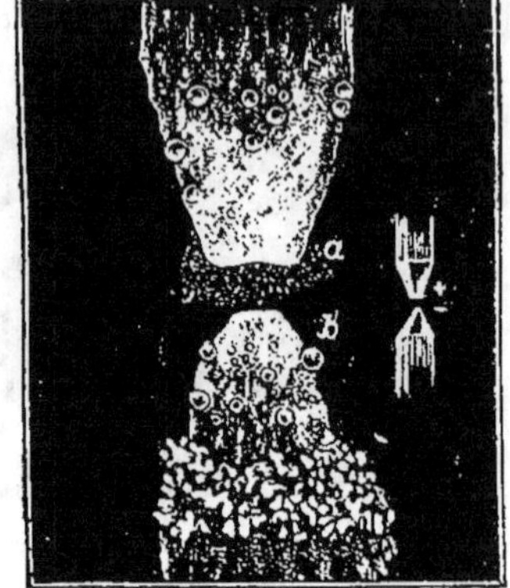

Fig. 204. — Arc voltaïque.

Si on fait passer un courant du petit charbon au gros, ce dernier ne rougit pas à cause de sa masse; l'autre devient incandescent et brûle en s'appointant. On constate, en même temps, un transport de parcelles du petit charbon au gros, sur lequel elles s'accumulent et forment un petit cône de 4 à 6 millimètres de hauteur qui se comporte comme le charbon positif et conserve à peu près ses mêmes dimensions, l'usure étant compensée par le dépôt.

Lorsqu'on emploie des courants alternatifs, chaque charbon devenant tour à tour positif et négatif, l'usure est à peu près la même. Le charbon supérieur s'use un peu plus vite par l'effet du courant d'air chaud qui s'élève.

Dans ce cas, la répartition de lumière est la même tout autour du foyer lumineux. Avec les courants directs, le cratère du charbon positif forme en quelque sorte réflecteur et rabat la lumière.

Les charbons électriques. — Pendant plus de trente années, on en resta à cette expérience rudimentaire, uniquement répétée dans les laboratoires scientifiques. D'une part, on manquait d'un générateur d'électricité assez puissant pour remplacer la pile encombrante et peu maniable dont s'était servi le savant anglais. D'autre part, les baguettes de charbon de bois s'usaient avec une extrême rapidité et une expérience de quelque durée était impossible.

L'invention de la pile de Bunsen, en 1844, fut la première impulsion nouvelle. La seconde, presque simultanée, vint du célèbre Foucault, qui substitua aux baguettes de charbon de bois des crayons prismatiques découpés dans les dépôts compacts qui tapissent l'intérieur des cornues à gaz.

On a employé ces charbons pendant longtemps. Beaucoup plus tard, M. E. Carré, suivi aujourd'hui par un grand nombre d'imitateurs, réussit à fabriquer un charbon comprimé plus pur et plus économique. Ce charbon était composé de coke de pétrole qui ne contient pas de matières siliceuses. Ce coke, finement pulvérisé, transformé en pâte par l'addition de matières adragantes, était étiré en baguettes cylindriques, soumises à plusieurs cuissons successives alternées avec des immersions dans des jus sucrés. On obtenait ainsi des baguettes de grande compacité.

On a simplifié cette fabrication, en en supprimant la

dernière partie, longue et coûteuse. Aujourd'hui, on arrive au même résultat, plus économiquement, par une seule cuisson et par l'emploi de matières premières moins pures mais d'une qualité suffisante (charbon de cornue levigé et mélangé avec d'autres substances).

Ces charbons sont beaucoup moins résistants électriquement que les charbons de cornue.

Charbons à mèche; charbons métallisés. — Certains charbons présentent, dans leur axe, un canal cylindrique qu'on remplit d'une pâte formée de silicate de soude et de charbon.

Ces charbons, dits charbons à *âme* ou à *mèche*, sont exclusivement utilisés au pôle positif lorsqu'il s'agit de courants continus. Ils fixent l'arc et le rendent moins flottant.

On emploie également des charbons *cuivrés* ou *nickelés*, ce qui augmente leur conductibilité.

Industrie des charbons électriques. — Comme toutes celles qui touchent de près aux applications de l'électricité, la fabrication des charbons électriques a fait de grands progrès, au point de vue de la qualité et du prix de revient.

Voici, au point de vue de leur prix, de leur usure et de leur utilisation, quelques renseignements généraux (1) :

-----

(1) D'après la Société anonyme pour la fabrication des charbons à lumière, dont le siège est à Villerupt (Meurthe-et-Moselle).

1° *Charbons homogènes.*		2° *Charbons à mèche.*	
DIAMÈTRE	PRIX au mètre courant	DIAMÈTRE	PRIX au mètre courant
6 millimètres ...	0 15	6 millimètres ...	0 17
7 — ...	0 18	7 — ...	0 20
8 — ...	0 20	8 — ...	0 22
9 — ...	0 23	9 — ...	0 25
10 — ...	0 26	10 — ...	0 28
11 — ...	0 30	11 — ...	0 33
12 — ...	0 34	12 — ...	0 37
13 — ...	0 39	13 — ...	0 42
14 — ...	0 44	14 — ...	0 47
15 — ...	0 50	15 — ...	0 53
16 — ...	0 56	16 — ...	0 59
17 — ...	0 64	17 — ...	0 68
18 — ...	0 73	18 — ...	0 77
19 — ...	0 82	19 — ...	0 86
20 — ...	0 93	20 — ...	0 97

Ces prix ne sont pas absolus ; ils comportent une réduction de 30 à 40 p. 100, sans limitation de quantité suivant la composition des commandes, et de 40 p. 100 à 60 p. 100 suivant leur importance.

Si l'on veut rapporter le prix, non à la longueur mais aux poids des charbons, ceux-ci étant, suivant le diamètre, contenus dans le tableau ci-après :

Poids des charbons au mètre courant.

6 millimètres ..	$0^k 0437$	14 millimètres ..	$0^k 2388$
7 — ..	0,0596	15 — ..	0,2738
8 — ..	0,0780	16 — ..	0,3115
9 — ..	0,0986	17 — ..	0,3529
10 — ..	0,1216	18 — ..	0,3942
11 — ..	0,1473	19 — ..	0,4393
12 — ..	0,1752	20 — ..	0,4867
13 — ..	0,2057		

on voit que le prix brut varie de 3 francs le kilo pour le charbon de 6 millimètres, à 1 fr. 80 pour celui de

20 millimètres, ce qui correspond, avec la remise maxima, aux prix respectifs de 1 fr. 80 et de 0 fr. 75 le kilo.

Constantes de l'arc voltaïque. — A Paris où le courant est généralement livré à la consommation, à la tension de 110 volts, on associe ensemble, en tension, deux régulateurs à 40 ou 45 volts, avec une intensité de 8 à 10 ampères, le surplus de la **tension** étant absorbé par une résistance de stabilité.

D'après un essai du Laboratoire international d'Électricité, une lampe à 39 à 40 volts avec un arc de 4 millimètres environ de longueur, réglée pour une intensité de 10 ampères 5, armée d'un charbon positif à mèche de 15 millimètres et d'un charbon négatif homogène de 12 millimètres, a consommé, en une heure, $16^{cm},65$ du positif et $12^{cm},6$ du négatif.

Avec une longueur initiale de 200 millimètres de charbon (elle est souvent de 250, 300 et 325 millimètres), on voit que l'usure, basée sur la consommation du positif et la conservation d'un bout de 5 centimètres à la fin de l'éclairage, correspond à une durée totale de 10 à 11 heures.

Avec les courants alternatifs, on se contente d'une tension moindre (25 à 35 volts) avec une intensité un peu supérieure : 12 ampères environ. L'emploi des lampes à courants alternatifs est précieux lorsqu'on utilise les courants produits par une transmission à grande distance, en vue d'une transmission d'énergie mécanique. Ils ont l'inconvénient de produire un ronflement souvent assez désagréable. Lorsque la fréquence descend au-dessous de 50, l'arc danse souvent d'une façon fatigante.

On combat ce défaut en employant deux charbons à mèche dans les lampes à courants alternatifs.

Le système de groupement des lampes, par deux en

série, est, aujourd'hui, souvent remplacé par le groupement de trois lampes sous une tension de 110 volts, ce qui est obtenu par l'emploi de dispositifs et de charbons spéciaux.

Ces lampes fonctionnent individuellement sous 35 volts environ.

On arrive ainsi à une meilleure distribution de la lumière, compensée, il est vrai, par une certaine augmentation des frais d'installation.

Lampes. — Pour tirer de l'expérience de Davy le principe pratique d'une lampe électrique, il restait à imaginer un mécanisme automatique rapprochant les crayons de charbon au fur et à mesure de leur combustion, de façon à maintenir constant l'écart de leurs pointes.

C'est Foucault qui réussit, le premier, a construire un appareil *régulateur* de lumière électrique avec lequel Deleuil fit, sur la place de la Concorde, des expériences publiques en 1844 (fig. 205).

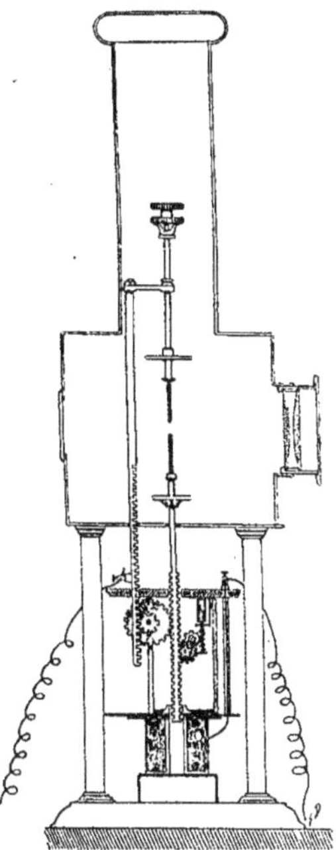

Fig. 205. — Régulateur Foucault.

Depuis cette époque, un très grand nombre d'inventeurs se sont efforcés de réaliser des mécanismes simples, produisant le rapprochement graduel des charbons. Tout ce que la cinématique peut produire de combinaisons ingénieuses a été varié sous des centaines de formes différentes. Les plus anciennes lampes sont celles de Foucault, Serrin, Dubosc, Archereau, Jaspar, etc.

Principes du fonctionnement des régulateurs ou lampes à arc. — Un instant enrayé par l'invention de la bougie Jablochkoff, qui, nous le verrons plus loin, supprimait tout mécanisme, l'emploi des régulateurs a repris un vif élan dans les dernières années.

Il faudrait un gros volume pour les décrire tous. — Nous nous bornerons à rappeler leur classification et les principes généraux de leur fonctionnement.

Les premiers types dont le régulateur Serrin a été le modèle le plus employé, utilisaient, pour le rapprochement des pointes, le poids du charbon supérieur, le charbon inférieur étant fixe.

Le schéma (fig. 206) ci-contre permet de se rendre compte que, si le charbon supérieur est équilibré par un contrepoids en fer descendant dans un solénoïde, lorsque le courant passera, le contrepoids sera attiré et les charbons s'écarteront, l'intensité tendra alors à décroître,

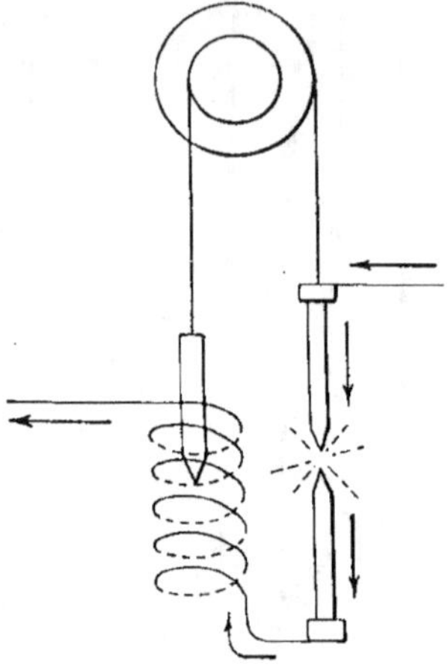

Fig. 206. — Fonctionnement des lampes à arc.

le contrepoids sera moins attiré et la pesanteur rapprochera les pointes.

La constance de l'arc pourra donc être maintenue par un réglage initial dépendant de l'intensité du courant et de la différence entre le poids du charbon et celui de son contrepoids.

Dans une autre classe de ces appareils, le solénoïde qui produit l'attraction du contrepoids est monté en dérivation sur le courant qui alimente les charbons. Le contrepoids tend à produire l'écartement des charbons (fig. 207). Dès que, par l'usure, le courant éprouve plus de résistance à son passage par l'arc, l'intensité augmente dans la dérivation, le noyau est attiré de bas en haut et les charbons se rapprochent.

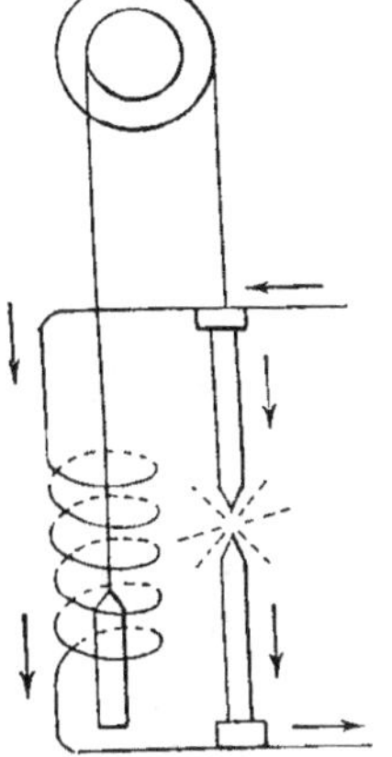

Fig. 207. — Fonctionnement des lampes à arc.

Les régulateurs le plus généralement employés aujourd'hui sont les régulateurs *différentiels* qui présentent une combinaison des deux dispositifs précécédents.

Dans ce système, le poids du crayon supérieur et de son support est équilibré par un contrepoids formé de deux parties SS' (fig. 208) qui s'engagent l'une dans un solénoïde R à fil gros et court, l'autre dans un solénoïde T à fil fin et long.

Le charbon supérieur *g* est porté par un levier *acd* mobile autour du point *d*. Le courant se partage entre les deux solénoïdes.

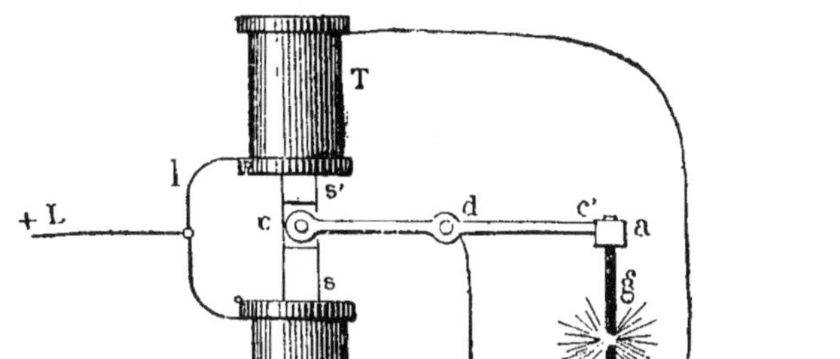

Fig. 208. — Principe des régulateurs différentiels.

Lorsque les charbons s'écartent, le courant diminue dans le solénoïde R et l'attraction du solénoïde T augmente, les charbons tendent alors à se rapprocher.

Nous nous bornons à ces indications de principe qui ont été variées d'une infinité de manières dans les lampes en usage.

Lampes à arc enfermé. — Les lampes dont il vient d'être question brûlent à l'air libre. L'usage des lampes à arc enfermé, très répandu en Amérique, commence à se propager en France (1). Les figures 209 et 210 montrent l'aspect extérieur et le mécanisme intérieur du type de lampe de la General Electric Company construit par la Compagnie française des procédés Thomson-Houston.

Fig. 209. — Lampe à arc enfermé. (Vue extérieure.)

Fig. 210. Lampe à arc enfermé. (Vue intérieure.)

L'arc de ces lampes fonctionne sous une tension à peu près double de celle des lampes ordinaires ; chaque foyer lumineux est indépendant. Cet arc se produit dans un petit globe, de forme allongée, muni d'un

_____

(1) Le principe de l'emploi des arcs enfermés n'est pas nouveau. Divers inventeurs : Staite, Varley, etc., l'ont essayé il y a long-temps déjà ; mais ce n'est qu'en 1894 que MM. Marks et Jandus ont, chacun de leur côté, fait breveter son application aux types de lampes actuelles.

système de fermeture qui livre passage à l'air qu'il contient, lorsque celui-ci est dilaté par la chaleur, mais qui empêche l'air extérieur d'y rentrer aisément.

Le tout est placé dans un second globe muni d'un dispositif analogue.

Les charbons brûlent ainsi dans une atmosphère confinée, appauvrie en oxygène et par suite peu comburante. On obtient, de la sorte, une très grande augmentation dans la durée de combustion des charbons. C'est ainsi qu'un charbon dont 20 centimètres de longueur sont usés en sept à huit heures en moyenne à l'air libre, n'est usé que de 25 centimètres en 100 heures, avec un arc enfermé. C'est un avantage, non seulement au point de vue de l'économie des charbons, mais aussi au point de vue de la main-d'œuvre que nécessite leur remplacement pour la continuité de l'éclairage (1).

Jablochkoff. — *Grandeur et décadence d'une invention.* — Au moment où la bougie Jablochkoff fut inventée, en 1876, on ne connaissait pas encore les régulateurs dits *polyphotes* dont plusieurs peuvent être groupés en série sur un même circuit. On ne se servait que de lampes *monophotes*, dont chacune nécessitait pour elle seule une machine dynamo-électrique tout entière.

C'était la négation de ce qu'on appelle un éclairage.

Jablochkoff fut le premier à réaliser un système d'éclairage électrique par la divisibilité de la lumière.

Paul Jablochkoff, né à Saratof (Russie), y est mort le 19 mars 1894. Officier de génie de l'armée russe, il exerçait en 1875 la direction des lignes télégraphiques de Moscou à Koursk. Venu en France, à cette époque,

---

(1) Consulter sur ces questions la communication faite au nom de M. A. Blondel, au Congrès d'électricité de 1900, sur *les Progrès des Lampes électriques.*

avec la pensée de la traverser seulement et d'aller en Amérique visiter l'Exposition de Philadelphie, Paris le captiva et le retint. Il trouva dans la maison Breguet, alors dirigée par Alfred Niaudet, cette bienveillante hospitalité qu'elle a toujours accordée aux inventeurs de mérite.

C'est là qu'il conçut l'idée d'une lampe électrique nouvelle absolument simple, puisqu'elle ne nécessitait aucun mécanisme.

Fut-il inspiré pour son invention par un brevet anglais de Richard Werdermann qui a été invoqué comme étant une antériorité à son idée?

Il n'est pas un inventeur qui ait échappé à cette loi.

Le brevet Werdermann, qui date de 1874, est relatif à une *méthode perfectionnée pour couper le roc et la pierre et les substances dures, applicable aux tunnels, mines, carrières, à la taille et à l'apprêtage des pierres et à d'autres opérations du même genre.*

Cette méthode consiste dans l'emploi de chalumeaux pour pratiquer les opérations indiquées ci-dessus. Elles peuvent être réalisées aussi, d'après l'inventeur, à l'aide de chalumeaux électriques, les charbons formant l'arc, étant fixés sur un support qui permet de régler convenablement l'écartement de leurs pointes.

Pour maintenir l'arc dans une position fixe, Werdermann proposait l'emploi d'un électro-aimant ou bien d'un fort courant d'air ou de vapeur.

Rien, dans cette patente, ne fait allusion à un procédé d'éclairage, rien n'y parle du parallélisme des charbons ni de l'existence du corps isolant qui force l'arc à se maintenir à leurs pointes.

Rien, en un mot, ne fait pressentir le petit objet simple, je dirai presque élégant, qu'était la bougie électrique.

Jablochkoff fut présenté par un de ses compatriotes,

M. Wyrouboff, rédacteur en chef de la *Revue positiviste*, à M. P. Guichard, depuis conseiller municipal de Paris. Par celui-ci il connut M. Louis Denayrouze, qui lui apporta le concours de la Société des Spécialités Mécaniques dont il était directeur et dont M. Camille Marcilhacy, membre de la Chambre de commerce de Paris, était le président.

Grâce à leur initiative et à leurs efforts, un syndicat d'études fut créé et, au mois d'avril 1878, l'exploitation de la bougie, perfectionnée dans tous ses détails, fut prise en mains par la première grande société française d'électricité : la Société Générale d'Electricité, au capital de 7.500.000 francs.

On se rappelle sans doute les éclairages brillants dont elle couvrit Paris pendant l'Exposition de 1878, et malheureusement aussi les exagérations financières auxquelles elle donna lieu, à un moment où l'argent paraissait n'avoir plus de valeur et l'ardeur de certains financiers plus de retenue. La nouvelle, mystérieusement répandue, d'une grande invention américaine (1), ramena les actions de la Société Jablochkoff à un taux plus raisonnable. Leur chute rapide fut interprétée comme un signe de décadence alors qu'elle n'était que le retour à une situation normale. Mais d'autres inventions s'étaient produites, à côté de la bougie et contre elle, l'éclairage électrique apparaissant à tous les inventeurs comme un moyen sûr et prompt d'arriver à la fortune. Malgré des affaires industrielles considérables, la Société Jablochkoff ne se releva pas de ce coup. Réduite par la nécessité et un sentiment mieux compris des choses, à une exploitation dégagée de toute préoccupation financière, elle continuait le cours de ses opérations, lorsqu'en 1881, au moment où s'ouvrait l'Exposition d'Électricité, on voulut

____

(1) Celle de la lampe à incandescence d'Edison.

lui infuser un sang nouveau et la réunir avec d'autres compagnies électriques en un puissant faisceau qu'un financier, alors heureux, tombé depuis au milieu des ruines, tentait, quelques mois après, de lancer vers la fortune avec un capital de 75 millions et le titre plein de promesses de : *Société générale pour l'utilisation des forces électriques.*

De transformations en transformations, la Société Jablochkoff, déjà épuisée par une longue lutte, accablée de frais généraux résultant des exploitations onéreuses qui lui avaient été imposées, mise de nouveau en liquidation en vue d'une reconstitution nouvelle, allait-elle revivre et donner à ses premiers fondateurs la récompense longtemps attendue de leurs efforts et de leurs sacrifices ?

L'Union générale s'écroulait, peu de jours après, dans le désastre que l'on sait.

La Société Jablochkoff gisait, mourante, exténuée par cette agitation incessante, sans direction, dans une situation grosse de procès menaçants.

Après bien des efforts, on put la reconstituer.

M. H. Fontaine lui donna le concours de sa haute expérience industrielle et, sous le nom de l'*Eclairage électrique*, elle reprit et continue aujourd'hui une carrière qui lui a assuré parmi les sociétés de constructions électriques une place importante et un succès auquel la bougie électrique n'a plus d'ailleurs aujourd'hui qu'une part infime.

Si je me suis attardé, peut-être plus qu'il ne convenait, sur les débuts de cette invention à peu près oubliée aujourd'hui, c'est qu'il est juste de reconnaître qu'elle a donné à l'industrie de l'éclairage électrique une impulsion extraordinaire.

Nous l'avons vu plusieurs fois au cours de cette étude, le métier de précurseur est souvent ingrat. Jablochkoff et ses collaborateurs n'ont pas été heureux, au sens financier du mot. Mais, au prix de sacrifices personnels, ils ont ouvert la voie, si brillamment parcourue depuis. C'est une satisfaction morale pour ceux d'entre eux qui existent encore.

La Bougie Jablochkoff. — Divisibilité de la lumière.

— Le brevet initial de Jablochkoff, suivi de plusieurs brevets d'addition, est du 15 mai 1876. La lampe qui y est décrite ne ressemble en rien à celle qui fut réalisée après de longs mois de recherches et d'expériences. Elle était formée de deux charbons parallèles, de section inégale, pour compenser la différence d'usure que produit l'action du courant direct, placés de part et d'autre d'une bande de kaolin. Un autre dispositif consistait en un tube de charbon, contenant un tube de kaolin et dans celui-ci une baguette de charbon.

Fig. 211. — Bougie Jablochkoff dans son globe.

Ce n'est que plus tard que l'appareil se présenta sous la forme d'une sorte de bougie composée de deux charbons cylindriques, de diamètre égal, séparés par un *colombin* formé d'un mélange de plâtre et de sulfate de baryte.

L'égalité de diamètre des charbons nécessitait l'utilisation de courants alternatifs,

Avec des charbons de 4 millimètres, la bougie fonctionne sous un courant de 8 à 9 ampères et une différence de potentiel de 42 volts aux bornes du chandelier.

Son pouvoir éclairant moyen est d'environ 40 becs Carcel.

La propriété qu'elle manifesta aussitôt, était qu'on pouvait en grouper 4 ou 5 sur un même circuit, en série.

Avec une machine Gramme à 4 circuits, elle permettait la production d'un ensemble de 20 foyers lumineux, c'est-à-dire un véritable éclairage.

La figure 211 représente la bougie Jablochkoff avec son chandelier et son globe.

Autres types de lampes analogues. — Le succès de la bougie Jablochkoff entraîna beaucoup d'inventeurs dans la voie des lampes sans mécanisme. Il en fut imaginé un grand nombre, presque aussitôt éclipsées par le succès de la lampe Edison et les simplifications apportées à la construction des lampes à arc.

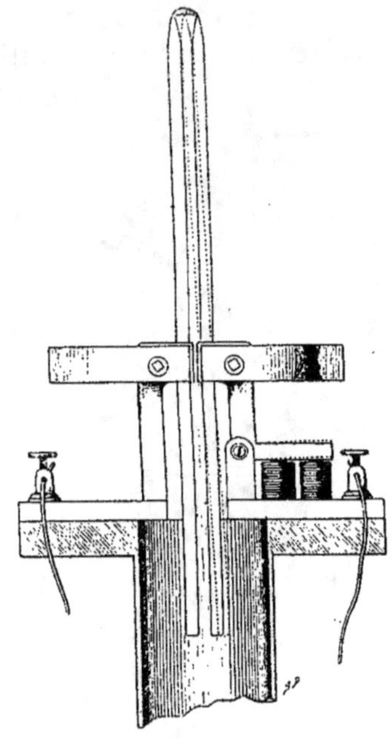

Fig. 212. — Lampe Wilde.

Nous nous bornerons donc à quelques indications sur le principe des plus intéressantes d'entre elles.

Lampe Wilde. — La lampe Wilde (fig. 212) est basée sur cette opinion que, dans la bougie Jablochkoff, l'isolation ne sert à rien et que l'arc peut se maintenir aux extrémités de deux baguettes parallèles isolées seulement par l'air. Cette assertion n'est pas exacte et la flamme de la lampe Wilde est soumise à des fluctuations très marquées.

Ce brûleur porte à sa base un petit électro qui laisse l'extrémité des pointes de charbon se rapprocher lorsque le courant ne passe pas et qui les écarte dès qu'il passe.

Lampe Jamin. —

Elle était fondée sur l'action à distance des courants sur les courants et l'identification de l'arc voltaïque avec un courant (fig. 213).

Elle se composait d'une sorte de brûleur Wilde à rallumage automatique, fonctionnant les pointes en bas, dans un cadre de plusieurs spires de fil très fin dans lesquelles passe

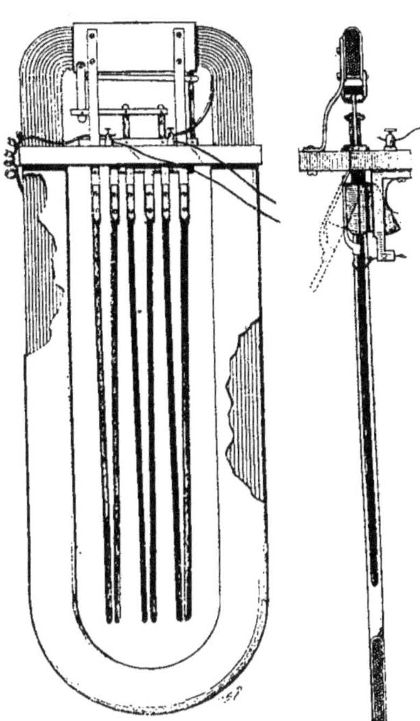

Fig. 213. — Lampe Jamin.
(Vue de face et de profil.)

le courant. L'arc est ainsi maintenu à l'extrémité des charbons par l'action de ce courant.

Lampe Soleil. — La lampe Soleil (fig. 214) est une sorte de lumière Drumont électrique. Comme la bougie Jablochkoff, elle se composait de deux crayons, de direc-

tion légèrement convergente, dont les extrémités pénétraient dans une armature contenant un bloc de matière réfractaire. L'arc, échauffant ce bloc, le rend incandescent et produit une lumière fixe et d'une teinte légèrement dorée.

La lampe est suspendue ; elle éclaire, non autour d'elle, mais de haut en bas, dans un cône dont l'angle, au sommet, peut varier dans certaines limites.

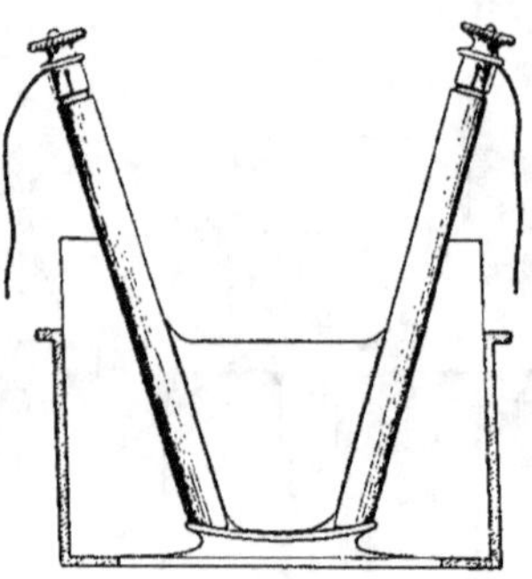

Fig. 214. — Lampe Soleil.

Lampes à incandescence. — Les lampes, dites à incandescence, sont des récepteurs d'énergie électrique qui reposent sur un principe tout à fait différent. Ici, pas d'arc voltaïque. — C'est la résistance opposée au passage du courant qui échauffe un corps médiocrement conducteur et le rend lumineux.

Les lampes fondées sur ce principe ne sont pas nouvelles. En 1841, de Moleyns fit breveter une lampe électrique formée d'un fil de platine rendue incandescente par le passage d'un courant.

Plus tard, fut imaginée la première lampe brûlant dans le vide dont le principe est indiqué dans le brevet de la machine l'Alliance. En 1844, Kohn et Lodyguine, électriciens russes, employèrent aussi, pour la production de la lumière, l'incandescence du charbon, soit à l'air, soit dans le vide.

La première lampe à incandescence dans le vide, rappelant par sa forme les types actuels, est due à de Changy.

Incandescence à l'air libre. — De nos jours (1878), Werdermann et Reynier ont imaginé, chacun de leur côté, des lampes qui sont des dispositions différentes d'un seul et même brûleur par incandescence formé d'une baguette de charbon venant buter contre un petit bloc et dont une partie seulement est introduite dans le circuit. A cet effet, la baguette de charbon, abandonnée à son poids, est serrée, près de son contact avec le butoir, par deux mâchoires amenant le courant. La partie comprise entre le butoir et les mâchoires s'échauffe et devient lumineuse (fig. 215).

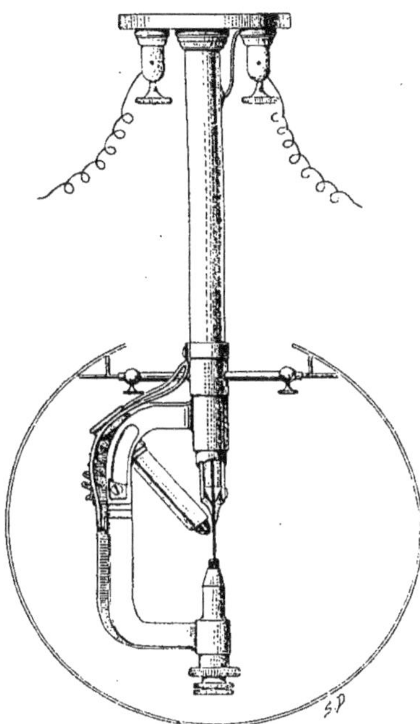

Fig. 215. — Lampe Werdermann.

On obtient ainsi une lumière très fixe, mais le rendement lumineux est notablement inférieur à celui des lampes à arc.

De nombreux dispositifs ont été combinés pour réaliser ce principe.

Dans l'un d'eux, dû à M. Reynier, la baguette verticale vient buter contre la tranche d'un disque de charbon en s'appuyant en un point légèrement écarté de la verticale passant par son centre. Le disque tourne petit à petit et s'use sur sa circonférence.

La résistance de la lampe était de 0 ohms 12; elle

donnait une intensité lumineuse de 12 carcels avec une différence de potentiel aux bornes de 5 volts 4.

Tous ces types de lampes sont aujourd'hui oubliés ; ils ont été évincés par la lampe Edison.

Lampes à incandescence dans le vide. — La lampe Edison date de l'année 1879. Je conserve précieusement, dans mes archives, le numéro du *New-York Herald* du 21 décembre de cette année, qui contient, en sept colonnes d'un texte microscopique, illustré de 10 figures, l'annonce dithyrambique des découvertes électriques du célèbre inventeur américain.

Cette invention eut un grand retentissement aux Etats-Unis. En Europe, où on ne la connut, durant un mois, que par des dépêches ambiguës, elle détermina une baisse importante sur les actions de la Compagnie parisienne du Gaz et de la Société générale d'électricité.

En même temps, des polémiques violentes s'engagèrent.

Un inventeur américain rival, M. Sawyer, contesta la priorité des inventions d'Edison, et, dans le *Sun* du 22 décembre, formula un défi en huit propositions à 100 dollars l'une.

Malgré les critiques de ses ennemis et les exagérations de ses défenseurs, le système Edison a fait son chemin. Grâce à l'esprit de méthode de son auteur, il a été le premier en état de répondre aux exigences multiples d'un service municipal. Tout a été étudié avec le même soin : la lampe, la canalisation, les compteurs.

De nombreuses lampes analogues sont venues disputer à la lampe Edison une partie de son succès. Bornons-nous à citer les lampes Swan, Maxim, etc.

Elles se ramènent aujourd'hui à un type à peu près uniforme fabriqué par diverses maisons. Cette concurrence a eu pour effet d'abaisser le prix de la lampe, qui était de 6 francs en 1886, presque au dixième de sa valeur. Une maison française les offre, en effet, à 0 fr. 64 !

Sous sa forme ordinaire, la lampe à incandescence montre une ampoule pyriforme en verre, enchâssée dans une douille de laiton. Dans cette ampoule, qui est vide d'air, se trouve un filament carbonisé plié en boucle dont les deux extrémités sont fixées dans deux fils de platine qui traversent le verre en se soudant à lui, ce qui empêche la rentrée de l'air.

Les bouts extérieurs de ces fils de platine sont reliés à la douille. Un mécanisme à baïonnette très simple permet de mettre la lampe dans le circuit ou hors du circuit, c'est-à-dire de la rendre lumineuse ou de l'éteindre (fig. 216).

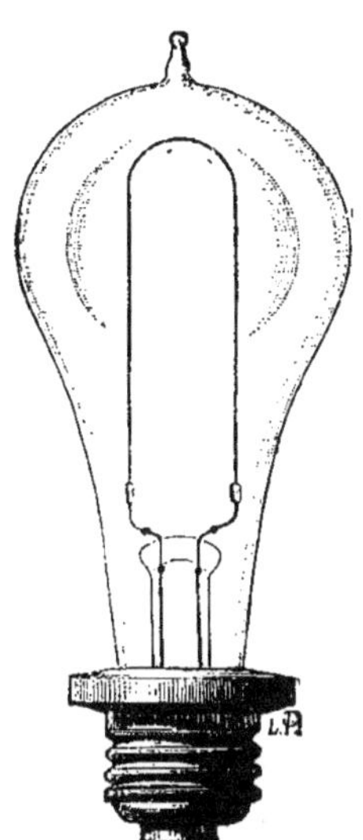

Fig. 216. — Lampe à incandescence Edison.

Durée des lampes à incandescence. — Théoriquement, la durée des lampes à incandescence devrait être indéfinie, puisque le filament est incandescent dans le vide et que, par conséquent, il ne doit pas se consumer.

En pratique, il est loin d'en être ainsi, car le vide n'est pas absolu dans la lampe. Le filament se brûle donc lentement, mais il se brûle, et ce, d'autant plus vite que la lampe est plus *poussée*, c'est-à-dire qu'on lui demande de donner plus de lumière.

Plus elles brillent, moins elles durent ; c'est le sort de la plupart des choses d'ici-bas.

Avec l'âge leur pouvoir éclairant diminue.

L'air rentre petit à petit dans l'ampoule, le filament se consume peu à peu et sa combustion produit une poussière noire qui vient tapisser la paroi intérieure du verre et lui enlever sa transparence. Le filament s'amincit ; son pouvoir lumineux réel baisse et sa lumière décroissante est encore diminuée par l'opacité croissante de son enveloppe.

Un jour, le filament se rompt ; la lampe est inutilisable.

On n'attend généralement pas jusque-là pour la mettre de côté. Lorsqu'une lampe a perdu 20 p. 100 de son pouvoir lumineux, on la met hors de service.

Si l'on admet cette condition, on peut, d'après M. Claude, fixer à la vie des lampes à incandescence les limites qui sont indiquées dans le tableau ci-après.

On remarquera que cette durée diminue rapidement en même temps que l'énergie absorbée par la lampe. La consommation est ordinairement comprise dans les limites de 3 watts et 3 watts 5 par bougie de pouvoir éclairant.

DURÉE des lampes	ÉNERGIE CONSOMMÉE par bougie
1.100 heures avec une consommation de	4,5 watts.
900 — — —	4 —
700 — — —	3,5 —
450 — — —	3 —
300 — — —	2,5 —
200 — — —	2 —
100 — — —	1 —

Le plus habituellement, les lampes électriques sont fabriquées et vendues pour un pouvoir éclairant de 10 et de 16 bougies. Mais on en fabrique également d'intensités inférieures et supérieures à ces chiffres. Elles sont employées généralement sous un potentiel de 100 à

110 volts, quelquefois sous un potentiel de 55 volts, ce qui oblige à les employer par paires en série.

L'intensité du courant sous lequel elles fonctionnent aux débuts, en consommant 3 watts et 3 watts 5 par bougie, est donc d'environ 0 amp. 50 sous un potentiel de 110 volts, pour un modèle de 16 bougies.

Si l'on adopte la consommation moyenne de 3 w. 25 par bougie-heure, on peut établir le tableau ci-après qui fournit le parallèle entre la consommation en gaz et en électricité des divers types usuels de lampes à incandescence.

NOMBRE de bougies	CONSOMMATION de gaz par bec et par heure	CONSOMMATION d'électricité par lampe et par heure
8	120 litres.	26 watts.
10	140 —	32,5 —
12	160 —	39 —
16	200 —	52,16 —
20	250 —	65 —

Perfectionnements et desiderata. — L'extension croissante de l'éclairage électrique par les lampes à incandescence a eu pour conséquence de grands progrès dans leur fabrication.

Ils se sont traduits d'abord par une diminution considérable de leur prix de revient et par conséquent de leur prix de vente.

Leur valeur, au point de vue de la durée et de la quantité d'énergie qu'elles absorbent par rapport à leur puissance lumineuse, s'en est également ressentie.

La fabrication du filament a été, en particulier, l'objet de nombreuses recherches. Il y a quelques années, M. Cruto avait imaginé un procédé tout à fait différent de celui en usage. Il consistait à placer un fil de platine, rendu incandescent par le passage d'un courant, dans une atmosphère riche en hydrocarbures gazeux. La décomposition de ces corps déposait sur le fil une gaine d'épaisseur croissante d'un charbon très dur. En augmentant l'intensité du courant on volatilisait le fil de platine et le filament était formé d'un tube de charbon très dur.

Le docteur Auer, auquel on doit la création du système bien connu d'incandescence par le gaz à l'aide de manchons imprégnés d'osmium et d'oxyde de thorium, a eu l'idée de fabriquer des filaments de ces substances par un procédé analogue à celui de M. Cruto.

Il résulte, d'un brevet qu'il a pris en Hongrie, qu'il obtiendrait un filament d'osmium par le dépôt d'une gaine de ce corps sur un fil de platine, traversé par un courant, dans une atmosphère contenant de la vapeur d'eau, un hydrocarbure gazeux et de l'anhydride osmique (OsO^4).

La même gaine s'obtiendrait aussi par imprégnation de filaments organiques trempés alternativement, et un grand nombre de fois, dans des solutions appropriées, et portés à l'incandescence.

Un autre filament serait formé par un fil de platine définitivement conservé, et entouré d'une enveloppe de thorine (oxyde de thorium) obtenue par la décomposition d'un azotate ou d'un séléniate.

De tels filaments permettraient d'obtenir la bougie avec **2** watts seulement et même un watt et demi.

Rien de précis n'est encore venu confirmer ces espérances. En admettant même qu'elles se réalisent, il faudra savoir à combien reviendra une lampe fabriquée par des procédés lents, délicats, et qui mettent en jeu des matières rares et coûteuses.

L'habileté et la notoriété de l'inventeur commandent néanmoins qu'on lui fasse crédit et qu'on ne juge pas la valeur de son procédé de fabrication sans l'avoir sérieusement expérimenté.

D'autre part on annonce qu'Edison est sur la même voie.

D'une façon générale, la fabrication des filaments, leur jonction aux fils d'arrivée du courant, le vide de la lampe, les montures des lampes, ont été l'objet de perfectionnements incessants.

On s'est préoccupé sérieusement, en particulier, des moyens de limiter l'emploi des fils de platine qui, jusqu'à présent, malgré de nombreux essais, reste le seul métal qui puisse conserver avec le verre une adhérence suffisante pour empêcher la rentrée de l'air dans les ampoules.

Le platine est rare, très cher et demande à être ménagé. D'après M. Blondel (1), il s'en perdrait annuellement, par le fait des vieilles lampes électriques inutilisables, environ 2.500 kilos, représentant une valeur de 6 millions de francs.

On a cherché également le moyen de supprimer l'emploi du plâtre dans le culot des lampes.

M. Hollub a décrit dans le journal *l'Électricien* (2) et communiqué au Congrès international de 1900, un type de lampe à incandescence dans laquelle le culot ou douille, qui sert à fixer la lampe dans son support, est supprimé.

Dans la pensée de l'inventeur, cette lampe, qui se termine par un petit pied en verre présentant deux contacts extérieurs reliés aux deux extrémités du filament, doit être plus économique et plus durable et rendre impossible les courts circuits qui se produisent souvent lorsque le plâtre qui remplit le culot n'est pas suffisamment sec.

La lampe Nernst. — Nous avons rappelé, dans un

____

(1) Communication au Congrès d'électricité de 1900.
(2) Numéro du 9 juillet 1900.

chapitre antérieur (1), l'expérience par laquelle Jablochkoff, utilisait la bobine de Ruhmkorff, pour porter à
l'incandescence la tranche supérieure d'une petite lame
de kaolin sur laquelle le courant était dirigé par un
allumage en charbon.

Dans le même ordre d'idées, le professeur Nernst, de
Gœttingue, a imaginé une lampe à incandescence à l'air
libre qu'on a pu voir fonctionner à l'Exposition de 1900
dans le pavillon de l'Allgemeine Electricitats Gesellschaft de Berlin.

Cette lampe est formée d'une petite tige d'une matière
réfractaire (magnésie mélangée à des terres rares) isolante à froid, mais qui devient conductrice, incandescente et lumineuse, sous l'influence d'un courant électrique, dès qu'elle est légèrement échauffée.

Cet échauffement préalable, faisant allumage, s'obtient
au moyen d'une petite spirale métallique qui entoure la
tige réfractaire et par laquelle passe une dérivation du
courant principal.

Quelques secondes suffisent pour amener la lampe à
l'état d'incandescence convenable pour l'éclairage.

Sous une tension de 110 ou 220 volts, cette lampe
fournirait une carrière de deux cents à trois cents heures
en absorbant seulement 1 watt 6 ou 1 watt 7 par bougie.

Le type actuellement en démonstration a un pouvoir
éclairant de vingt-cinq bougies. Il n'est pas encore dans
le commerce et on ne peut se livrer à aucune évaluation
certaine sur les conditions économiques de ce nouveau
mode d'éclairage. Mais on annonce qu'avant peu de mois,
il sera en exploitation en Allemagne et en France.

------

(1) Voir à ce sujet p. 193 et 194.

CHAPITRE XIV

OUTILLAGE DE L'ÉCLAIRAGE ÉLECTRIQUE

Parties diverses que comporte un éclairage. — Système à foyer unique. — Projecteurs électriques. — Phares. — Divisibilité de la lumière électrique. — Avantages spéciaux de l'éclairage électrique. Comparaison avec le gaz. — Prix de revient de l'éclairage électrique. — Distribution. — Distribution par feeders. — Distribution par plusieurs conducteurs. — Distribution avec accumulateurs. — Distribution avec transformateurs. — Canalisation dans l'intérieur des maisons. — Compteurs. — Compteur Edison. — Compteur Lippmann. —. Compteur Ferranti. — Compteur Aron. — Tableau de distribution. — Echauffement des fils. — Coupe-circuits. — Conducteurs. — Appareillage. — Exemples. — Photométrie. — Etalons de lumière. — Intensité lumineuse des foyers. — Emploi des globes diffusants. — Globes holophanes.

Parties diverses que comporte un éclairage. — La lampe n'est qu'une partie, la plus importante sans doute, d'un système d'éclairage, mais, à elle seule, elle ne le constitue pas.

Qui dit éclairage, entend, par cela même, un ensemble de points lumineux combinés et distribués de façon à donner une répartition uniforme de lumière, rappelant autant que possible celle du jour.

Ce groupement exige, à son tour, des conditions multiples de réalisation : un générateur produisant l'énergie qui se transformera en lumière dans la lampe ; une canalisation qui l'y conduira et la divisera ; un compteur qui en mesurera la consommation ; des appareils de manœuvre et de sécurité pour régler ou supprimer le débit, etc.

Systèmes à foyer unique. — Pendant longtemps, l'éclairage électrique a été un éclairage d'exception comportant un unique foyer alimenté par un seul groupe électrogène, dynamo et moteur. De nombreux chantiers de travaux ont été ainsi illuminés pendant la nuit à l'aide de puissants régulateurs, donnant une grande intensité de lumière et produisant, par cela même, des masses d'ombre profonde.

Ce système n'est plus guère employé aujourd'hui.

Il ne subsiste que dans certains cas particuliers qui n'exigent que le concours d'une seule lampe, de faible intensité dans certains cas (appareils médicaux pour l'exploration des cavités de l'organisme, bijoux électriques de M. G. Trouvé, etc.), de puissante intensité dans d'autres (projecteurs, phares, etc).

Arrêtons-nous quelques instants à ces derniers.

Projecteurs électriques. — Ces appareils ont pris une importance considérable dans le matériel de la guerre terrestre et maritime et, dans l'ordre des choses pacifiques, ils ont rendu de grands services à la navigation, notamment en permettant aux navires de traverser pendant la nuit le canal de Suez.

La durée du voyage à travers l'isthme a été ainsi très notablement diminuée et le débit commercial du canal sensiblement accru.

Le principe des projecteurs consiste dans la réflexion, en un faisceau parallèle, des rayons émis par un point lumineux de grande puissance. Un miroir de forme parabolique, avec une lampe placée à son foyer, remplit cette condition de la façon théorique la plus parfaite.

Mais les miroirs paraboliques sont d'une fabrication difficile et coûteuse et, en France, on emploie un autre système de construction bien plus simple qui donne le même résultat.

Le projecteur du colonel Mangin est basé sur le principe suivant (fig. 217) :

ABA'B' est un miroir dont les deux faces sphériques

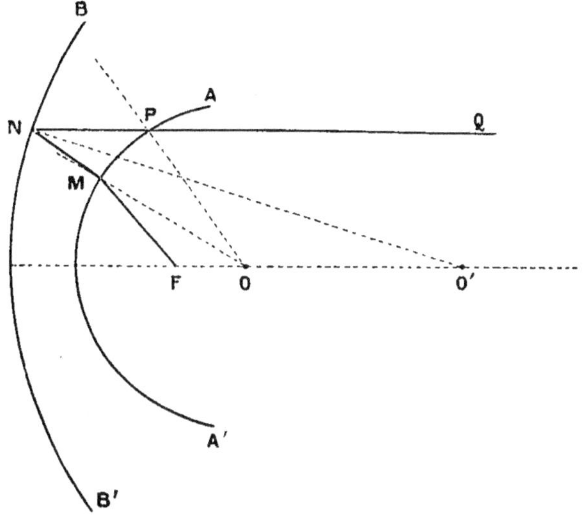

Fig. 217. — Principe du projecteur Mangin.

AA', BB n'ont pas la même courbure. La surface BB' est argentée. Supposons un foyer F émettant des rayons lumineux tels que FM. Ce rayon tombe en M sur la première courbure, se réfracte dans l'épaisseur du miroir, se réfléchit en N et ressort en P suivant la direction PQ.

Il est possible de combiner les courbures interne et externe du miroir et la position du foyer de telle façon que le rayon PQ soit parallèle à l'axe OO', comme dans le cas du miroir parabolique.

La maison Sautter, Harlé et Cie, qui construit les projecteurs du colonel Mangin, en a varié les dimemsions et la puissance suivant le but à atteindre.

La figure 218 représente le type de projecteur de 0^m,30 de diamètre monté sur une fourche qui permet de l'incliner à volonté. C'est le plus petit des modèles en usage en France. D'autres, de 0^m,40, 0^m,60, 0^m,75 et 0^m,90 sont également fabriqués par les mêmes constructeurs et adaptés de façons différentes. Les uns sont montés sur un même chariot avec chaudière, moteur et dynamo, de façon à constituer un tout complet. D'autres sont alimentés par un courant électrique produit à distance. Leur mouvement peut être obtenu soit par une commande mécanique, soit par une commande électrique à distance ; tel est celui représenté par la figure 219, dans laquelle on a rapproché l'appareil du mécanisme qui permet de le manœuvrer. On peut aussi *asser-*

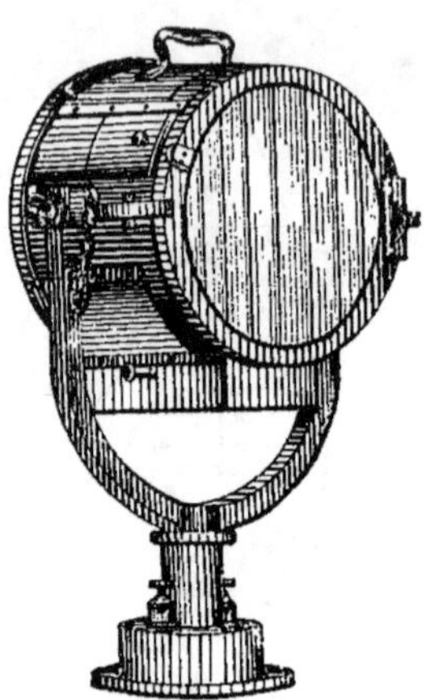

Fig. 218. — Projecteur Mangin de 0^m,30 monté sur fourche.

vir un projecteur à un appareil de visée dont il suit les moindres mouvements. Deux volets d'occultation permettent d'interrompre instantanément le faisceau lumineux et de lancer dans l'espace des jets rythmés, dans le cas où l'appareil doit servir à faire des signaux.

Toutes les grandes puissances militaires ont considérablement augmenté leur matériel de projecteurs électriques pour leurs armées de terre et de mer. A l'heure actuelle, la France possède plus de neuf cents appareils, dépassée seulement par l'Angleterre, qui en a un millier.

Les Phares. — La première application de l'électricité aux phares remonte à l'époque où la machine l'*Alliance* était le seul générateur d'électricité connu. Le phare de la Hève, au Havre, fut et resta longtemps le seul exemple de phare électrique. La machine de

Fig. 219. — Projecteur Mangin de 0^m,75 avec volets d'occultation et commande à distance.

Méritens développa et généralisa ce procédé, qui a été porté à son plus haut degré de perfection par l'administration des Phares de France, sous la direction de son chef, M. Bourdelles.

Le phare d'Eckmül, mis en service à la pointe de Pennmarck le 23 octobre 1897, comporte une puissance motrice de 2 machines de 12 chevaux chacune, mettant en mouvement deux dynamos type Labour à

courants diphasés, ayant sur les machines de Méritens
l'avantage d'un poids cinq fois moindre (une tonne au
lieu de cinq) et d'un prix moitié (8.000 francs au lieu
de 18.000 francs).

Il est du type des phares à éclats instantanés et produit une intensité lumineuse pouvant aller jusqu'à
23.000.000 de bougies.

Divisibilité de la lumière électrique. — Jablo-
chkoff réalisa, le premier, la division de la lumière électrique en plusieurs foyers et, grâce à lui, l'éclairage
électrique, proprement dit, devint possible.

On se rappelle les nombreuses installations qui furent
faites avec la bougie en 1878, aux Magasins du Louvre
et du Printemps, sur la place et l'avenue de l'Opéra et
dans plusieurs établissements industriels.

En poussant plus loin encore cette divisibilité, Edison
l'a rendue presque identique à celle du gaz.

On avait, dès lors, un mode d'organisation générale à
suivre dans ses lignes principales, ce qui a été fait, et a
facilité au public le passage de l'un des modes d'éclairage à l'autre, sans aucun changement dans ses habitudes, par des méthodes d'abonnement qui lui sont
familières, par l'utilisation possible de l'ancien appareillage, lustres, supports, bras, appliques, etc.

Avantages spéciaux de l'éclairage électrique.
— En dehors de la question de prix, sur laquelle nous
reviendrons, dans un paragraphe spécial, la lumière
électrique a dû surtout son succès aux facilités et à la
sécurité que présente son emploi, ainsi qu'à ses propriétés hygiéniques. Ces facilités d'emploi, tout le
monde les connaît. Il suffit de tourner un bouton pour
avoir la lumière sans l'ennui et la perte de temps qui
correspond à l'allumage d'une allumette.

Les dangers de l'éclairage au gaz n'ont été que trop démontrés par les nombreux incendies qui ont réduit en cendres plusieurs théâtres et causé la mort de tant de victimes. Ces sinistres ont eu pour conséquence l'installation obligatoire de l'éclairage par l'électricité dans tous les lieux publics où se réunissent un grand nombre de personnes. Et, en même temps, par cette substitution, le bénéfice d'autres avantages venait s'ajouter à celui d'une sécurité plus grande.

Comparaison avec le gaz. — La combustion du gaz d'éclairage répand dans l'atmosphère des produits irrespirables et, en particulier, de l'acide carbonique. D'après M. Mascart, un bec de gaz de 120 litres absorbe autant d'oxygène que la respiration de quinze personnes. On peut donc dire que chacun des éléments d'un éclairage au gaz vole de l'oxygène à nos poumons. En même temps, le gaz, imparfaitement brûlé, produit des dépôts fuligineux qui ajoutent au degré de viciation de l'air et, en outre, noircissent les objets qui nous entourent.

On a cité maintes fois l'exemple des admirables peintures de Paul Baudry qui ornent le foyer du grand Opéra à Paris. Après quelques années d'éclairage au gaz, elles avaient disparu sous une couche noire. Nettoyées, lorsque l'éclairage électrique a été installé dans le monument, il y a douze ans environ, elles conservent depuis toute leur fraîcheur.

En effet, les lampes à incandescence, qui fonctionnent dans un espace vide d'air, n'empruntent aucun élément à l'atmosphère et ne lui en restituent aucun. Quant aux lampes à arc, la combustion de leurs crayons produit, par heure, environ 150 litres d'acide carbonique en regard d'une puissance lumineuse de 700 bougies (1),

____

(1) Exemple cité au chapitre précédent. — Consommation en

tandis qu'un seul bec de gaz consommant 200 litres de gaz à l'heure et donnant l'intensité lumineuse de 16 bougies, en dégage, en brûlant, 140.

Le même parallèle, favorable à l'électricité, s'établit lorsqu'on compare la chaleur dégagée par les lampes électriques avec celle que produisent les autres modes d'éclairage.

Si on prend comme point de comparaison un bec de gaz papillon n° 8, donnant une intensité lumineuse de 1 carcel 74, soit environ 16 bougies, par la combustion de 200 litres de gaz à l'heure, la chaleur qu'il dégage dans le même temps sera donnée par le produit

$$5.200 \times 0,200 = 1.040 \text{ calories.}$$

5.200 étant le nombre de calories (kilogramme degré) (1) dégagées par la combustion d'un mètre cube de gaz.

Une lampe électrique à arc, consommant 67 grammes de charbon par heure, dégagera dans le même temps

$$8.000 \times 0 \text{ gr. } 067 = 536 \text{ calories kilogramme degré}$$

(8.000 étant le nombre de calories dégagées par 1 kilogramme de charbon) pour un pouvoir éclairant de 700 bougies, soit environ moitié pour une intensité lumineuse 43 fois plus grande.

Quant à la lampe à incandescence de 16 bougies, fonctionnant au régime de 3 watts 25 par bougie, c'est-à-dire en absorbant 52 watts, elle dégagera en une heure une chaleur égale à

$$52 \times 0,86 \ (2) = 44 \text{ calories 72.}$$

---

poids : charbon positif 45 grammes, charbon négatif 22 grammes par heure, ensemble 67 grammes.

(1) Voir pages 107 et 432.

(2) 1 watt-heure = 0,86 calorie.

Ainsi, à intensité lumineuse égale, la chaleur dégagée par les trois modes d'éclairage est dans la proportion des nombres

1 (lampe à arc). 3,7 (lampe à incandescence). 86 (bec de gaz).

Prix de revient de l'éclairage électrique. — Si on compare le prix de revient de l'éclairage électrique avec celui de l'éclairage au gaz, l'avantage est manifestement au premier lorsqu'il s'agit de l'arc voltaïque.

Le fait ressort moins nettement si l'on met en parallèle les becs de gaz et les lampes à incandescence, car, généralement, le consommateur ne fait pas entrer en ligne de compte dans son calcul la quantité de lumière dont il bénéficie. Le plus souvent, il a remplacé, bec pour bec, son installation de gaz par une installation électrique. Par une acclimatation inconsciente de l'œil, qui s'habitue avec une extrême facilité à une quantité de lumière croissante, il oublie, avec une facilité non moins égale, ce qu'il a gagné en lumière.

Or, un bec de gaz papillon, muni d'un bon régulateur, et dépensant 140 litres de gaz à l'heure, donne une intensité lumineuse moyenne d'environ 10 bougies (1).

La dépense correspondante, au prix de 0 fr. 30 le mètre cube, est donc de 0 fr. 042.

Une lampe à incandescence de 10 bougies consomme à l'heure environ 3 watts 25 par bougie, soit au total 32 watts 5 et, au prix de 0 fr. 10 l'hectowatt, 0 fr. 0325. Il faut, il est vrai, ajouter l'amortissement de la lampe, vendue 0 fr. 80 et durant 600 heures environ. De ce chef, il faut ajouter une dépense horaire de 0 fr. 00133.

La lampe à incandescence de 10 bougies coûte donc

---

(1) Voir page 432.

au consommateur 0 fr. 0325 + 0 fr. 00133 = 0 fr. 03383 par heure. Elle est donc un peu meilleur marché que le bec de gaz à puissance éclairante égale. Mais il faut considérer que le plus souvent, on demande des lampes de 16 bougies dont la dépense calculée comme ci-dessus revient à 0 fr. 05216. Son emploi correspond donc à une augmentation de dépense de 30 p. 100 environ pour une augmentation de lumière de 60 p. 100.

La lampe à incandescence est donc, en réalité, à lumière égale, un peu meilleur marché que le bec de gaz ordinaire avec les avantages spéciaux dont nous avons parlé plus haut.

Ce sont ces avantages qui la défendent contre les systèmes d'éclairage nouvellement créés, le bec Auer, l'acétylène.

Avec les lampes à arc, le calcul est très nettement au profit de l'électricité.

Une lampe à arc donnant 700 bougies consomme environ 4 hectowatts par heure, ce qui, à 0 fr. 10 l'hecto-watt, correspond à 0 fr. 40 par heure. Si on ajoute la dépense de charbon (67 grammes par heure au prix moyen de 1 fr. 50 le kilogramme, soit 0 fr. 10), on arrive à un total de 0 fr. 50. La lampe à arc coûte donc autant qu'environ douze becs de gaz en donnant soixante-dix fois plus de lumière.

Nous avons basé ces calculs sur un prix de 0 fr. 10 l'hectowatt-heure.

Ce prix est un peu inférieur à celui qui est généralement porté sur les tarifs d'abonnement des Compagnies des secteurs de Paris. Mais ces tarifs ne sont jamais rigoureusement appliqués à leur maximum et les polices d'abonnements sont assez facilement contractées au prix de 0 fr. 10, qu'on peut considérer (1), pour le

____

(1) Voir chapitre XV.

moment du moins, comme celui qui est applicable aux moyennes installations.

Distribution. — La condition essentielle d'un éclairage, surtout lorsqu'il comprend un grand nombre de lampes desservant des locaux indépendants, ce qui est le cas d'un éclairage de ville, est que ces lampes puissent être allumées ou éteintes à la volonté de leur propriétaire, sans que l'exercice de cette volonté puisse être contrarié ou gêné en quoi que ce soit par les voisins, et réciproquement.

C'est ce qui se passe avec l'éclairage au gaz ; chacun peut, à son gré, allumer et éteindre ses becs sans que le fonctionnement des becs des voisins et même des becs voisins en soit influencé.

C'est la condition qui s'est imposée également dès que l'emploi des lampes à incandescence a commencé à se répandre.

Considérons d'abord le cas d'un éclairage simple. De la dynamo partent deux conducteurs cylindriques identiques, entre lesquels sont branchés les conducteurs secondaires alimentant chacun une lampe. Ce cas est réalisé dans le type représenté par le schéma (fig. 220). Il est clair qu'on peut allumer ou

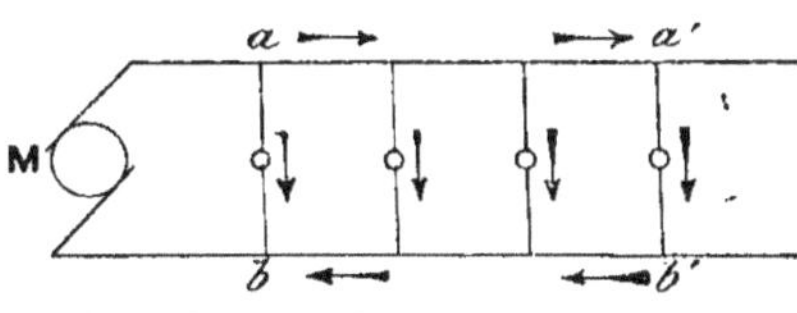

Fig. 220. — Schéma d'un éclairage simple.

éteindre chacune de ces lampes indépendamment des autres, le courant qui cesse de passer dans l'une des dérivations se répartissant dans les autres. Mais cette observation montre que les lampes ne sont pas tout à fait indépendantes ; si l'une d'elles est éteinte, les autres bénéficieront du courant qui l'alimentait et leur intensité individuelle s'accroîtra. Elle décroîtra d'autant lorsqu'on rallumera la lampe éteinte.

En outre, l'influence d'une lampe sur les autres variera avec sa position dans la canalisation.

Même si toutes les dérivations intermédiaires sont identiques (ce qui existe dans le cas théorique envisagé et n'est guère réalisé dans la pratique), il est évident que la distance à laquelle chacune des lampes se trouve de la source fait varier la résistance du circuit dans lequel elle brûle. Ainsi la résistance du circuit MabM est plus petite que celle de circuit M$a'b'$M' ; les deux lampes ne fonctionnent donc pas dans les mêmes conditions ; en outre, plus une lampe est éloignée de l'origine, plus la perte de tension augmente.

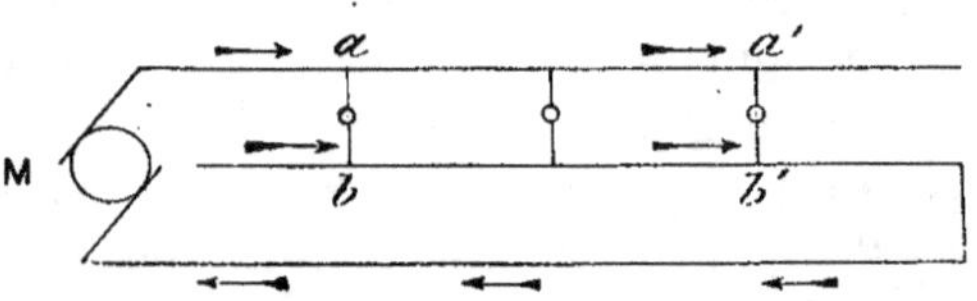

Fig. 221. — Schéma d'une distribution à résistance constante.

Les diverses lampes ne se trouvent donc pas dans des conditions absolument égales et chacune d'elles influe d'une façon différente sur la marche des autres.

Pour rendre égale la résistance des diverses dérivations, on a imaginé le système, dit de la boucle, représenté par le schéma (fig. 221).

Il est clair que la longueur du circuit Mabb'M est égale à celle du circuit M$a'b'$M. Mais cet avantage est racheté par un excès de longueur de canalisation égal à un tiers et, par

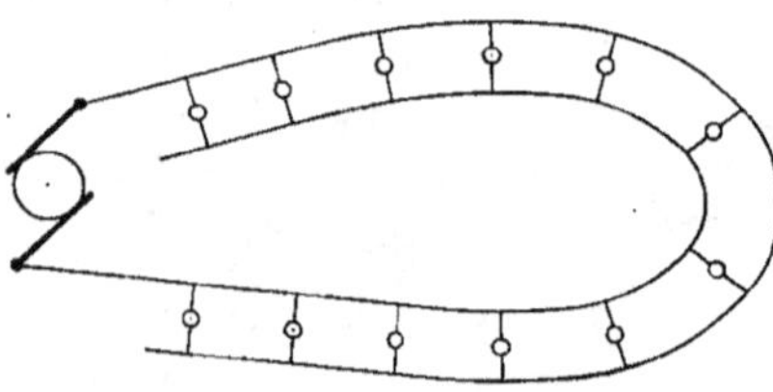

Fig. 222. — Système de distribution à boucle.

conséquent, à une augmentation égale de la dépense.

Il en est de même du cas représenté par la figure 222 mais avec une canalisation doublée.

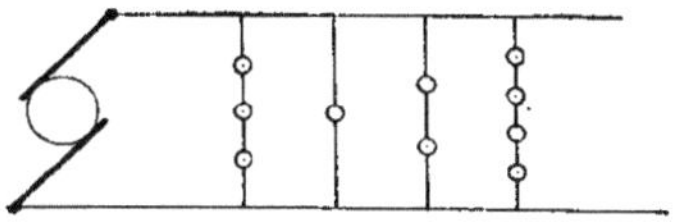

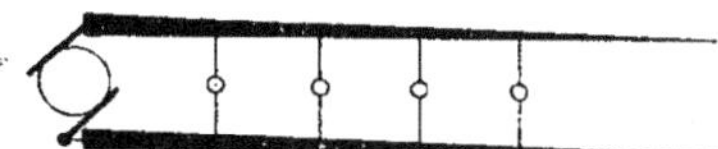

Fig. 223. — Lampes en série.

Nous n'avons supposé qu'une lampe dans chaque dérivation intermédiaire. On peut en disposer plusieurs en série, mais alors, elles s'allument et s'éteignent simultanément (fig. 223). On voit qu'à mesure qu'on s'éloigne de la source, l'intensité du courant qui parcourt les conducteurs principaux diminue successivement de la quantité que lui enlève chaque dérivation.

Fig. 224. — Distribution par câbles coniques parallèles.

Il n'est donc pas logique de conserver à ces conducteurs la même section. Cette observation a donné lieu à l'emploi de câbles coniques (fig. 224).

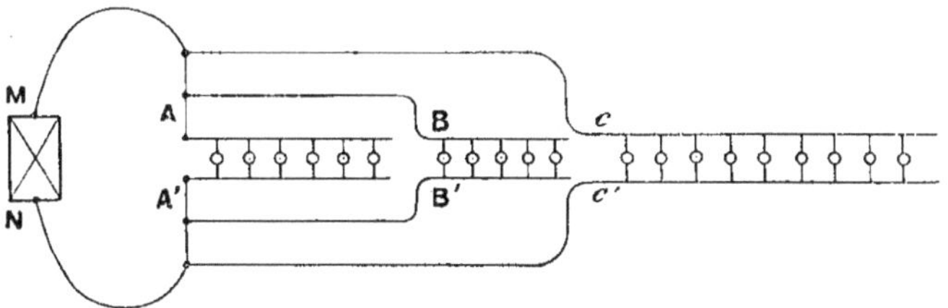

Fig. 225. — Schéma d'une distribution en plusieurs réseaux.

Distribution par feeders. — La zone dans laquelle une usine productrice d'énergie électrique est appelée à la distribuer est souvent si étendue qu'il y a intérêt à créer des centres de distribution alimentés directement de l'usine centrale au moyen de conducteurs-artères qu'on appelle aussi pour cette raison *feeders* (de l'anglais feeder : alimenter).

La figure 225 montre schématiquement comment se fait la distribution à partir de l'usine centrale jusqu'aux centres de distribution successifs AA', BB', CC'.

La section des feeders est calculée de façon à obtenir une différence de potentiel déterminée dans le centre de distribution. On peut constater à l'aide d'un fil, dit fil *pilote*, qui est joint au feeder, si cette condition est réalisée. Ce genre de distribution se fait aussi par le système de circuits concentriques fermés que représente la figure 226 Dans ce cas, l'usine centrale MN envoie des feeders MANA', MBNB', MCNC aux centres de distribution AA', BB', CC' (1).

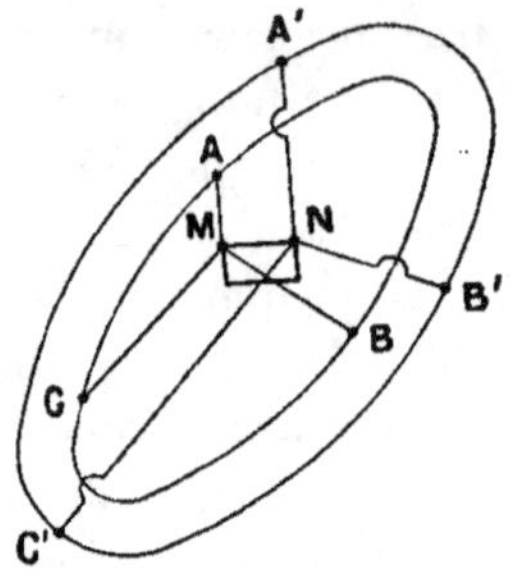

Fig. 226. — Distribution par feeders.

Distribution par plusieurs conducteurs. — Le système dit

à trois conducteurs, dont la figure 227 donne le schéma, a été préconisé par M. Edison en Amérique et par M. Hopkinson en Angleterre.

Voici quel en est le but :

On associe en série deux dynamos D et D' de façon à avoir trois conducteurs AB, *ab*, A'B'.

Si toutes les lampes sont réparties en nombre égal de part et d'autre du conducteur *ab*, et si, en même temps, elles sont identiques et fonctionnent toutes ensemble, il est clair que le conducteur de compensation *ab* sera inerte.

Si D fonctionne seule, c'est le conducteur A'B' qui ne donne passage à aucun courant.

---

(1) Voir pour les calculs relatifs à ces divers cas : *Distribution de l'électricité*, par R. V. Picou. Encyclopédie Leauté.

Par ce système, on réalise une économie notable dans le poids du cuivre servant de conducteur.

On s'en rend compte en comparant la figure 227 avec la figure 228 qui représente les deux dynamos alimen-

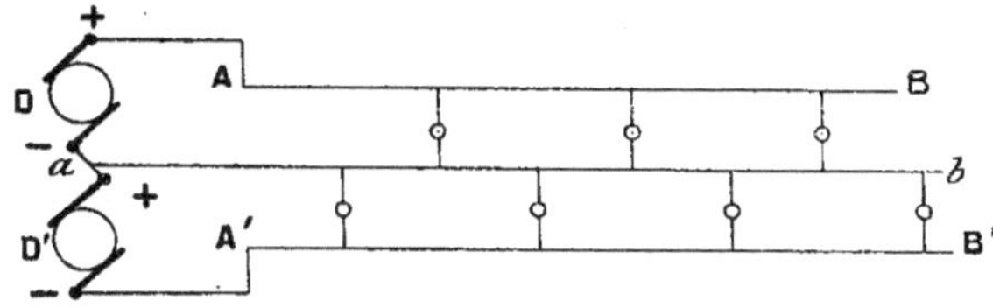

Fig. 227. — Système de distribution par trois conducteurs.

tant deux circuits séparés. On voit qu'on a remplacé quatre conducteurs par trois seulement.

De plus, comme en associant deux dynamos en série on a une tension double, on peut réduire de moitié la section des conducteurs. Le poids du cuivre est donc les 3/8 de ce qu'il aurait été avec deux dynamos séparées.

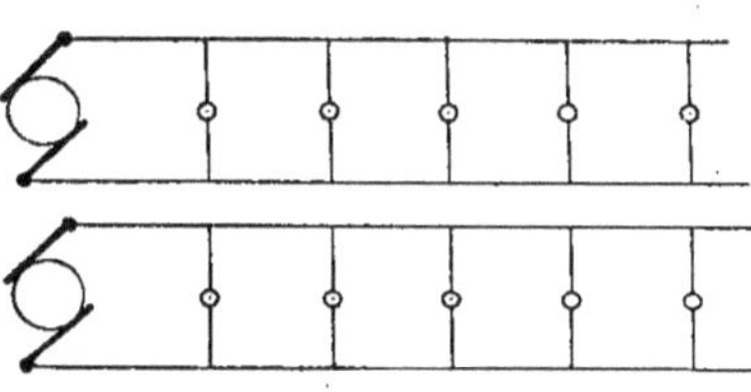

Fig. 228. — Alimentation de deux courants séparés.

D'une façon générale, on peut, avec ce système, associer n dynamos. Au lieu de $2n$ conducteurs, on a 2 conducteurs principaux et n-1 conducteurs de compensation. En outre, en associant les n dynamos en série, on peut employer un poids de cuivre n fois plus petit, l'économie est donc $\dfrac{n+1}{2n^2}$.

Ordinairement on limite à 5 le nombre des conducteurs, ce qui donne une économie de 88/100 du poids du cuivre. Le système de distribution à 5 fils est surtout employé par la maison Siemens et Halske et par les sociétés qui se servent de son type de câbles.

Distribution avec accumulateurs. — Ce système, dont le principe est montré par le schéma 229, comporte un centre de distribution dans lequel se trouve une batterie d'accumulateurs qui se chargent pendant que les lampes ne fonctionnent pas et qui ajoute son

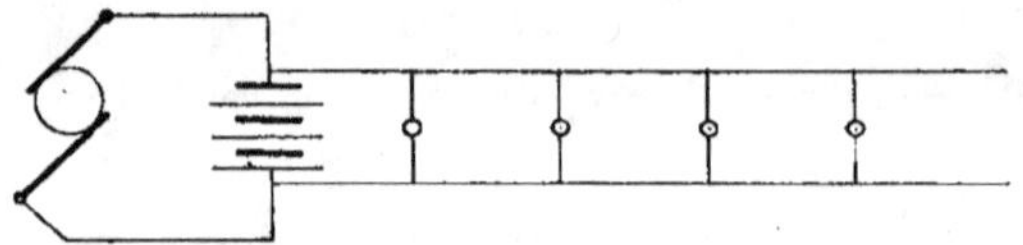

Fig. 229. — Schéma d'une distribution avec accumulateurs.

énergie à celle de l'usine centrale pendant qu'elles fonctionnent.

Distribution par transformateurs. — Nous avons indiqué plus haut le rôle des transformateurs dans les distributions d'énergie électrique.

Nous n'y reviendrons pas.

Canalisation dans l'intérieur des maisons (1). — L'ensemble des lampes formant l'installation particulière d'un abonné, reçoit son électricité par l'intermédiaire d'une canalisation spéciale directement branchée sur la canalisation de l'usine centrale qui fournit l'énergie électrique.

Cette canalisation spéciale dessert souvent tous les

____

(1) Voir à ce sujet les *Instructions générales pour l'exécution des Installations électriques à l'intérieur des maisons*, rédigées par la Chambre syndicale des Industries électriques (1899).

abonnés d'un même immeuble et reçoit le nom de *colonne montante*, par analogie avec celle des canalisations de gaz et d'eau.

Du point de branchement de la canalisation particulière de l'abonné sur la colonne montante, jusqu'aux diverses lampes dont se compose son éclairage, sont groupés un certain nombre d'organes essentiels.

Nous allons en donner la nomenclature en prenant pour types les installations que les Compagnies des Secteurs de Paris alimentent d'énergie électrique, soit pour la production de la lumière, soit pour la production de la force.

Compteurs. — Le premier des appareils qu'on rencontre sur la canalisation, lorsqu'elle pénètre dans le domicile de l'abonné, est celui qui permet de mesurer, à un moment quelconque, si c'est nécessaire, et régulièrement aux échéances fixées par les polices d'abonnement, la consommation d'énergie électrique faite par l'abonné et les sommes qu'il a à payer pour cette consommation.

Les polices sont généralement, à Paris du moins, basées sur un prix payable par hecto-watt-heure. Le compteur doit donc totaliser le nombre d'hecto-watts-heures employés par l'éclairage ou, ce qui revient au même, lorsque le potentiel est constant, la quantité d'électricité consommée.

La mesure de consommation des mètres cubes de gaz et d'eau a rendu le public familier avec la lecture de ces instruments. On s'est ingénié à donner aux compteurs électriques une apparence extérieure similaire aux compteurs d'eau et de gaz. Edison avait même poussé le souci de l'identification si loin que ses premiers compteurs donnaient la consommation d'électricité traduite en pieds cubes de gaz.

Compteur Edison. — Ce compteur est basé sur les décompositions chimiques produites par les courants continus. On sait que la quantité d'électricité qui passe dans un circuit peut être mesurée par le poids de métal qu'elle précipite dans un électrolyte.

Il suffit donc de dériver une fraction déterminée du courant (1/100 ou 1/000) et de lui faire traverser un voltamètre contenant du sulfate de cuivre ou du sulfate de zinc. Il se précipitera un poids de cuivre ou de zinc qui indiquera la quantité d'électricité qui a passé par la dérivation et par suite par le circuit principal.

Il suffira, pour la connaître, de peser les électrodes à chaque vérification.

Le procédé, tel qu'il vient d'être décrit, serait peu pratique. Il le devient, modifié de la manière suivante : les électrodes sont suspendues aux extrémités des fléaux d'une balance. Le dépôt du métal se formant sur l'une d'elles, le fléau s'incline petit à petit et vient bientôt toucher un contact qui inverse le sens du courant et détermine la formation du dépôt sur l'autre électrode, tandis que le premier dépôt se redissout. Il se produit donc une série d'oscillations dont chacune correspond à un certain poids de dépôt, et l'on conçoit qu'il soit facile de produire l'inscription automatique du nombre des oscilla-

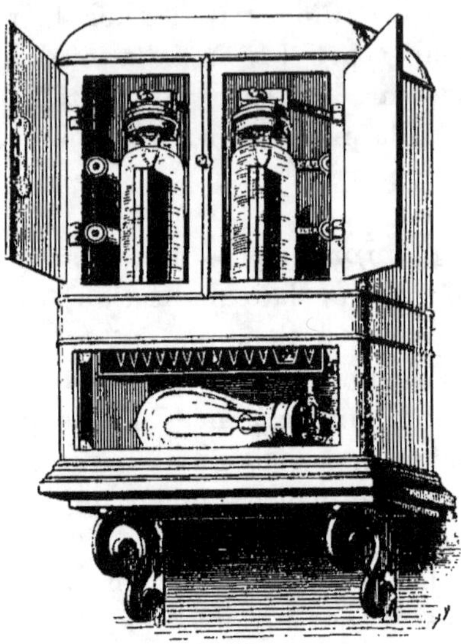

Fig. 250. — Compteur Edison.

tions sur un cadran où il est traduit en *coulombs*. Les électrodes peuvent servir indéfiniment (fig. 230).

Compteur Lippmann. — M. Lippmann a imaginé un compteur qui se recommande par sa simplicité. Voici le principe sur lequel il repose. Concevez un tube en U rempli de mercure et dont la branche horizontale serait placée entre les pôles d'un aimant.

Si le courant électrique est introduit dans cette branche horizontale perpendiculairement à l'axe du tube, la file de molécules de mercure traversée par lui se comportera comme un élément mobile qui se déplacera sous l'influence de l'aimant et produira entre les deux branches verticales une différence de niveaux proportionnelle à l'intensité du courant.

Pour enregistrer la quantité d'électricité, il suffit de déterminer l'écoulement du mercure dans la branche où il s'élève et de mesurer la quantité de mercure écoulée. Elle est, dans certaines limites, proportionnelle à la quantité d'électricité qui a traversé l'appareil. Cette mesure peut se faire, très simplement, à l'aide d'un système à augets qui fait tourner la roue d'un compteur. Le mercure qui s'écoule est ramené dans l'appareil et ressert indéfiniment.

Dans le compteur Lippmann, ce n'est pas une fraction du courant à mesurer, mais ce courant tout entier qui traverse l'appareil. On supprime ainsi une cause d'erreur,

Compteur Ferranti. — Il repose sur un principe analogue. Le courant à mesurer traverse une bobine et magnétise un massif de fer au centre duquel est une certaine quantité de mercure que le courant traverse du centre à la périphérie. Sous l'influence du courant et du champ magnétique, le mercure prend un mouvement de rotation et entraîne une roue à ailettes qui est reliée avec le mécanisme d'un compteur.

Compteur Aron. — Il est tout à fait différent des précédents (fig. 231).

Il se compose de deux balanciers dont l'un dépend d'une horloge ordinaire ; l'autre porte à sa base une masse de fer doux qui vient affleurer, dans ses oscillations, un électro-aimant dans la bobine duquel passe le courant à totaliser. L'électro produit une attraction sur le fer doux du balancier et diminue son oscillation d'une durée d'autant plus grande que l'intensité du courant est elle-même plus grande.

L'horloge retarde donc par rapport à l'horloge étalon, et le retard est fonction de la quantité d'électricité.

Ce système est ingénieux, mais il est facile de le dérégler en se servant d'un aimant puissant.

D'autres systèmes de compteurs sont aussi en usage : le compteur *E. Thomson*, qui peut être utilisé pour les courants continus et les courants

Fig. 231.— Compteur Aron.

alternatifs ; le compteur *Schallenberger* (courants alternatifs) ; le compteur *Frager*, etc.

Les compteurs appartiennent en général aux sociétés d'éclairage.

Ils sont loués aux abonnés moyennant une somme payable mensuellement.

Tableau de distribution. — Les divers appareils de commande et de sûreté d'une même installation sont généralement groupés en un ensemble très apparent, placé dans un endroit bien éclairé, qu'on appelle *le* *tableau de distribution*. Ce tableau est souvent en bois et de préférence en ardoise ou en marbre (1), c'est-à-dire en une matière incombustible. Il doit être isolé des murs ou cloisons sur lesquels il s'appuie, par une couche d'air de huit centimètres au moins.

« Il est toujours désirable que le départ des circuits s'effectue à partir des tableaux, sur lesquels la subdivision est poussée aussi loin que possible. Ces tableaux doivent être écartés des murs et les attaches des fils et câbles placées, autant que possible, sur la face apparente. On doit prendre les précautions nécessaires pour qu'un court circuit n'y puisse pas être produit par le contact d'un objet métallique (2).

A ces tableaux arrivent les circuits principaux, lesquels se dérivent en un certain nombre de circuits secondaires desservant les diverses parties de l'installation.

Coupe-circuits. — Le premier organe qu'on doit rencontrer sur un tableau, au point de départ de chaque circuit, est un petit appareil automatique dit *coupe-circuit*, dont la fonction est d'interrompre le passage du courant lorsque, pour une cause quelconque, l'intensité de celui-ci s'accroît au point de rendre possible l'échauffement des conducteurs, ce qui peut avoir un incendie pour conséquence.

Ce n'est pas seulement au tableau qu'on doit trouver ces appareils. Tout groupe de lampes doit être protégé par un coupe-circuit bipolaire (3); « il en est de même de toute subdivision dans laquelle l'intensité peut atteindre cinq ampères. Ces coupe-circuits doivent être

---

(1) Mieux encore, si c'est possible, en verre, ce qui permet de voir ce qu'il y a derrière.

(2) *Instructions générales de la Chambre syndicale.*

(3) C'est-à-dire interrompant le courant sur les deux conducteurs d'un circuit à la fois.

facilement accessibles et mis à l'abri des matières inflammables (1) ».

Un coupe-circuit se compose essentiellement d'un fil susceptible de se fondre lorsqu'il est traversé par un courant qui l'échauffe au delà d'une température déterminée. On emploie généralement l'alliage composé de 67 p. 100 de plomb et 33 p. 100 d'étain.

L'intensité du courant capable de fondre un fil de diamètre d est donnée par la formule empirique

$$i = kd^{\frac{3}{2}},$$

due à M. Preece, et dans laquelle k est un coefficient variable avec chaque métal. Pour l'alliage fusible plomb et étain, $k = 10.3$. Le plus ordinairement on protège le fil de cuivre par un fil d'alliage de même diamètre.

Les coupe-circuits sont à deux fils, un fil pour chaque conducteur (fig. 232). Ils sont enfermés dans une enveloppe incombustible, en porcelaine par exemple. « Les couvercles métalliques sont formellement interdits ».

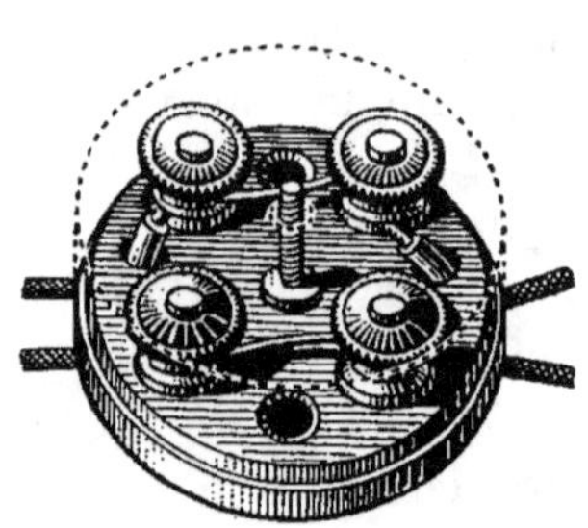

Fig. 232. — Coupe-circuit bi-polaire à fils fusibles.

Il est recommandé d'employer des coupe-circuits marqués d'un chiffre très apparent indiquant le courant normal pour lequel ils sont établis. Leurs fils doivent fondre pour un courant au plus égal *au triple* du courant normal.

Fig. 233. Lame fusible pour coupe-circuit.

Quelquefois, au lieu de fils fusibles, on se sert de lames fusibles (fig. 233) de dimensions

____

(1) *Ibid.*

variables suivant le courant qu'elles doivent laisser passer.

D'autres types de coupe-circuits sont basés sur un autre principe, l'intervention d'une action électro-magnétique, lorsque l'intensité du courant dépasse une limite donnée. Nous n'en parlerons pas, car ils sont moins efficaces que les coupe-circuits en alliage fusible.

Interrupteurs de distribution. — Le tableau comprend ensuite généralement autant d'interrupteurs que de circuits principaux. Ces interrupteurs se manœuvrent à la main et peuvent rompre le circuit, soit sur l'un des conducteurs, soit sur les deux. Ce dernier dispositif est ordinairement préféré.

En outre, un grand nombre d'interrupteurs sont distribués sur la canalisation de manière à pouvoir faire cesser l'éclairage de certaines lampes ou de certains groupes de lampes.

Il existe de nombreux modèles de ces interrupteurs.

Autres appareils. — Enfin, les tableaux comprennent quelquefois, dans le cas des réseaux isolés, c'est-à-dire ne dépendant pas d'une station centrale, un voltmètre donnant la tension du courant, un ampèremètre donnant son intensité, des rhéostats permettant d'introduire des résistances, variables à volonté, dans les circuits, enfin, un parafoudre, lorsque certaines parties de la canalisation sont faites avec des fils aériens.

Conducteurs. — Il va de soi que, dans une installation intérieure, les fils doivent toujours être isolés et apparents. Il est imprudent de les dissimuler derrière des tentures, des rideaux, des tableaux, etc.

L'emploi des fils nus, interdit, en principe, peut être autorisé dans certains cas particuliers. Quelle que soit la nature des locaux, la couverture isolante du fil et la gaine de protection mécanique doivent être imperméables.

L'isolation est obtenue par une ou plusieurs couches de matières non conductrices. Si le caoutchouc vulcanisé est en contact direct avec le fil de cuivre, celui-ci doit être étamé. Les compagnies des secteurs de Paris exigent généralement un double isolement au caoutchouc.

« La couverture isolante doit être assez solide pour résister aux détériorations dues au montage. »

L'usage a prévalu de loger les fils deux à deux, dans

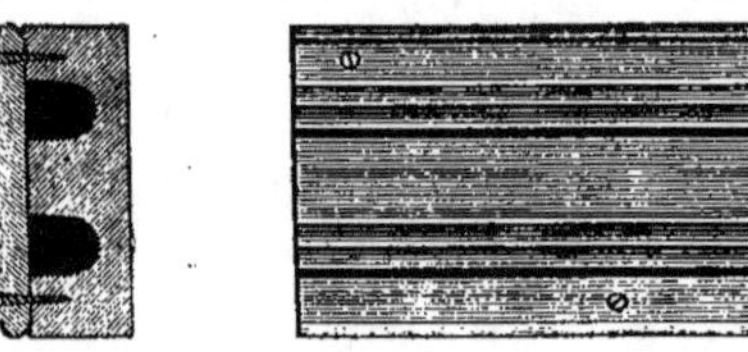

Fig. 234. — Coupe et vue par-dessus d'une moulure.

des baguettes de bois, dites *moulures*, qui présentent longitudinalement deux rainures parallèles dans lesquelles on les étend (fig. 234). On recouvre le tout d'une latte vissée qui isole complètement les conducteurs et, cependant, permet leur vérification si elle est nécessaire. Les moulures, servant de protection mécanique aux conducteurs, ne doivent présenter aucune discontinuité dans les raccords et dans les angles vifs. Les conducteurs n'y sont maintenus que par le couvercle ou la baguette de recouvrement.

Aux croisements des tuyaux de gaz ou d'eau, il est nécessaire d'ajouter sur les conducteurs un supplément d'isolement et de protection mécanique. A la traversée des murs et plafonds, la protection mécanique doit être formée d'un tube en matière dure et incombustible et à bords arrondis. Si ce tube est métallique, il est prudent de recouvrir le fil d'une gaine isolante supplémentaire qui débordera les extrémités du tube. Les tubes en laiton ou cuivre doivent être étamés.

Pose des conducteurs. — Les observations relatives à la pose des conducteurs se résument à peu près à ce que nous en avons dit au sujet des coupe-circuits et du danger pouvant résulter de leur échauffement. Leur pose se fait généralement sous moulures ou dans des fourreaux de cuivre, lorsqu'on leur fait traverser les plafonds. Leur liaison avec les appareils d'éclairage doit être faite avec beaucoup de soin, surtout lorsqu'on utilise un appareillage préexistant et quelquefois appelé à fonctionner encore (lampes et lustres à gaz).

Dans les locaux humides, l'emploi des bois rainés ou moulures n'est pas à recommander. Si les conducteurs sont protégés par un tube de plomb, on peut les fixer directement contre les murs au moyen de petits cavaliers; sinon, il faut les poser sur isolateurs et les tenir à une certaine distance des murs.

D'une façon générale, quand il circule, dans un conducteur, un courant de plus de 10 ampères, il faut placer le fil d'aller et le fil de retour à une certaine distance l'un de l'autre, de façon à éviter qu'il ne puisse se former fortuitement un court circuit.

A la traversée des murs, planchers, cloisons, etc., les conducteurs doivent toujours être protégés.

Le retour par terre ou les masses métalliques, conduites d'eau, de gaz, charpentes, etc., doit être interdit.

Echauffement des fils. — M. Kenelly a étudié les conditions dans lesquelles s'échauffent les fils sous moulures et établi les formules empiriques qui donnent le diamètre des fils en fonction de l'intensité du courant qui doit les traverser et réciproquement, de façon que l'échauffement des fils soit sans danger.

Les secteurs de Paris imposent ordinairement la condition que la section des conducteurs soit telle que la perte de charge entre le coffret de branchement et la lampe la plus éloignée ne dépasse pas 3 p. 100 et, en outre, que le passage accidentel d'un courant d'intensité *double* de la normale ne détermine pas un échauffement supérieur à 40 degrés.

La densité du courant ne doit pas dépasser :

3 ampères par millimètre carré pour des sections de 1 à 5 millimètres carrés ;
2 ampères par millimètre carré pour des sections de 5 à 50 millimètres carrés ;
1 ampère au-dessus de 50 millimètres carrés.

Si on emploie accidentellement des fils nus, les chiffres ci-dessus doivent être doublés.

Les fils de moins de 9/10 sont prohibés.

Malgré ces prescriptions, un fil peut s'échauffer accidentellement. C'est alors qu'intervient le coupe-circuit.

Appareillage. — Les appareils d'éclairage sont variables à l'infini suivant le goût de chacun, la disposition, le luxe plus ou moins grand des locaux. Il n'y a rien

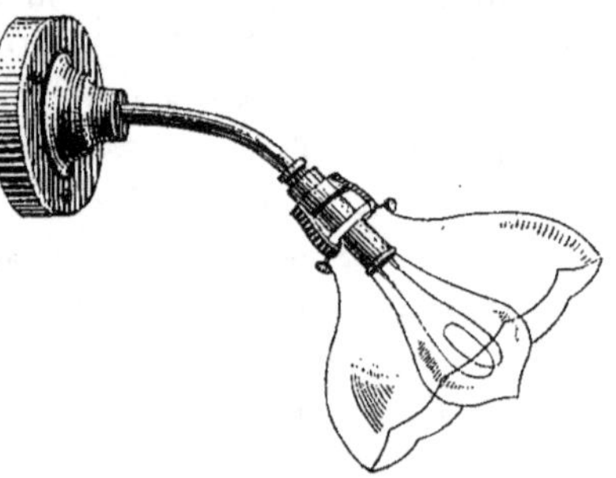

Fig. 235. — Applique avec tulipe.

de particulier à dire à ce sujet. Il faut seulement recommander, lorsqu'il s'agit de lampes à incandescence, que leurs supports, s'ils sont métalliques, soient isolés électriquement des fils et pièces parcourues par le courant.

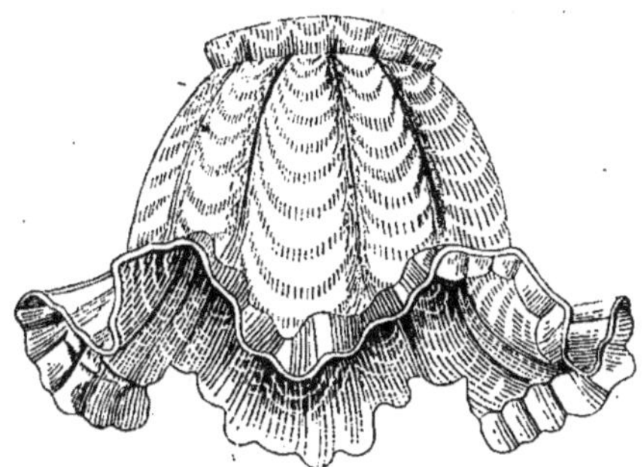

Fig. 236. — Tulipe.

Dans le cas où on utilise des appareils à gaz pour fixer les douilles des lampes, les douilles doivent être isolées elles-mêmes de ces appareils.

Fig. 237. — Lustre à cinq lumières.

D'ailleurs, on ne doit utiliser les appareils à gaz que si les dispositions nécessaires ont été prises pour que le gaz n'ait plus aucun accès dans les conduites qui les desservent.

Quant aux lampes à arc, elles doivent toujours être pourvues d'enveloppes et de cendriers. Les globes doi-

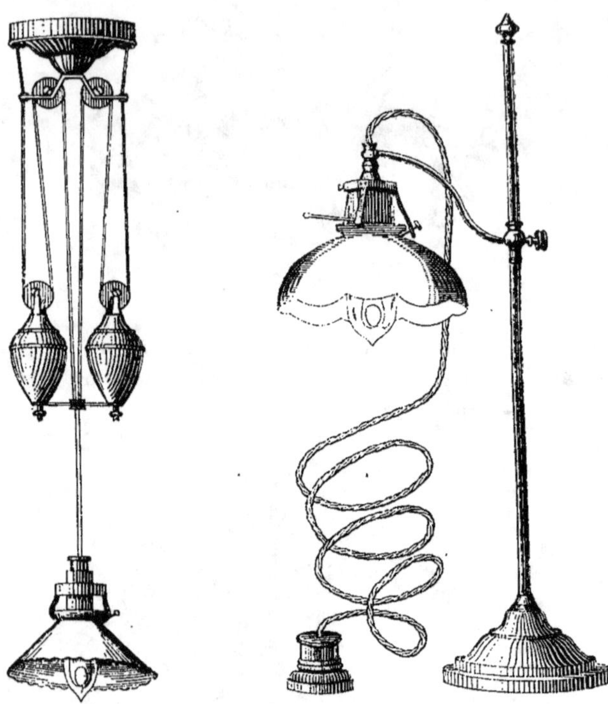

Fig. 238. — Suspension.

Fig. 239. — Lampe mobile simple de bureau.

vent être entourés d'un filet métallique. Les lampes placées à l'intérieur doivent avoir leurs bornes protégées contre la pluie et les chocs. Les rhéostats doivent être montés sur une matière incombustible et non hygrométrique, leurs fils étant calculés de façon à ne pas dépasser la température de 200 degrés en fonctionnement normal.

Exemples. — Nous nous bornerons à donner quelques exemples simples de l'outillage dont nous venons de parler. Nous les empruntons aux albums de la *Compagnie générale d'appareillage électrique, ancien établis-*

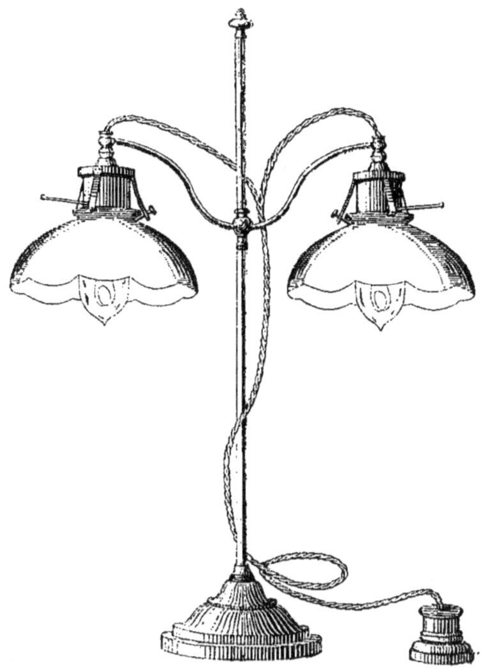

Fig. 240. — Lampe mobile double de bureau.

sement Grivolas, Sage et Grillet, dont le matériel est bien connu et apprécié.

Le mode de suspension des lampes à incandescence et leur groupement est extrêmement variable, depuis la lampe applique (fig. 235) avec support et tulipe plus ou moins riche (fig. 236) jusqu'au lustre élégant que montre la fig. 237.

Les types fig. 239, 240 sont des modèles de bureau aujourd'hui bien connus.

Photométrie. — Tout problème d'éclairage à pour corollaire obligé une étude photométrique.

Nous n'avons pas l'intention d'aborder ce problème. Toutefois, puisqu'il a été question, en divers endroits, de la puissance lumineuse des lampes, il est nécessaire de la preiser en disant à quelles unités elle se rapporte, et comment elle se mesure.

Les méthodes photométriques sont toutes basées sur ce principe que, si une surface est également éclairée par deux sources lumineuses, les intensités de ces deux sources sont en raison directe du carré de leurs distances aux surfaces éclairées.

Ainsi, si une source lumineuse produit le même éclairement qu'une autre source, en étant placée à une distance double, triple ou quadruple, son intensité est quatre, neuf ou seize fois plus grande.

Un grand nombre d'appareils ont été imaginés pour l'exécution précise de ces mesures.

Étalons de lumière (1). — Les différents congrès d'électriciens qui se sont réunis depuis 1881 n'ont pas négligé cette importante question. Celui de 1881 a laissé le soin de l'étudier à fond à une commission qui s'est réunie en 1884.

Sur la proposition et à la suite des expériences de M. Violle, elle a décidé que :

L'unité de chaque lumière simple est la quantité de lumière de même espèce, émise en direction normale par 1 centimètre carré de surface de platine fondu à la tem-

____

(1) Voir la communication présentée par M. J. Violle au Congrès d'électricité de 1900 sur la Photométrie.

pérature de solidification; l'unité pratique de lumière blanche et la quantité de lumière émise normalement par la même surface.

Le Congrès de 1889 a proposé comme étalon pratique la bougie décimale égale à la vingtième partie de l'unité Violle.

Plus récemment, le Congrès d'électricité réuni à Genève, en 1896, se basant sur certaines critiques faites à l'étalon de platine, a décidé que l'unité partique d'intensité lumineuse serait la bougie décimale, cette unité d'intensité pouvant être représenté, pour les besoins de l'industrie, par l'intensité lumineuse horizontale de la lampe Von Hefner Alteneck.

Cette lampe est l'étalon légal en Allemagne. Elle brûle à l'acétate d'amyle et son emploi est réglé suivant des instructions minutieuses. Elle n'est que les $\frac{885}{1.000}$ de la bougie décimale.

En France, les étalons le plus fréquemment employés sont la bougie décimale et la lampe Carcel.

Les conditions qu'exigerait une intensité invariable dans les bougies sont multiples : identité, constante avec lui-même, du corps gras employé, répartition toujours égale autour de la mèche, forme et fabrication identique des mèches, constance de la combustion, absence de tout courant d'air faisant vaciller la flamme.

Les bougies ordinaires contiennent des proportions variables de cire ou de paraffine. Les bougies de spermaceti sont, à leur tour, mélangées de 3 p. 100 environ de cire et de paraffine. Quant aux paraffines du commerce, elles présentent des compositions extrêmement variables, et leur point de fusion varie de 45 à 61 degrés suivant leur mode de fabrication et l'origine des substances dont on les extrait.

Chacun des corps composant les trois types de bougies usuelles est donc un composé à formule variable. De plus, le moulage produit, au refroidissement, des différences de densité, des cavités autour des mèches, etc.

Il n'en faut pas davantage pour expliquer les variations, d'intensité et de durée, des bougies de mêmes dimensions et de même apparence.

La lampe Carcel, qui est l'étalon de lumière le plus employé en France, présente sur les bougies l'avantage d'une constance plus grande.

Employée d'abord comme étalon photométrique par Arago et Fresnel, elle fut adoptée par Dumas et Regnault pour les essais photométriques réglementaires du gaz de la ville de Paris.

L'intensité de la lampe Carcel varie, avec la composition de l'huile, la nature et la hauteur de la mèche, la position de l'étranglement du verre au-dessus du niveau de la mèche, etc.

L'instruction de Dumas et Regnault contient à cet égard des indications très minutieuses. Retenons seulement celle qui est relative à la consommation d'huile, qui doit être de 42 grammes à l'heure.

D'après M. Violle, si on prend pour unité la Carcel par rapport aux autres étalons de lumière, elle vaut :

> 0,481 unités Violle;
> 9,62   bougies décimales;
> 8,91   bougies anglaises Candles;

En France, dans les évaluations sommaires, on établit le parallèle entre 1 Carcel et 10 bougies.

Intensité lumineuse des foyers. — Théoriquement, la lumière émise par un foyer lumineux est la même dans toutes les directions. Tel est le cas d'un point lumineux. Mais les sources usuelles de lumière sont loin d'être des points lumineux, et l'éclat qu'elles répandent autour d'elles est très variable suivant la position qu'on occupe. Les mots : *intensité lumineuse d'un foyer* n'ont donc pas une signification absolue et ne prennent un caractère précis que si on spécifie la direction dans laquelle est faite la mesure.

Supposons une lampe à arc à courants directs, le charbon positif en-dessus. En raison de la superposition des deux

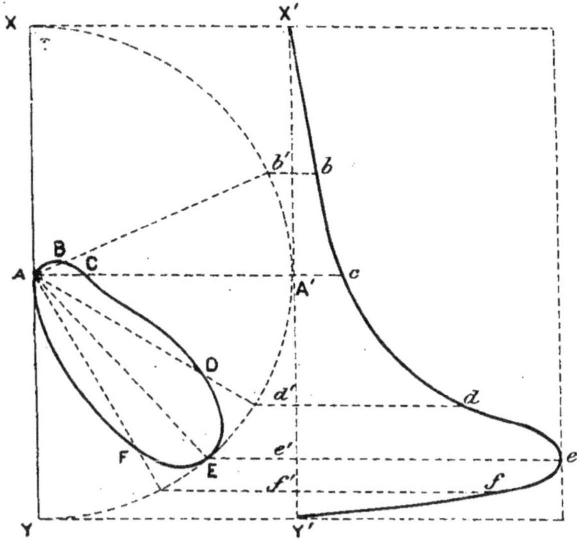

Fig. 241. — Distribution de la lumière autour du point lumineux.

charbons et de leur usure différente, la lumière affecte une répartition très inégale dans les diverses directions. Si, dans un plan vertical, on porte les intensités correspondantes sur les divers rayons, on obtient (fig. 241) une courbe telle que ABCDEF qui, par sa rotation autour de XY, engendre une surface de révolution représentant la distribution de la lumière autour du point lumineux. Si, de l'extrémité des rayons de la circonférence XA'Y, on abaisse des perpendiculaires sur la ligne X′Y′, et si on porte sur ces perpendiculaires les longueurs correspondantes bb'=AB; cA'=AC; etc., on obtient la courbe X′*bcdef*Y′.

Or, on démontre que l'*intensité moyenne sphérique* de la lampe, c'est-à-dire la moyenne de toutes les intensités dans toutes les directions autour du point A est à l'intensité maxima comme la surface de la courbe X′*bcdef*Y′ est à celle du rectangle qui la circonscrit.

De là, un moyen simple de trouver l'intensité moyenne des foyers lumineux.

Dans les lampes à incandescence, l'intensité varie avec la puissance absorbée; elle est sensiblement proportionnelle au cube de la puissance absorbée, à un coefficient près, qui varie avec la nature du filament.

Dans les lampes à arc voltaïque, comme nous l'avons vu dans la figure, la répartition de la lumière est très irrégulière. Suivant M. Rousseau, l'*intensité moyenne sphérique* est sensiblement égale au tiers de l'intensité maxima mesurée à 45 degrés sous l'horizontale.

Emploi de globes diffusants, globes holophanes.

— Les lampes à arc qui brûlent à l'air libre sont soumises à des courants d'air qui en rendent la lumière vacillante et ajoutent par ses variations à la fatigue que leur éclat considérable produit sur les yeux. La pupille se contracte et, par ce fait, l'utilisation par l'œil devient très inférieure à celle qu'elle devrait être. On a été conduit, par suite, à placer les lampes à arc dans des globes opales qui en atténuent l'intensité en la répartissant sur une surface d'assez grand diamètre. Mais ce n'est qu'au prix d'une perte de lumière considérable qui peut, suivant l'épaisseur du verre et son opacité plus ou moins grande, atteindre et même dépasser 50 p. 100. On a donc dépensé, en pure perte, une quantité d'énergie égale à celle qui est réellement utilisée.

Une étude approfondie de cette question s'imposait donc. — Elle a été faite et a abouti à la fabrication des globes dits *holophanes* dont le principe est analogue à celui qui a conduit Fresnel à la construction de l'optique des phares.

Ces globes présentent, tant sur leur surface interne que sur leur surface extérieure des canelures tracées suivant des profils calculés mathématiquement d'après les conditions de la distribution de lumière qu'on a en vue, soit qu'on veuille obtenir une dif-

Fig. 242. — Globes holophanes.

fusion générale, soit qu'on desire diriger la lumière dans certaines directions, la rabattre vers le sol par exemple.

On obtient ces globes, par moulage, sous les formes les plus variées (fig. 242). On en fabrique également qui sont destinés à cacher les ampoules des lampes à incandescence et à en uniformiser la lumière avec moins de perte que celle qui résulte d'un dépolissage du verre. D'une façon absolue, la perte correspondant à l'emploi des globes holophanes n'est que de 10 à 15 p. 100. Leur emploi est évidemment moins utile avec les petits foyers qu'avec les grands

Avec les lampes à incandescence notamment, d'autres dispositifs sont quelquefois préférés. Tel est celui que montrent les figures 243 et 244. Dans ce type de lampe,

Fig. 243. — Glow Lamp.
(Type hémisphérique.)

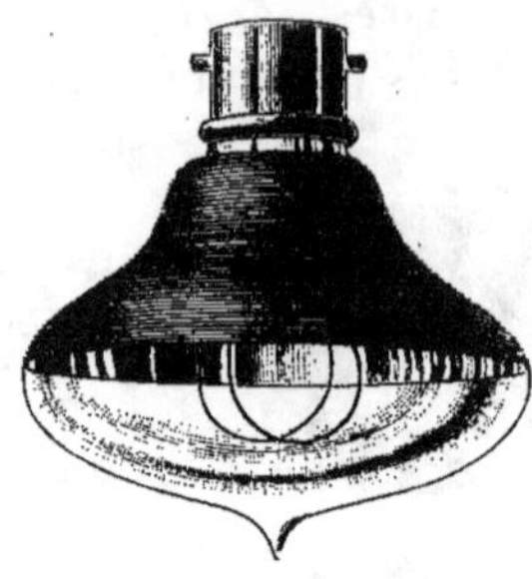

Fig. 244. — Glow Lamp.
(Type parabolique.)

dit *Glow Lamp*, l'ampoule est argentée sur sa partie hémisphérique supérieure qui forme aussi réflecteur. L'un des modèles représentés est hémisphérique ; dans l'autre, la partie réfléchissante est parabolique.

CHAPITRE XV

Débuts de l'Eclairage électrique. — Pendant de longues années, l'éclairage électrique ne s'était manifesté que par quelques expériences isolées, que les inventeurs des nouvelles lampes offraient à la curiosité publique.

Les premières eurent lieu en 1841. Deleuil et Archereau avaient installé, quai Conti, une batterie de cent éléments Bunsen avec laquelle ils firent briller la première lumière électrique, qui, chose curieuse à noter, était produite, dans un ballon vide d'air, entre deux charbons.

Dès que Foucault eut imaginé son régulateur, il le fit

fonctionner sur la place de la Concorde à l'aide d'une batterie d'éléments Bunsen placée dans le soubassement de la statue de Lille.

Deux ans après, son collaborateur, Duboscq, fit la première application de l'éclairage électrique aux effets scéniques. (Opéra, *le Prophète*, 1846.)

D'autres physiciens, Lacassagne et Thiers, également inventeurs d'une lampe électrique, en firent l'essai à Lyon en 1855, puis à Paris en 1856, et dans le port de Toulon en 1857. Serrin, en 1858, éclaira la place du Palais Royal, à Paris.

La création de la machine Gramme donna une première et vive impulsion à cette industrie naissante.

En 1877, le syndicat d'études de la Bougie Jablochkoff lui fit faire un pas décisif, en installant, dans les caves de l'Opéra, un matériel électrique et mécanique avec lequel furent alimentées, d'abord, six lampes devant la façade, puis seize lampes sur les refuges de la place.

L'approche de l'Exposition de 1878 ajoutait à l'intérêt de ces expériences. Le 11 mars de cette même année, le Conseil municipal autorisa la Société générale d'Électricité, qui exploitait les brevets Jablochkoff, à étendre le bel éclairage qu'elle avait inauguré au cœur de Paris.

32 foyers Jablochkoff illuminèrent de leur brillante clarté l'avenue de l'Opéra et 14 la place du Théâtre-Français.

En même temps, favorisant cet appel à toujours plus de lumière, la Compagnie Parisienne du Gaz était autorisée à placer, rue du 4 Septembre, ses nouveaux brûleurs intensifs.

Toujours plus de lumière. — Depuis ces essais, mémorables dans l'Histoire de l'Éclairage, des inventions de toute espèce n'ont cessé de se succéder. Les lampes à incandescence d'abord, puis, stimulés par cette concurrence nouvelle, le gaz avec des nombreux modèles de brûleurs à grand débit, le bec Auer et plus récemment l'acétylène et l'éclairage à l'alcool, sont venus successivement élever le niveau de la quantité minima de lumière nécessaire, sans que ce tournoi paraisse nuire à l'un quelconque des procédés en présence.

Tout éclairage nouveau d'une grande voie fait paraître obscure les rues voisines.

La lumière appelle la lumière.

Quels que soient les mérites des dernières venues, surtout si l'on se place au point de vue de la dépense, l'éclairage électrique conserve toujours l'avantage d'être sain, propre et hygiénique. De là, son succès croissant.

Progrès de l'éclairage électrique aux États-Unis. — C'est surtout dans le pays d'origine de la lampe Edison qu'il a pris son plus grand essor.

A la fin de 1896, il y avait, aux États-Unis, 2.500 stations centrales d'éclairage, 200 installations municipales et 7.500 installations particulières, représentant, dans leur ensemble, un capital de 2 milliards et demi de francs.

Le nombre de régulateurs en service était d'environ 500.000. Celui des lampes à incandescence n'est pas indiqué dans le travail auquel nous empruntons ces chiffres (1). Mais la fabrication nécessaire pour répondre aux besoins de la consommation était de 50.000 à 75.000 lampes par jour.

Il existe, à Boston, un conseil des commissaires du gaz et de l'électricité, qui est chargé du contrôle de toutes les entreprises de distribution de lumière et de force dans l'État de Massasuchetts.

---

(1) *Mémoires de la Société des Ingénieurs civils*, septembre 1897, p. 400.

D'après le dernier rapport de ce Conseil (1), le développement de l'éclairage électrique par lampes à incandescence et par régulateurs est donné par les chiffres du tableau ci-après :

	NOMBRE de lampes à incandescence	NOMBRE de régulateurs
Au 30 juin 1888	54.155	8.713
— 1889	83.755	11.529
— 1890	143.450	14.650
— 1891	190.636	15.338
— 1892	217.036	18.512
— 1893	293.576	19.391
— 1894	318.526	21.308
— 1895	345.536	22.580
— 1896	418.286	23.906

Ces chiffres correspondent à une augmentation moyenne annuelle de 45.516 lampes à incandescence et de 1.899 régulateurs. Il s'agit principalement de lampes de 16 bougies qui, dans le dernier exercice visé, représentaient 99 p. 100 du nombre des lampes employées et de régulateurs de 1.200 et 2.000 bougies normales, à peu près par moitié.

Le prix moyen de vente de l'hectowatt variait entre 2 cents 8 (0 fr. 14) et 1 cent (0 fr.05) pour les lampes à incandescence employées pour l'éclairage particulier.

Pour l'éclairage public, par régulateurs, le prix moyen, plus difficile à établir à cause de la variété des conditions d'emploi, paraît être de 0 fr. 033.

M. Delahaye évalue le prix du mètre cube de gaz, dans le même État et dans le même exercice, à 0 fr. 1324.

Depuis cette époque, les chiffres de 0 fr. 033 et 0 fr.1324 n'ont pas dû changer sensiblement. Quant aux chiffres du

____

(1) Discours de M. Ph. Delahaye, président du Congrès de 1897 de la Société technique de l'industrie du gaz en France.

tableau statistique ci-dessus, ils ont suivi une progression importante et sont devenus successivement :

	NOMBRE DES LAMPES à incandescence		NOMBRE de régulateurs
	de 16 bougies	autres	
1897.	464.450	3.836	25.472
1898.	500.500	2.236	28.250
1899.	668.456	2.236	31.396

Progrès de l'éclairage électrique en Allemagne.

— L'Allemagne paraît être, après l'Amérique, le pays du monde où l'éclairage électrique s'est le plus developpé.

A elle seule, sous l'impulsion de la puissante « Allgemeine Electricitäts Gesellschaft » (Société Générale d'Électricité), la ville de Berlin possède six usines centrales, avec près de 45.000 chevaux de puissance et un réseau qui atteignait 1.790 kilomètres à la fin de 1899.

Depuis dix ans, l'énergie totale distribuée n'a fait que s'accroître. De 2.802.731 kilowatts-heure annuels, consommés en 1890, elle est passée à 28.553.282 en 1899.

Elle a donc décuplé et on peut prévoir qu'elle est appelée à augmenter énormément dans un avenir prochain, car le chiffre de 1899 est en plus value de 55 p. 100 sur celui de l'année précédente.

En 1899, le nombre de lampes à arcs desservies était de 11.500 environ; celui des lampes à incandescence de 275.000; celui des moteurs de 6.300.

Le prix peu élevé auquel peut être livré l'hectowatt (0 fr. 075, avec des rabais de 5 à 50 p. 100, suivant la consommation, pour la lumière, 0 fr. 02 pour la force motrice, 0 fr. 015 pour les tramways) paraît avoir grandement contribué à cette prospérité.

Il ne faut pas se hâter d'en tirer une conclusion défavorable à nos sociétés parisiennes qui n'ont qu'une *per-*

mission de 18 années, alors que l'éclairage de Berlin est fait en vertu d'un monopole de trente ans qui ne se termine qu'en 1915.

Progrès de l'éclairage électrique en France. — En France, c'est par les petites villes des pays de montatagnes et principalement du Dauphiné et de la Savoie qu'a commencé ce mouvement de progrès.

Aussi bien, se trouvaient-elles, pour la plupart, dans une situation favorable à l'éclosion et au développement rapide de l'éclairage électrique. Jusqu'alors, aucun éclairage la nuit, hors le temps de la pleine lune. Pas de contrats avec une Compagnie du Gaz jalouse de son monopole et le défendant contre tout intrus. De plus, une région accidentée avec des torrents offrant une force motrice naturelle facile à capter et utilisable sans grands frais.

Cet ensemble de conditions à fait naître, dans un certain nombre de bourgades ignorées, un progrès que beaucoup de grandes villes ont eu peine à suivre. Cependant l'élan a été donné et, déjà, au 1er janvier 1897 il existait dans notre pays 364 stations centrales dont :

275 alimentées par le courant continu.
 74   —   —   alternatif.
  3   —   par les courants triphasés.
 11   —   —   continu et alternatif.
  1   —   —   continu et triphasés.

Si nous avions des renseignements statistiques postérieurs à cette date, déjà lointaine, ils ne manqueraient certainement pas d'accuser des résultats très supérieurs à ceux que nous venons d'indiquer.

L'éclairage électrique à Paris (1). — A Paris, depuis 1878, la question de l'éclairage électrique avait

---

(1) Une partie des renseignements qui suivent sont empruntés à

marché à grands pas. Un certain nombre de Sociétés électriques avaient obtenu des autorisations d'éclairage de voies publiques. De petites stations centrales avaient été créées. Le Conseil municipal avait lui-même installé, dans les sous-sols de l'Hôtel de Ville, une usine de force motrice de 400 chevaux, alimentant 4.000 lampes à incandescence de 10 bougies pour l'éclairage du monument.

L'incendie de l'Opéra-Comique en 1887, stimulait l'opinion publique et entraînait aussitôt le principe de l'éclairage électrique de tous les théâtres. Enfin l'Exposition de 1889 était proche.

C'est sous la pression de ces diverses circonstances, que le Conseil municipal se résolut à réglementer la situation de l'éclairage électrique à Paris. Il en divisa l'étendue par une série de rayons dirigés du centre à la circonférence et formant plusieurs *secteurs* dont l'exploitation fut confiée à autant de *permissionnaires* pour une durée de dix-huit années.

On eut grand soin de ne pas accorder de concession ni de monopole proprement dit, pour réserver, dans l'avenir et dans le présent même, les droits de la Ville.

C'est dans ces conditions qu'un cahier des charges fut approuvé le 25 février 1889 et que six sociétés ont obtenu successivement l'autorisation d'établir, dans le sous-sol des voies publiques, des canalisations propres à l'installation des câbles destinés à l'éclairage électrique.

Ces sociétés sont :

1.º La Compagnie continentale Edison, au capital de 10 millions de francs;

----

l'intéressant rapport fait par M. Ch. Bos, au Conseil municipal de Paris, au travail publié par M. Laffargue dans le journal l'*Industrie Électrique* (nº du 10 mai 1900) et aux indications qui m'ont été obligeamment fournies par les Compagnies des secteurs.

2° La Société d'Eclairage et de force par l'électricité, au
    capital de 10 millions de francs ;
3° La Compagnie parisienne de l'air comprimé, au capital de
    20 millions de francs ;

qui furent créées immédiatement.

Plus tard vinrent :

4° En 1890, la Compagnie du secteur de la place Clichy, au
    capital de 4 millions de francs ;
5° En 1893, la Société du secteur des Champs-Élysées, au
    capital de 2 millions de francs, porté depuis à 6 mil-
    lions.
6° En 1896, la Compagnie électrique du secteur de la Rive
    Gauche de Paris, au capital de 4 millions de francs.

La durée de la permission (dix-huit années) a été
déterminée de telle façon que la Ville de Paris pût être
libérée, à peu près à la même époque, de tout engage-
ment au sujet de l'éclairage, le monopole de la Compagnie parisienne du gaz prenant fin en 1906.

L'éclairage électrique public et particulier se trouve
donc assuré à Paris par les six Compagnies de secteurs,
par un certain nombre d'installations appartenant à la
ville et par des installations privées.

Nous allons les passer rapidement en revue.

Compagnie continentale Edison. — Cette Société
est la plus ancienne. Elle possède quatre usines reliées
entre elles et pouvant se prêter un mutuel concours,
savoir :

Une usine située rue du Faubourg-Montmartre et
qu'elle acheta à MM. Clerc, Mildé et Cie ;

Une usine qu'elle a construite avenue Trudaine ;

Une usine installée en 1888 dans la cour d'honneur
du Palais-Royal pour l'éclairage de cette promenade et
des théâtres voisins.

Enfin, elle vient d'établir à Saint-Denis une usine de 2.000 kilowatts pouvant être ultérieurement, suivant les besoins, portée à 20.000 kilowatts.

En outre, une station d'accumulateurs se trouve rue Saint-Georges et une autre rue Montmartre, près les Boulevards.

La canalisation de ce réseau est à basse tension à trois fils et 200 volts. Elle est formée de câbles nus placés sur des isolateurs en porcelaine dans des caniveaux en béton, ventilés artificiellement pour combattre l'humidité.

La longueur de cette canalisation est de 50 kilomètres.

Les quatre usines représentent une puissance de 5.300 kilowatts, celle des stations d'accumulateurs 640 kilowatts, soit en tout 5.940 kilowatts ou

$$5.940 \times 1{,}36 = 8.078{,}40 \text{ chevaux-vapeur.}$$

Société d'éclairage et de force par l'électricité. — Une usine avait été installée rue de Bondy pour l'éclairage des théâtres de la Renaissance, de la Porte-Saint-Martin, de l'Ambigu et des Folies-Dramatiques.

C'est l'exploitation de cette usine qui a été le point de départ de la Société d'éclairage et de force.

Depuis, elle a créé à Saint-Ouen un centre puissant de production d'énergie électrique à 2.800 volts, courant continu, alimentant par des lignes aériennes, placées le long du chemin de fer du Nord, des usines réceptrices situées à Paris, boulevard Barbès et rue du Faubourg-Saint-Denis, où le courant est abaissé à 110 volts.

Elle possède aussi trois autres stations, quai de la Loire, rue des Filles-Dieu, et aux abattoirs de la Villette et a complété celle du faubourg Saint-Denis par une installation de moteurs.

Chacune des usines de Paris est munie d'accumulateurs.

L'usine de Saint-Ouen a été agrandie et munie de dynamos à courants alternatifs diphasés, transformés en courant continu à 110 volts dans des usines réceptrices, situées faubourg St-Denis et boulevard Barbès.

La canalisation est analogue à celle de la Compagnie Edison. La distribution est à deux fils alimentés par des feeders à 110 volts.

La longueur de la canalisation est de 55 kilomètres et la puissance disponible de 3.400 kilowatts pour les usines, et 600 kilowatts pour les accumulateurs.

Compagnie parisienne de l'air comprimé. — Cette Compagnie avait été précédemment constituée par M. Victor Popp, dans le but d'utiliser la transmission à distance de l'air comprimé dans une usine centrale située rue Saint-Fargeau. Plus tard, ce mode de distribution de l'énergie fut remplacé par la production, dans deux usines à vapeur, celle de la rue Saint-Fargeau, et une seconde, boulevard Richard-Lenoir, d'un courant continu à 2.400 volts chargeant des accumulateurs placés dans une série de sous-stations réparties sur la surface du secteur.

A la décharge, chaque batterie d'accumulateurs alimentait un petit réseau à deux fils sous un potentiel de 110 volts.

Une nouvelle modification consista dans la transformation des stations d'accumulateurs où le courant des usines, porté à 3.000 volts, était abaissé à 500 volts et livré à la consommation dans des réseaux à cinq fils.

Enfin, une grande usine centrale a été créée, quai Jemmapes, en vue d'alimenter une canalisation générale à cinq fils par un courant continu à 600 volts. Elle est appelée à assurer, à elle seule, tout le service du secteur.

La canalisation, longue de 125 kilomètres, est formée

de câbles (type Siemens) dont il a été parlé plus haut ; ces câbles sont placés directement dans le sol.

La puissance disponible est, pour les usines, de 7.365 kilowatts et pour les stations d'accumulateurs de 2.196 kilowatts ; ensemble 9.561 kilowatts ou environ 10.000 chevaux.

Société du Secteur de la place Clichy. — Ce réseau est desservi par une seule usine centrale, 53, rue des Dames, à Batignolles, avec des batteries d'accumulateurs, en certains points du réseau. Le courant est distribué par feeders à 500 volts à une canalisation de cinq fils, formée de câbles Siemens, dont le développement est de 95 kilomètres et comporte une longueur totale de 539.045,60 kilomètres (1).

La puissance disponible est de 2.600 kilowatts pour l'usine et 1.400 kilowatts pour les accumulateurs.

En outre, l'usine de la rue des Dames est reliée à l'usine d'Asnières, dont nous avons parlé plus haut, par quatre câbles suffisant chacun pour 1.000 kilowatts.

Société du Secteur des Champs-Élysées. — La concession de ce réseau fut primitivement donnée à MM. Mildé et Cie. La Société actuelle date de 1891 ; son exploitation a été commencée en 1893.

Son usine centrale, située à Levallois-Perret, produit des courants alternatifs à 3.000 volts, dont la tension est abaissée à 110 wolts par des transformateurs placés chez les abonnés.

Les câbles, dont le développement est de 82 kilomètres, sont doubles avec âme centrale et couronne concentrique. L'énergie disponible est de 3.600 kilowatts, soit 4.896 chevaux.

---

(1) Statistique au 30 juin 1900.

Compagnie électrique du Secteur de la Rive gauche. — La rive gauche avait été primitivement concédée à plusieurs permissionnaires dont un seul, M. Naze, commença une mise en exploitation par une petite usine centrale, située place du Panthéon.

En 1894, la Société actuelle a pris possession de l'ensemble des secteurs de la rive gauche réunis en un seul.

L'usine qui le dessert est située à Issy. Elle produit le courant alternatif à 3.000 volts ramenés à 110 volts par des transformateurs placés chez les abonnés. La canalisation, longue de 106 kilomètres, est faite avec des câbles concentriques, type Felten et Guilleaume, fabriqués par la Société Industrielle des Téléphones.

Dans certains points du réseau, existent des postes de transformateurs placés dans des stations locales, avec distribution à trois fils nus placés dans des caniveaux.

La puissance de l'usine centrale consiste en huit alternateurs de 400 kilowatts et trois dynamos à courant continu de 70 kilowatts.

Usines municipales. — En dehors de l'exploitation par les compagnies des secteurs, la ville de Paris possède un certain nombre d'usines municipales, dont les unes sont exploitées par elle-même, les autres par des concessionnaires.

Le premier groupe comprend :

Le *parc des Buttes Chaumont*, éclairé par des lampes à arc depuis 1884. L'usine qui dessert cet éclairage a une puissance de 140 chevaux et donne un courant continu de 2.000 volts. Elle fournit l'éclairage aux concessionnaires du Parc.

Le *parc Monceau*, autrefois éclairé par des bougies Jablochkoff, et, depuis 1892, par vingt-six régulateurs. La petite usine qui les alimente est placée dans le parc. Elle a une énergie de 70 chevaux.

Champ-de-Mars. — Au moment de l'Exposition de 1889, la Compagnie Édison avait là une usine qui a été reprise par la ville de Paris et dont le matériel a été transporté à l'usine des Halles.

Hôtel de Ville. — Cette station, créée en 1883, développée à deux reprises différentes, en 1886 et 1887, à une puissance de 375 kilowatts. Elle alimente l'éclairage de l'Hôtel de Ville par une canalisation à deux fils. Potentiel : 110 volts.

Le second groupe comprend :

Les *abattoirs de la Villette*, exploités par la Société d'éclairage et de force. L'usine est située dans les abattoirs même. Elle donne un courant continu à 110 wolts et dessert une canalisation à deux fils placés dans des caniveaux. Puissance : 200 kilowatts.

Entrepôt de Bercy. — Puissance : 70 kilowatts. A été exploitée par M. Popp lorsqu'il a quitté la Compagnie parisienne de l'air comprimé.

Usine municipale des Halles. — Enfin, la Ville a organisé un service d'éclairage public important dans les sous-sols des Halles Centrales. Cette usine possède une puissance totale de 975 kilowatts qui se reporte sur deux réseaux : l'un à basse tension, continu, à trois fils, 240 volts ; l'autre à haute tension, alternatif, 2.500 volts à l'usine.

La division du matériel sur les deux réseaux n'est pas très nette, deux moteurs de 200 chevaux pouvant en effet être utilisés sur les deux réseaux et produire, soit du courant continu, soit du courant alternatif.

L'usine dessert un secteur municipal qui n'est pas distinct des secteurs des Sociétés permissionnaires et n'a pas de limites définies.

Pour le moment, les canalisations municipales ont pour points extrêmes : la place de l'Hôtel-de-Ville, la place du Châtelet, le quai de la Mégisserie, la rue du Louvre, la place du Théâtre-Français, l'avenue de l'Opéra et le square des Arts-et-Métiers.

Au 1er octobre 1900, leur puissance d'installation était de 354 kilowatts d'éclairage public et 434 d'éclairage privé.

Tableaux statistiques. — Les tableaux ci-après donnent les éléments principaux de l'exploitation de chacune des Sociétés des secteurs de Paris et, ensuite, leur résumé général, d'après une statistique qui a figuré à l'Exposition universelle.

I. — Compagnie Continentale Édison.

ANNÉES	NOMBRE d'abonnés	NOMBRE de lampes rapportées au type de 10 bougies	MOTEURS DIVERS et pour ascenseurs		HECTOWATTS-HEURE consommés	RECETTES brutes pour fourniture de courant en francs	LONGUEUR du réseau en kilomètres
			Nombre	Puissance en kilowatts			
1891.	»	40.877	»	»	»	1.420.921 70	27
1892.	»	54.900	3	»	»	1.804.754 »	31
1893.	1.208	64.412	7	»	15.863.716	2.043.070 47	32,8
1894.	1.283	77.385	28	32	17.987.336	2.228.129 55	35
1895.	1.517	89.580	67	103	21.743.947	2.518.104 40	36,2
1896.	1.820	107.887	95	214	25.555.490	2.843.380 85	40,9
1897.	2.259	130.389	148	444	29.493.280	3.199.908 20	43,6
1898.	2.716	156.967	236	790	32.821.470	3.400.284 »	47,7
1899.	3.345	186.429	411	1.162	39.399.320	3.969.124 »	49,9

II. — Société d'Éclairage et de Force par l'Électricité.

ANNÉES	NOMBRE d'abonnés	NOMBRE DE LAMPES		MOTEURS DIVERS et pour ascenseurs		HECTOWATTS-HEURE consommés	PRODUIT brut en francs	LONGUEUR du réseau en kilomètres
		à arc	à incandes-cence	Nombre	Puissance correspondante en kilowatts			
1889.	58	155	8.223	»	»	1.087.950	148.556 »	4,4
1890.	412	935	18.147	»	»	5.007.080	548.760 »	27,7
1891.	816	1.651	26.620	»	»	10.562.210	1.092.165 »	44,4
1892.	951	2.010	43.029	»	»	11.689.150	1.386.274 »	44,9
1893.	1.061	2.391	46.996	»	»	12.534.820	1.298.632 »	49,3
1894.	1.136	2.664	49.960	»	»	16.730.680	1.567.311 »	49,7
1895.	1.233	3.040	57.691	»	»	19.554.050	1.786.183 »	50,3
1896.	1.446	3.257	60.594	142	270	22.124.490	1.954.437 »	50,9
1897.	1.480	3.478	65.118	»	300	24.784.900	1.864.465 »	53,0
1898.	1.620	3.614	71.551	295	368	25.722.680	2.263.426 »	54,5
1899.	1.700	3.721	75.830	»	515	28.071.850	2.213.800 »	55,2

III. — COMPAGNIE PARISIENNE DE L'AIR COMPRIMÉ.

ANNÉES	NOMBRE d'abonnés	NOMBRE DE LAMPES			MOTEURS DIVERS et pour ascenseurs		NOMBRE d'appareils de chauffage	LONGUEUR du réseau en kilomètres
		à arc	à incandescence	Total ramené en lampes de 10 bougies	Nombre	Puissance correspondante en kilowatts		
1889.	29	155	2.578	6.108	»	»	»	4,1
1890.	114	415	7.100	17.952	»	»	»	18,5
1891.	445	1.080	15.879	39.230	»	»	»	25,4
1892.	727	1.479	25.152	59.174	»	»	»	32,8
1893.	962	1.568	34.758	75.657	»	»	»	49,7
1894.	1.024	1.453	42.045	85.870	»	»	»	58,4
1895.	1.240	1.516	31.439	101.707	»	»	»	84,8
1896.	1.504	1.713	64.352	124.889	100	480	»	94,6
1897.	1.882	2.343	81.472	160.345	189	477	2	102,0
1898.	2.547	3.171	116.376	226.790	376	755	5	116,5
1899.	2.700	4.052	152.754	296.272	514	1.098	7	125,8

IV. — Société du Secteur de la Place Clichy.

DATES	NOMBRE d'abonnés en service	NOMBBE DE LAMPES RAMENÉES A 10 BOUGIES						LONGUEUR du réseau en kilomètres	RECETTES brutes en francs
		Service des particuliers			Charge d'automobiles	Éclairage public	Total		
		Éclairage	Force motrice	Chauffage					
Au 30 juin 1891 (9 mois).	151	9.084	5	»	»	428	9.517	26	170.152 45
Au 30 juin 1892. . . .	439	28.779	65	»	»	678	29.522	33	651.972 95
— 1893. . . .	743	43.825	1.260	»	»	678	45.763	45	909.945 60
— 1894. . . .	1.208	66.651	2.499	»	»	710	69.860	52	1.250.376 85
— 1895. . . .	1.646	91.931	2.830	»	▶	710	95.471	58	1.517.588 15
— 1896. . . .	2.161	110.440	7.580	258	»	710	118.988	67	1.754.758 80
— 1897. . . .	2.864	136.471	14.622	603	»	1.150	152.846	73	2.219.975 35
— 1898. . . .	3.725	163.606	20.366	1.451	»	2.678	188.101	80	2.685.959 80
— 1899. . . .	4.611	196.950	26.221	2.119	»	2.700	227.990	86	3.175.974 15
— 1900. . . .	5.125	238.686	29.960	2.333	1.863	3.909	238.686	95	3.852.873 80

V. — Société du Secteur des Champs-Élysées.

DATES	NOMBRE d'abonnés	NOMBRE DE LAMPES			NOMBRE DE MOTEURS		NOMBRE d'appareils de chauffage	HECTO-WATTS-HEURE consommés	RECETTES totales en francs	LONGUEUR du réseau en kilomètres
		à arc	à incandescence	Total ramené en lampes de 10 bougies	divers	pour ascenseurs				
1893. . .	260	91	27.925	29.227	»	»	»	133.503	169.869 95	42
1894. . .	670	111	57.418	60.593	2	3	»	371.892,5	492.883 75	53
1895. . .	858	167	76.680	87.017	3	10	»	596.259,2	758.225 60	58
1896. . .	1.508	281	103.259	119.314	12	38	»	834.063,6	1.068.376 06	65
1897. . .	2.386	549	156.320	154.094	20	94	»	1.026.018	1.360.196 40	71,9
1898. . .	3.200	675	168.492	191.031	30	147	15	1.380,484	1.757.578 16	76,9
1899. . .	4.451	629	208.630	242.000	23	200	15	2.222.660	2.428.365 88	82,6

VI. — Société du Secteur de la Rive Gauche.

DATES	NOMBRE d'abonnés	NOMBRE DE LAMPES			NOMBRE DE MOTEURS		NOMBRE d'appareils de chauffage	KILO-WATTS-HEURE consommés	RECETTES totales en francs	LONGUEUR du réseau en kilomètres
		à arc	à incandescence	Total ramené en lampes de 10 bougies	divers	pour ascenseurs				
1893. . .	3	»	»	»	»	»	»	303,4	295 18	0,9
1894. . .	16	»	»	»	»	»	»	17.232,6	18.850 »	1,18
1895. . .	26	52	3.122	3.642	»	»	»	43.063,5	43.042 55	21,2
1896. . .	382	433	23.070	27.400	5	12	»	230.539	211.998 84	49,7
1897. . .	908	760	42.548	50.238	5	12	»	649.951	595.367 35	70,6
1898. . .	1.391	1,071	63.608	74.318	66	61	5	999.985,7	864.191 10	88,6
1899. . .	2.422	1.398	101.868	156.020	55	86	4	1.724.568	1.348.712 45	106

VII. — Exploitation Municipale.

ANNÉES	NOMBRE d'abonnés	PUISSANCE DESSERVIE en kilowatts			KILOWATTS-HEURE consommés		RECETTES totales en francs	PRIX MOYEN par kilowatt
		Installations publiques	Installations privées	Total	Total	pour le service intérieur de l'usine (ventilation et éclairage)		
1890.....	36	140	208	348	475.143	23.000	361.584	0 76
1891.....	55	140	243	383	709.831	23.000	533.643	0 75
1892.....	73	140	276	416	766.340	23.000	547.955	0 72
1893.....	102	140	318	458	803.388	23.000	563.254	0 70
1894.....	140	145	336	481	817.752	50.120	601.711	0 74
1895.....	206	150	230	380	847.092	66.695	611.308	0 72
1896.....	273	204	260	464	818.516	76.147	630.605	0 77
1897.....	318	211	282	493	988.673	78.156	773.189	0 78
1898.....	342	242	357	599	1.121.493	89.228	856.960	0 76
1899.....	381	299	428	727	1.187.768	97.707	918.568	0 77

Récapitulation. — Les renseignements récapitulatifs ci-dessous sont arrêtés au 31 décembre 1899.

A cette date, le capital engagé dans l'ensemble de ces exploitations des secteurs de Paris était de 108.685.000 fr.

La puissance des usines était :

En moteurs	23.515	kilowatts.
En accumulateurs	3.886	—
	27.401	kilowatts.

La longueur totale du réseau était de $475^{km},124$.

Le nombre d'abonnés : 19.284.

La puissance lumineuse, ramenée à un nombre de lampes de 10 bougies, était :

1° *Pour le service des particuliers* :

Eclairage	1.150.083	lampes.
Force motrice	144.310	—
Chauffage	2.874	—
Chargement d'automobiles	5.223	—
Total	1.302.490	lampes.

2° *Pour le service public et municipal*

	30.732	—
Total	1.333.222	lampes.

Le nombre de kilowatts vendus en 1899 a été de 21.097.223 et la recette correspondante de 18.441.783 fr., ce qui met le prix moyen du kilowatt-heure à 0 fr. 87.

Si l'on veut mesurer les progrès de l'éclairage public et particulier à Paris, depuis ses origines, on en trouvera la gradation dans le tableau ci-après.

Il est, suivant l'habitude, ramené à une unité qui est la lampe de 10 bougies.

ANNÉES	SERVICE des particuliers	SERVICE municipal
Fin 1888	8.863	»
1889	44.034	1.419
1890	95 141	3.392

ANNÉES	SERVICE des particuliers	SERVICE municipal
1891.	151.311	4.308
1892.	219.669	4.684
1893.	293.653	7.240
1894.	381.765	7.535
1895.	473.127	7.862
1896.	618.900	8.945
1897.	818.106	10.445
1898.	1.054.627	14.766
1899.	1.302.490	30.732

Exploitations particulières. — Un très grand nombre d'établissements privés ou publics ont leurs installations propres. On peut les grouper comme il suit :

Théâtres (Opéra, Châtelet, Opéra-Comique, Gaîté, Gymnase, Palais de Glace, Olympia, etc.)	2.300 kilowatts.
Gares (installations dans toutes, excepté le Nord et la gare de Vincennes)	1.700 —
Magasins (Bon Marché, Louvre, Printemps, Belle Jardinière, Place Clichy, Ville Saint-Denis), etc.	2.000 —
Hôtels, cafés, restaurants, usines et divers.	14.000 —
Total.	20.000 kilowatts.

Prix de revient de l'éclairage électrique. — 1° *Paris :* Si l'on divise, pour chaque exploitation, le montant des recettes brutes par la consommation correspondante, on trouve qu'en moyenne, en 1899, les prix de vente de l'hectowatt-heure ont été les suivants :

	POUR L'ÉCLAIRAGE	POUR LA FORCE MOTRICE
Compagnie continentale Edison . .	0 0989	de
Société d'éclairage et de force. . .	» »	0 04
Compagnie parisienne de l'air comprimé	0 0868	à 0 06

Secteur de la place Clichy 0 1086
Compagnie du secteur des Champs-   de
  Elysées 0 1068   0 04
Compagnie du secteur de la Rive   à
  gauche. . . . .   0 0768 ·   0 06
Usine municipale des Halles . . .   0 077

2° *Province :* Les stations de province vendent, soit l'énergie électrique à tant l'hectowatt, soit la lampe pour l'année, à forfait.

Le premier mode comporte des prix de l'hectowatt variables de 0 fr. 06 à 0 fr. 15.

Nancy 0 06
Saint-Étienne, Saint-Brieuc 0 07
Le Havre, Lesparre, Montagnac, Allassac,
  Roubaix 0 08
Draguignan 0 09
Aix-en-Provence, Angoulême, Bolbec,
  Bordeaux, Le Mans, Manosque, Lyon,
  Moulins, Pau, Vincennes 0 10
Auch, Troyes, Toulouse (0 115), Leval-
  lois-Perret. 0 11
Boulogne-sur-Mer, Dieppe, Épinal,
  Mende, Lyon, Narbonne, Tours,
  Nantes, Rhuis. 0 12
La Ciotat, Lyon, Montpellier 0 14
Grenoble, Libourne, Marsalle 0 15

D'autres vendent l'éclairage électrique, à tant par mois ou par an, la lampe de 10 ou de 16 bougies. Si l'on suppose une moyenne de trois heures d'éclairage par jour, cela fait par an $365 \times 3 = 1095$ heures, soit à 3,5 watts par bougie, 383,25 hectowatts pour la dépense annuelle d'une lampe de 10 bougies, et 613,20 hecto-watts pour celle d'une lampe de 16 bougies. Au prix de 0 fr. 10 l'hectowatt, cela ferait 38 fr. 325 et 61 fr. 32 pour les prix respectifs de la lampe arc de 10 et 16 bou-gies.

Les tarifs sont, en fait, très variables.

Ainsi, nous trouvons la lampe de 10 bougies par an à :

Châteaulin	15 francs.
La Bourboule	25 —
Aunay-sur-Odon, Champeix, Saint-Genix, Pamiers	30 —
Lannion, Bourg	36 —
Semur	39 —
Amélie-les-Bains.	46 —
Hennebont.	48 —
Ussel et Aubenas	54 —

et la lampe de 16 bougies par an à :

Charquemont.	22 fr. 40
Prades et Moutiers.	36 francs.
Bourganeuf et Draguignan-Meximieux	40 —
Modane	42 —
Montauban.	45 —
Foix	54 —
Nevers.	55 —
Florensac, Oyonnax, Mauriac, Pont-Audemer, Argentan, Hennebont.	60 —
Pertuis.	72 —
Alais	80 —
Compiègne.	90 —

Prix de l'éclairage à l'étranger. — Généralement, à l'étranger, l'énergie électrique est vendue à un prix plus réduit qu'en France.

En Angleterre, le prix de l'hectowatt est généralement de 0 fr. 063 avec possibilité de réduction suivant la quantité consommée. Le maximum que nous relevons, sur une liste d'environ cinquante noms de stations centrales, est de 0 fr. 084 avec rabais éventuel ; le minimum est de 0 fr. 0525 également avec rabais. Le prix de la force motrice est variable entre 0 fr. 063 et 0 fr. 0105.

Il se tient plus généralement au voisinage de 0 fr. 04.

En Allemagne, l'hectowatt-heure est ordinairement payé 0 fr. 07 à 0 fr. 08. Les prix les plus élevés sont de 0 fr. 086 avec des rabais variables, de 5 p. 100 et au-dessus, jusqu'à 15,20 et 30 p. 100.

A Berlin, le taux est de 0 fr. 074 avec un rabais de 5 à 25 p. 100 suivant la durée.

La force motrice est généralement payée 0 fr. 0308, et souvent moins cher, surtout quand il s'agit de prises de courants pour tramways. La maison Siemens et Halske, qui a un grand nombre d'installations, vend le courant de 0 fr. 074 à 0,086 pour la lumière et 0 fr. 0185 pour la force motrice.

Nous trouvons encore les prix suivants pour divers pays :

Saint-Pétersbourg.	0 20 l'hectowatt.	
Budapest	0 10	—
Christiania . . . . 0 081 à	0 078	—
Bruxelles	0 070	—
Genève	0 075	—
Gênes	0 11	—
Stockholm. . . . . 0 082 à	0 065	—
Copenhague.	0 082	—

Conclusions. — Cette revue du prix de l'éclairage électrique en Europe est peut-être un peu fastidieuse. Mais elle est instructive. Elle montre que Paris figure au nombre des villes où il est le plus élevé. Ce serait l'occasion de reprendre le thème bien connu de l'infériorité de notre pays par rapport aux autres. C'est un travers commun à beaucoup de gens de croire que tout marche mal en France et qu'il n'y a qu'à aller à l'étranger pour s'en rendre compte. La vérité est moins absolue et les voyages, qui forment, dit-on, la jeunesse, ne peuvent donner une impression aussi décourageante. Bien au contraire. En tout cas, si nous péchons par certains côtés, il faut analyser nos erreurs ou nos défauts et chercher, avant d'en gémir, s'ils n'ont pas une cause logique.

Sur le chapitre spécial de l'éclairage électrique à Paris, en particulier, nous nous garderons bien d'aborder, au fond, le sujet brûlant du monopole ou de la permission, de la prolongation de la concession des secteurs ou de l'exploitation par la ville. Il suffit de constater que si l'éclairage électrique est encore trop cher à Paris cela tient :

D'abord, au fait que les Compagnies des secteurs ont devant elles une période insuffisante pour l'amortissement de leur matériel.

Ensuite, au fait qu'elles n'ont pas d'équivalence entre leur service de jour et leur service de nuit, ce qui permettrait une utilisation plus économique de la puissance de leurs usines.

A cela quel est le remède ?

Au public, il importe peu que ce soit la ville ou des sociétés particulières qui fournissent l'électricité à la clientèle. L'essentiel pour celle-ci est de payer bon marché non pas dans dix ans, mais tout de suite. Et, du reste, qui peut garantir que l'hectowatt municipal sera plus avantageux que l'hectowatt des secteurs mieux garantis contre les aléas de l'avenir? On a toujours intérêt à vendre bon marché quand on le peut; mais il faut le pouvoir.

Sur le second point, la réponse est moins facile Tandis qu'en certaines villes, au Havre par exemple, les Compagnies d'électricité tirent un avantage marqué de la possibilité d'alimenter les lignes de tramways, ce qui, d'après le proverbe, met une seconde corde à leur arc, à Paris, les considérations esthétiques, préjugé absurde suivant les uns, devoir strict suivant les autres, ont jusqu'à présent proscrit ce mode spécial d'exploitation. La clientèle force motrice est encore timide ; la clientèle chauffage débute à peine.

C'est, à défaut de cela, ceci qu'il faut favoriser et accroître. Les circonstances s'y prêtent merveilleusement, en ce moment, où la traction par chevaux commence à céder la place à la traction mécanique.

La traction électrique par tramways ou accumobiles à peine née, se développe avec une extrême rapidité. Elle rendra nécessaire avant peu, la vente de l'énergie électrique partout, comme celle du pétrole que l'automobiliste trouve chez chaque épicier. Et cette énergie électrique, qui pourra la livrer plus facilement et à meilleur compte et en plus d'endroits que les Compagnies des secteurs ?

C'est certainement là un des éléments qui permettront à ces Compagnies de mieux équilibrer leur production et de vendre à meilleur compte à la fois la lumière et la force, lorsqu'elles seront, elles-mêmes, rassurées sur leur avenir.

CHAPITRE XVI

LA TRANSFORMATION DE L'ÉNERGIE ÉLECTRIQUE EN ÉNERGIE CHIMIQUE ET EN ÉNERGIE CALORIFIQUE ÉLECTRO-CHIMIE ET ÉLECTRO-MÉTALLURGIE LE CHAUFFAGE ÉLECTRIQUE

Électro-chimie et électro-métallurgie. — Galvanoplastie. — Dépôts métalliques. — Raffinage du cuivre. — L'aluminium. — Le carbure de calcium. — Autres applications. — Les fours électriques. — Chauffage électrique. — Procédés de la Cie Crompton, de M. Le Roy, de la Cie de chauffage par l'électricité, de MM. Parvillée. — Soudure électrique.

Electro-chimie et électro-métallurgie. — On désigne ainsi l'ensemble des procédés électriques par lesquels on obtient le dépôt, la préparation et l'épuration de certains corps.

Ces deux industries poursuivent un but analogue.

La première se rapporte surtout aux opérations qui se font par voie humide ; la seconde à celles qui utilisent la voie ignée.

Dans cette dernière, l'électricité peut agir à la fois par action électrolytique et par action calorifique.

En certains cas, son rôle se borne à la production d'une température extrêmement élevée qui suffit pour rendre possibles les réactions qu'on a en vue.

Ces branches de l'industrie électrique sont toutes nouvelles, mais leur développement a pris, en quelques années, une activité extrêmement considérable.

Les statistiques accusent le chiffre énorme de 422.000 chevaux comme leur étant actuellement affecté dans le monde entier.

Elles atteignent une production annuelle d'un milliard de francs.

Ces progrès ont été particulièrement importants dans notre pays.

Alors qu'en 1889, la puissance correspondant à la production des usines françaises n'était que de 3.800 chevaux, elle s'est élevée, par une progression de plus en plus rapide, à :

6.320 chevaux en	1891		32.320 chevaux en	1897
11.820	—	1893		50.820	—	1898
13.820	—	1895		66.320	—	1899

et est de :

109.425 chevaux en 1900

Galvanoplastie. — La galvanoplastie est le plus ancien des procédés électro-chimiques. Jacobi (1) en est considéré comme l'inventeur. — En 1837, il remarqua que le dépôt de cuivre qui se forme dans la pile Daniel prend exactement la forme de l'électrode. Cette observation lui donna l'idée qu'il était possible de reproduire les objets par un dépôt galvanique fait dans un moule creux.

C'est là le principe de la galvanoplastie.

A l'aide d'un corps plastique, on moule en creux, en en faisant en quelque sorte un négatif, l'objet dont on veut faire la reproduction.

----

(1) *Jacobi*, savant allemand, né à Postdam en 1790, mort à Saint-Pétersbourg en 1874.

Le cas le plus simple est celui d'un relief, d'une médaille par exemple.

Soit avec l'alliage Darcet, soit avec du plâtre, de la cire, de la gutta-percha ramollie dans de l'eau chaude, on reproduit l'empreinte. On la rend conductrice en la métallisant avec une couche de plombagine et on en forme la cathode d'un bain électrolytique, l'anode étant formée avec le corps à déposer. Les molécules se transportent de l'une à l'autre, et on obtient la reproduction en relief du moule.

Primitivement, la galvanoplastie se faisait à la pile. Depuis qu'on se sert du courant d'une dynamo, le prix de revient de cette opération a sensiblement diminué. On aura une idée de l'amélioration obtenue par cette substitution par le rapprochement de deux chiffres.

D'après les observations de la maison Christophle, le dépôt d'un kilogramme d'argent avec la pile coûtait 3 fr. 07. L'emploi de la machine Gramme a ramené ce prix à 0 fr. 94.

Dépôts métalliques. — On a souvent intérêt à recouvrir certains corps d'une mince couche d'une substance destinée à protéger la première ou à lui donner un aspect plus agréable.

L'argenture, la dorure, le cuivrage, le nickelage répondent à cette double nécessité.

Cette industrie est très prospère. Il est difficile d'en préciser l'importance, faute de documents officiels et, dans une communication au Congrès de 1900, M. Henri Bouilhet (1) a fait ressortir l'intérêt qu'il y aurait à établir cette statistique.

Il cite les renseignements consignés dans un rapport publié sous la direction de M. Camille Krantz, commis-

____

(1) *Dépôts Électro-chimiques*, par M. Henri Bouilhet.

saire général du Gouvernement français à l'Exposition
de Chicago, d'après lesquels le poids total de matière
employée à la fabrication des objets en argent massif est
évalué à 140.000 kilogrammes et le poids, appliqué à
l'argenture, à 84.000 kilogrammes; dans les autres industries similaires il est de 35.000 kilogrammes, ce qui
fait un total de 259.000 kilogrammes.

On estime à 60.000.000 de francs, aux États-Unis, le
total annuel des affaires faites dans ce genre d'industrie.

Raffinage du cuivre. — Les cuivres bruts du commerce contiennent environ 96 p. 100 de ce métal. Les
4 p. 100 complémentaires sont composés d'un grand
nombre d'impuretés dont la nature varie avec celle du
minerai qui a été traité. On y trouve de l'or, de l'argent,
du platine, de l'étain, du fer, du zinc, du cobalt, de
l'aluminium, du soufre, de l'arsenic, du bismuth, de
l'antimoine.

Parmi ces corps, les uns doivent être séparés à cause
de leur valeur. Les autres, à cause de l'influence fâcheuse
qu'ils ont sur les propriétés électriques et mécaniques
du métal.

Ces opérations se font aujourd'hui sur une très grande
échelle, et la plupart des cuivres qui sont importés
d'Amérique, pour être appliqués à la fabrication des
conducteurs électriques, sont préparés de cette façon. On
les désigne sous le nom de cuivres *électrolytiques*.

Les opérations sont généralement dirigées de façon à
produire des cathodes de cuivre, qu'on refond ensuite
sous la forme de lingots, ou plus ordinairement sous celle
de *wire-bars*, c'est-à-dire de barres propres à être passées immédiatement au laminoir, en vue de la fabrication des fils.

Un procédé particulier a pour but le dépôt du cuivre
électrolytique à la surface de cylindres dont il épouse

la forme, ce qui permet d'obtenir ainsi des tubes de cuivre qu'on peut étirer sous diverses grosseurs ou transformer en planches en les ouvrant suivant une génératrice.

L'originalité du système consiste dans l'emploi de polissoirs en agate qui pressent sur la surface des cylindres au moment où le dépôt s'y forme. Les cylindres tournent et les polissoirs d'agate écrasent en quelque sorte les molécules de cuivre à l'état naissant et empêchent la formation des gros cristaux qu'on voit ordinairement sur les cathodes. On obtient de la sorte un cuivre d'un grain très fin, qui jouit d'une souplesse remarquable.

Ce procédé, appelé procédé Elmore, est appliqué en France, dans une usine sise à Dives.

Son mauvais côté, qui lui est commun du reste avec tous les procédés électrolytiques, résulte de la lenteur forcée des opérations. Elle est nécessaire pour l'obtention d'un dépôt régulier, cohérent, à grains fins.

Elle a pour conséquence une longue immobilisation de matières chères et l'occupation de grands espaces, c'est-à-dire un gros capital dormant.

L'aluminium. — Une des plus belles conquêtes de l'électro-métallurgie est la fabrication industrielle et à bon marché de l'aluminium.

Les procédés anciens tenaient plutôt du laboratoire et correspondaient à un prix de revient prohibitif de tout emploi économique de ce métal, si intéressant à plusieurs égards.

L'aluminium est un corps extrêmement répandu dans la nature, puisqu'il est le radical métallique de l'argile. Il présente de précieuses propriétés de résistance aux acides, et une légèreté tout à fait remarquable, puisqu'un décimètre cube pèse seulement 2 kil. 67. Sa conductibilité électrique, au degré de pureté le plus élevé qu'on soit arrivé à lui donner (99.75 p. 100), est égale à 64 p. 100 de celle du cuivre pur et sa résistance mécanique atteint 20 kilogrammes par millimètre carré.

Ces qualités diverses lui assurent une place à part dans la série des métaux et, en particulier, sa grande légèreté le rend propre à divers usages pour lesquels il est sans concurrents.

Uni au cuivre, dans la proportion de 10 p. 100, il lui communique une belle couleur, le rend inattaquable aux gaz, aux acides faibles ou gras, et lui donne une résistance de 80 kilogrammes par millimètre avec 50 p. 100 d'allongement.

L'emploi de ces propriétés était paralysé, jusqu'à ces derniers temps, par l'élévation de son prix.

Aujourd'hui, grâce au traitement par l'électrolyse, à haute température, des minerais les plus réductibles de l'aluminium, qui sont la *bauxite* (alumine hydratée) et la *cryolithe* (fluorure double d'aluminium et de sodium), on obtient l'aluminium dans des conditions économiques qui permettent de le vendre à 3 fr. le kilogramme par quantités importantes.

Or, un décimètre cube d'aluminium pèsant 2 kilogr. 67 et un décimètre cube de cuivre 8 kilogr. 9, soit 3,2 fois plus, il en résulte qu'au point de vue des prix relatifs de ce même volume des deux corps, on a à mettre en parallèle :

$$\text{Celui de 3 fr.} \times 2.67 = 8 \text{ fr. 01 pour l'aluminium}$$
$$\text{et celui de 2 fr.} \times 8.9 = 17 \text{ fr. 80 pour le cuivre.}$$

Si l'on considère leur utilisation au point de vue de la conductibilité électrique, celle de l'aluminium étant égale à 64 p. 100 de celle du cuivre pur, il faudra mettre en regard du volume de cuivre un volume d'aluminium environ une fois et demi plus grand.

La comparaison des prix devra donc se faire entre 12 fr. d'aluminium et 17 fr. 80 de cuivre.

On pourrait donc dire qu'actuellement, au point de vue électrique et en tenant compte de sa densité, l'aluminium coûterait moins cher que le cuivre, si d'autres considérations n'intervenaient dans le choix du métal, en particulier celle de la résistance mécanique.

Ce résultat est néanmoins extrêmement intéressant à considérer, surtout si l'on jette les yeux sur le tableau ci-après qui donne, depuis 1855, l'échelle décroissante des prix de l'aluminium.

ANNÉES	PRIX du kilogr. d'aluminium	ANNÉES	PRIX du kilogr. d'aluminium
1855	1.250 fr.	1891 (Février). . .	10 fr.
1856	375 »	1891 (Novembre) .	6 25
1857	300 »	1892.	6 25
1858 à 1886. . .	125 »	1893.	6 25
1887	87 50	1894.	5 »
1888	60 »	1895.	3 75
1890 (Février). .	35 »	1896.	3 25
1890 (Nov.) . . .	19 »	1897.	3 15
1891 (Février). .	15 »	1898.	2 90

Cette décroissance tout à fait remarquable est surtout due à l'augmentation de la production qui, depuis dix ans, s'est développée d'une façon extraordinaire.

Alors qu'elle n'était que de 1.300 kilogrammes par an dans le monde entier, il y a quinze ans, elle n'a cessé de subir une progression croissante dont le tableau ci-après donne le résumé :

ANNÉES	SUISSE	FRANCE	ANGLETERRE
	tonnes	tonnes	tonnes
1890	40	37	52, 4
1891	170	40	40
1892	235	75	»
1893	440	130	»
1894	600	275	»
1895	650	350	»
1896	700	500	»
1897	800	500	300

Cette statistique ne donne pas la production des États-Unis qui était de 2.350.000 kilogrammes en 1898.

L'Allemagne, qui a longtemps tenu la tête de la liste, vient aujourd'hui après les quatre pays indiqués ci-dessus (1).

Cet accroissement progressif est dû à l'utilisation de sources d'énergie hydrauliques. A l'usine de Neuhausen, qui emprunte aux fameuses chutes du Rhin, près Schaffouse, la force nécessaire pour la production électrolytique de l'aluminium, on est passé de 300 chevaux en 1890, à 1.000 en 1892, à 4.000 en 1894. La nouvelle usine de Rheinfelden doublera cette puissance.

En France, l'usine de Froges est passée de 600 chevaux en 1890 à 3.600 en 1894, y compris l'usine de La Praz, et à 9.000 chevaux en 1898.

En Angleterre, l'usine de Foyers, en Écosse, pourra d'ici peu marcher avec 3.000 chevaux.

On peut estimer au total à 40.000 chevaux la somme totale d'énergie électrique qui sera prochainement, aussi bien aux États-Unis qu'en Europe, absorbée par la fabrication de l'aluminium.

La production d'un kilogramme d'aluminium exigeant

(1) *La Nature*, numéro du 17 février 1900.

environ 40 à 50 chevaux-heure, cette puissance correspond à 25 tonnes par jour et 9.000 tonnes par an (1).

Le carbure de calcium. — Le dernier venu, en
électro-métallurgie, est le carbure de calcium, qu'on
peut considérer comme appelé à un avenir brillant, en
raison de sa propriété de donner naissance au gaz acétylène dès qu'il est en contact avec l'eau.

-----

(1) Les applications de l'aluminium se multiplient de jour en jour.

Bien que cette question ne se rattache pas directement à notre
sujet, nous devons signaler un procédé métallurgique tout à fait
nouveau qui pourait être appelé à exercer une influence considérable
sur la production 'et, par contre-coup, sur les procédés de préparation de l'aluminium.

Nous voulons parler du procédé du Dr Hans Goldschmidt, qu'il
appelle l'aluminothermie et dans lequel il utilise l'action réductrice
que l'aluminium en poudre exerce sur les oxydes métalliques.

Un mélange de cette poudre avec une poudre d'un oxyde métallique quelconque produit une vive réaction chimique qu'on détermine en échauffant avec une simple allumette une petite quantité
de bioxyde de baryum mêlée de poudre d'aluminium placée au-dessus
de ce mélange. Une incandescence subite se produit qui se propage
avec rapidité dans le creuset, élève la température à] 3.000° et met
en fusion toutes les matières en produisant de l'alumine et en isolant le radical métallique.

On peut ainsi préparer, par quantités importantes, certains métaux qu'on ne pouvait fabriquer auparavant que par petites quantités : le chrome, le manganèse, le tungstène, le titane, le bore, le
vanadium, etc., et les obtenir à l'état de pureté, tandis que par les
anciens procédés d'isolement, ils contenaient toujours de petites
quantités de carbone.

Le même procédé peut être appliqué à la soudure des métaux.
Il suffit de placer bout à bout, dans une sorte de creuset, les
pièces métalliques à réunir et à y verser le mélange en fusion
obtenu par la réaction de l'aluminium en poudre sur des mélanges
d'oxydes divers et principalement d'oxyde de fer, que le Dr Goldschmidt désigne sous le nom générique de *Thermit*.

La chaleur de la réaction est suffisante pour ramollir et fondre
les pièces métalliques en contact et en opérer la soudure.

Ces deux procédés, qui paraissent devoir se développer rapidement, consommeront certainement des quantités considérables
d'aluminium.

L'acétylène brûle avec une flamme éclatante, et si l'éclairage électrique a un concurrent à redouter, c'est bien ce gaz, que chacun peut fabriquer avec facilité et économie, et dont l'emploi se développera avec rapidité le jour où le public sera revenu de préventions injustifiées.

L'acétylène, entrevu par Davy en 1836, a été complètement étudié par Berthelot en 1859 et préparé par lui en formant un acétylure de cuivre et en le traitant par l'acide chlorhydrique.

C'était alors un produit de laboratoire et on ne pouvait prévoir, en aucune façon, qu'il ferait tant parler de lui un jour, lorsque, à la fin de 1892, M. Moissan, continuant ses recherches sur la fabrication artificielle du diamant, montra que lorsque la température s'élève à 3.000 degrés entre les électrodes d'un four électrique, la chaux qui constitue le four, fond et coule comme de l'eau, réagit sur le charbon des électrodes et produit du carbure de calcium.

Un procédé industriel pour la fabrication du carbure de calcium fut breveté en 1894 par M. Bullier.

Il est fondé sur la réaction, produite dans un four électrique, du charbon sur la chaux. Le carbure fond et cristallise par refroidissement, sous la formule CaC^2.

La production de carbure par vingt-quatre heures varie entre 2 kil. 3 et 3 kil. 5, par cheval de force. C'est là un faible rendement qui a nécessité l'installation des usines aux points où l'utilisation de forces naturelles permet de diminuer le prix de revient à son minimum. Nous verrons plus loin qu'il a été sensiblement amélioré.

Un certain nombre d'établissements industriels, alimentés par des usines hydrauliques, commencent à produire des quantités croissantes de carbure de calcium.

Les usines de Neuhausen (Suisse) et de Froges

(France), dont nous avons déjà parlé à propos de la fabrication de l'aluminium, étaient tout indiquées pour entreprendre celle du carbure de calcium ; elles en livrent actuellement environ deux tonnes par jour.

La Société des carbures métalliques, qui exploite les brevets de M. Bullier, a installé les siens à Notre-Dame-de-Briançon, village de la Savoie, où elle utilise deux chutes qui peuvent fournir une force motrice de 7.500 à 15.000 chevaux suivant le régime des eaux.

D'autres usines sont en création en France.

En Angleterre, la production est moins avancée. Elle ne dépasse guère 500 kilos par jour.

L'Amérique fabrique environ trois ou quatre tonnes par jour.

Ces productions sont encore peu importantes ; elles marquent seulement un point de départ. D'année en année, nous sommes appelés à les voir grandir en même temps que l'application de l'acétylène à l'éclairage.

Autres applications. — Un grand nombre d'autres industries naissantes utilisent le concours du courant électrique. Nous nous bornerons à citer la fabrication du chlorate de potasse, celle de la potasse et de la soude caustique, du chlorure de chaux, etc.

Fours électriques. — Sans entrer dans le détail des procédés de l'électro-métallurgie, dont nous venons de rappeler les principaux produits, nous nous arrêterons quelques instants aux appareils qui servent à son fonctionnement.

Ce sont des *fours électriques*, dans lesquels on utilise soit la haute température de l'arc voltaïque (qui peut dépasser 3.000°), soit les phénomènes d'échauffement de certaines électrodes, lorsqu'elles sont traversées par un courant.

Le four Moissan, qui en est le prototype, est basé sur l'utilisation de l'arc produit entre deux électrodes cylindriques de charbon, pénétrant horizontalement dans un creuset taillé dans un bloc de chaux vive. Un couvercle de chaux vive, en forme le dôme, le clôt hermétiquement.

La chaux est si faible conductrice de la chaleur qu'on peut toucher, avec la main, la surface extérieure du four, alors qu'il est en plein fonctionnement (1).

Sur ce type de fours, dits *à arc*, divers inventeurs ont créé des variantes étudiées en vue du travail spécial qu'ils avaient à effectuer.

Dans certains d'entre eux, pour mieux répartir la température, on a adopté des dispositions qui produisent, au lieu d'un seul arc, des arcs multiples, permettant d'étendre à une certaine surface la température dont on a besoin, au lieu de la limiter à un espace restreint.

Les uns ont quatre arcs (Gin et Leleux); d'autres, trois arcs produits par courant triphasé (Bertolus).

On a eu la pensée de rendre ces arcs mobiles par rapport à la matière fondue. Mais ce dispositif, qui rend l'arc irrégulier, ne paraît pas avoir eu de succès.

Un inconvénient des fours à arc résulte du soufflement de l'arc, qui a pour effet de chasser la matière hors du four, à l'état de poussière impalpable.

De là une perte et, en outre une action fâcheuse sur la respirabilité de l'air des ateliers.

On a été ainsi conduit à combiner d'autres types de fours dans lesquels l'électrode plonge dans le corps fondu. Tel est le type des fours *à résistances*, fours dont il existe des types variés.

Ces appareils fonctionnent, soit avec le courant con-

____

(1) Les *Fours électriques*, par M. Keller. Communication au Congrès d'Électricité de 1900.

tinu (et dans ce cas leur action *électrolytique* peut se combiner à leur action *électro-thermique*), soit avec les courants alternatifs, ce qui supprime l'action électrolytique, quelquefois plus nuisible qu'utile.

On trouve à ces derniers certains avantages résultant de ce qu'ils correspondent à un meilleur fonctionnement mécanique et aussi de ce qu'ils égalisent l'usure des électrodes. Les fours à courants alternatifs jouissent, en ce moment, d'une faveur particulière.

D'une façon générale, l'emploi des fours électriques s'est considérablement développé dans ces derniers temps.

D'après la communication que nous venons de citer, la puissance électrique totale qu'ils utilisent s'élèverait, actuellement, à 225.000 chevaux, dont 185.000 pour la fabrication du carbure de calcium, 27.000 pour celle de l'aluminium, 11.000 pour celle du cuivre, 2.000 pour celle du carborandum.

En France, la production du carbure de calcium utilise ou prévoit, à elle seule, 60.000 chevaux.

Une telle intensité de fabrication ne pouvait qu'être accompagnée de progrès sérieux. En effet, le rendement des fours a été amélioré au point que, de 3 kilogrammes de carbure produits par kilowatt, en vingt-quatre heures, en 1897, on est passé à 6 kil. 200. (Nouveaux fours à résistance Gin et Leleux.)

Le chauffage électrique. — Nous avons vu que la transformation directe de l'énergie calorifique en énergie électrique est, jusqu'à présent, un moyen peu pratique et peu économique d'engendrer l'électricité.

Les générateurs thermo-électriques sont de médiocres transformateurs.

Le problème inverse se présente dans des conditions analogues. C'est, généralement, quand on voudrait les éviter, qu'on voit des phénomènes calorifiques se produire dans les générateurs et les récepteurs électriques. La chaleur dégagée constitue une perte et un déchet dans le rendement.

Si, au contraire, on veut utiliser la totalité de l'énergie électrique pour la transformer en chaleur, ce qui est le desideratum du chauffage électrique, on rencontre d'autres difficultés.

On obtient trop peu ou trop, c'est-à-dire une chaleur insuffisante pour le chauffage industriel ou bien des températures extrêmement élevées réalisées dans le petit volume des fours électriques.

Aussi, les personnes qui ont dirigé leurs recherches dans cette voie ont-elles dû les limiter à un but plus modeste et substituer à l'étude du chauffage électrique, en général, celle de son application aux usages domestiques et en particulier à la cuisine.

Procédé Crompton. — La Société anglaise Crompton et la Société du Familistère de Guise, qui exploite en France ses brevets de chauffage électrique, construisent, dans ce but, toute une série intéressante d'appareils de ménage basés sur les considérations suivantes (1) :

Nous avons vu que la quantité d'énergie électrique correspondant à un courant d'une intensité I circulant dans une résistance R est équivalente, d'après la loi de Joule, à une quantité d'énergie calorifique proportionnelle à RI^2.

Lorsque la résistance en question est suspendue dans l'air, il résulte de la mauvaise conductibilité calorifique de celui-ci que la chaleur ne peut se dégager suffisam-

____

(1) Communication faite à la Société internationale des électriciens le 3 février 1897 par M. Colin, ingénieur au Familistère de Guise.

ment vite, qu'elle s'accumule en quelque sorte dans le conducteur et finirait par le porter à une température extrêmement élevée. On évite ce phénomène, qui est un inconvénient lorsque la chaleur produite correspond à une perte, en augmentant le diamètre du fil.

Dans le problème du chauffage, on n'a pas à craindre de diminuer le diamètre du fil, mais il faut en même temps le mettre en contact avec une substance, bonne conductrice de la chaleur, qui diffuse celle-ci au moment où elle se produit, et, en même temps, mauvaise conductrice de l'électricité.

Les substances vitrifiées remplissent ces deux conditions et ont sur certains corps, tels que l'amiante, le mica, la porcelaine, l'avantage d'être plus homogènes et non poreuses.

Le transformateur d'énergie électrique en énergie calorifique, sera donc un fil résistant, maillechort, ferro-nickel, platine ou fer, de 7 à 8/10 de millimètre, replié en forme sinusoïdale et noyé dans une masse vitrifiée.

Celle-ci est, à son tour, revêtue d'une garniture métallique. La conductibilité calorifique du cuivre le désignait pour cet emploi, mais le cuivre a un coefficient de dilatation élevé, très différent de celui du verre, tandis que le coefficient de dilatation de la fonte et du fer s'en rapproche. On a donc choisi ces corps, et surtout la fonte qui se prête mieux au moulage, afin d'avoir une solidarité complète du verre et du métal et d'éviter ainsi la possibilité de craquelures et par suite de courts circuits.

La surface extérieure de la fonte est moulée de façon à présenter des nervures augmentant le pouvoir radiant de l'appareil.

Si, dans ces conditions, on calcule la surface nécessaire pour transformer en chaleur un hectowatt, la température de la plaque métallique étant de 250 degrés.

et donnant 200 degrés à la surface, on arrive à un décimètre carré environ.

Les modèles construits répondent à cette condition avec des variantes, suivant le mode d'application. Ainsi pour les grils à côtelettes et les réchauds, le calcul est fait pour donner à la surface émissive une surface plus petite et une température plus grande que pour les chaufferettes, chauffe-plats, etc.

Dans les premiers appareils, on a établi le calcul sur 166 watts au début et 140 watts en marche par décimètre carré.

M. Colin estime qu'un gril-côtelettes de 4.5 à 5 ampères et 110 volts (soit 500 watts), permet de cuire un bifteck en trois ou quatre minutes au prix de 5 centimes, lorsque le courant est emprunté au secteur.

Nous laissons aux ménagères le soin de dire si l'opération leur paraît pratique et avantageuse.

Le même système a été appliqué aux appareils de chauffage. Un type de calorifère électrique a été construit, qui fonctionne par rayonnement et circulation d'air sur la base d'absorption de 100 watts par décimètre carré de surface extérieure.

D'autres modèles sont formés de plaques chauffeuses ou de radiateurs qui s'appliquent sur les murs.

Procédé Le Roy. — Un autre ingénieur, M. P.-F. Le Roy, a imaginé un système de chauffage électrique, appliqué aux mêmes besoins, dont il a exposé le principe et le mode d'application dans une communication insérée dans le *Bulletin de la Société des Ingénieurs civils* de février 1898.

Le but que s'est proposé M. Le Roy, est de construire des appareils pratiques permettant l'emploi du matériel et des ustensiles courants (alors que les autres procédés nécessitent la création de modèles spéciaux), en constituant des foyers particuliers dans lesquels la chaleur est obtenue en portant à l'incandescence un

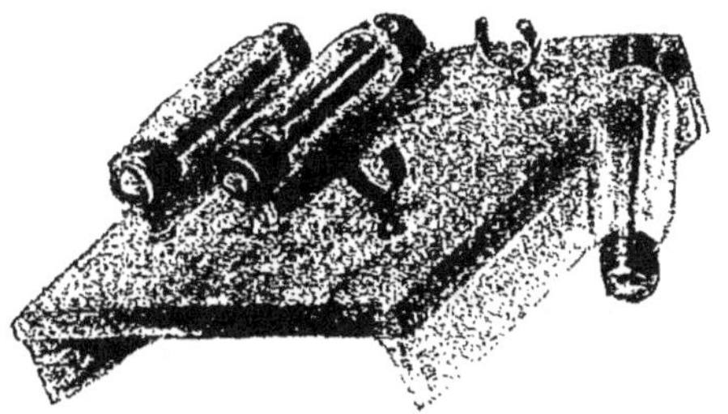

Fig. 245. — Chauffage Le Roy : Bûches électriques.

corps spécial présentant le maximum de résistance. À la suite de recherches faites à la Sorbonne, au labo-

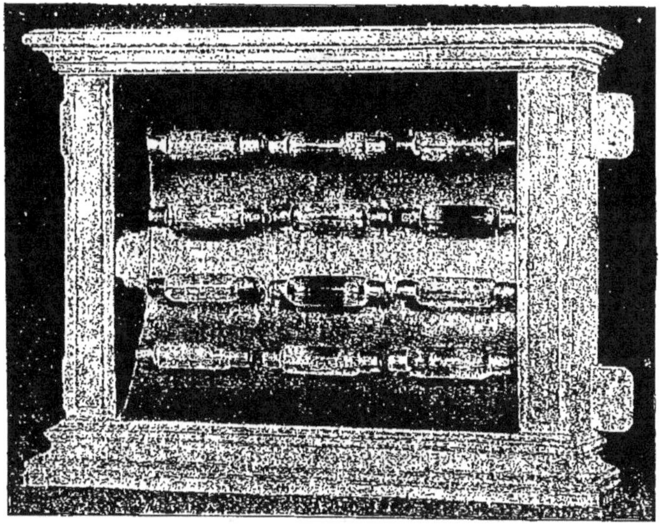

Fig. 246. — Chauffage Le Roy : Cheminée à reflecteur.

ratoire de M. Troost, M. Le Roy s'est arrêté au choix du silicium dont le coefficient de résistance spécifique est égal à 1.333 fois celui du charbon à lumière, et à 235.294 celui du maillechort.

Il constitue avec du silicium des *bûches électriques*, qu'il soustrait à la combustion en les enfermant dans des tubes de verre privés d'air et qu'il porte à une tem-

Fig. 247. — Chauffage Le Roy : Écran radiant.

pérature de 1.000 degrés par le passage d'un courant.

Ces bûches sont disposées en nombre nécessaire dans divers appareils de modèles analogues aux modèles courants pour former des écrans radiants, des réchauds, des fourneaux, etc. (fig. 245, 246, 247).

M. Le Roy donne les indications ci-après au sujet des conditions économiques dans lesquelles fonctionne son système. Si l'on tient compte du rendement des appareils d'utilisation, la quantité de chaleur dégagée par les divers combustibles est :

Par tonne de houille . . . . . 1.500.000 calories (Kd).
Par mètre cube de gaz, pour
  les appartements. . . . . . 525 à 1.312 —
Par mètre cube de gaz, pour
  la cuisine. . . . . 2.100 —
Par kilowatt, pour les appar-
  tements . . . . 864 —
Par kilowatt, pour la cuisine. 777 —

Si l'on admet les prix de :

50 francs pour la tonne de houille,
0 fr. 30 pour le mètre cube de gaz,
0 fr. 25 pour le kilowatt-heure,

le prix de revient de 1.000 grandes calories serait de :

Houille 0 033
Gaz, pour les appartements. . . 0 226 à 0 550
Gaz, pour la cuisine. 0 140
Électricité, pour les appartements 0 289
Électricité, pour la cuisine 0 321

M. Le Roy fait fonctionner à volonté 1, 2, 3 bûches dont la durée varie de 800 à 1.500 heures. Leur prix actuel est de 3 francs à 3 fr. 50 l'une.

Chaque bûche consomme 80 à 100 watts. Cette invention, qui témoigne de recherches très sérieuses, est intéressante, mais il lui manque encore la sanction d'une durée d'expérience suffisante.

Procédé de la Compagnie Générale de Chauffage par l'Électricité. — Plus récemment, les procédés de chauffage par l'électricité ont pris une certaine extension.

La Société, dont le nom figure en tête de ce paragraphe, exploite un système qui est basé sur le principe suivant :

On dépose sur les surfaces extérieures, latérale et inférieure, d'un vase en tôle émaillée, une couche extrêmement mince d'un métal précieux en poudre, étalé en un large ruban.

Fig. 248. — Casserole électrique.

La figure 248 représente un récipient muni de ce dispositif.

Le courant électrique est dirigé dans ce ruban métallique qu'il échauffe.

Le récipient en question est introduit à son tour dans un vase extérieur, disposé de telle façon qu'il existe entre eux un espace confiné dont la température s'élève et porte à l'ébullition l'eau placée dans le premier.

Sur ce principe, un grand nombre d'appareils ont été combinés : bouilloires, bouillottes, théières, cafetières, casseroles, etc. (fig. 249), réchauds, chauffe-fers, chauffe-linge, poêles, chauffe-pieds, etc., etc.

Fig. 249. — Casserole électrique.

Système Parvillée. — MM. Parvillée frères ont, de leur côté, préconisé l'emploi de résistances métallo-céramiques, basé sur la diminution de conductibilité des métaux qui résulte de l'incorporation, dans une poudre métallique, de substances mauvaises conductrices de l'électricité.

On obtient ainsi des plaquettes ou barrettes qui peuvent être portées au rouge vif et donner une température de 1.200 degrés à l'air libre, lorsqu'elles sont traversées par un courant électrique. C'est avec ce système qu'était installée la cuisine du restaurant espagnol « La Feria » à l'Exposition Universelle.

Soudure électrique. — La soudure électrique se rattache directement aux applications dans lesquelles on utilise la transformation de l'énergie électrique en énergie calorifique. Elle est d'invention assez récente, mais il est évident qu'elle est appelée à se développer grandement, le nombre de ses applications étant pour ainsi dire indéfini.

Le principe de la soudure électrique consiste à rapprocher les pièces métalliques qu'on veut souder en les maintenant par des étaux qui servent à faire passer un courant capable de ramollir le métal et de produire la soudure; on termine l'opération par un martelage et un travail à la lime pour régulariser le joint.

M. E. Thomson s'est servi, pour la soudure, d'un courant alternatif, obtenu avec un transformateur capable de donner, sous un volt de tension, une intensité de 10.000 ampères avec laquelle on peut souder des barres de cuivre de 11 millimètres de diamètre.

Ce système peut être utilisé pour la jonction des conducteurs électriques et principalement des fils pour tramways électriques dont le diamètre extérieur doit être invariable, même aux points de soudure, sans que la solidité de la jonction présente d'autres chances de défaillance que celles qui résultent de la recuisson du métal en ces points.

Le procédé de M. de Benardos consiste dans l'emploi de l'arc voltaïque pour la fusion et la soudure des métaux, et en particulier des tôles de fer.

M. de Benardos utilise, à cet effet, des accumulateurs alimentant des arcs voltaïques de 300 à 500 ampères dont le maniement demande des précautions toutes spéciales en raison des phénomènes qu'ils produisent sur la peau et sur les yeux.

Ce procédé est employé en Angleterre par une société qui fabrique les réservoirs des freins Westinghouse et les soude de la façon qui vient d'être sommairement décrite.

CHAPITRE XVII

APPLICATIONS DIVERSES DE L'ÉLECTRICITÉ

Sonneries électriques. — Avertisseurs d'incendie. — Horlogerie électrique. — Applications diverses.

Sonneries électriques. — En dehors des grandes applications de l'électricité que nous avons passées en revue au cours de ce travail, il en est une foule d'autres dont le rôle est beaucoup plus modeste, mais qui, néanmoins, présentent un intérêt réel parce qu'elles sont surtout appropriées aux nécessités de la vie domestique.

Au premier rang de ces applications sont les sonneries électriques ; il n'est pas aujourd'hui un appartement, un bureau, qui n'en soit muni, et leur usage est si fréquent qu'il faut presque savoir, sinon les poser, du moins les réparer soi-même.

Une sonnerie électrique n'a besoin que d'un générateur d'électricité relativement faible. Une pile suffit, et l'on emploie ordinairement la pile Leclanché avec quatre éléments groupés en tension.

Les conducteurs sont généralement des fils de cuivre de 10 à 11 dixièmes de millimètre, recouverts de soie et de coton, qu'on tend le long des murs au moyen de petits isolateurs en os, de crochets et de cavaliers. La

pose de ces fils ne demande pas autant de soins que celle
des conducteurs d'éclairage. Le courant auquel ils
donnent passage est d'une intensité très faible et ne
peut donner lieu, en aucun cas, à des chances d'incendie.
Aussi ne sera-t-il pas question, pour cette application,
de l'emploi des coupe-circuits. Par contre, un inventeur, M. Charpentier, a eu l'idée d'appliquer les sonneries comme avertisseur automatique des incendies. Il
suffit de placer entre deux conducteurs juxtaposés une
bande ou un fil d'alliage fusible. Si
un incendie se déclare et vient à
atteindre la canalisation, le fil fusible fond et établit une communication entre les deux conducteurs.
Le circuit se trouve ainsi fermé et
la sonnerie, mise en action, avertit
du fait anormal qui vient de se
produire.

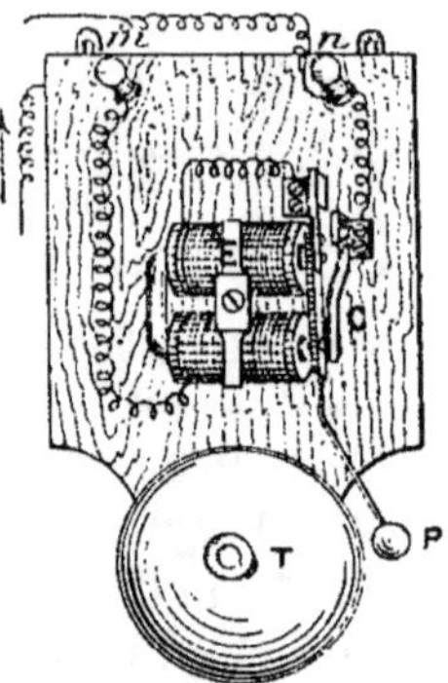

Fig. 250. — Sonnerie
trembleuse.

La sonnerie placée à l'extrémité
de la canalisation est ordinairement
du type dit à trembleuse, qui produit un son strident et continu par
le choc répété d'un marteau sur un
timbre. Pour varier la nature de l'appel, on remplace le
timbre en cuivre par un grelot, une clochette, etc.

La continuité de circuit, dont la conséquence est la
mise en action de l'appel, est obtenue par un contact à
bouton de pression.

Ce type de sonnerie est le plus simple ; la figure 250
en montre la disposition. On peut faire l'économie du
fil de retour en prenant *une terre* dans l'appartement,
c'est-à-dire en reliant la deuxième borne de la sonnerie
et le deuxième pôle de la pile à une conduite d'eau ou
de gaz.

Si l'on désire pouvoir actionner la sonnerie de deux

points différents ou d'un plus grand nombre, la disposition à adopter sera celle de la figure 252. Mais dans ce cas, il est clair qu'à moins d'une convention préalable sur la manière dont sera fait l'appel, la personne appelée ne peut savoir d'où il lui vient. S'il n'y a que deux bou-

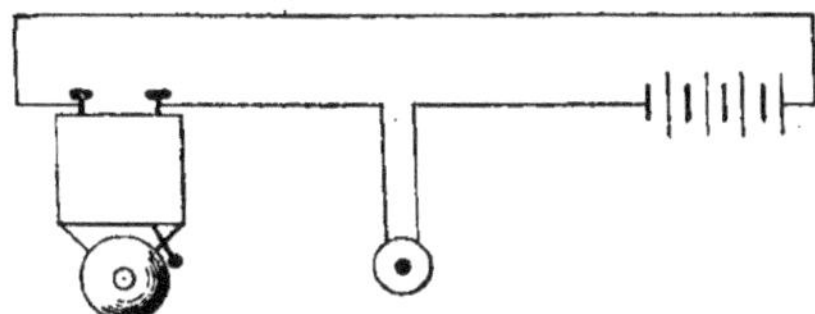

Fig. 251. — Sonnerie à un appel.

tons, on peut différencier le bruit produit par chacun d'eux en intercalant sur un des circuits une résistance qui affaiblit le son. Lorsque les appels peuvent être faits de plusieurs points différents, on est obligé de recourir aux tableaux indicateurs.

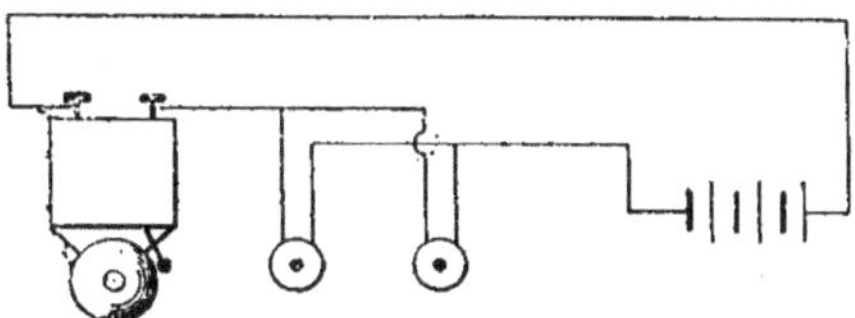

Fig. 252. — Sonnerie à plusieurs appels.

La figure 253 montre comment les choses sont disposées.

Le tableau indicateur présente à l'extérieur une série d'ouvertures, telles que 1, derrière lesquelles on voit une série de numéros 1, 2, 3, etc., qui correspondent à autant de boutons d'appel ; l'apparition ou la disparition des numéros correspondants indique d'où provient l'appel.

Ce mouvement est déterminé par deux électro-aimants

qui correspondent à chaque ouverture. Entre eux se meut une palette mobile en fer, qui forme la queue du signal. L'un des électros appelle la palette et fait apparaître le chiffre dans la fenêtre correspondante. Pour la ramener à sa position primitive et faire disparaître le signal, on fait passer le courant dans l'autre électro-aimant, au moyen d'une dérivation qui contient tous les éléments de gauche. On ferme ce circuit en pressant

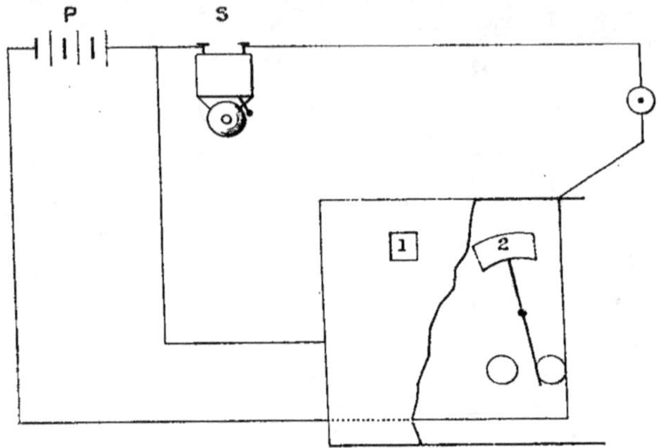

Fig. 253. — Sonnerie avec tableau indicateur.

sur un bouton unique placé sur le côté du tableau.

Les sonneries de ce genre fonctionnent très bien, à la condition qu'on entretienne convenablement les piles, chose très simple, mais, cependant, quelquefois difficile à obtenir de serviteurs négligents. Aussi, a-t-on cherché à utiliser, pour le fonctionnement des sonneries, des appels magnétiques.

M. Abdank-Abakanowicz en a imaginé un qui se compose de deux aimants en fer à cheval placés parallèlement l'un à l'autre de telle façon que leurs pôles opposés soient en présence. Entre eux est suspendue, à un ressort, une bobine dont les fils se prolongent dans les fils de la ligne. Cette bobine est terminée par une poignée qui permet de l'écarter de sa position d'équilibre à laquelle elle revient par une série d'oscillations pendant lesquelles un courant induit se produit dans la bobine. Ce courant actionne la sonnerie.

Avertisseurs d'incendie. — Aux sonneries électriques se rattache toute une classe d'appareils dans lesquels un phénomène spécial doit être révélé par un appel de sonnerie. Nous en avons vu un exemple dans l'avertisseur d'incendie de M. Charpentier cité plus haut.

Le même inventeur a imaginé aussi des révélateurs de température qui mettent en jeu la dilatation d'un corps liquide ou d'un corps solide pour établir un contact et fermer le circuit d'une sonnerie.

On conçoit très bien un thermomètre à mercure dont la cuvette et la tige soient traversées par deux fils de platine. Si le fil supérieur affleure au 50° degré, il est clair que si la température s'élève jusqu'à ce point, le mercure fermera le circuit et fera marcher la sonnerie (fig. 254).

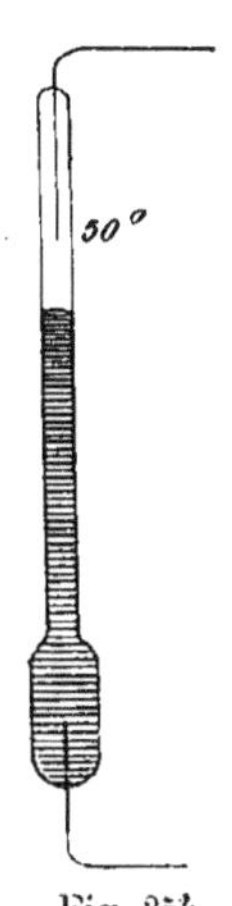

Fig. 254.
Révélateur de température.

Un tel avertisseur serait délicat; on le remplace par un tube de fer monté sur un trépied autour duquel on amoncelle les matières dont on veut évaluer la température. Dans ce tube se trouve une tige de zinc qui se dilate, transmet son mouvement à une aiguille se déplaçant devant un cadran gradué et indique la température. En fixant sur le cadran un contact contre lequel l'aiguille vient buter, on met en action une sonnerie.

Cet appareil présente de l'intérêt pour la surveillance de matières susceptibles de s'échauffer spontanément, telles que les chiffons, le coton, la houille, etc.

Nous n'en finirions pas s'il fallait citer tous les appareils plus ou moins ingénieux qui sont basés sur l'emploi des avertisseurs à sonnerie. Avertisseurs de l'ouverture des portes des appartements, des coffres-forts, etc. Là, l'imagination des inventeurs a été facilement surexcitée. Ce serait à dégoûter les voleurs s'ils étaient le moins du monde électriciens.

Horlogerie électrique. — Une autre catégorie d'appareils est fondée sur le même principe que les télégraphes, c'est-à-dire la facilité avec laquelle on peut, à une distance quelconque, magnétiser un barreau de fer doux et lui permettre d'appeler à lui, par attraction, un organe dont le mouvement produit un certain effet. Le nombre en est très grand. L'horlogerie électrique est, parmi ceux qu'on peut indiquer, en première ligne.

Applications diverses. — A côté de ces applications, il en est un nombre considérable d'autres, et chaque jour en voit naître de nouvelles. Elles se rattachent, pour la plupart, à la transformation de l'énergie électrique en énergie mécanique à des degrés divers.

En première ligne pourraient être cités les appareils multiples qui assurent la sécurité de la circulation sur les voies ferrées, ceux qui servent à la mise en action de l'outillage des gares, cabestans, treuils, grues, etc.

Celui des ports comporte également un nombre croissant d'appareils analogues, ascenseurs, monte-charges, pompes, etc.

L'exploitation des mines, les exploitations agricoles utilisent également, dans une proportion toujours plus grande, le concours de l'électricité.

En toute circonstance, l'électricité s'offre comme un

agent universel, commode et économique, et il n'est plus une seule des branches de l'activité humaine dans laquelle elle ne joue ou ne soit appelée à jouer un rôle de premier ordre.

CONCLUSION

Vingt siècles d'ignorance, trois cents ans de tâtonnements, trois quarts de siècle de recherches scientifiques, vingt-cinq années d'une étonnante floraison industrielle, telle est, en résumé, l'histoire de l'Électricité, depuis les lointaines constatations des contemporains d'Aristote.

Elle nous mène au seuil du xx° siècle.

Quelle sera l'œuvre de celui-ci?

Nous vivons en un temps où les prédictions sont, à la fois, ou trop faciles ou trop impossibles.

Tout ce que l'imagination a pu rêver de merveilleux, de fantastique, est réalisé ou près de l'être. Les pronostics les plus audacieux peuvent être hasardés sans crainte que l'avenir laisse protester les lettres de change que nous tirons sur lui.

Les romanciers scientifiques, grands chercheurs d'imprévu et d'irréalisable, sont serrés de près dans leurs chimères. Prenez l'œuvre du plus fécond d'entre eux : invraisemblances hier, probabilités aujourd'hui, certitudes demain.

Il devient vraiment trop aisé de prévoir les progrès les plus prochains : la téléphonie portant la parole d'un océan à l'autre, l'électricité supprimant la distance pour la vision, l'aérostation rendue possible par la création d'un moteur léger, la télégraphie sans fils, la diffusion indéfinie de l'énergie sous toutes ses formes, avec l'aide et le concours de l'électricité. Tout cela est de réalisation certaine et prochaine.

Mais après? Quelles surprises réserve l'avenir aux prochaines générations, peut-être encore à la nôtre?

Quel champ fécond à défricher dans ces courants à haute fréquence, d'allure si déconcertante, qui nous promettent la démonstration de l'identité, ou, tout au moins, de la parenté intime, des ondes électriques et lumineuses!

Que sortira-t-il de ces faits et que seront ceux que nous ne soupçonnons pas encore? Qui pouvait, il y a quelques années à peine, concevoir cet état spécial de la lumière qui traverse les corps opaques?

A côté du progrès nécessaire des choses existantes, il y a donc un je ne sais quoi mystérieux qui doit fatalement sortir de cet ardent concours de tant d'intelligences acharnées à la recherche de l'inconnu. Elles touchent à tous les sujets et abordent toutes les sciences. L'Électricité, qui est le lien nécessaire de toutes les énergies, ne peut manquer de leur offrir des révélations nouvelles, et tout marche si vite aujourd'hui que ceux d'entre nous qui descendent la colline de la vie, peuvent encore espérer avoir, avant de disparaître, plusieurs de ces joies scientifiques profondes qu'apporte chacune de ces nouvelles échappées de vue que la Science ouvre sur les horizons les plus inconnus de la Nature.

NOTES ADDITIONNELLES

GROUPES ÉLECTROGÈNES

(Troisième partie, chapitre Ier)
(page 149).

L'Exposition universelle de 1900 présentait un
ensemble de groupes électrogènes, en action, qui produisaient l'électricité nécessaire pour l'éclairage de ses
différentes parties, et la transmission de la force aux
appareils en mouvement.

On jugera par le tableau de la page suivante de l'importance individuelle de chacun de ces groupes, dont
le total formait une puissance de près de 36.000 che-
vaux-vapeurs.

SUR LES UNITÉS ÉLECTRO-MAGNÉTIQUES

(Troisième partie, chapitre Ier)
(page 157).

Depuis l'impression de la première partie de ce travail,
le Congrès d'Électricité de 1900 a décidé de réserver le
nom de *Gauss* à l'unité C. G. S. de champ magnétique,
en donnant celui de *Maxwell* à l'unité de flux magnétique.

CONSTRUCTEURS	PAYS	TENSION en volts	PUISSANCES	
			Chevaux	Kilowatt
1° Courant continu.				
Decauville	France.	250	1200	675
Bréguet.	—	250	300	170
Société l'Eclairage électrique. . .	—	250	350	190
Postel-Vinay	—	500	400	225
Société alsacienne.	—	500	1200	675
Cⁱᵉ générale d'électricité de Creil.	—	500	1200	675
Soc. Hauts-Fourneaux de Maubeuge	—	250	500	280
Compagnie générale	—	250	120	65
Société Elektrotechnische Industrie.	Pays-Bas.	500	550	300
Bacini	Italie.	500	600	350
Schukert.	Allemagne	500	1200	675
Siemens et Haslke	Autriche.	500	1600	900
Scott Mountain et Cⁱᵉ	Angleterre	250	500	280
Mather et Platt	—	250	500	280
Siemens Brothers	—	500	2400	1340
Alioth et Cⁱᵉ	Suisse.	500	360	200
2• Courant alternatif simple				
Ateliers de Œrlikon	Suisse.	2200	400	250
Société Hélios	Allemagne	2200	1900	1020
3° Courants triphasés.				
Établissements Lahmayer	Allemagne	5000	1400	785
Schuckert.	—	5000	2000	1120
Siemens et Halske.	—	2200	2230	1250
Ateliers de Œrlikon	Suisse.	2200	900	500
Société Electricité et Hydraulique.	Belgique.	2200	1100	620
Société internationale d'Electricité Pieper	—	2200	1000	560
Kolben.	Autriche.	3000	1000	560
Ganz et Cⁱᵉ.	—	2200	910	510
Ganz et Cⁱᵉ.	—	2200	1200	670
Le Creusot.	France.	3000	1500	840
Grammont.	—	3000	1500	840
Compagn. franç. Thomson-Houston.	—	5500	1200	675
Compagnie de Fives-Lille. . . .	—	2200	1200	675
Compagnie générale électrique de Nancy.	—	3000	500	280
Société Electricité hydraulique . .	—	2200	1000	560
Société l'Eclairage électrique. . .	—	2200	1200	675
4° Courants biphasés.				
Farcot.	France.	2200	850	480

INDEX BIBLIOGRAPHIQUE

INDEX

DES MOTS ET EXPRESSIONS TECHNIQUES

Pages.

Pages.

TABLE DES MATIÈRES

PREMIÈRE PARTIE

LES PRÉCURSEURS. — PÉRIODE EMPIRIQUE

TROISIÈME PARTIE

LES INGÉNIEURS. — PÉRIODE INDUSTRIELLE

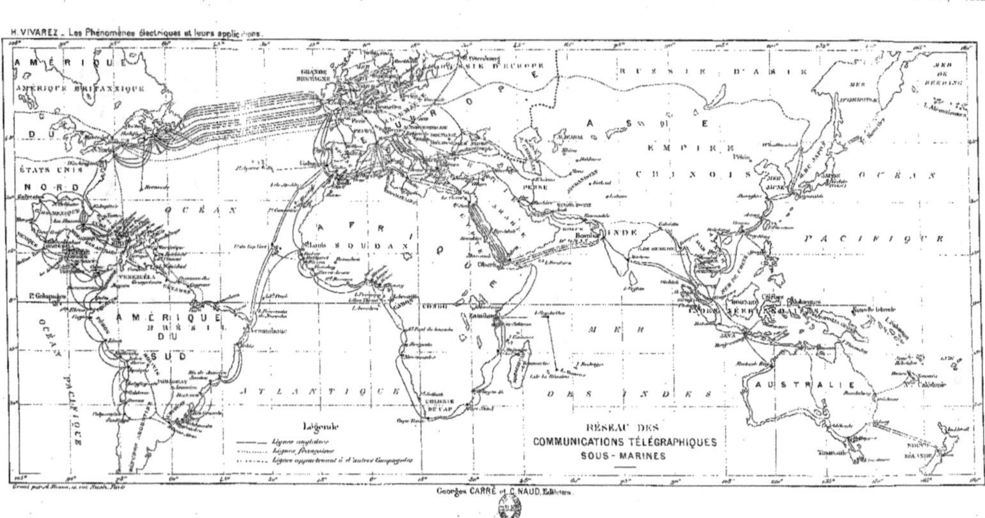
AMÉRIQUE
AMÉRIQUE BRITANNIQUE
DU
NORD
ÉTATS UNIS
OCÉAN
AMÉRIQUE
DU
SUD
OCÉAN PACIFIQUE
ATLANTIQUE
GRANDE
BRETAGNE
RUSSIE D'EUROPE
EUROPE
AFRIQUE
SOUDAN
CONGO
COLONIE
DU CAP
RUSSIE D'ASIE
ASIE
EMPIRE
CHINOIS
PERSE
INDE
OCÉAN
PACIFIQUE
MER
DES INDES
MER
DE
BERING
AUSTRALIE
Légende
Lignes anglaises
Lignes françaises
Lignes appartenant à d'autres Compagnies
RÉSEAU DES
COMMUNICATIONS TÉLÉGRAPHIQUES
SOUS - MARINES

ERRATA

Page 29, ligne 3, au lieu de « Dr Bevio », lire *Dr Bevis*.

—   83,   — 12, au lieu de « Aimentation », lire *Aimantion*.

—   107,   —   2, au lieu de « 0 kg. 425 », lire *0 kgm. 425*.

—   229,   — 18 et s., au lieu de «Espagne 53.225 tonnes (1899) », lire *53.720 tonnes*.

—   —   au lieu de « Chili 27.560 tonnes (1899) », lire *25.000 tonnes*.

—   —   au lieu de « Japon 25.720 tonnes (1899) », lire *27.560 tonnes*.

—   —   au lieu de « Allemagne 25.000 tonnes (1882)», lire *11.516 tonnes*.

—   265, note 6, au lieu de « Saint-Jean-de-Maurienne », lire *Saint-Maurice*.

—   306, note 2, au lieu de « Bossolo », lire *Bessolo*.

PARIS. — L. MARETHEUX, IMPRIMEUR, 1, RUE CASSETTE.